文化ファッション大系
アパレル生産講座 ❺

工業パターンメーキング

文化服装学院編

序

　文化服装学院は今まで『文化服装講座』、それを新しくした『文化ファッション講座』をテキストとしてきました。

　1980年頃からファッション産業の専門職育成のためのカリキュラム改定に取り組んできた結果、各分野の授業に密着した内容の、専門的で細分化されたテキストの必要性を感じ、このほど『文化ファッション大系』という形で内容を一新することになりました。

　それぞれの分野は次の四つの講座からなっております。

　「服飾造形講座」は、広く服飾類の専門的な知識・技術を教育するもので、広い分野での人材育成のための講座といえます。

　「アパレル生産講座」は、アパレル産業に対応する専門家の育成講座であり、テキスタイルデザイナー、マーチャンダイザー、アパレルデザイナー、パタンナー、生産管理者などの専門家を育成するための講座といえます。

　「ファッション流通講座」は、ファッションの流通分野で、専門化しつつあるスタイリスト、バイヤー、ファッションアドバイザー、ディスプレイデザイナーなど各種ファッションビジネスの専門職育成のための講座といえます。

　それに以上の3講座に関連しながら、それらの基礎ともなる、色彩、デザイン画、ファッション史、素材のことなどを学ぶ「服飾関連専門講座」の四つの講座を骨子としています。

　「アパレル生産講座」は、アパレル製造業が基本的に、企画、製造、営業・販売の三つの大きな専門部門で構成されているのに応じて、アパレルマーチャンダイジング編、テキスタイルデザイン編、アパレルデザイン編、ニットデザイン編、アパレル生産技術編などの講座に分かれています。それぞれの講座で学ぶ内容がそのまま、アパレル製造業の専門部門のスペシャリスト育成を目的としているわけです。

　いずれにしても服を生産することは、商品を創ることに他なりません。その意識のもと、基礎知識の修得から、職能に応じての専門的な知識や技術を、ケーススタディを含めて、スペシャリストになるべく学んでいただきたいものです。

目次 工業パターンメーキング

序 ……………………………………… 3
はじめに ……………………………… 6

第1章 アパレル企業におけるパターンメーキング … 7

1 アパレル企業の構造 …………………………………… 8
2 パターンメーカーの業務 ……………………………… 10
3 CADパターンメーキングシステム …………………… 12

第2章 基礎知識 …………………………………… 13

Ⅰ 工業用ボディについて ……………………………… 14
 1 ボディの種類・サイズ ……………………………… 15
 2 ボディ各部の名称 …………………………………… 16
Ⅱ パターンメーキングの基礎 ………………………… 16
 1 パターンメーキング用語 …………………………… 16
 2 JIS衣料サイズ規格 ………………………………… 18
 3 衣料パターンの表示記号 …………………………… 21
Ⅲ 用具 …………………………………………………… 23
Ⅳ ボディのガイドラインの位置と入れ方 …………… 25
Ⅴ トワル（シーチング）の種類と準備 ……………… 26
 1 トワルの種類 ………………………………………… 26
 2 トワルの地直し ……………………………………… 26
Ⅵ 基本テクニック ……………………………………… 27
 1 ピンの打ち方 ………………………………………… 27
 2 縫い代に入れる切込み ……………………………… 27
 3 マーキング（印つけ）の方法 ……………………… 28
 4 ドラフティングとパターンチェック ……………… 29
 5 縫い代のつけ方 ……………………………………… 30

第3章
原型 31

1 ドレス原型（標準原型）...... 32
2 ブランド原型 49
3 シルエット原型 53
 (1) プリンセスライン原型 53
 (2) ブラウス原型 57
 (3) ジャケット原型 59
  3面構成のジャケット原型 60
  4面構成のジャケット原型（プリンセスライン）...... 66
  4面構成のジャケット原型（パネルライン）...... 68

第4章
基本アイテムのパターンメーキング 71

I スカート 72
 1 タイトスカート 72
 2 フレアスカート 81
II パンツ 87
 1 ストレートパンツ 87
 2 ジーンズ 97
III ブラウス 99
 1 シャツブラウス 99
IV ジャケット 111
 1 3面構成のジャケット 111
 2 4面構成のジャケット 131
V コート 143
 1 ラグランスリーブのコート 143
VI ワンピースドレス 166
 1 シャツタイプのワンピースドレス 166

はじめに

　パターンメーキングの技術は、アパレル産業の生産プロセスの中で重要な役割を果たしている。パターンの技術により商品の完成度が大きく左右される。美しいシルエットを作り出し、着心地のよい、機能性のある服にパターンが作成できれば商品価値は上がっていく。

　ドレーピングは視覚により作り出される服作りの技法で、それには感性・知識・技術が要求されてくる。

　ドレーピングに必要な用具のトップとして工業用ボディがあげられる。現在数種類が市販されているが、よく研究されたボディの選択も重要になってくる。工業用ボディに含まれているゆるみ分、そして寸法の確認をし、作業しなくてはならない。

　本書は基本原型を基に、ブランド原型、シルエット原型（プリンセスライン原型、ブラウス原型、ジャケット原型等）への作成手順も解説している。

　また基本アイテムを通して基本技術を理解できるよう、写真を中心にドラフティングまで解説している。さらにアイテムによりフルパターンまでの作成法を加えている。

　袖は平面作図を基に、袖山の高さなどを決め、袖つけを行なう方法を取り入れ、ドラフティングは必要最低限の寸法表示にとどめ、記号、合い印でまとめている。

　ドレーピングは基本知識を得たうえで、訓練により技術を習得していきたい。

第1章

アパレル企業におけるパターンメーキング

1 アパレル企業の構造

産業構造

　日本の繊維ファッション産業におけるアパレル企業は川中に位置し、縫製メーカー、ニットウェアメーカー、服飾・副資材メーカー、アパレル輸入卸商、アパレル2次卸商などでアパレル産業を構成している。

日本のファッション産業構造

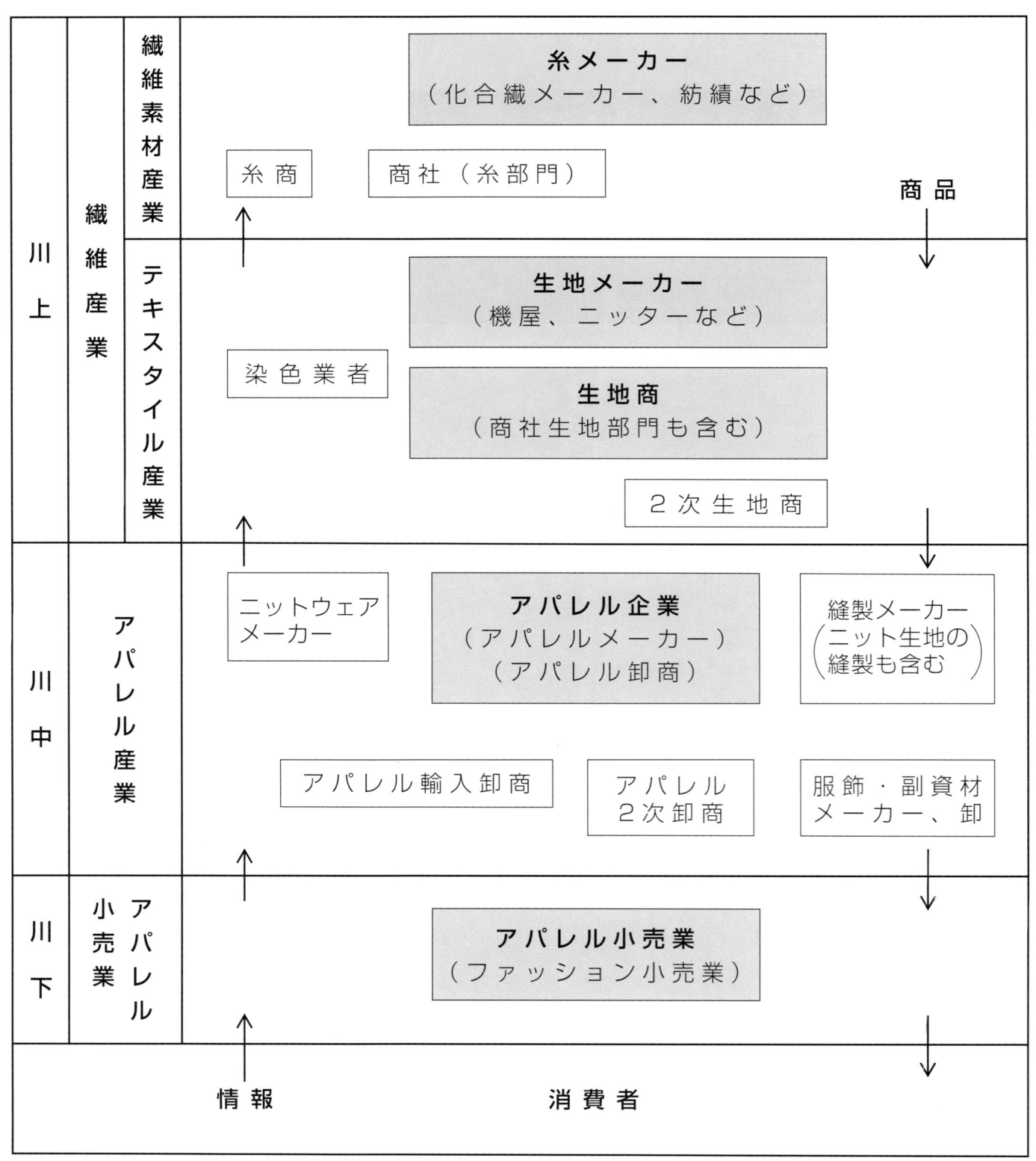

アパレルメーカーの組織

アパレルメーカーの組織を、企画、生産、計数管理、販売の四つの分野に分け、各部門の仕事内容の概要を図にした。

パターンメーカーの役割

アパレル企業の持つ機能のうち、企画、生産と縫製工場の間で、企画はマーチャンダイザー、デザイナーが行ない、縫製は工場が行なうが、商品コンセプトやデザインなど、イメージを服として表現するのがパターンメーカーである。

デザイナーの持つ感性をパターンにし、各部門のコミュニケーションをスムーズに進めるためには、関連部門の内容を充分に理解しておく必要がある。

アパレルメーカーの組織図

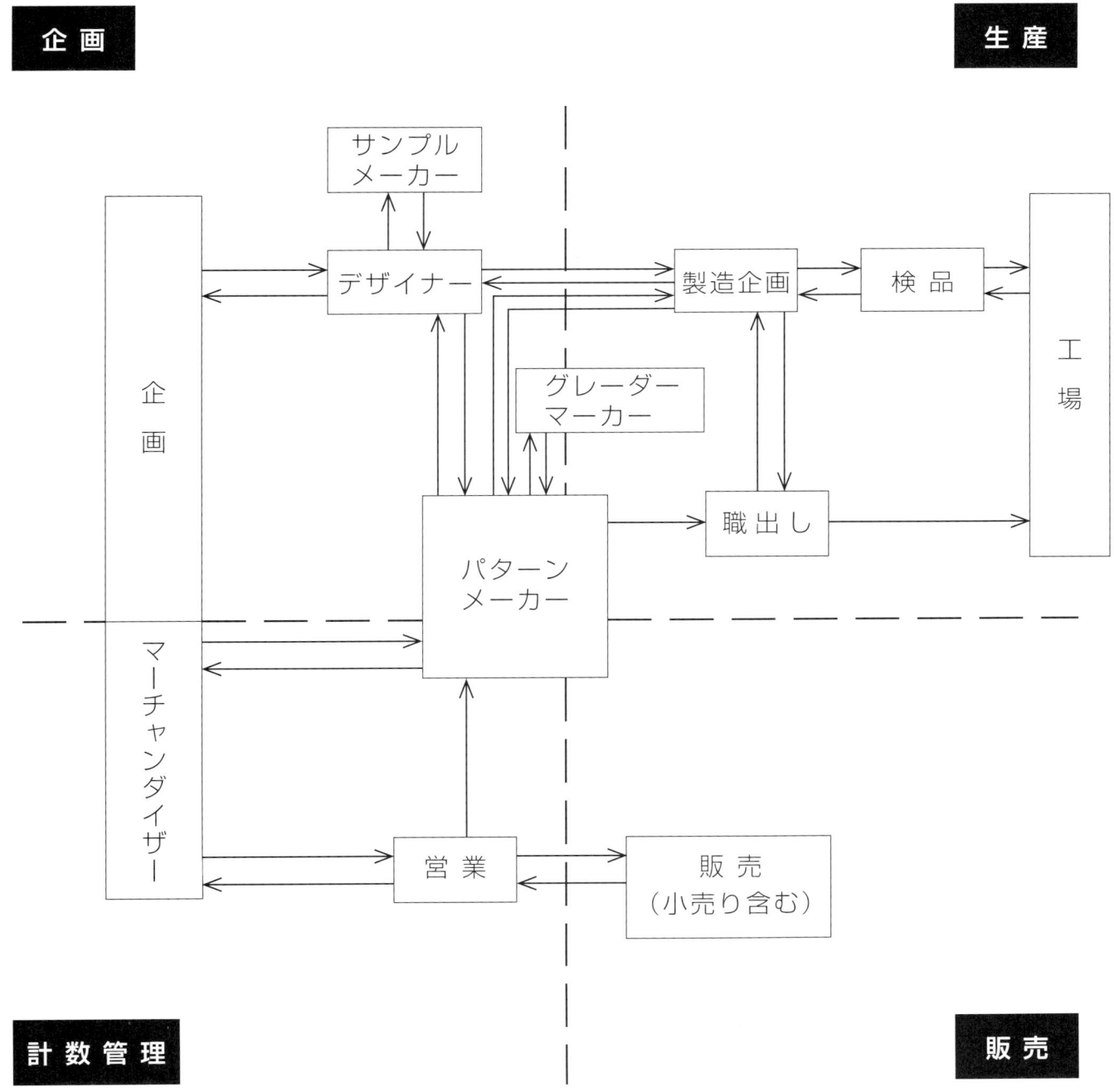

2　パターンメーカーの業務

パターンメーキング業務フロー例

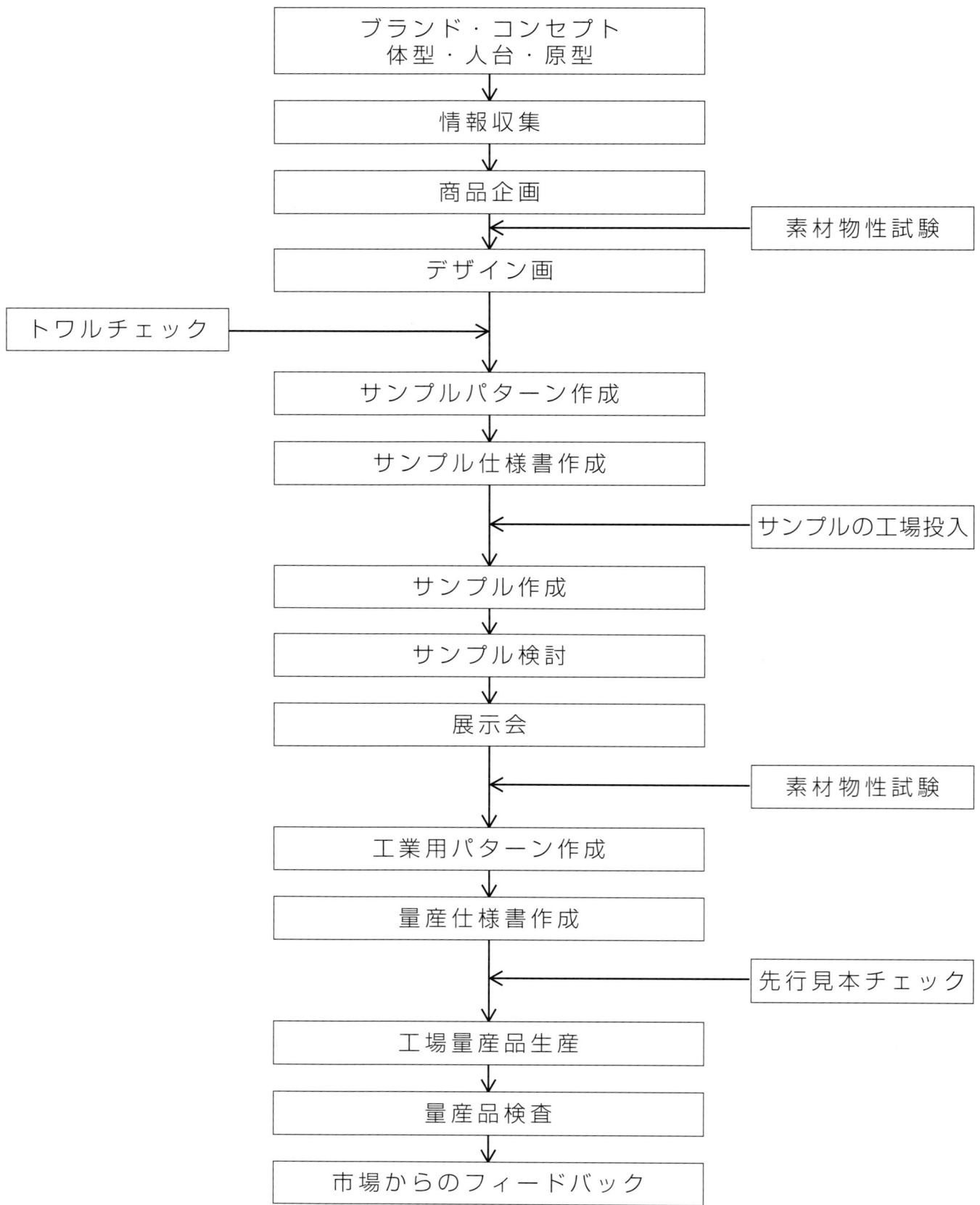

パターンメーカーが関係する業務フローは企業のシステム、方針により多少の異なりがあるが、一例を示した。

それぞれの部署が責任を持ち、プロセスをふみながら作業を進めていく。主な内容は、

●情報収集
トレンド情報、テキスタイル情報、アパレル情報の収集。

●デザイン画
デザイン画は、企画の意図により描かれ、デザインポリシーを表現している。

シルエット原型などを利用し、パターンメーキングを進めていく。

●サンプルパターン作成
パターンメーキングには多種の技法がある。デザイン画を基にシルエットを表現できる方法を選択し、進めていく。

作成方法をあげてみると、
①ドレーピングの方法
②フラットパターンメーキングの方法
③ドレーピングとフラットパターンメーキングを併用しての方法
などがある。

①～③の方法でパターンを作成後、トワルチェックをする。

●サンプル仕様書作成
サンプルパターン完成後、サンプル縫製仕様書の作成。

サンプルは自社で行なう場合と縫製工場で行なう場合がある。

●サンプル作成
作成した仕様書でサンプル作成を依頼する。サンプルの完成度により、その後の生産プロセスに影響がでる。

●サンプル検討
出来上がったサンプルに対し、それぞれの部署の視点に立って検討する。

パターン修正が必要な場合はパターンメーカーの責任は重要である。

●工業用パターン作成
縫製仕様書や、素材の特性を考慮し、工業用パターンの作成およびチェックをする。

●量産仕様書作成
サンプル仕様書と同様に必要事項を具体的に記入する。

●量産品検査
不良品などが発生しないように充分な検品を必要とする。

●市場からのフィードバック
市場に出た商品に対して消費者の反応を情報として、ファッションアドバイザーを通して入手する。

パターンメーカーは、パターン作成ができるだけではなく、人体に関しての知識、トレンド・テキスタイル・アパレルの情報、デザイン画に対しての理解力、素材の知識、縫製の知識、工場の機器など、幅広く身につけておく必要がある。

3　CADパターンメーキングシステム

　CADとは、Computer Aided Designの略で、コンピュータ支援による設計のことである。

　コンピュータの特長は、高速処理、正確、記憶ができる、さらにはデータ通信が可能といった点である。

　アパレルCADのパターンメーキングシステムの機能としては、①基本機能、②複合機能、③縫い代つけ機能などがある。

　それぞれ要点をあげてみると、

①基本機能

　パターンの展開を行なうための基本機能として、点をとる、線を引く、切り開くなど、作図をするための機能が入っている。画面上の表示機能を選択し、作図が行なわれる。

②複合機能

　ダーツの展開、ギャザーの展開、ボタンホールの作成など、短時間に自動的に処理する機能がある。

③縫い代つけ機能

　作成したパターンに縫い代をつける機能で、画面を見ながら角処理、縫い代の幅を指示していく方法と、自動の方法がある。

アパレルCADの適用分野

　アパレルCADは下図のように設計部門と、工場の縫製準備部門に導入されている。

　アパレル設計部門では、工業用パターンの作成、グレーディング、マーキングのCADは一般化している。

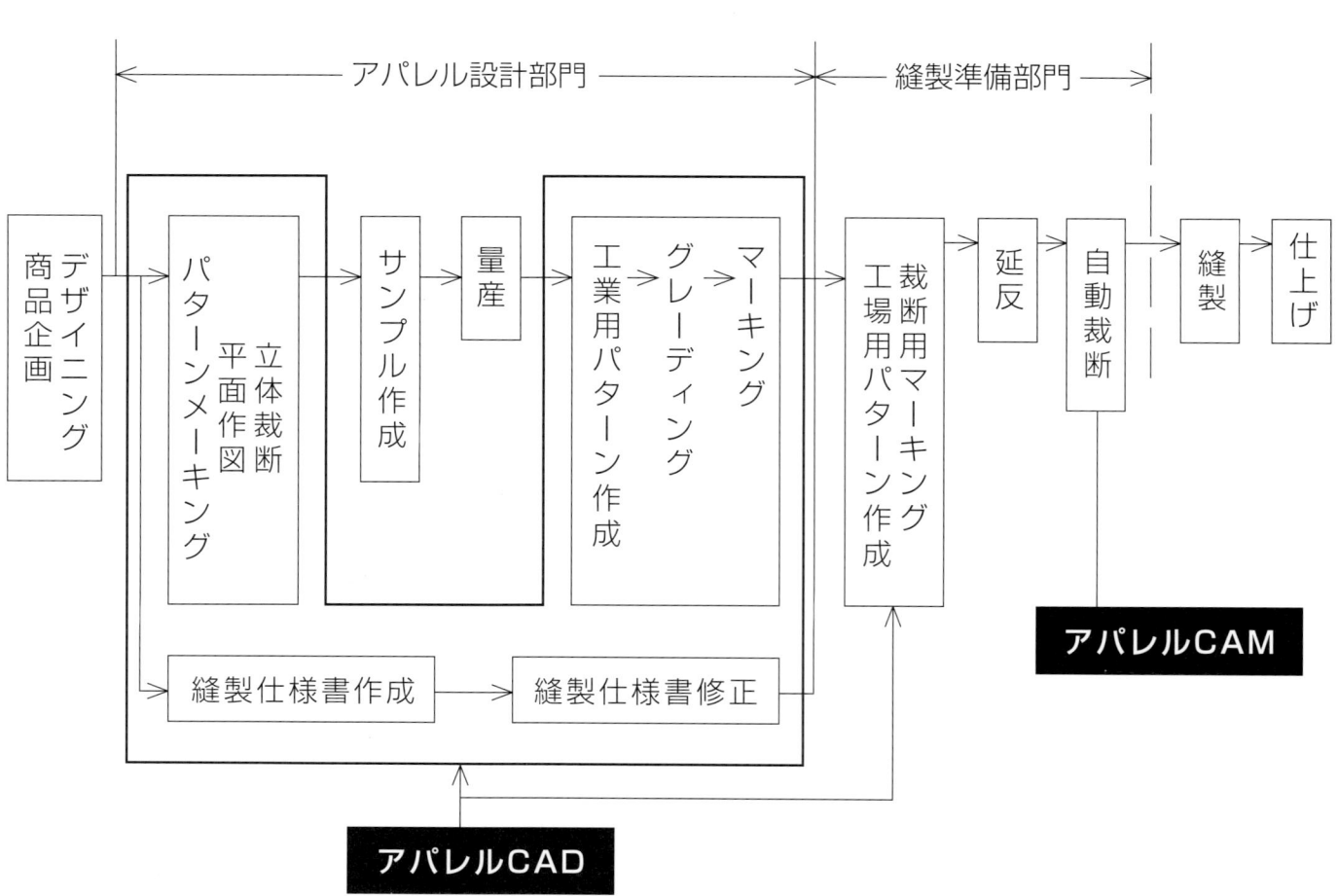

アパレルCADの適用分野

第 2 章

基礎知識

I　工業用ボディについて

　工業用ボディとは、既製服のパターンを効率よく作成するための人台である。

　ヌードボディとの大きな相違点は、JIS衣料サイズ規格などに合わせた既製服が必要とする体型とサイズに合わせて作成されていることと、人体が日常生活で行なう動作のために必要とされる最低限度の衣服のゆとり分量を加えた寸法で仕上げられていることである。ゆとり分量を加える際には、必要な部分に肉づけをしながら、ドレーピングの作業を高めるために、人体の凹凸をある程度滑らかな形に修正が行なわれ、美的要素も重視して形作られている。

　ゆとり分量もボディにより多少の差がある。

　アパレル企業で使用されている主な人台はそれぞれ特徴があるが、重要なのは使用するメーカーまたはブランドの目標としている体型であるかが大きな選択のポイントとなる。

　作業性が高く、美しいシルエットを作るための道具としてボディの果たす役割はたいへん大きい。

工業用ボディの条件

　工業用ボディは次のような条件を備えていることが望ましい。

①許容量が高い。

②ある標準値を保ちながら、美しいプロポーションである。

③JISサイズに基づいたボディであり、サイズ群に対してカバー率がよい。

④人体細部の凹凸がそのままリアルに表現されていなく、肩甲骨の張り、僧帽筋、腹筋などがある程度感じられるくらいがよい。

⑤左右対称でゆがみがなく、縫い目線もきれいなもの。

⑥安定感があり、簡単に変形しない丈夫なもの。

⑦人体のような滑らかさと、弾力性をもっている。

⑧色は肌の色を代表する色であると同時に、立体裁断で使用する布の支障にならない色で、汚れが目立たないもの。

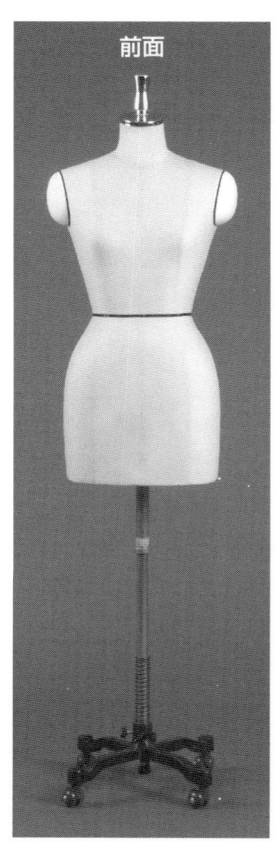前面
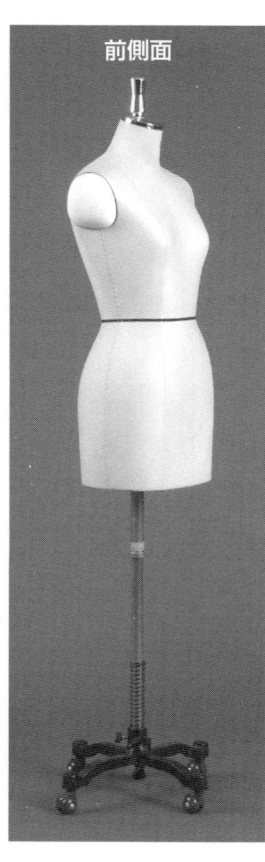前側面
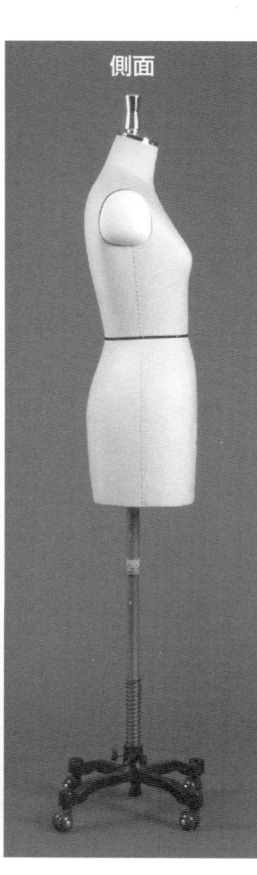側面
後ろ側面
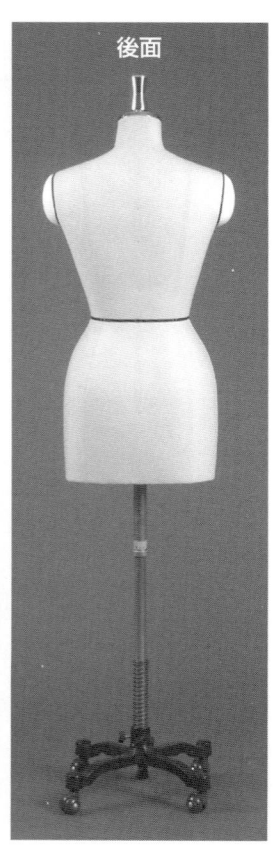後面

1 ボディの種類・サイズ

現在、アパレル企業や学校などで使用されている主な工業用ボディは5種類ある。それらの標準タイプのものを、サイズ、ゆとり、特徴などをまとめて比較してみると、多少異なったサイズ、ゆとり、形状をしている。

ボディの名称	標準サイズ	B（ゆとり分量）	W（ゆとり分量）	H（ゆとり分量）	背丈	メーカー	特　徴
キプリス (Kypris)	9A2	87 (B+5)	63 (W+0)	93 (H+3)	38.5	三菱レイヨン　キイヤ	（1981年、安東武男氏製作）既製服JISサイズに合わせて作られた初めての工業用ボディ。シルエットはニューアミーカに比べると丸みをおびた立体的な形状。ゆとり分量を多めにとっている関係で仕り寸法は文化工業用ボディと並んで大きめになっている。
ニューキプリス (New Kypris)	9AR	87 (B+5)	63 (W+0)	93 (H+3)	38.5	三菱レイヨン　キイヤ	（1995年、満清一氏製作）成人女性の平均値を集約した標準的なドレスボディ。癖がないので体型上のカバー率が高い。9A2と比較した主な相違点は、ウエストラインのくぼみがなだらかな曲線となり、スカートのベルト装着がスムーズ。肩甲骨の突起が少なく、肩ダーツ分量が減った。アームプレートは人体の形状より服のアームホールに近い形。ヒップから下は裾すぼまりの形になった。
ニューアミーカ (New Amieca)	M9	87 (B+5)	62 (W−1)	93 (H+3)	38.5	三菱レイヨン　キイヤ	（1968年、安東武男氏製作）日本初の工業用ボディである「アミーカ（1964年、大野順之助氏製作）」の改訂版。シルエットは面の構成を重視した箱型形状で、特に背面と脇面の変り目で明確な角が立ててあり、ジャケットやコートに適している。
文化工業用ボディ	9	87 (B+5)	63 (W+0)	93 (H+3)	39	文化服装学院　キイヤ	（1993年、文化服装学院製作）JISサイズをカバーしながら、特に日本女性の体位向上に合わせた人体各部への不足量の追加と、反身体型の明確表現などを加味した点が特徴。
ドレスフォーム (Dress Form)	Miss10	87 (B+5)	60 (W−3)	90 (H+0)	39	アミコファッションズ　キイヤ	（1968年、大野順之助氏製作）大野氏が日本で初めての工業用ボディである「アミーカ」の製作に続き、日本人の体型に合わせた本格的工業用ボディとして製作したもの。アメリカのミスサイズが偶数であるのに合わせ、8・10・12となっている。JISの9AR対応はMiss10号である。
フェアレディ (Fair Lady)	9AR	86 (B+4)	62.5 (W−0.5)	91 (H+1)	39	七彩	（1964年、テイジン／宮本氏監修）アミーカと同様に古い歴史を持つ人台である。1987年にJIS規格に合わせて改定されたフェアレディ（現行ニュータイプ、上田幸代氏監修）は適度な立体感を保ちながら作業性を重視した滑らかなラインで構成され、癖のない体型を表現している。

※ゆとり分量欄のB・W・Hは、旧JIS規格標準サイズ9ARとして　B=82・W=63・H90

2 ボディ各部の名称

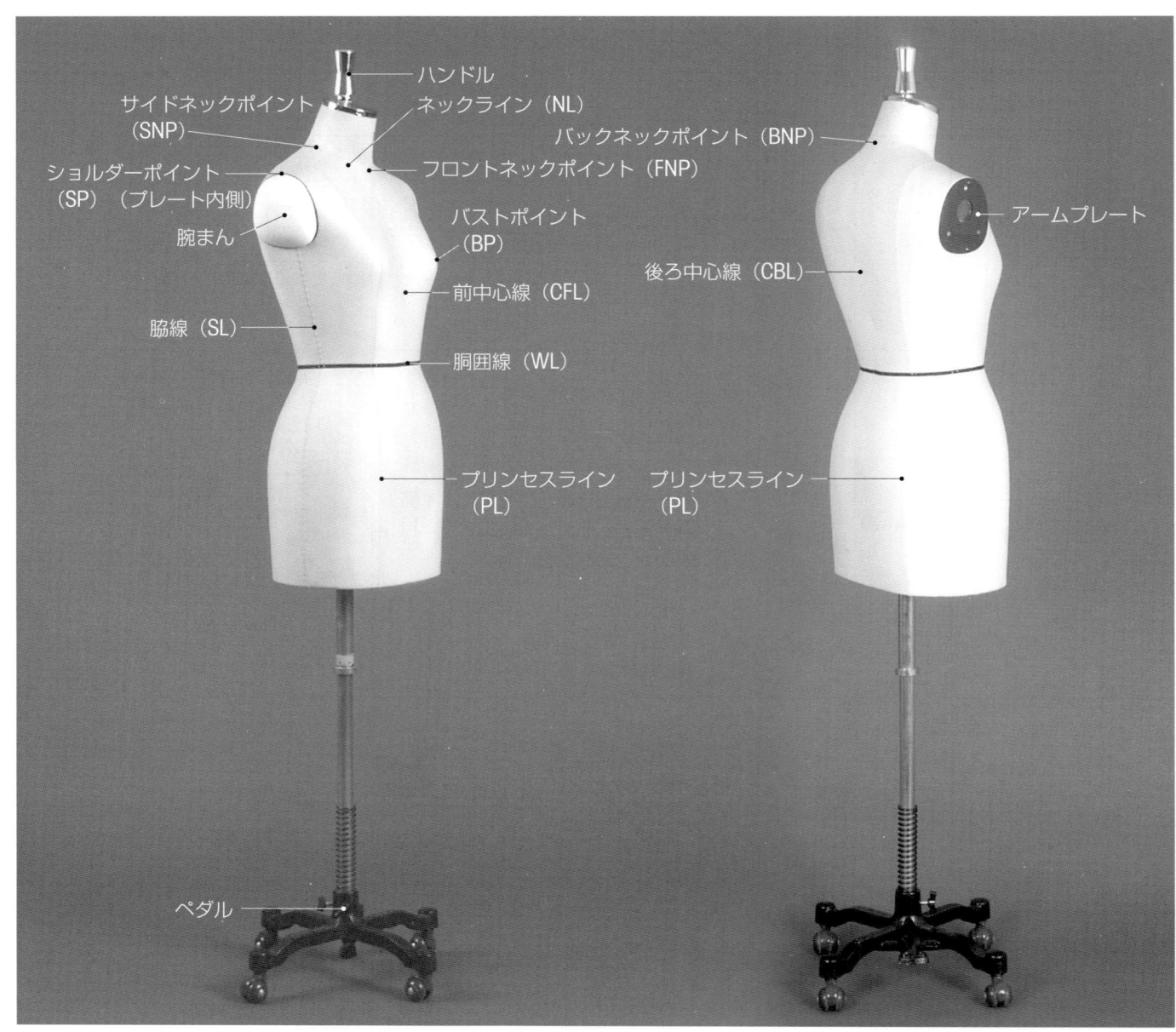

Ⅱ パターンメーキングの基礎

1 パターンメーキング用語

アパレル業界では、専門用語がいろいろ使われているが、ここでは比較的よく使われている用語のみをとり上げた。

パターンメーキング（種類）に関する用語

パターンメーキング
　平面作図から立体裁断まですべてのパターン作成方法の総称。

フラットパターンメーキング
　平面作図や立体裁断で作るパターン。

ドレーピング
　立体裁断の意であり、ボディにトワル（シーチング）を直接当て、布目を重視しながらシルエットをだしていく方法。

ドラフティング
　パターンメーキングや平面作図と同意語である。

囲み製図
　直線、直角の基準線を基に、寸法をとって引く、簡単なパターンメーキングの方法。

ラブ・オフ
　実際に売られている商品からパターンを抜き取る方法。

パターンに関する用語

原型
　スローパーと同意語。身頃、袖、スカートなどの基本パターンをさし、効率よくパターンメーキングを進めるために用いられる。
　企業またはブランドの基本原型（ベーシックスローパー）や、シルエット原型、ブラウス、ジャケットなどのアイテム別原型などがある。

スローパー
　原型と同意語。主に立体裁断で作成された原型をさすことが多い。

ベーシックスローパー
　ドレス原型のことで、基本原型として使用される。身頃・袖・スカート原型で構成されている。

シルエットスローパー
　基本原型から展開し、シーズンごとのシルエットを表現した原型。

有り型
　以前に使用したパターンのことで、企業でパターンメーキングする場合、この有り型からの展開により作成されることも多い。

マスターパターン
　パターンメーキングを行なうとき、基本になるパターン。原型や有り型などをさす。

ファーストパターン
　デザイン画を基にして最初に作成するパターン。展示会でのサンプル縫製に使用される。

サンプルパターン
　サンプルメーキングに使用するパターン。
　ファーストパターンと同意語。

デザイナーズパターン
　ファーストパターンと同意語。
　デザイナーのイメージを表現しているパターン。

デザインパターン
　ファーストパターンと同意語。
　デザイン表現を主体とする。

セカンドパターン
　工業用パターンと同意語。
　ファーストパターンの次のステップのパターン。

工業用パターン
　ファーストパターンを量産用に調整したもの。縫製方法に合わせて、縫い代や合い印などをつけたパターン。

生産用パターン
　縫製工場のレベルや設備機器などを考慮して工業用パターンを工場側で再調整し、量産用にしたパターン。

フルパターン
　工業用パターン、生産用パターンと同意語。ファーストパターンでは作成しないパーツパターン、ゲージパターン、縫い代つけなども含む。

ゲージパターン
　製作過程で、衿先など部分的なチェックや、ボタンホールやボタンつけ位置の印つけなどを正確に速く行なうために用いられるゲージ用部分パターン。

パーツパターン
　見返し、衿、ポケットなどの部分品のパターンのこと。ファーストパターンでは省略されているが、工業用パターンでは展開される。

その他の用語

クロスマーク
　縫始め、縫止りがはっきりわかるように、縫い目線、ダーツの線を延長して交差させた合い印。

グレーディング
　パターンメーキングではパターンの拡大、縮小の作業のこと。

トゥルーイング
　補正、修正、調整などの意味がある。
　パターンのつながりのチェック、クロスマーク、ドットの確認、線の訂正などをする。

トレース
　透写のこと。パターンメーキングでは、転写の意味につかわれることがある。

ドット
　点のこと。パターンで重要な位置を示す印。小さな穴をあけることもある。

ドラフティング
　設計図を引くことで、作図、製図のこと。
　パターンメーキングでは、トレースと同じに使用することもある。

ノッチ
　刻みのこと。縫い代に刻みを入れ、合い印にする。ノッチャー（刻みを入れる用具、用具の項参照）を使用すると便利である。

マーキング
　印をつけること、位置を示すこと、区分することの意味。
　布地の上に型紙を的確に差し込んで配置する型入れのこともいう。

2 JIS（Japanese Industrial Standard）衣料サイズ規格

1985年、日本工業規格「成人女子用衣料のサイズ」（JIS L 4005）が制定された。

当時わが国の繊維産業が衣料素材を供給する産業から、衣服を供給するファッション産業へ移行する時期であった。消費者への利便を図るとともに、生産者に対して合理的設計基準となる規格の制定が必要となったためである。

そのため、全国的規模で日本人の体格調査が行なわれた。しかし、制定後十年間がたち、食生活の変化、生活スタイルなども大きく変化した。国民の体位は向上し、寸法の変化も起きてきた。

そこで通商産業省工業技術院の指導のもと、「成人男子用衣料のサイズ」の見直しを行ない、引き続いて「成人女子用衣料のサイズ」（JIS L 4005-1997）の見直しを行なった。

参考寸法

既製服の製作では個人の計測値ではなく、平均的な計測値が必要となる。

ここに1992〜94年の全国的な計測結果を基に制定された、日本工業規格（JIS）のサイズ表、「成人女子用衣料のサイズ」（JIS L 4005-1997）を示す。

体型区分別サイズの種類と呼び方

身　　長		PP (142cm) 138cm以上 146cm未満			P (150cm) 146cm以上 154cm未満			R (158cm) 154cm以上 162cm未満			T (166cm) 162cm以上 170cm未満		
号 （バスト寸法）		7	9	11	7	9	11	7 (80)	9 (83)	11 (86)	7	9	11
A 体 型	日本人の成人の身長を142cm、150cm、158cm、および166cmに区分し、さらにバストを74〜92cmを3cm間隔で、92〜104cmを4cm間隔で区分したとき、それぞれの身長とバストの組合せにおいて出現率がもっとも高くなるヒップのサイズで示される人の体型	87	89	91	87	89	91	89	91	93	91	93	95
Y 体 型	A体型よりヒップが4cm小さい人の体型	—	85	87	83	85	87	85	87	89	87	89	91
AB 体 型	A体型よりヒップが4cm大きい人の体型	91	93	95	91	93	95	93	95	97	95	97	99
B 体 型	A体型よりヒップが8cm大きい人の体型	—	—	—	95	97	99	97	99	101	—	—	—

成人女子用衣料のサイズ（JIS L 4005-1997）

注　各サイズに対応するウエストの年代区分別平均値をもとに定めたものを参考として示す。年代区分は、10は16～19歳、20は20～29歳、30は30～39歳、40は40～49歳、50は50～59歳、60は60～69歳及び70は70～79歳である。

A体型：身長142cm　　A体型：身長150cm　（単位cm）

呼び方			5APP	7APP	9APP	11APP	13APP	15APP	17APP	19APP	3AP	5AP	7AP	9AP	11AP	13AP	15AP	17AP	19AP	21AP
体寸基本法身	バスト		77	80	83	86	89	92	96	100	74	77	80	83	86	89	92	96	100	104
	ヒップ		85	87	89	91	93	95	97	99	83	85	87	89	91	93	95	97	99	101
	身長		\multicolumn{8}{c}{142}											
参考人体寸法	ウエスト	年代区分 10	—	—	—	—	—	—	—	—	—	—	—	—	—	—	—	—	—	—
		20	61	64	67	70	73	76	—	—	58	61	64	64	67	70	73	76	80	84
		30							80	—				67	70	73	76	80		
		40	64	67	70						61	64	67						84	88
		50				73	76	80	84	88				70	73	76	80	84	88	
		60	67	70	73	76	80				64	67	70	73	76					92
		70																		

A体型：身長158cm　　A体型：身長166cm　（単位cm）

呼び方			3AR	5AR	7AR	9AR	11AR	13AR	15AR	17AR	19AR	3AT	5AT	7AT	9AT	11AT	13AT	15AT	17AT	19AT
体寸基本法身	バスト		74	77	80	83	86	89	92	96	100	74	77	80	83	86	89	92	96	100
	ヒップ		85	87	89	91	93	95	97	99	101	87	89	91	93	95	97	99	101	103
	身長		\multicolumn{9}{c}{158}	\multicolumn{9}{c}{166}
参考人体寸法	ウエスト	10	58	61	61	64	67	70	73	76	80	61	61	64	64	67	70	73	76	80
		20																		
		30	61		64	67	70	73	76	80	84		64		67	70	73	76	80	
		40		64																
		50	64		67	70	73	76	80	84	88	—	—	—	70	73	—	—	—	—
		60	—	—	—															
		70	—	—	76															

Y体型：身長142cm　　Y体型：身長150cm　（単位cm）

呼び方			9YPP	11YPP	13YPP	15YPP	5YP	7YP	9YP	11YP	13YP	15YP	17YP
体寸基本法身	バスト		83	86	89	92	77	80	83	86	89	92	96
	ヒップ		85	87	89	91	81	83	85	87	89	91	93
	身長		\multicolumn{4}{c}{142}	\multicolumn{7}{c}{150}
参考人体寸法	ウエスト	10	—	—	—	—		61	64	67	70	73	73
		20	—	67	70	—	61						76
		30				73		64	67	70	73	76	80
		40											
		50	67	70	73	76							
		60					64	67	70	73	76	80	84
		70	70	73	76	80							

Y体型：身長158cm　　Y体型：身長166cm　（単位cm）

呼び方			3YR	5YR	7YR	9YR	11YR	13YR	15YR	17YR	19YR	5YT	7YT	9YT	11YT	13YT	15YT
体寸基本法身	バスト		74	77	80	83	86	89	92	96	100	77	80	83	86	89	92
	ヒップ		81	83	85	87	89	91	93	95	97	85	87	89	91	93	95
	身長		\multicolumn{9}{c}{158}	\multicolumn{6}{c}{166}
参考人体寸法	ウエスト	10	58	61	61	64	64	67	70	73	76	58	61	61	64	67	70
		20															
		30					67	70	73	76	80			64	67	70	
		40	61		64	67						61	64				73
		50		64			70	73	76	80	84			67	70		
		60	—	—	—	70						—	—			—	—
		70	—	—	—		73	—	—	—	—	—	—	—	—	—	—

第2章　基礎知識

AB体型：身長142cm

呼び方				7ABPP	9ABPP	11ABPP	13ABPP	15ABPP	17ABPP
体寸法	基本身	バスト		80	83	86	89	92	96
		ヒップ		91	93	95	97	99	101
		身長		142					
参考人体寸法	ウエスト	年代区分	10				—		
			20	—	—	—	73		80
			30					—	
			40		70	73	76		84
			50	67					
			60	70	73	76	80	84	88
			70						

AB体型：身長150cm （単位cm）

呼び方				3ABP	5ABP	7ABP	9ABP	11ABP	13ABP	15ABP	17ABP	19ABP	21ABP
体寸法	基本身	バスト		74	77	80	83	86	89	92	96	100	104
		ヒップ		87	89	91	93	95	97	99	101	103	105
		身長		150									
参考人体寸法	ウエスト	年代区分	10	58	61	64	67	70	73	76	80	—	
			20	61	64								
			30			67	70	73	76				—
			40							80	84	88	
			50	64	67	70	73	76	80				
			60										92
			70										

AB体型：身長158cm （単位cm）

呼び方				3ABR	5ABR	7ABR	9ABR	11ABR	13ABR	15ABR	17ABR	19ABR	21ABR	23ABR	25ABR	27ABR	29ABR	31ABR
体寸法	基本身	バスト		74	77	80	83	86	89	92	96	100	104	108	112	116	120	124
		ヒップ		89	91	93	95	97	99	101	103	105	107	109	111	113	115	117
		身長		158														
参考人体寸法	ウエスト	年代区分	10	61	61	64	67	70	70	73	76	80	—					
			20															
			30						73	76	80	84						
			40	64	64	67	70	73	76	80	84	88		—	—	—	—	—
			50										92					
			60	67	67	70												
			70		—	—	73	76	80	—	88	—	—					

AB体型：身長166cm （単位cm）

呼び方				5ABT	7ABT	9ABT	11ABT	13ABT	15ABT
体寸法	基本身	バスト		77	80	83	86	89	92
		ヒップ		93	95	97	99	101	103
		身長		166					
参考人体寸法	ウエスト	年代区分	10	61	64	67	70	70	73
			20						
			30					73	76
			40	64				76	80
			50		67	70	73		
			60					—	
			70	—		73	76		

B体型：身長150cm

呼び方				5BP	7BP	9BP	11BP	13BP	15BP	17BP	19BP
体寸法	基本身	バスト		77	80	83	86	89	92	96	100
		ヒップ		93	95	97	99	101	103	105	107
		身長		150							
参考人体寸法	ウエスト	年代区分	10	64	64	67	70	73	76	—	—
			20		67	70	73			80	
			30					76			84
			40	67					80	84	88
			50		70	73	76				
			60					80		—	
			70	—	73	76	80		88	—	

B体型：身長158cm （単位cm）

呼び方				7BR	9BR	11BR	13BR	15BR	17BR	19BR
体寸法	基本身	バスト		80	83	86	89	92	96	100
		ヒップ		97	99	101	103	105	107	109
		身長		158						
参考人体寸法	ウエスト	年代区分	10	64	67	70	73	76	80	84
			20							
			30	67	70	73	76	80	84	88
			40							
			50	70	73					
			60	73						92
			70	—	—	—	—	—	88	

3 衣料パターンの表示記号 (JIS L 0110-1990)

番号	表示事項	表示記号	摘要	番号	表示事項	表示記号	摘要
1	地の目線	(下図のように表示することもある) 矢印	地の目をあらわす線。細い実線に矢印をつけて示す。矢印は片方だけに入れる。矢印を上下に入れることもある。	11	柄合せ線	——柄合せ——	柄合せ裁断の案内に使用する線。柄合せの必要なパーツごとに柄合せの文字をつけて細い実線で示す。
2	中心線	CB　CF	パターン設計上の前身頃、後ろ身頃などの中心をあらわす線。細い実線で示す。前中心は、CF（Center Frontの略）、後ろ中心は、CB（Center Back）の記号を付記する。	12	しん（芯）地指示線	///（斜線）	芯地が必要であることをあらわす線。芯地の大きさおよび位置をあらわす細い実線の内側に3本の斜線（1cmを超えない幅に3本引く）を端から端まで細い実線で示す。
3	案内線	———	目的の線を引くために案内となる線。細い実線で示す。	13	バストポイント	×	バストポイントをあらわす。細い実線で示す。
4	仕上がり線	▬▬▬	パターンの仕上り輪郭をあらわす線。太い実線で示す。必要に応じ細い実線で示してもよい。	14	バイアス方向	⤩	布のバイアス方向をあらわす。細い実線に矢印をつけて示す。
5	見返し線	―・―・―	見返しをつける位置と大きさをあらわす線。原則として細い一点鎖線で示す。	15	直角	⌐	直角であることをあらわす。細い実線で示す。
6	折返し線	——— （下図のように破線で表示する場合もある） -----	折り目をつける位置および折り返す位置をあらわす線。細い実線で示し、必要に応じて名称などを付記する。	16	たたんで切り開く印	⋋ (実線・破線)	ダーツの移動、ギャザーなどの展開をするために、破線部分をたたんで実線部分を切り開くことをあらわす。細い実線および細い破線で示す。
7	わな裁ち線	━ ━ ━ ━（または）⌒	わに裁つ位置をあらわす線。太い破線で示す。	17	線の交差の区別	✕	フレア分など1枚の型紙から出したいとき、左右の線を交差させ同じ寸法にすることをあらわす。細い実線で示す。
8	ステッチ線	- - - - - - -	ステッチの位置と形をあらわす線。細い破線で示す。ステッチの縫始めと縫終りだけ示してもよい。	18	別々の型紙を続ける印	)(	布を裁つときに型紙を続けることをあらわす。細い実線で示す。
9	等分線	⌒⌒⌒	一つの限られた長さの線が等しい長さに分けられていることをあらわす線。細い実線で示す。	19	ノッチ（合印）	┼	縫合せのとき、合致させる点をあらわす。仕上り線に対して直角に入れる。細い実線で示す。
10	方向線	→	タック、ダーツおよびプリーツなどの倒す方向をあらわす線。細い実線に片矢印をつけて示す。線尾の布が線頭の布の上に載ることをあらわす。	20	ファスナ止まり位置	▷┼	ファスナのつけ止り位置をあらわす。ノッチに三角印をつけて細い実線で示す。必要に応じファスナの閉じ口側とあき止り側の区別を示す。

第2章　基礎知識

番号	表示事項	表示記号	摘要	番号	表示事項	表示記号	摘要
21	縫い止め位置		縫い止め位置のほかに、縫始め位置、付属品の挟み込みおよびつけ位置などをあらわす。ノッチに丸印をつけて細い実線で示す。	31	スナップ付け位置		スナップ付け位置と凸側、凹側の区別をあらわす。細い実線で示す。
22	ギャザー		ギャザーを入れる位置をあらわす。ギャザー止りをあらわす場合は、縫止め位置を併用して示す。細い実線で示す。	32	かぎホック前かん付け位置		かぎホックおよび前かんの付け位置および受け側、かぎ側の区分をあらわす。細い実線で示す。
23	伸ばす		伸ばす位置をあらわす。細い実線の両端に外向きの矢印をつけて示し、ノッチがある場合は、その間ごとに示す。	33	布ループ付け位置		布ループの挟み込み位置をあらわす。ノッチを布ループ付け仕上り位置の内側に入れる。細い実線で示す。
24	いせる		いせる位置をあらわす。細い実線の両端に内向きに矢印をつけて示し、ノッチがある場合はその間ごとに示す。	34	糸ループ付け位置		糸ループの付け位置およびその付け方をあらわす。細い実線で示し、ループの仕上り寸法を付記して示す。縫止め位置に糸ループの形状を示す。
25	追い込む		追い込む位置をあらわす。細い実線で示し、ノッチがある場合はその間ごとに示す。	35	複数のステッチ線位置	こば+0.6cm	2本以上のステッチ線がある場合はそれぞれのステッチ間隔をあらわす（表示記号欄に示したものは、こばステッチから次のステッチ線の間が0.6cmの場合の例である）。細い実線および細い破線で示す。
26	ダーツ		ダーツの分量とその位置をあらわす。ダーツ止り線を入れない場合もある。細い実線で示し、ダーツの倒し方は、下側に方向線で示す。	36	ドリルホール位置		裁断時に必要なドリルホール位置などの印付け位置をあらわす。細い実線で描いた＋中心を細い実線の丸で囲んで示す。
27	パーツの前後の区別	（後ろ）（前）	パターンのパーツそのものの前後、または前身頃側、後ろ身頃側の区別をあらわす。後ろはダブルノッチ（間隔1cm程度）、前はシングルノッチで示す。	37	片ひだプリーツ		プリーツ線を山、奥、すべて細い実線で示し、裾方向を下にして2本の斜線を引く。高いほうが低いほうに載ることをあらわす。着用状態で横方向にプリーツが入る場合は、中心側を上に見て斜線を引く。
28	部品取付位置	（または）	部品を取りつける場合に、その位置と大きさ、形状をあらわす。細い実線で示し、部品の輪郭をその位置に示す。（表示記号は、フラップの場合の例）	38	ボックスプリーツ		プリーツ線を山、奥すべて細い実線で示し、裾方向を下にして対象形に2本の斜線を引く。斜線の高いほうが低いほうの上に載ることをあらわす。
29	ボタン付け位置	＋	ボタン付け位置をあらわす。細い実線で示す。	39	ピンタック	（表ピンタック）（裏ピンタック）	ピンタック縫合わせ線を細い実線で示し、裾方向を下にして対称形に2本の斜線を引く。ピンタックの倒し方向は、方向線を併用して示す。着用状態で横方向にピンタックが入る場合は、中心側を上に見て斜線を引く。
30	ボタンホール	ホールの大きさ（ボタン付け位置）	ボタンホールの位置および大きさ並びにボタン付け位置をあらわす。細い実線で示す。	40	タック		タックを細い実線で示し、裾方向を下にして1本の斜線を引く。高いほうが低いほうの上に載ることをあらわす。着用状態で横方向にタックが入る場合は、中心側を上に見て斜線を引く。

Ⅲ 用具

ドレーピングやパターンメーキングにはそれぞれに適応した用具が必要である。
ここでは主に使用する用具の名称と用途について説明する。

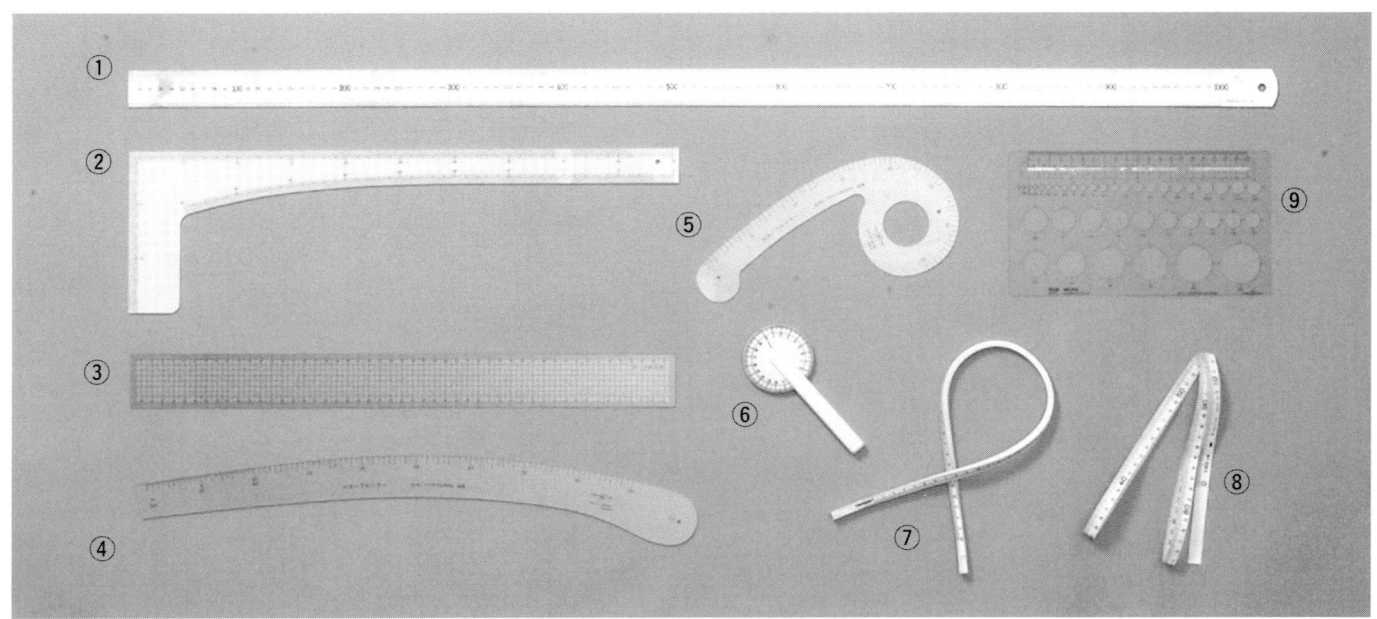

①ステンレス直尺
線を引いたり、紙をカットするときに使用する。硬質塩化ビニール製定規のものに比べ、ステンレス尺は重いため、おもりの役目もでき便利である。
長さは30、60、100cmとあるが、60、100cmの使用範囲が多い。

②L尺
直線、直角、カーブを兼ね備えた定規である。硬質塩化ビニール製で透明なものと、乳白色のものがある。

③方眼定規
0.5cmの方眼が全面に入っている硬質ビニール製の透明な定規である。
周囲に1mmの目盛りがあり、平行線や直角線を引くとき、また縫い代つけなどに便利である。
長さは30、40、50、60cmがある。

④Hカーブルーラー
両側がゆるいカーブになった定規で、スカート、パンツの脇線、パンツの股下線をかくのに使用する。

⑤Dカーブルーラー
衿ぐり線、袖ぐり線、股ぐり線などの曲線をかくのに使用する小回りのきくカーブ尺である。

⑥マールサシ
テープメジャーの代りに使う。目盛りがついているので、ルレットのように動かすと、曲線の長さをはかるのに便利である。
1周が20cmになっている。

⑦自由曲線定規
中に鉛が入っていて、自由に曲げたり、カーブに合わせることができ、その形を保つことができる。曲線をはかったり、かいたりするとき使用する。

⑧テープメジャー
立体の採寸、曲線をはかるために使用する。種類も多いが、気温によって変化せず、肌ざわりがよくて使いやすいものを選びたい。
長さは150cmのものが一般的である。

⑨点線引きテンプレート（円定規つき）
破線、1点鎖線の2種類の点線が引ける用具。また円定規がついているので、ボタンの作成に便利である。

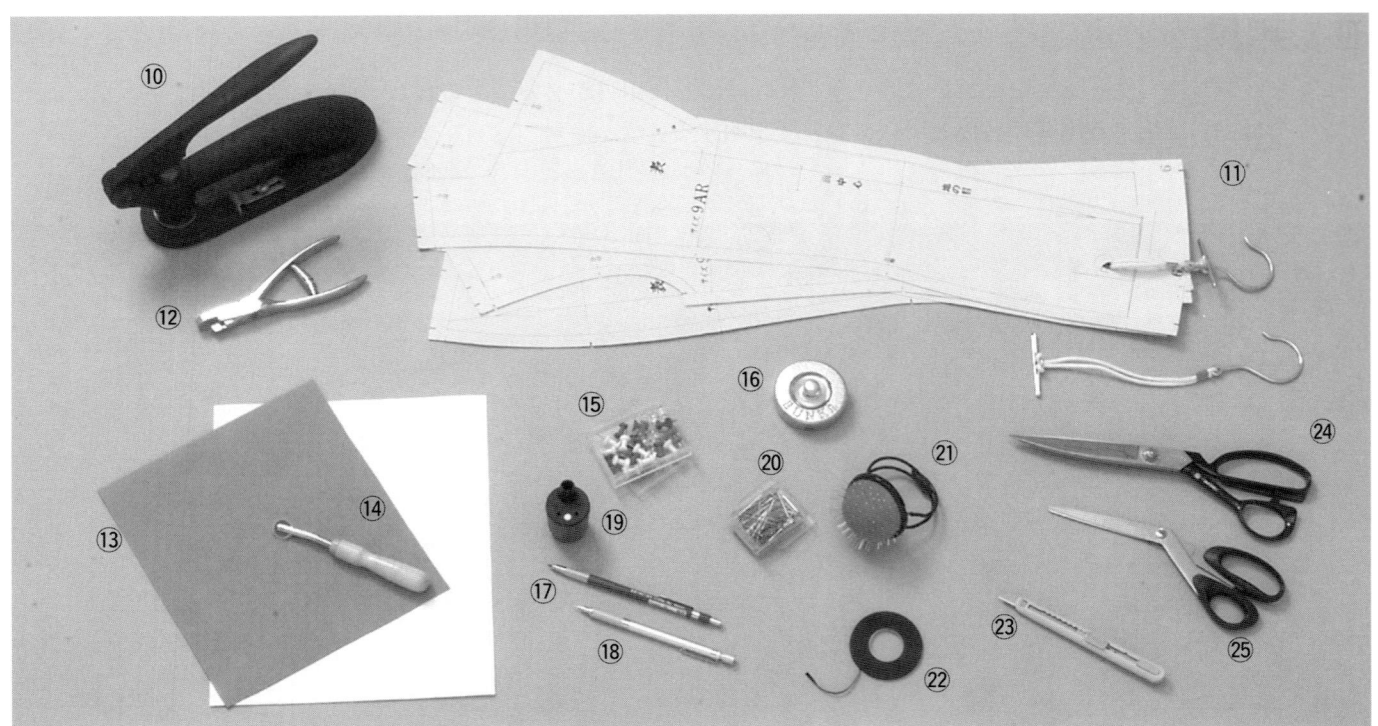

⑩ **パターンパンチ**

　パターンをつり下げて保管する場合に、パターンに穴をあけるもの。直径約2cmの穴があく。

⑪ **パターンハンガー**

　パターンパンチであけた穴に通して、パターンを一型ずつまとめ、下げて保管する。

⑫ **ノッチャー**

　パターンに合い印（ノッチ）を入れる用具。合い印には相手があるので、2枚に入れるのを忘れずに。

⑬ **チョークペーパー**

　両面または片面にチョークがついている複写紙で印つけに使う。

　布の間にはさみ、ルレットを使って写すと2枚一緒に印つけができ、便利である。

　色は青、赤、黄、白などがある。

⑭ **ルレット**

　布の両面にチョークペーパーを使って印をつけるとき、パターンをうつし取るときに使用する。

　歯先の刻みが鋭いもの、丸くてソフトなもの、ストレートのものなどがある。

⑮ **プッシュピン**

　パターンをうつすときやパターン操作のときにパターンが動かないように止めるのに使用する。

⑯ **文鎮**

　トワルからパターンをうつし取るときなどに使用すると、布やパターンがずれないで便利である。

⑰ **芯ホルダー**

　太い芯の鉛筆で、案内線、仕上り線の区別は芯の濃さで使い分ける。芯を削る研芯器（芯削り器）が必要である。線は細く均一に引く。

⑱ **シャープペンシル**

　芯の太さは0.3、0.5、0.7、0.9mmがあり、案内線、出来上り線の区別は、芯の太さ、濃さで使い分ける。

⑲ **研芯器（芯削り器）**

　芯ホルダー専用の芯を削る用具である。

⑳ **ピン（虫ピン）**

　ドレーピングには、0.5mmのモードシルクピン、0.55mmのシルクピンの細い虫ピンを使用する。

㉑ **ピンクッション（アームピンクッション）**

　ピンを刺しておくもの。ピンのさびを防ぎ、刺しやすいもので、手首につけて使う。

㉒ **ボディライン（デザインテープ）**

　ボディのガイドラインやデザイン線を入れるときに使用する0.3cm幅の黒色の接着テープ。ボディラインのほかに細い線を必要とする場合にはICテープなども使う。

　ICテープは、幅がいろいろあり、色も黒、青、赤、黄、白などがあるが、トワルを通して見える濃い色がよく、黒が一般的である。

㉓ **カッターナイフ**

　パターンを切るときに使用する。刃先のよく切れるものを使いたい。

㉔ **裁断ばさみ**

　はさみはドレーピングに欠かせない用具の一つで、あまり長くない20cmくらいのものが使いやすい。

㉕ **紙切りばさみ**

　用途はカッターナイフと同じである。

Ⅳ　ボディのガイドラインの位置と入れ方

テープはボディライン（デザインテープ）やセーラーテープを使用する。

バストライン

ボディの側面から見て、バストポイントの位置を見つけ、左右のポイントを通るようにして水平に一周する。

ウエストライン

ボディの正面から見ていちばん細くなっている位置を一周する。

ボディには最初から、黒または白のテープがはってあるものが多い。

側面から見るとやや後ろ下りになっている。背丈を確認する。

ヒップライン

ウエストから腰丈をはかり、水平に一周する。

※前中心線、後ろ中心線、脇線は目安として入れてもよい。

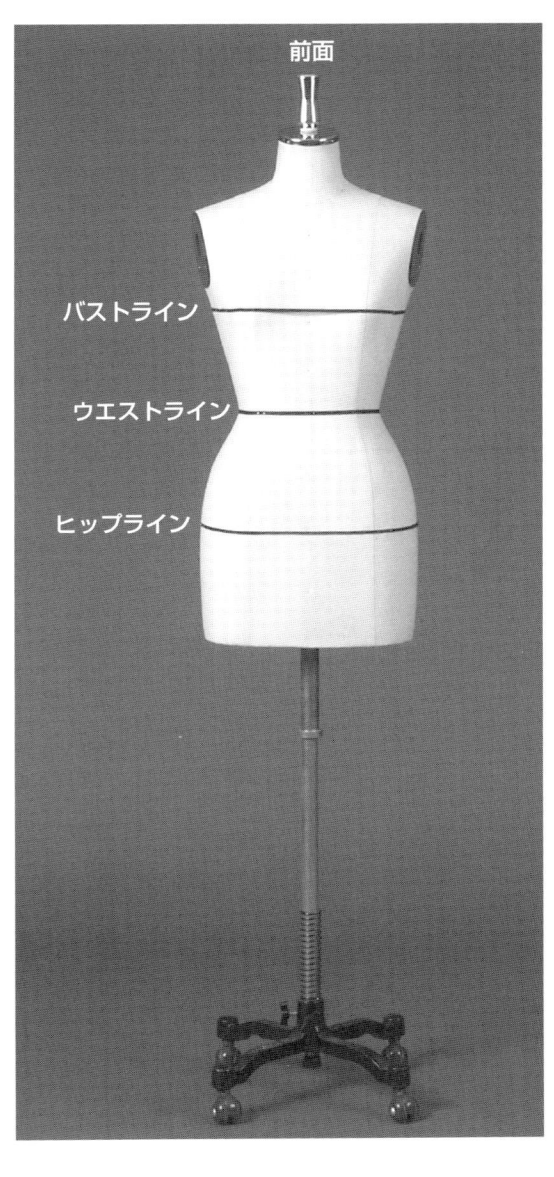
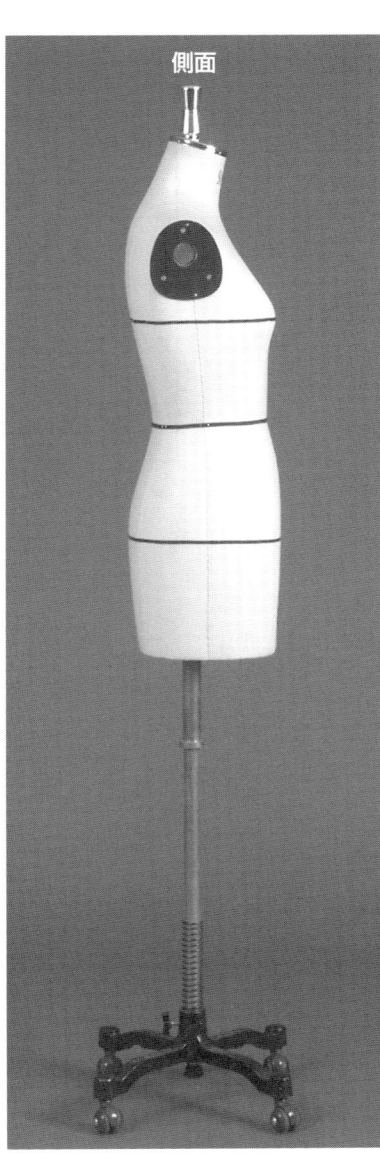
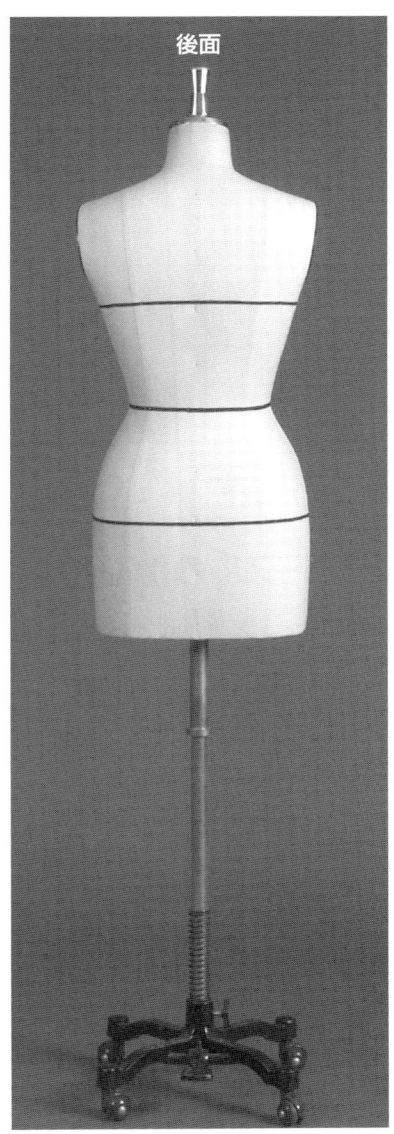

Ⅴ　トワル（シーチング）の種類と準備

1　トワルの種類

用布としてトワル（シーチング）を使用。平織りの綿布で、表1のように数種類あるが、一般的には薄手、厚手を使用することが多い。

トワル（シーチング）の種類

表1

種類	超極薄シーチング	極薄シーチング	薄手シーチング	厚手シーチング	湯通し済み薄手シーチング	湯通し済み厚手シーチング	粗布	トワルコットン
素材	綿100%	綿100%	綿100%	綿100%	綿100%	綿100%	綿100%	綿100%
規格	121cm×120m	96cm×110m	96cm×111m	96cm×110m	96cm×56m	96cm×55m	96cm×120m乱	90cm×50m乱
糸番手	経40・緯40	経40・緯40	経30・緯36	経20・緯20	経30・緯36	経20・緯20	経20・緯16	経20・緯20
密度	経58・緯42	経68・緯63	経72・緯69	経60・緯60	経72・緯69	経60・緯60	経50・緯51	経60・緯60
組織	平織り	平織り	平織り	平織り	平織り	平織り	平織り	平織り
備考								ます目の入ったシーチング。縦・横10cm間隔に色糸を使用。布目がわかりやすい。

2　トワルの地直し

布地はたて糸とよこ糸が直角に織られていて、整理の段階で布目がゆがんでしまうことがある。布目を直角に地直ししないでドレーピングやトワルの組立てをすると、布目が直角に戻ったときにゆがみ、その状態のままパターンにうつし取ると（図1）、意図した形に出来上がらなくなる。トワルの布目を直角にすることが（図2）正確なドレーピングやパターンを作る第一歩である。

トワルの地直しは、トワル全体にアイロンのスチームを当てて縮める。多少張りはでるが、ドライアイロンを当てただけでも縮むので、最初に充分蒸気を当てて縮めておく。次に布目のゆがんでいる部分をバイアスに引き、直角に直していく。

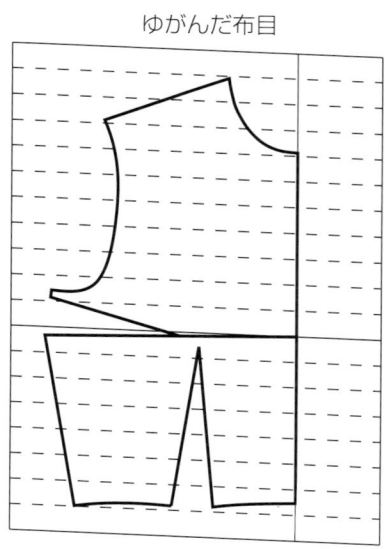

図1　ゆがんだ布目

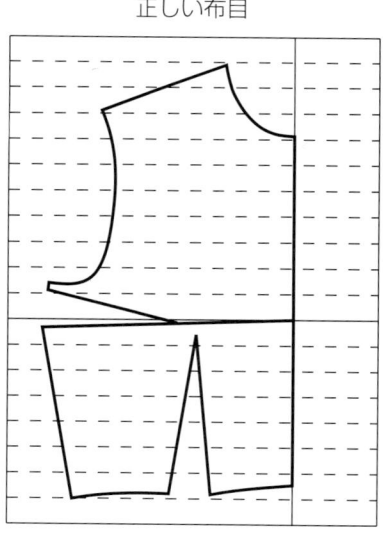

図2　正しい布目

Ⅵ 基本テクニック

1 ピンの打ち方

固定するピン打ち	トワルどうしのピン打ち
トワルをボディに止めるにはピンをV字形に打ち、動きにくくする。図のように上と下をV字形に止めるとより動かなくなる。	トワルどうしを止めるには、はぎ目に対して斜めや直角に打つ。 斜めピンはたて糸とよこ糸の両方をすくうことで、ピンのあたりを少なくすることができる。
ベルトつけ、裾上げのピン打ち	**袖つけのピン打ち**
ベルトつけは横に、裾上げは縦に打つことが多い。	袖つけピンは、袖つけいせのふくらみをつぶさないように、袖山線からピンを刺し、縫い代だけを止める。

2 縫い代に入れる切込み

- 切込みはたて糸かよこ糸だけを切るとなじみが悪くあたりがでるので、両方の糸を切るように斜めに入れる。
- 切込みは出来上り線の0.2～0.3cm手前まで斜めに入れる。カーブがきつい衿ぐり線やウエストラインは細かく切り込み、トワルのなじみをよくする。
- 袖ぐりには切込みを入れない。

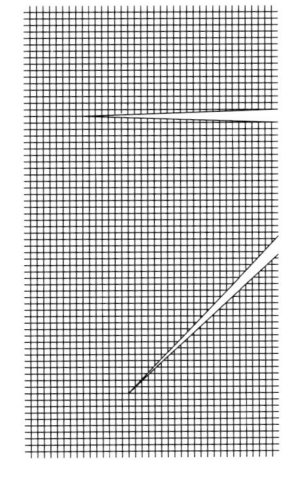
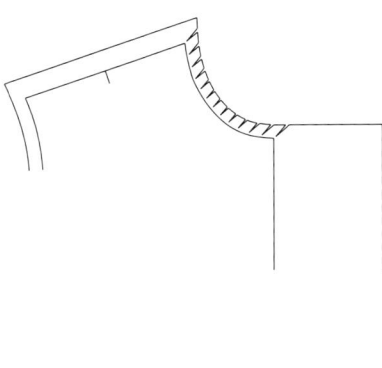

3 マーキング（印つけ）の方法

トワルのはぎ目に鉛筆を直角に当て（図1）、折り山と下の布に点で印をつける。

カーブがきつい衿ぐり線やウエストラインは、細かい間隔で印をつける。

図1

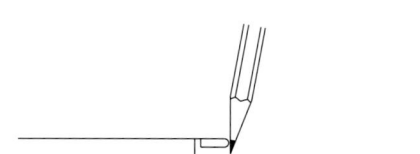

トワルの線の入れ方

マーキングした印を目安に各ダーツ、前肩線、後ろ脇線を直線で引く（図2）。

他の線は縫い合わせた状態にピンを打ち、つながりよい線を引く。

図2

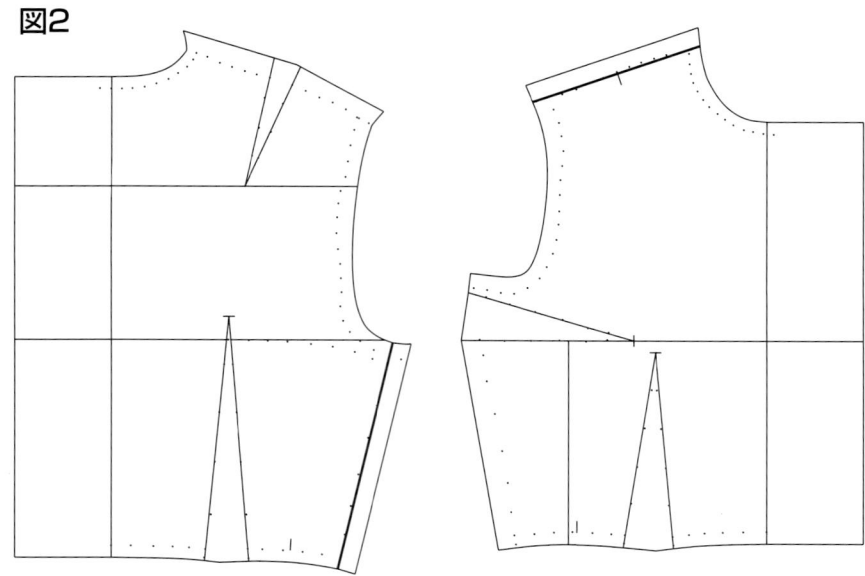

前脇線と後ろ肩線

サイドダーツと肩ダーツを止め、直線で引く（図3）。

衿ぐり線と袖ぐり線

前後肩線を止め、衿ぐり線と袖ぐり線につながりよいスムーズなカーブ線で引く（図4）。

衿ぐり線の出だしは前後中心線に対して直角に引く。

図3

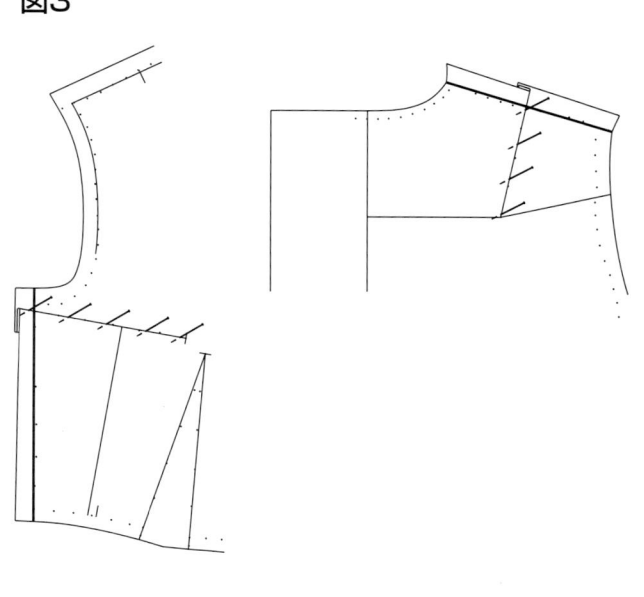

図4

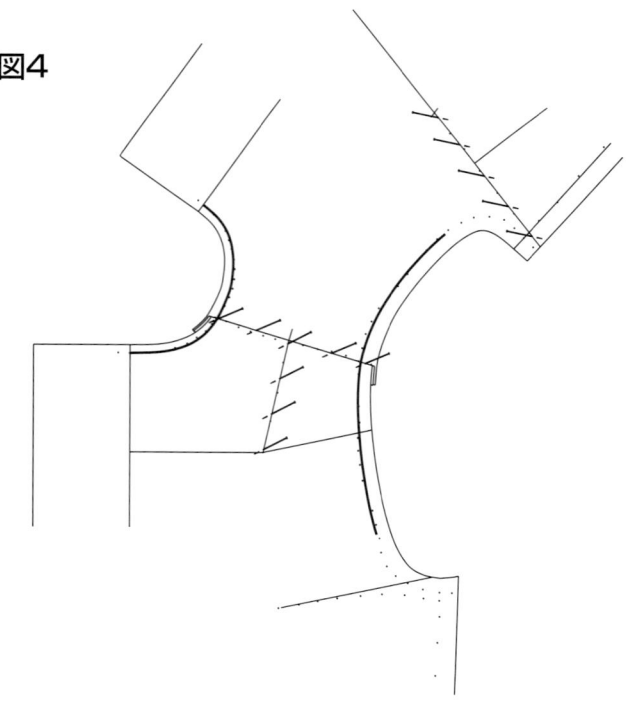

袖ぐり底とウエストライン

ウエストダーツと脇線を止め、袖ぐりの底部分とウエストラインにつながりのよいスムーズなカーブで線を引く（図5）。

スカートのウエストラインも身頃同様に、各ダーツと脇を縫い合わせた状態にピンを打ち、スムーズなカーブで線を引く。

縫い合わせた状態にピンを打つときは、各縫い目の長さが合うように調整する。

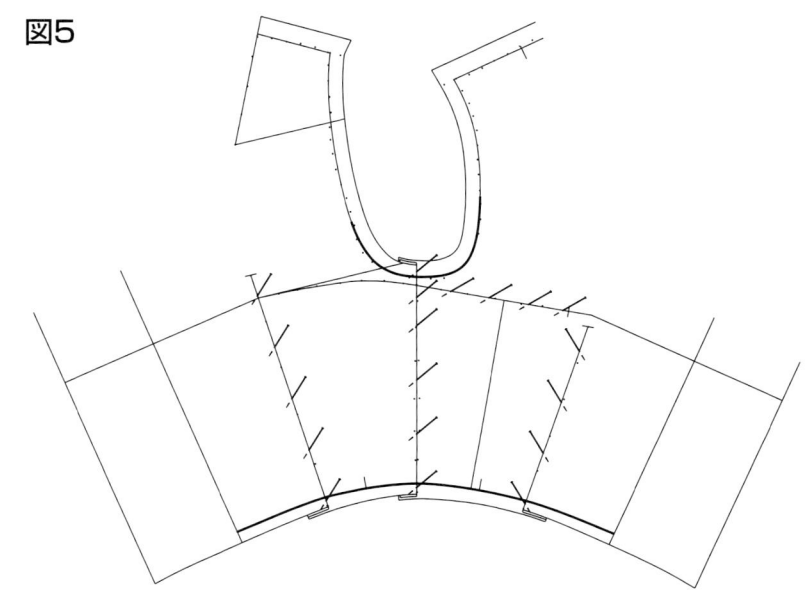

図5

4　ドラフティングとパターンチェック

ドラフティングは、トワルをパターン用紙の上に置き、プッシュピンで止め、ルレットでうつし取る方法と、パターン用紙をトワルの上に置き、動かないように文鎮等を乗せ、鉛筆でうつし取る2通りの方法がある。今回は前者の方法にする。

ドラフティングの方法

- トワルにアイロンのスチームを当てると縮むので、ドレーピング後はドライアイロンで平らにする。
- トワルが入る大きさのパターン用紙に、中心線とバストライン（スカートはヒップライン）を垂直、水平に入れておく。
- トワルの中心線（縦地）とバストライン（横地）の交点を、パターン用紙の交点と合わせてプッシュピンを打つ。トワルの縦地をパターン用紙の中心線に合わせ、衿ぐりからウエストまで、トワルを張るようにしてプッシュピンを打つ。横地をバストラインに合わせ、トワルを張りながら脇にプッシュピンを打つ。縦地と横地を止めたら、布目をくずさないようにトワルを張りながら縫い代端にプッシュピンを打つ。このとき、バイアス方向にトワルを引かないように注意する。ルレットで出来上り線とダーツ線、合い印、バストラインをうつす。
- 後ろ身頃やスカートも同様に行なう。

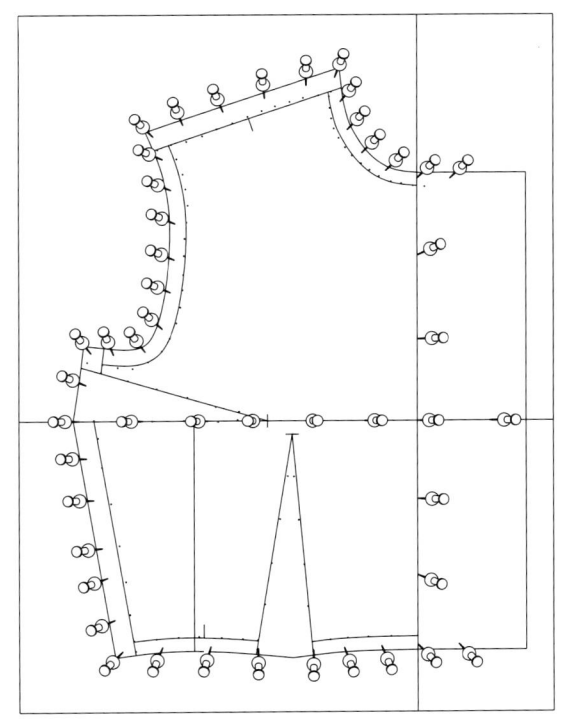

パターンチェック

- パターンチェックはトワルの線の入れ方と同様に考えて、各縫い目の長さを合わせ、カーブのつながりをスムーズに修正する。

5 縫い代のつけ方

縫い代幅と縫い代角の形状は裏なしと総裏、ステッチの幅など、縫製仕様によって違ってくるが、製品の均一化を図り、正確に短時間で縫製することを目的に考えなければならない。

縫い代幅の設定
- 基本的に縫い合わせる縫い代どうしの幅は同一で、出来上り線に平行。
- 素材の物性を考慮し、縫い代幅を決定する（素材の厚さ、ほつれやすい、伸びやすい）。
- ステッチや縫製仕様を考慮する（ステッチを縫い代に乗せるか、ステッチの中に縫い代を収めるかでステッチをかけた縫い目の表情が変わる）。
- お直しや上代を考慮する。

縫い代角の設定
- 縫製順序にしたがい、角を直角に作る。
- 裾は裾線を延長し、対角（対称）で作る。
- 裏なしの場合は先に縫う線を延長し、対角（対称）に作る。

角作りA
- 角作りは先に縫う縫い目線を延長し、直角に角を作る。
- 角度の大きいⓐから角を作り、角度の小さいⓒの角をあとから作る。縫い代角の高さⓑとⓓは同寸法で作る（図1）。縫い代角の高さを合わせることで精度を上げる。
- 縫い合わせて縫い代を割ると、斜線部分の縫い代がはみ出すのでカットする（図2）。

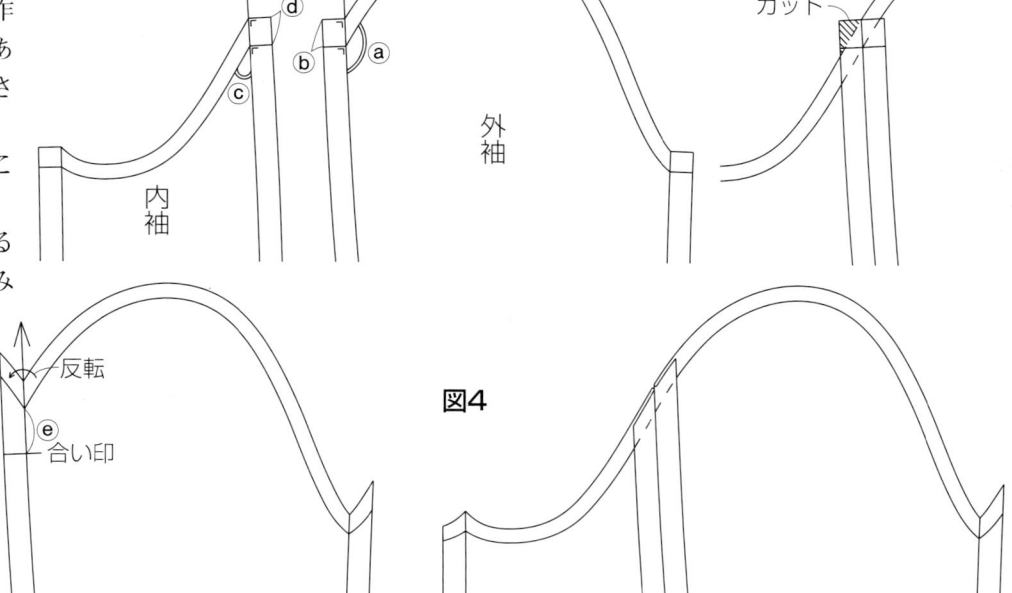

角作りB
- 裏なしの場合は、縫い代を反転すると縫い代角が直角にならないので精度が落ちる。
- ずれを防ぐために出来上りから数cm離して合い印（ⓔⓕ）をつける（図3）。
- 縫い合わせて縫い代を割ると、袖つけ縫い代の形状と同じになる（図4）。
- 裏なしの場合で角を直角に作る場合は、先に縫う線を延長して縫い代幅と同寸法を袖つけ線上にしるし（ⓖ）、そこから直角に角を作る（図5）。ずれがでにくいので精度が上がる。
- はみ出した斜線部分の縫い代をカットすると（図6）、図4と同じになる。

裾の角作り
- 裾は裾線を延長し、対角（対称）で作る（図7）。ⓗⓘは同角度。
- アウトカーブの裾線は縫い代端をいせ込み、カーブを作る。インカーブは逆に伸ばして裾のカーブを作る。

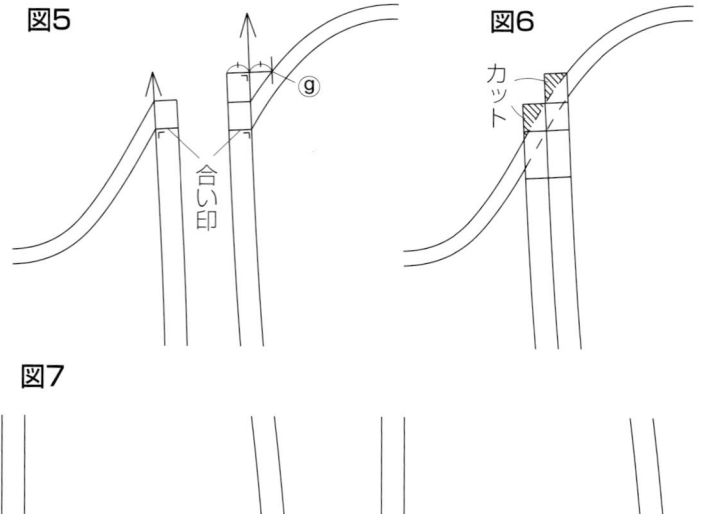

第 3 章

原　型

1　ドレス原型（標準原型）

　ドレス原型（標準原型）は、ターゲットの体型を考慮して選んだボディの形を、くせをつけずにフラットパターンにしなければならなく、このドレス原型を基に各シルエット原型に展開するので、ダーツの方向や長さにも注意し、正確に作らなければならない。

　原型をドレーピングから作る方法には、ゆとりを入れずにドレーピングして、フラットパターンでゆとりを加える方法と、ゆとりを加えながらドレーピングする方法がある。今回は後者の方法で行なう。

ボディの準備

25ページ参照

トワルの準備

案内線（ガイドライン）を入れる。

● 身頃

　前後にバストラインを入れる。

　前中心線はボディの左右のバストポイント間にトワルが渡るように端から8cmに線を引く。

　脇案内線はボディのバストポイントから脇までの$\frac{1}{2}$の長さをはかってバストラインから垂直に線を引く。

　後ろ中心線は前中心線と同様に引く。肩甲骨の案内線はバストラインから13cm上に決め、横布目を通す。

● 袖

　袖山線は前袖幅が後ろより狭いので、トワルの$\frac{1}{2}$より1.5cm前寄りにする。

● スカート

　ヒップラインを入れる。

　前後中心線は身頃とつながるように同じ幅にする。

地直しをする。

　すべての線が水平、垂直になるように地直しをする。

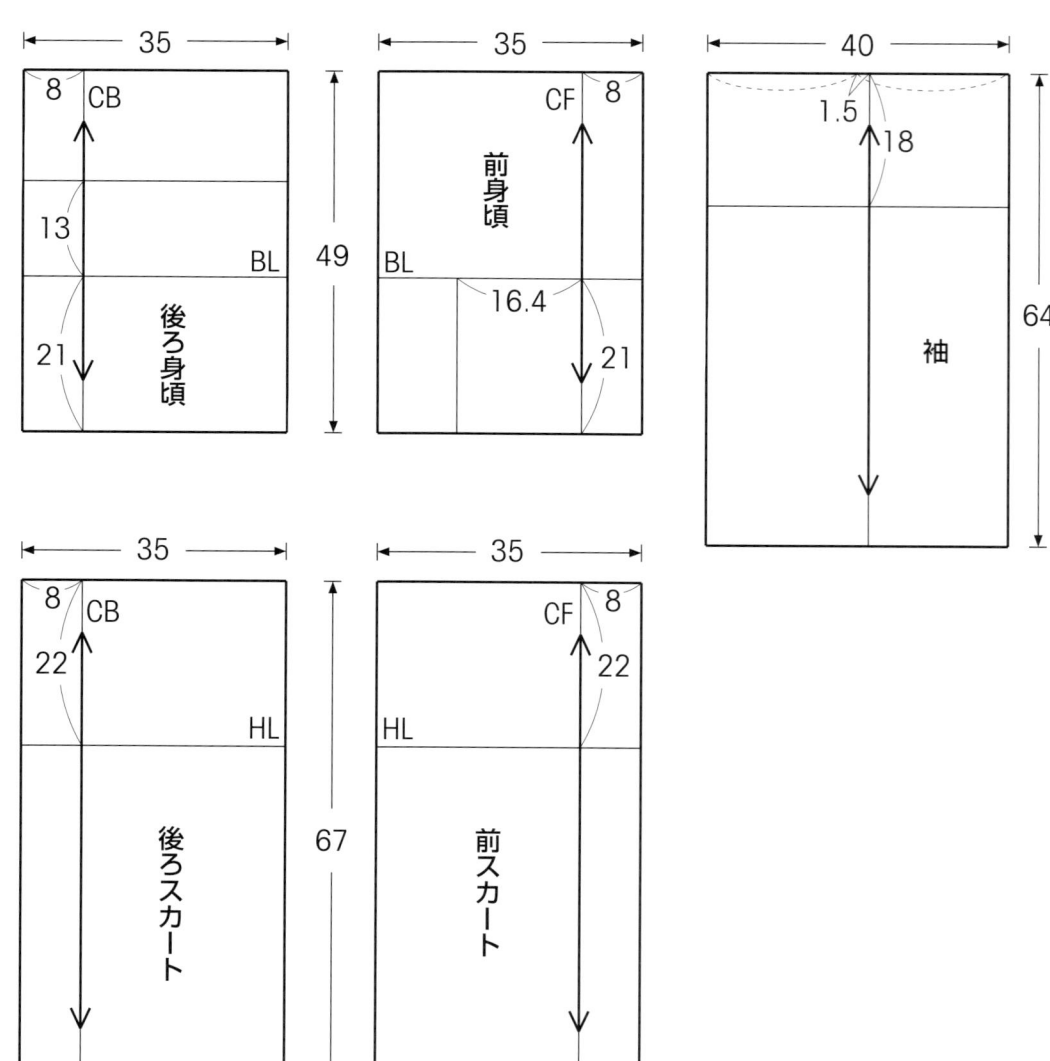

ゆとり分量を決める

JIS規格サイズ（ヌード寸法）に入れるゆとり分量を決め、ドレス原型の出来上り寸法を決める。

原型とボディの寸法差から、ボディに対するゆとり分量を算出し、前後身頃に同分量入れる。

サイズ表

	9AR（JIS規格）	入れるゆとり分量	原型	ボディ
バスト	83	10	93	88
ウエスト	64	1	65	63
ヒップ	91	4	95	93

（単位cm）

原型とボディの差	ボディに対する原型のゆとり	
	前身頃	後ろ身頃
5	1.25	1.25
2	0.5	0.5
2	0.5	0.5

ゆとりの配分

● 前身頃

前中心線から2～3cmの位置でバストラインとウエストラインに0.25cm、プリンセスラインと脇線の中間位置のバストラインに1cm、ウエストに0.25cm入れる。

● 後ろ身頃

後ろ中心線から2～3cmの位置でバストラインとウエストラインに0.25cm、プリンセスラインと脇線の中間位置のバストラインに1cm、ウエストに0.25cm入れる。

● 前後スカート

中心線から2～3cmの位置でウエストラインとヒップラインに0.25cm、プリンセスラインと脇線の中間位置のウエストラインとヒップラインに0.25cm入れる。

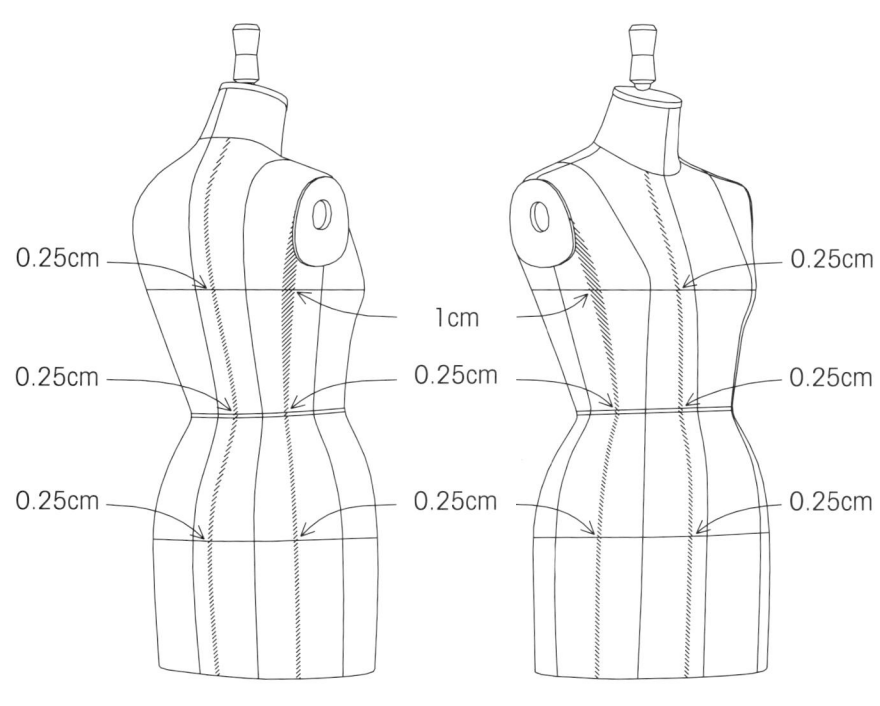

ドレーピング

1 前身頃を作る。

トワルの前中心線とバストラインを、ボディの前中心とバストラインに合わせ、衿ぐりを止める。

左右のバストポイントを仮止めし、前中心のウエストを止める。

トワルの前中心線のバストライン位置を止める。このとき中心が沈み込み、図のような菱形のつれじわがでないように注意する。

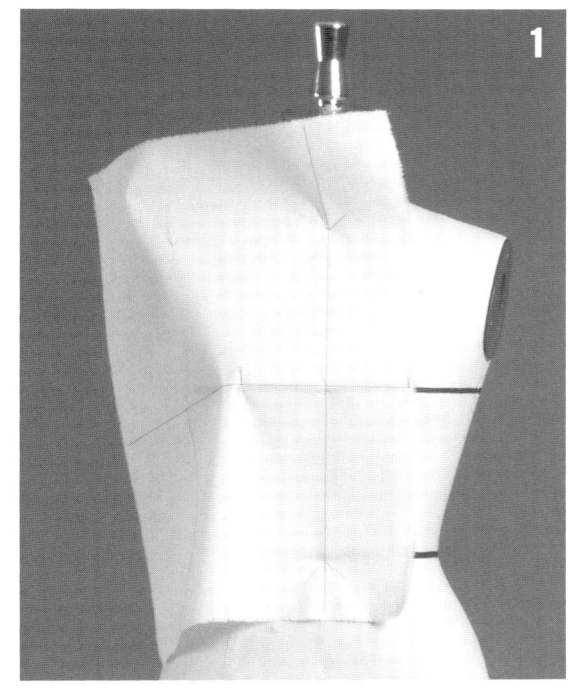

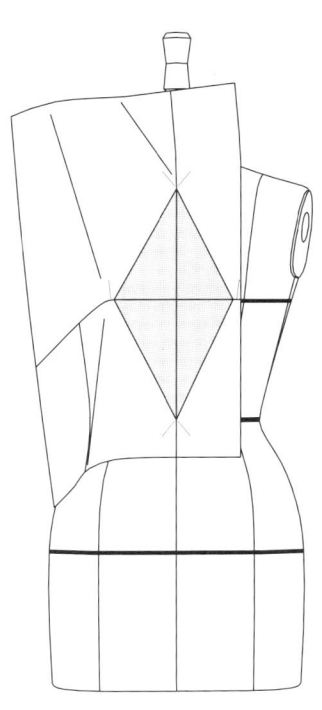

第3章　原型

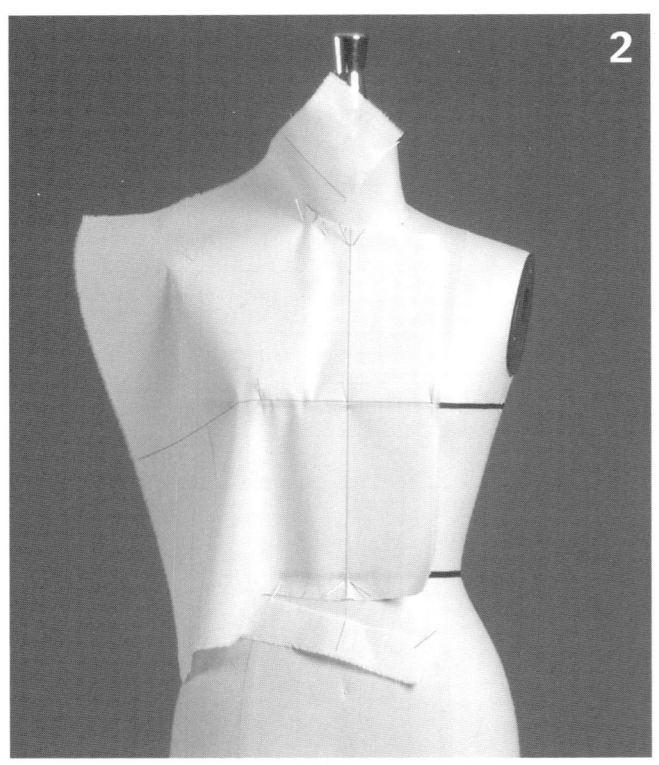

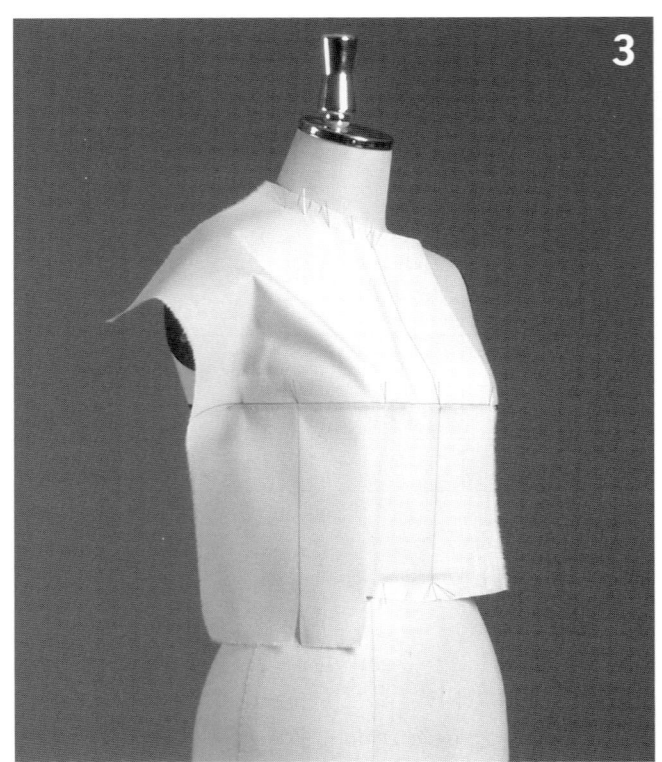

2 前中心と平行に衿ぐり、バスト、ウエストに、0.25cmずつゆとりを入れて止める（バストポイントのピンは止め直す）。

衿ぐりとウエストに縫い代分を残し、余分な布をカットしながら縫い代に切込みを入れる。衿ぐり線はカーブがきついので切込みを1cm間隔くらいで入れ、ボディになじませる。

3 衿ぐりを肩線位置まで作り、肩先に向かってトワルをなじませて止める。

胸ぐせの分量を袖ぐりに浮かして、トワルのバストライン（横地）をボディのバストラインに合わせ、脇線位置を止める。このときバストポイント位置のトワルは軽くそうようにして、決して引っ張らないように注意する。

バストラインが下がらないように脇案内線位置を止める。

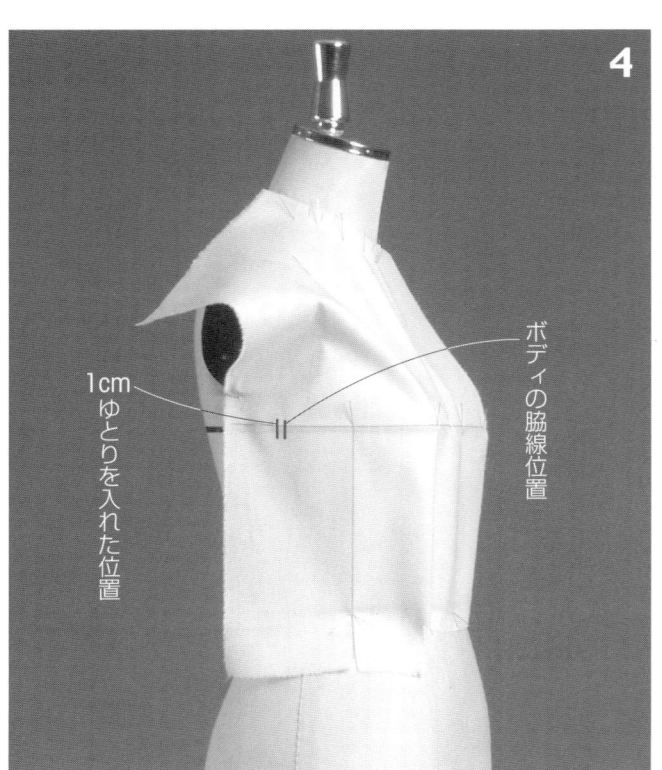

4 ボディの脇線位置と1cmゆとりを入れる位置をトワルにしるす。

バストラインからウエストまで脇案内線部分をなじませ、脇案内線が垂直に下りているのを確認してウエストラインの下を止める。

5 袖ぐりに浮かした胸ぐせ分量を、バストライン上に移動し、サイドダーツを作る。

　袖ぐりは多少浮かしてボディに張りつかないように注意する。

　ダーツの縫い代が袖ぐりにかからないように下側に折り、バストポイントから1.5cmくらい離してダーツ止りを決める。

　脇のゆとり分量として4でつけた印を、バストラインがずれないように移動し、ゆとりを入れる。

　脇案内線位置にゆとりを入れてピンを止め直し、ウエスト位置に0.25cmのゆとりを入れ、ウエストから肩先に向かって縦にゆとりが入るのを確認する。

　ウエストラインは脇案内線を中心にして前側と脇に向かって、余分な布をカットしながら縫い代に切込みを入れる。

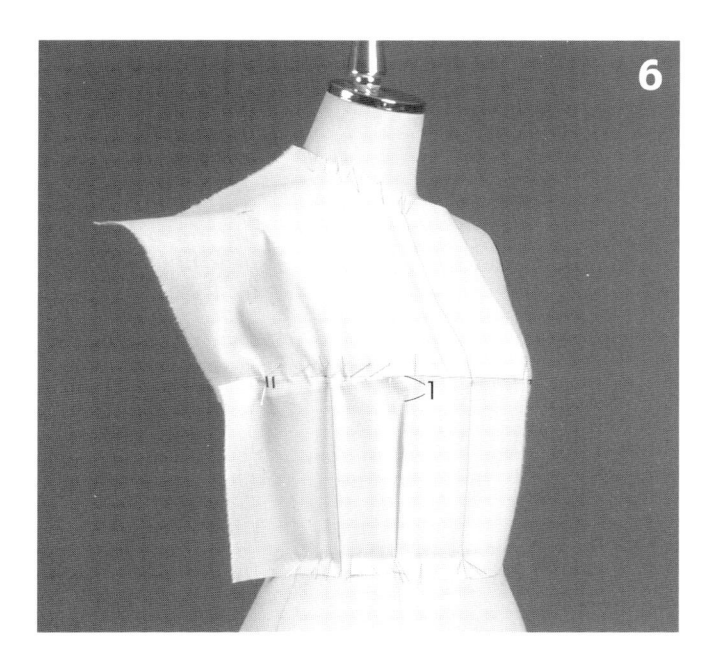

6 ウエストダーツをプリンセスライン位置にし、バストラインから1cm下にダーツ止りを決め、中心側に倒して折り、ダーツを止める。

　ダーツの方向は肩線中央に自然なカーブで向かうように注意する。

7 肩の余分な布をカットする。

　袖ぐりはボディのアームプレートより2cmくらい縫い代を残し、脇も余分な布をカットする。

　肩先から袖ぐりにかけて腕を動かしたときに必要となるゆとりを残し、肩先をなじませ、止め直す。

　脇案内線位置に止めたピンをはずし、脇が全体に丸くふくらむのを確認する。

8 後ろ身頃を作る。

　トワルの後ろ中心線とバストラインを、ボディの後ろ中心とバストラインに合わせ、衿ぐりとウエストを止め、肩甲骨の案内線も止める。

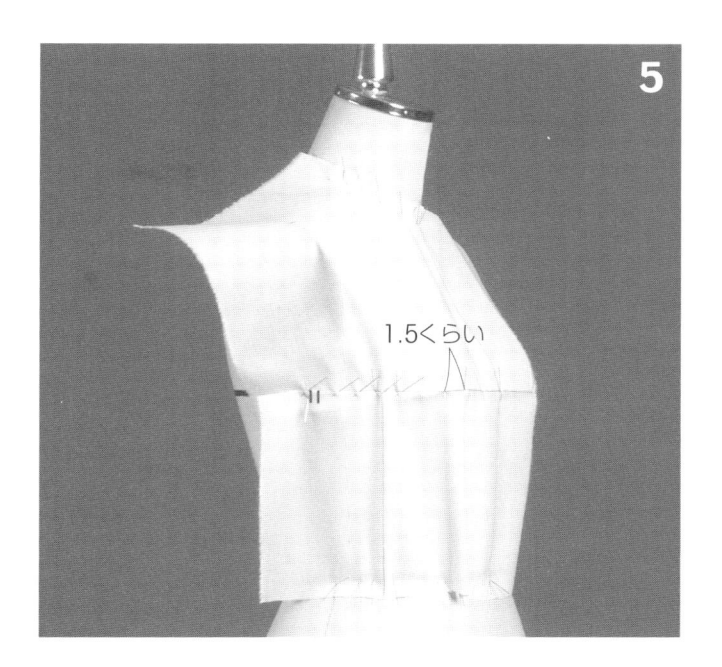

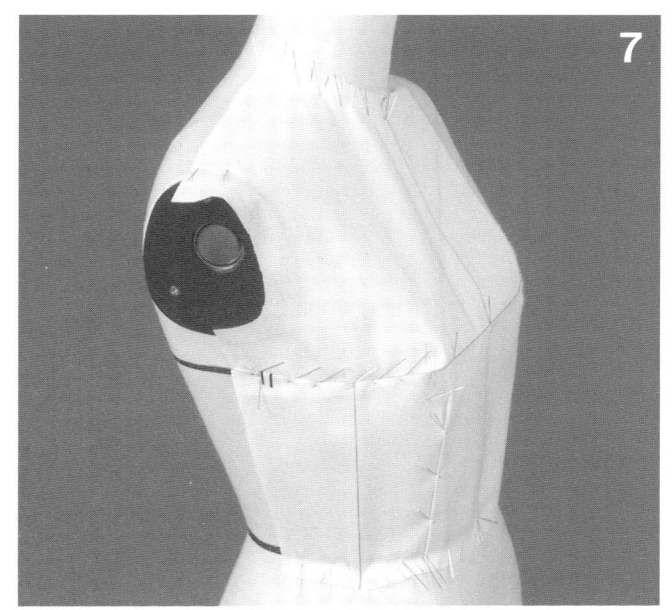

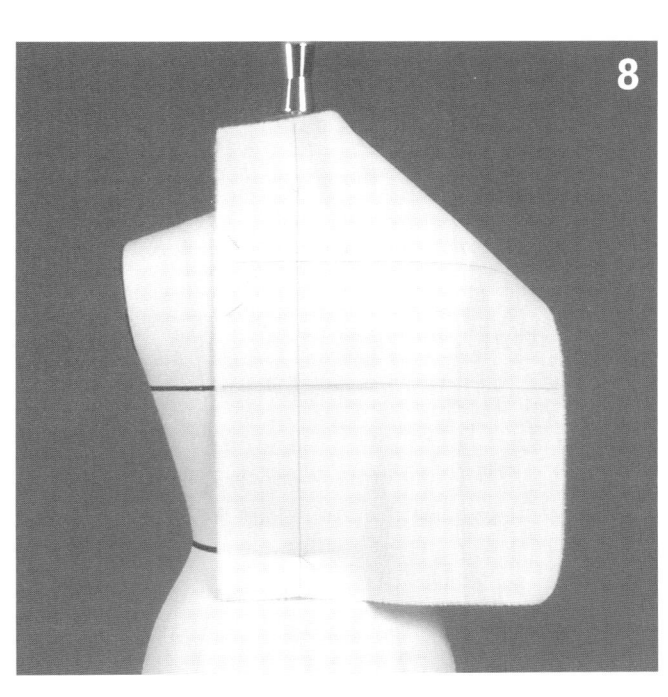

第3章　原型　35

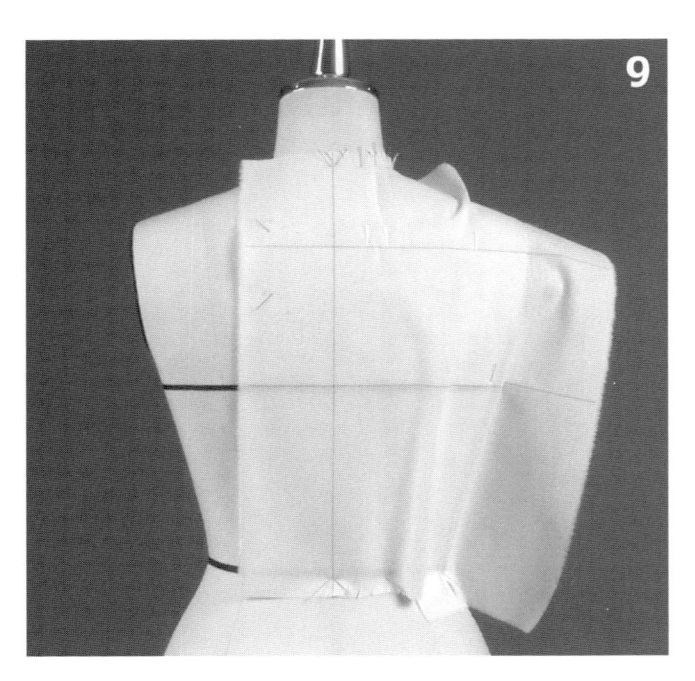

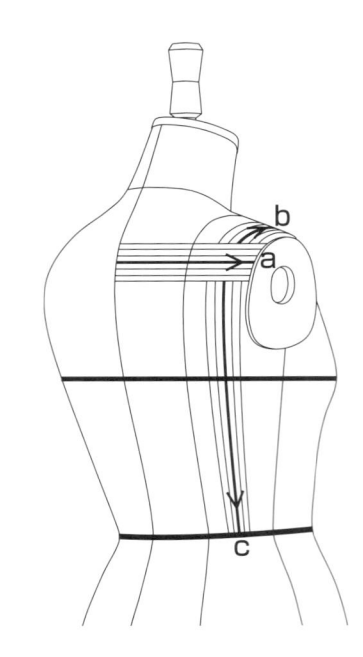

9 後ろ中心と平行に衿ぐりからウエストまで0.25cmずつゆとりを入れ、袖ぐり位置を止める。

肩甲骨の案内線が水平になるように手のひらを使い、後ろ中心から袖ぐりに向かってトワルをボディになじませて袖ぐり位置を止める（図-a）。

衿ぐりは肩線まで、ウエストはプリンセスラインまで切込みを入れながら余分な布をカットする。

肩先は肩甲骨の案内線から肩線に向かい、手のひらでボディになじませて肩線位置を止める。

肩線上で浮いた分量が肩ダーツ分量になる。肩ダーツ分量の一部を袖ぐりに浮かし、前身頃同様に肩先のゆとりにする（図-b）。

脇部分も同様に案内線からウエストまでボディになじませて止める（図-c）。プリンセスライン位置に浮いた分量がウエストダーツ分量になる。

肩甲骨の案内線が水平になっているのを確認する。

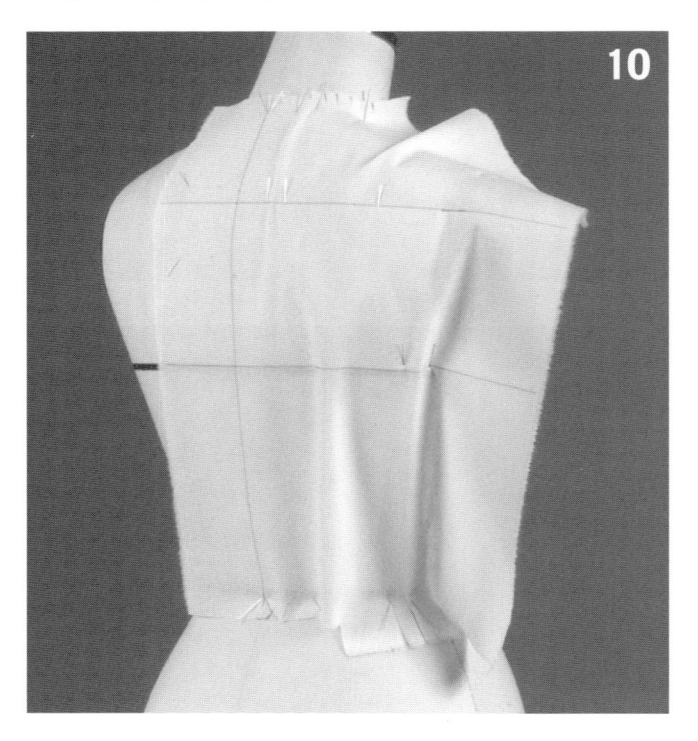

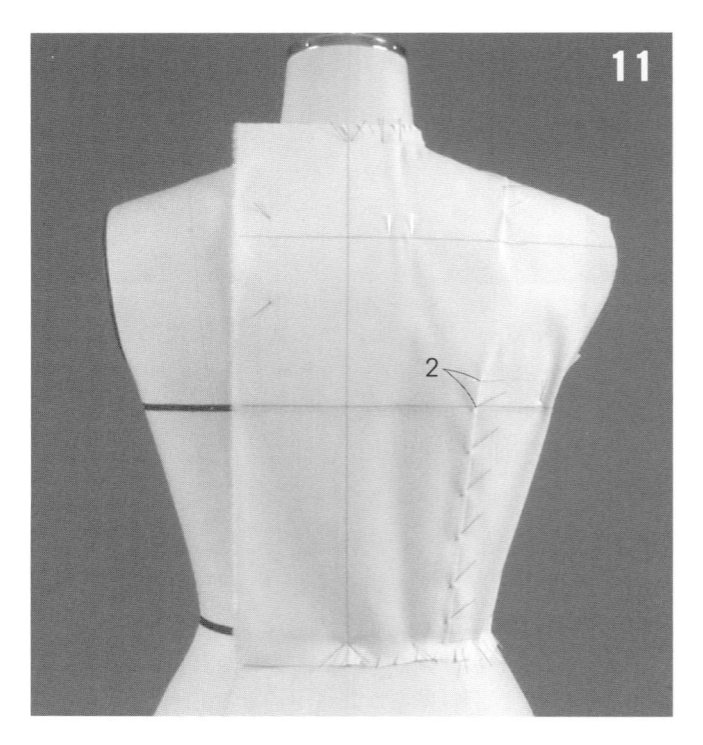

10 バストラインに1cm、ウエストラインに0.25cmのゆとりを入れる。ウエストから肩先に向かってゆとりが入るのを確認する。

11 肩ダーツは肩幅の中心付近にとり、止りは肩甲骨の案内線上にする。

ウエストダーツはプリンセスライン位置にし、止りはバストラインから2cmくらい上にする。

肩ダーツとウエストダーツの方向は自然なカーブでつながるように決める。

ウエストは前と同様に余分な布をカットしながら縫い代に切込みを入れる。

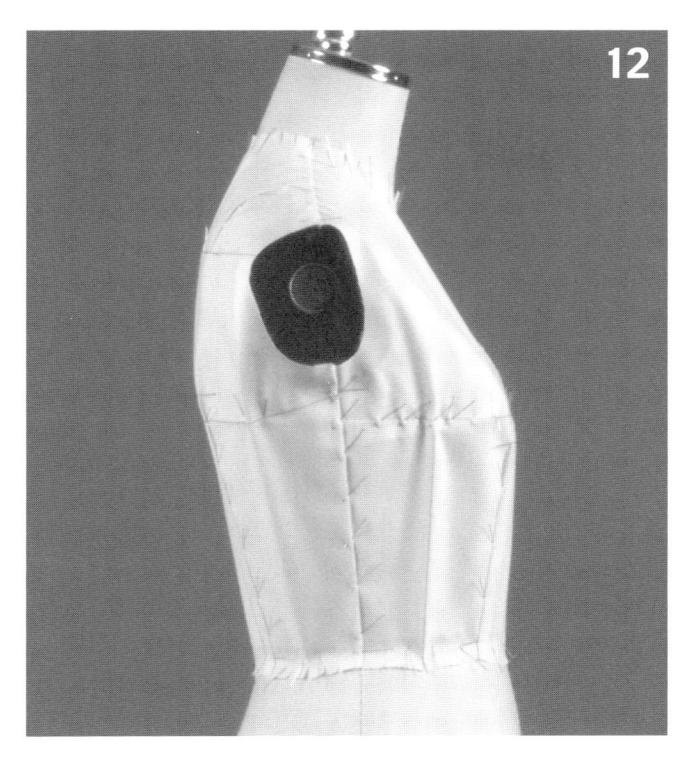

12 肩合せは肩先に多少のゆとりを残し、肩線を直線にして止める。
　脇合せは前脇部分をピンで固定し、後ろ脇をゆがまないように自然にそわせて止める。
　前後脇のゆとり（だき）がウエストから肩先に向かって入るのを確認する。

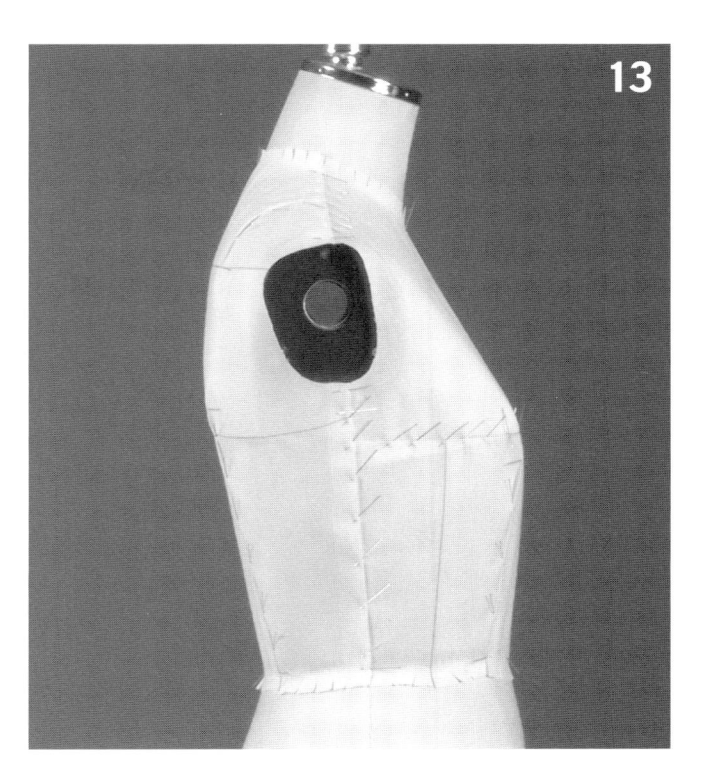

13 脇のゆとり分量を固定していたピンをはずし、全体にゆとりが入っているのを確認する。

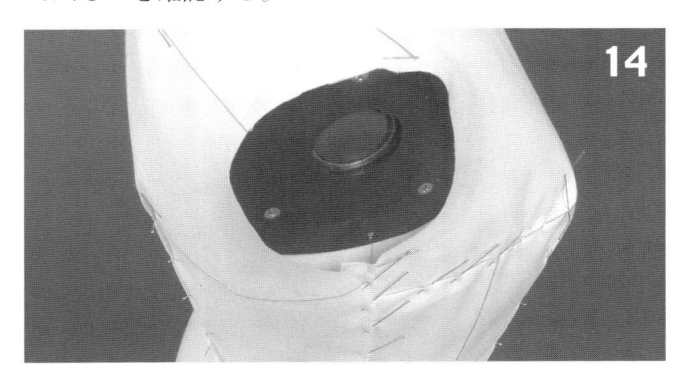

14 トワルの脇がボディから浮く分量は、前後同じくらいになる。

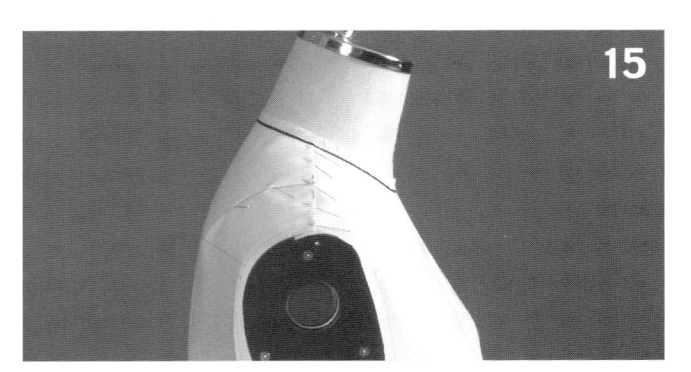

15 衿ぐり線はボディの衿ぐり線を基準にするが、後ろ中心から前中心まで、側面から見たとき直線的に見えるようにテープをはって決める。ただし前後中心位置はボディの縫い目に合わせる。
　サイドネックポイントはボディの縫い目位置から大きくずれないように注意する。

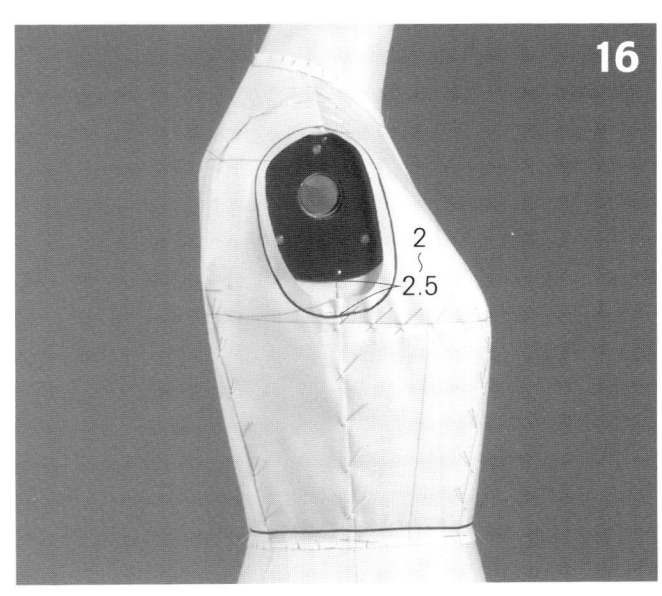

16 袖ぐり線の肩先部分はボディのアームプレートにそい、袖底をアームプレートより2〜2.5cm下に決め、テープをはる。側面から見た袖ぐりの形は、腕の方向性に合った傾斜にする。

第3章　原型　37

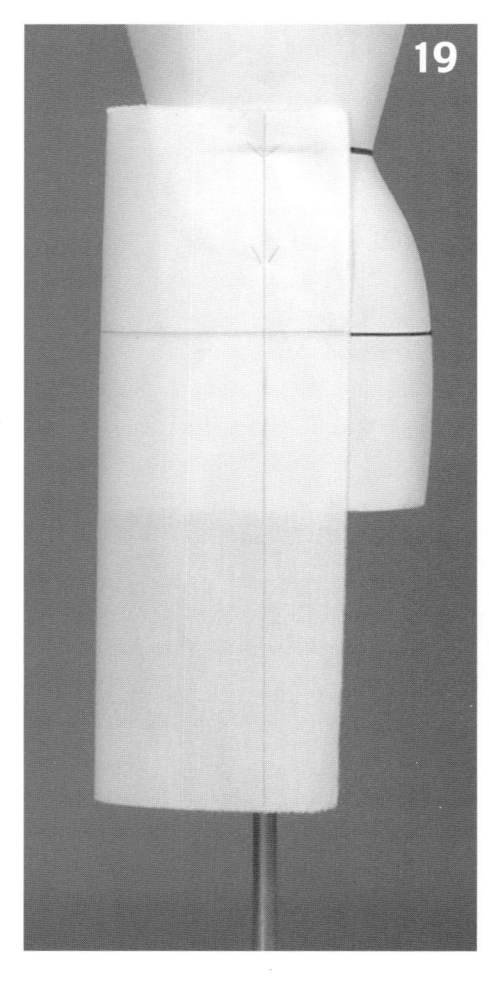

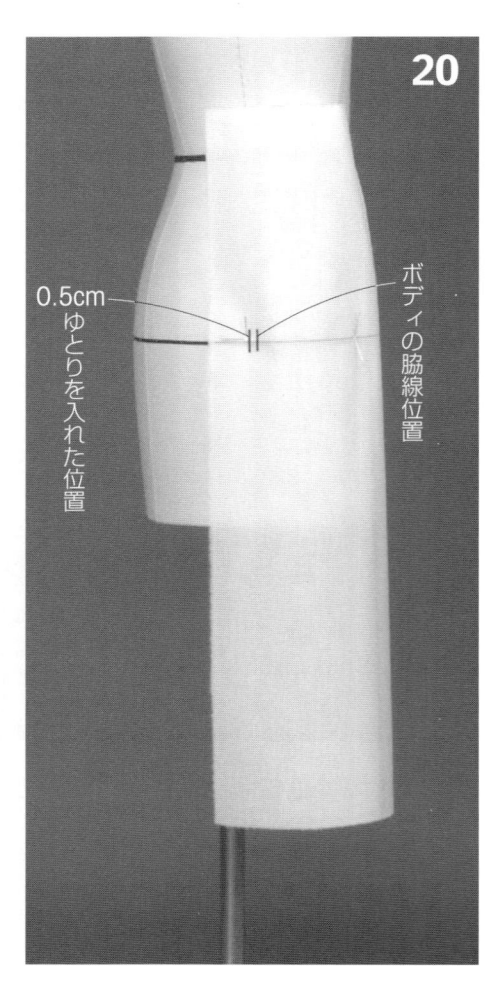

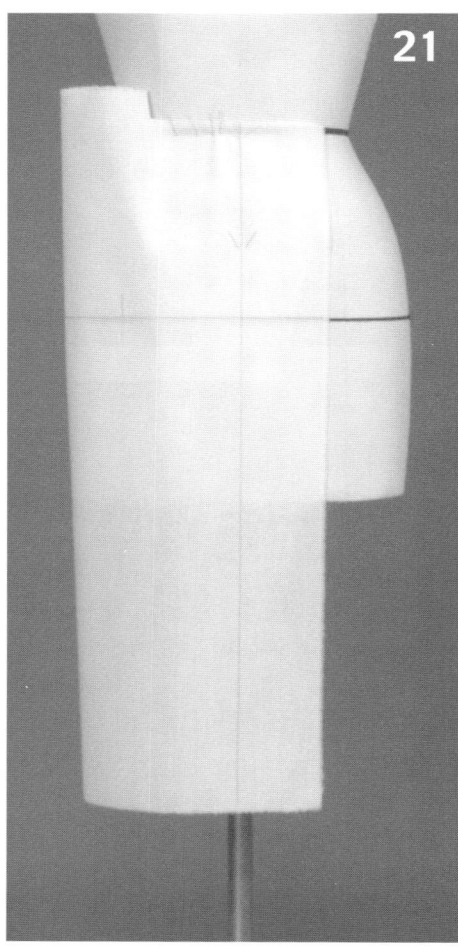

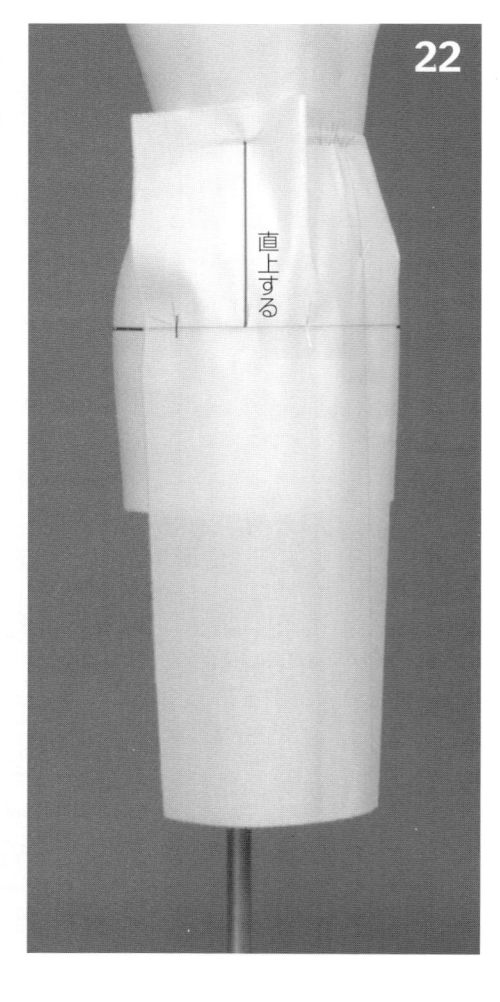

17 身頃（写真16）はマーキングをしてボディからはずす。そのときダーツ位置と脇線位置をピンまたはテープなどでボディにしるす。縫い合わせる部分の寸法やカーブのつながりをチェックしながら出来上り線を入れる（28、29ページ参照）。

縫い代幅を決め余分な布をカットする。

18 身頃のドラフティングとパターンチェック。方法は29ページ参照。

各縫い目の長さやカーブのつながりを確認する。

ボディに対し適切なゆとりが入った寸法になっているか確認する。

19 前スカートを作る。

トワルをボディの前中心とヒップラインに合わせ、ウエストとミドルヒップを止める。

トワルの前中心線が垂直に下りているか確認する。

20 トワルとボディのヒップラインを合わせ、脇線までそわせて止める。

トワルにボディの脇線位置と0.5cmゆとりを入れる位置をしるす。

21 前中心に平行に0.25cmのゆとりを入れる。

プリンセスライン位置まで、ウエストの余分な布をカットしながら縫い代に切込みを入れる。

22 ヒップライン上のプリンセスラインと脇線の中央からウエストまで縦布目を直上して止める。前身頃と同様に事前に案内線（テープ位置）を入れてもよい。

中心側に浮いた分量がダーツ分量になり、脇側に浮いた分量が脇線の傾斜になる。

23、24 ダーツ分量は腰骨に近い脇側を多くして2本に分ける。

ウエストの余分な布をカットし、切込みを入れながら止める。このとき写真24のように脇の浮き分は腰の丸みになる分量なので残しておき、余分な布をカットする。

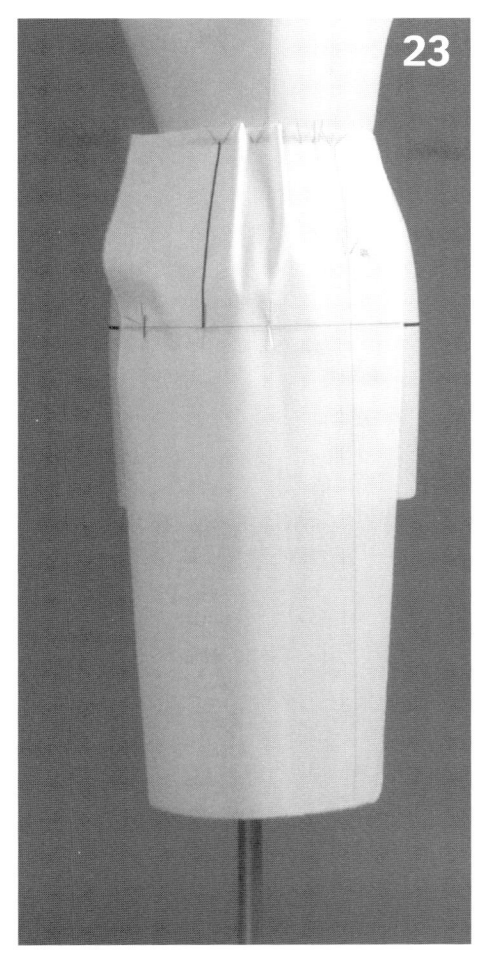

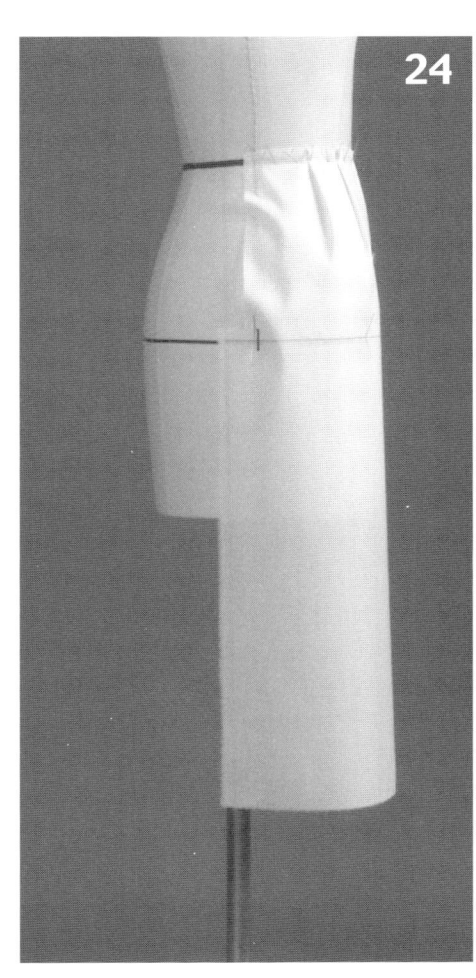

25 中心側のダーツ位置を身頃のダーツ位置と合わせ、脇側は3.5～4cmくらい離す。ダーツの方向はヒップに向かって放射状の線になるようにバランスよく決める。止りは脇側を短くする。

26 後ろスカートを作る。

トワルをボディの後ろ中心とヒップラインに合わせ、ウエストとヒップを止める。

トワルの後ろ中心線が垂直に下りているか確認する。

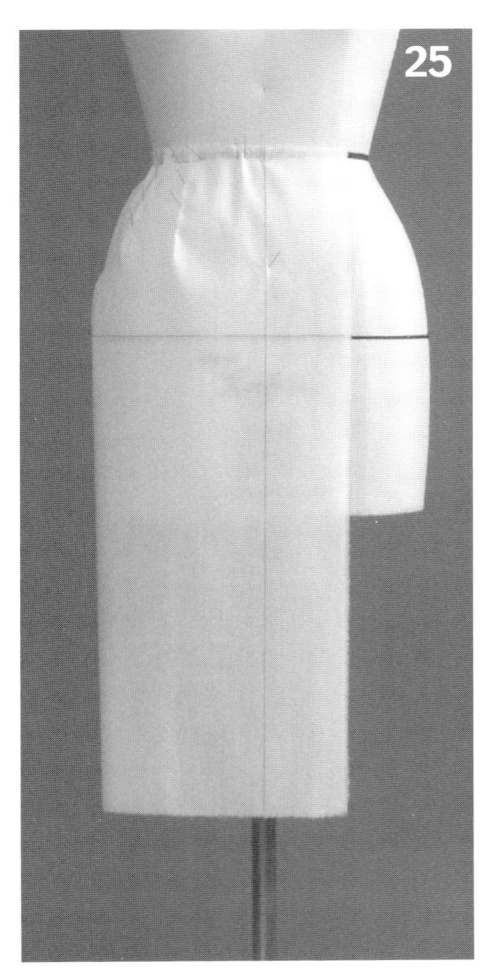

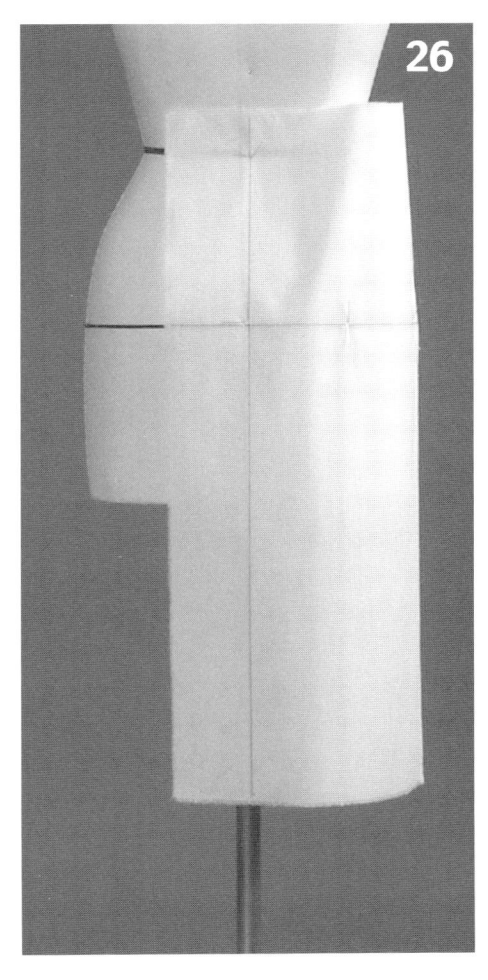

第3章 原型 39

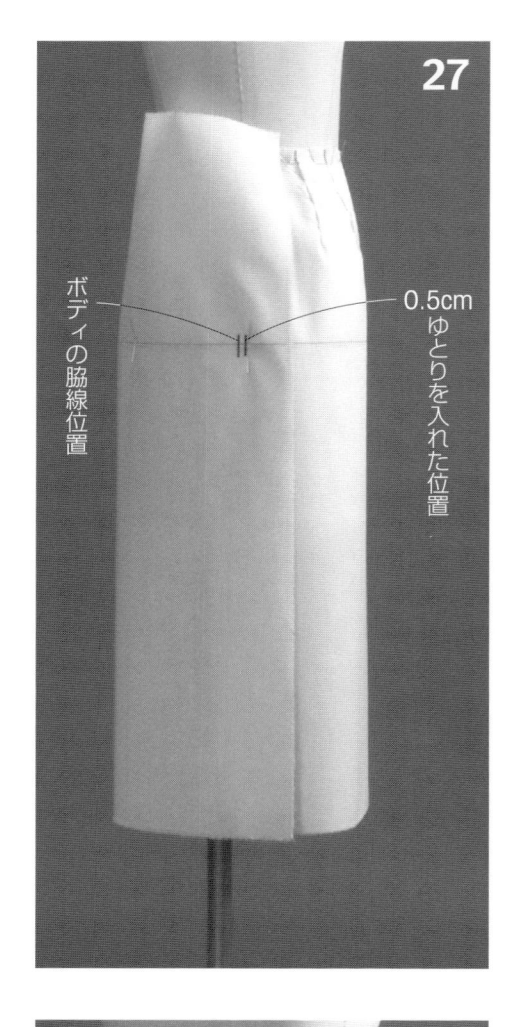

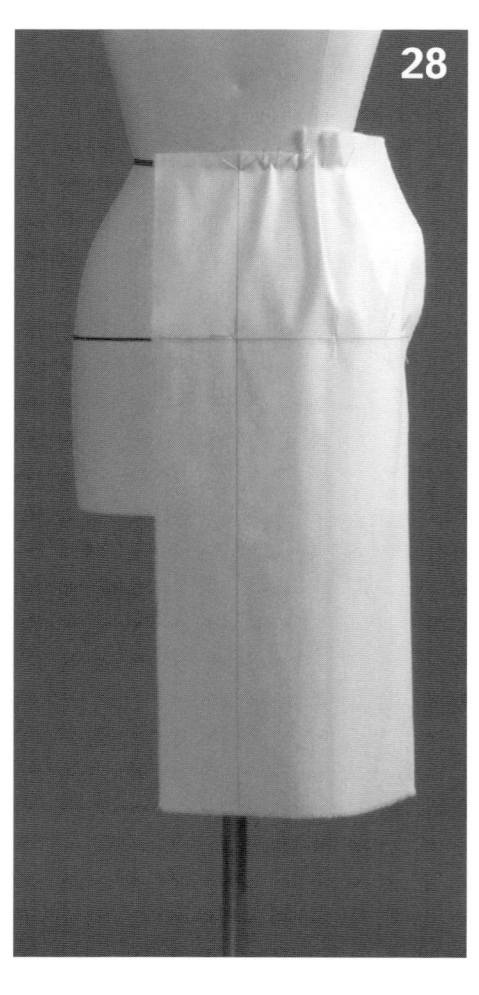

27 トワルとボディのヒップラインを合わせ、脇線までそわせて止める。前後スカートのヒップラインがずれていないか確認する。

ボディの脇線位置と0.5cmゆとりを入れる位置をトワルにしるす。

28 後ろ中心に平行に0.25cmのゆとりを入れる。

プリンセスライン位置まで、ウエストの余分な布をカットしながら縫い代に切込みを入れる。

ヒップライン上のプリンセスラインと脇線の中央からウエストまで縦布目を直上し、止める。22のようにテープをはってもよい。

中心側に浮いた分量がダーツ分量になり、脇側に浮いた分量が脇線の傾斜になる。

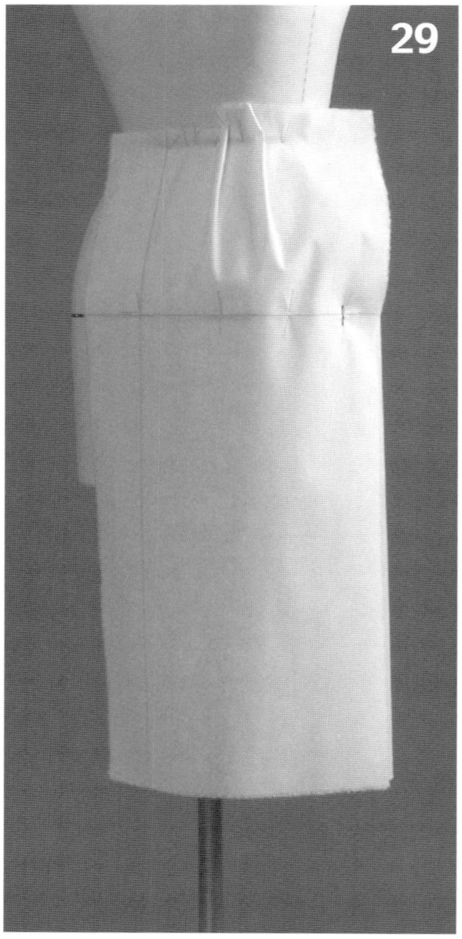

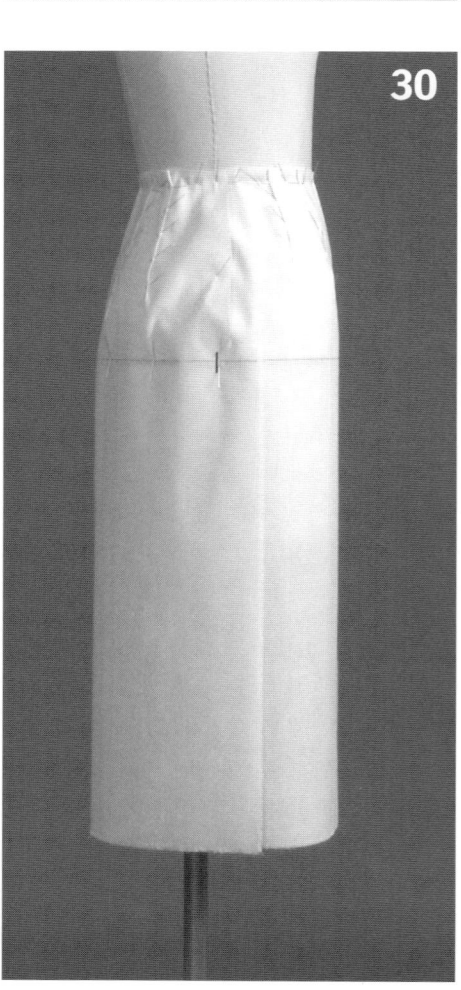

29 ダーツ分量は中心側を多少多くして2本に分ける。

ウエストの余分な布をカットし、切込みを入れながら止める。

30 中心側のダーツ位置を身頃のダーツ位置と合わせ、脇側は3～3.5cmくらい離す。ダーツの方向は前スカートと同様にして決める。止りは脇側を短くする。

脇合せはヒップラインがずれないように止め、脇線で前後の浮き分量が同分量になるのを確認する。分量が違うときは脇側のダーツで調整する。脇の余分な布をカットする。

31 後ろスカートのヒップラインより1〜2cm下に切込みを入れ、脇の縫い代を折り込んでウエストまで止める。ヒップラインから裾までは直線になるので縫い代を折らずに重ねて止める。

32 ウエストから垂直にテープをはり、脇線を決める。ヒップラインに打ったピンをはずし、全体にゆとりが入っているのを確認する。

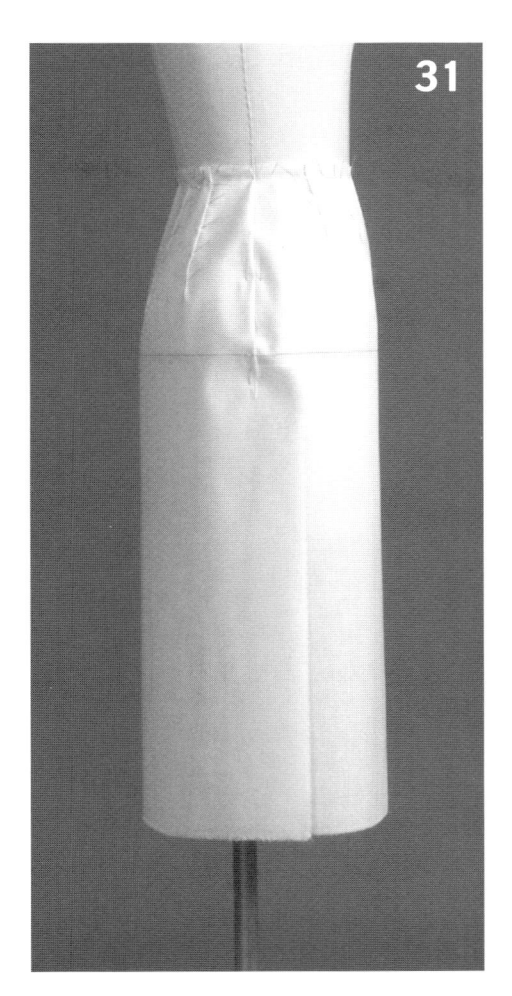

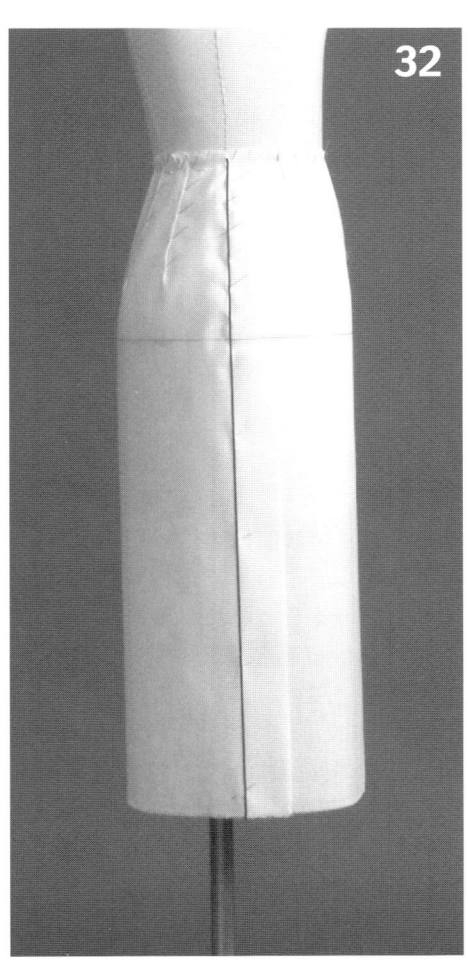

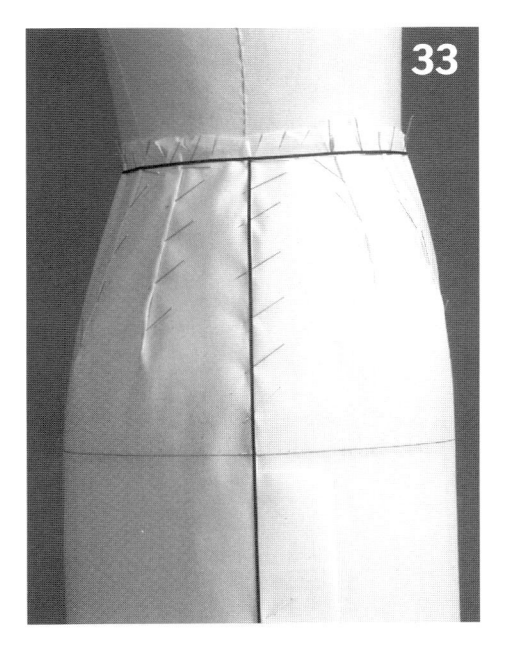

33 ウエストラインは側面から見て直線的に見えるようにテープをはる。

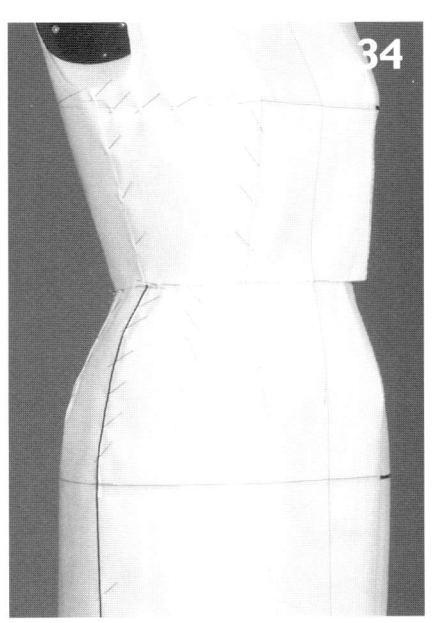

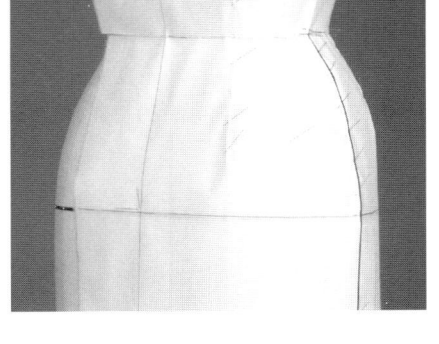

34、35 身頃を組み立て、ウエストラインに軽く折り目をつけてから着せつける。

スカートの上に身頃をかぶせ、前後中心と脇を止める。ウエストラインはスカートの重さが加わるとボディから離れ、腰丈が長くなり、ヒップラインが下がってしまう。特にしぼりの強い脇部分で起きるので、ウエストを合わせピンで止めるときは、スカートのウエストをボディから少し浮かせて止める。

第3章 原型

36 スカート丈を決め、ウエストをマーキングしてボディからはずす。

ダーツや前後脇線の縫い合わせる部分の寸法、カーブのつながりをチェックしながら出来上り線を入れる。前スカートのダーツ線は腹部のふくらみを包み込むようなカーブ線にし、後ろダーツは直線にする。

縫い代幅を決め、余分な布をカットする。

38 袖を作る。

腕の方向性

腕は肩から肘にかけて直下か少し後方に傾斜し、肘から手首までは前に傾斜している。

前肩から前手首までを直線で結ぶと5度くらい前方に傾斜していることがわかる。

長袖を作るときはこの腕の方向性を考慮して作る必要がある（図1）。

図1の袖の傾斜角度をボディに置き換えると、ほぼ身頃の脇線の傾斜になり、脇線を延長すると肩の縫い目にくる（図2）。袖の作図をするとき、袖山線上に肩の合い印がくる理由がここにある。ボディによっては肩の合い印が前側にくることもある。

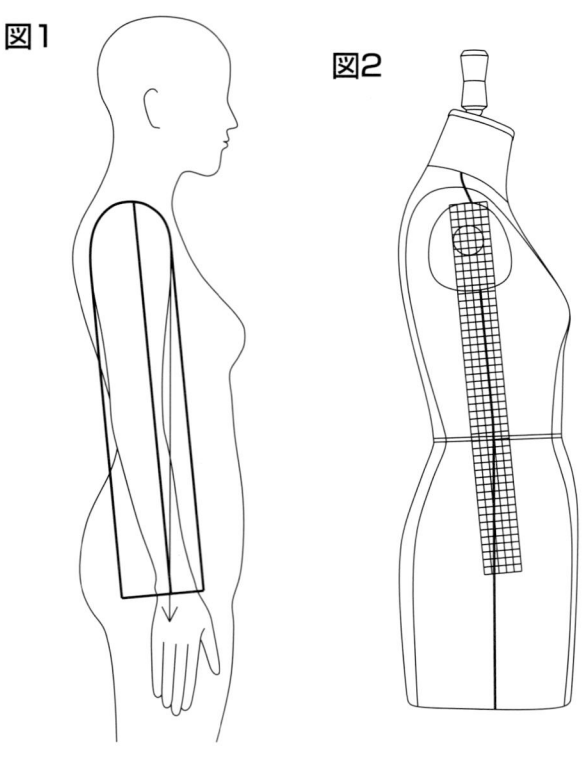

袖山の高さと袖のすわり（傾斜）の関係

ジャケットのようにすわりがよいほど袖山が高くなり、シャツのようにすわりが悪いほど低くなる。すわりがよい袖ほど運動量は少なくなる。

袖のすわり（傾斜）を決め、袖底から直角に交わる位置を決めて袖山の高さとする（図3）。

37 ドラフティングとパターンチェック（29ページ参照）。スカート原型はヒップラインから裾まで垂直線になるので、ヒップラインから5cm下までのパターンにする。

- 各縫い目の長さやカーブのつながりを確認する。
- 各ダーツの分量や方向がバランスよく入っているか確認する。
- ボディに対し適切なゆとりが入った寸法になっているか確認する。

図1　図2

図3
袖山の高さ
シャツ
コート
ジャケット

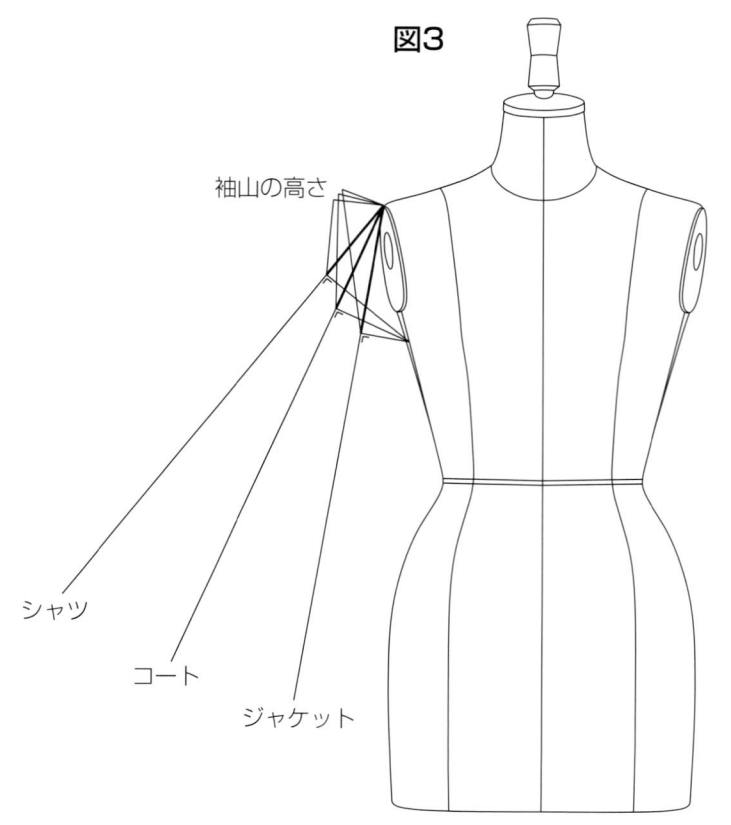

袖の作図

袖山の高さを決める（図4）。

- 袖は身頃の袖ぐりを基に作図をするので、前後身頃の脇線を袖ぐり底（ⓐ）で合わせて袖ぐりをうつし、脇線を直上して袖山線とする。
- 前後肩先から袖山線に対し直角に線を引き、差の$\frac{1}{2}$をしるす（ⓑ）。
- 袖山の高さは袖ぐりの深さ（ⓐ～ⓑ）から割り出す。ジャケットなどすわりのよい袖は袖ぐりの深さの80～85％くらい、シャツなどは55～60％くらいから肩先のドロップ分を引いた長さ、コートは65～70％くらいを目安にするとよい。
- 原型は大きな運動量を必要としないので、袖山の高さはⓐ～ⓑの80～85％（ⓒ）にする（この原型の袖山の高さ81％、14.5cm）。

袖つけ線をかく（図5）。

- 袖ぐり底（ⓐ）から前後に水平線を引く。ⓒから袖山の案内線（前はⓒ～ⓓ、後ろはⓒ～ⓔ）を引く。
- ⓐ～ⓓとⓐ～ⓔの中間ⓕ・ⓖから垂直線を引き、その線を軸に前後袖ぐりを反転してうつす。袖ぐり底のカーブと同じカーブで袖つけ線を引く。

袖下をかく（図6）。

- 袖丈を決め、ⓔ・ⓓから袖下線を垂直にし、筒袖を作る。
- 袖山にいせ分量の配分を決め、合い印を入れる。

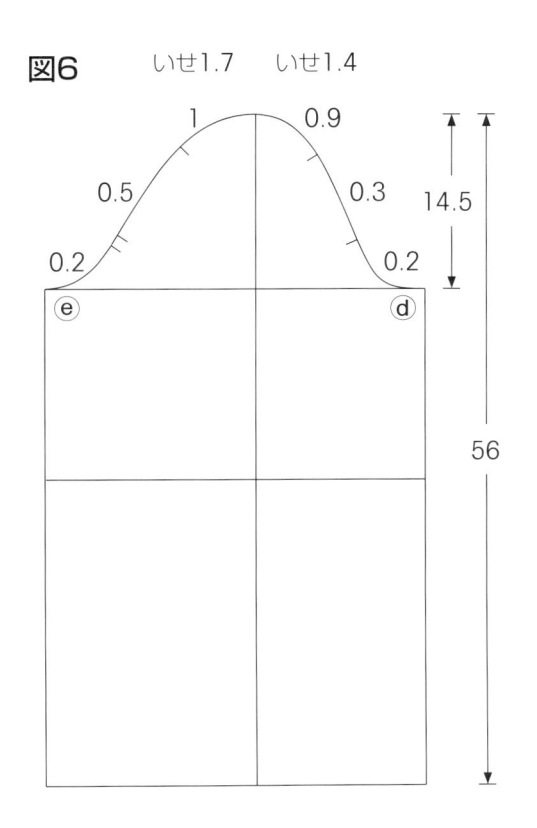

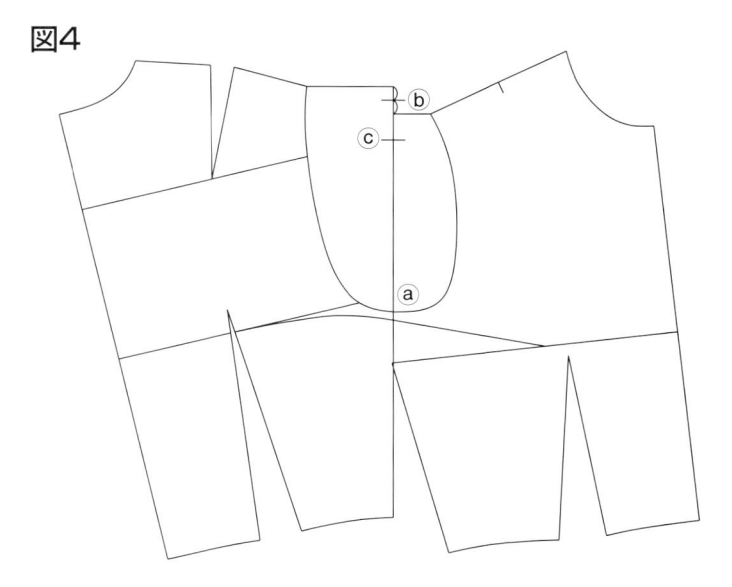

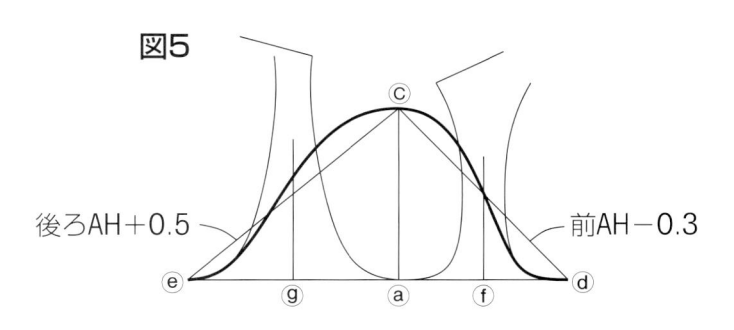

図4

図5

後ろAH＋0.5　　前AH－0.3

39 袖の作図をトワルにうつし、組み立てる。

袖の作図をトワルにうつし、縫い代幅を決め、裁断する。

袖をきれいにつけるために、下図のように袖山部分をバイアスに引き、いせる。

後ろ袖下線を折り、筒袖にして止め、袖口を上げる。

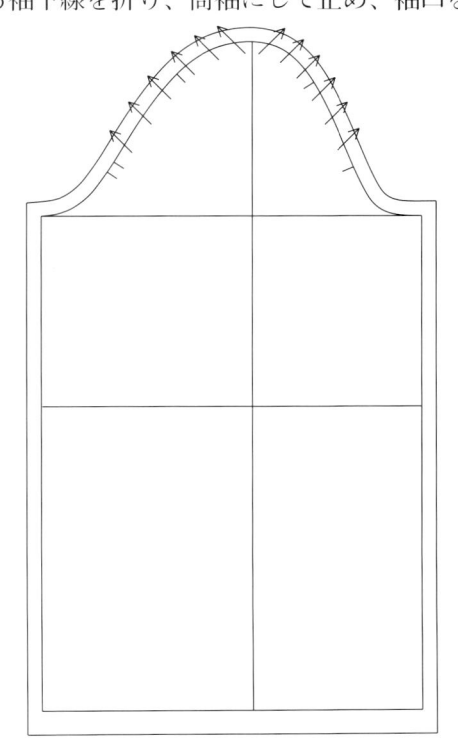

図6　いせ1.7　いせ1.4

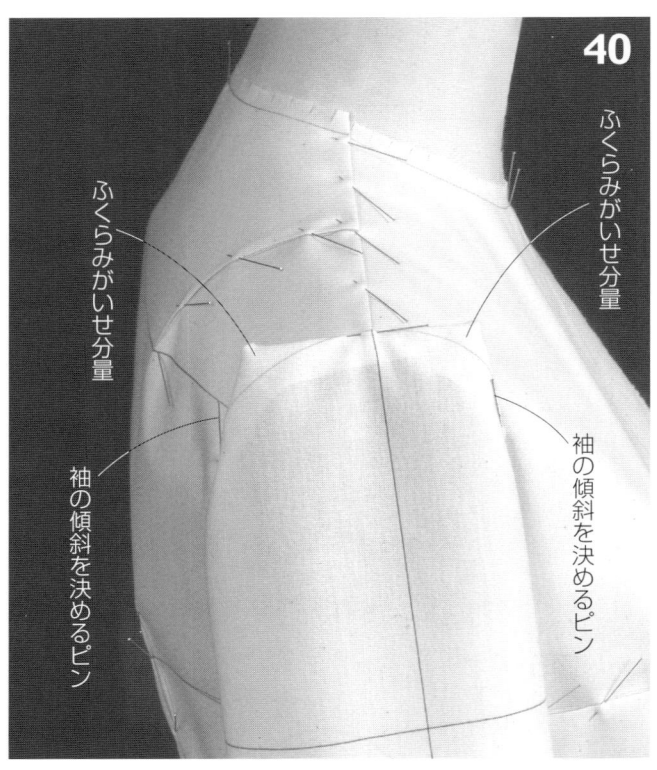

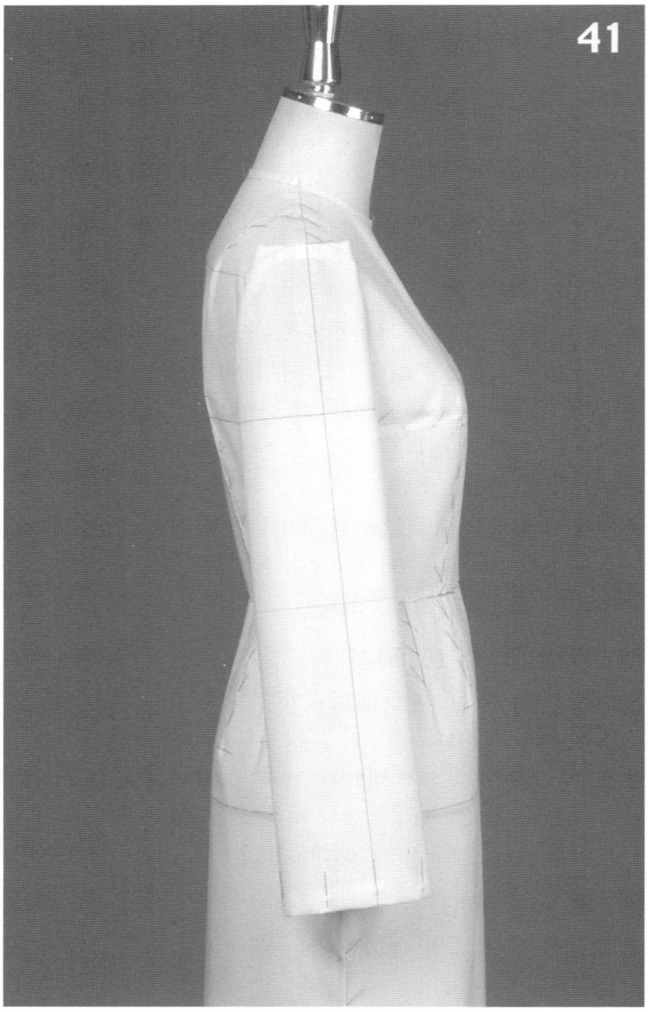

40、41 袖をつける。

袖山と身頃の肩先を合わせて止める。袖山にいせ分量を入れ、袖の傾斜を決めて肩の厚み位置あたりに止める。いせ分量は前後同分量か後ろを少し多くする。

袖山の合い印と肩先を合わせることよりも、袖の傾斜を重視する。肩の厚み位置あたりに打ったピンがいちばん重要になり、合い印の位置にもなる。

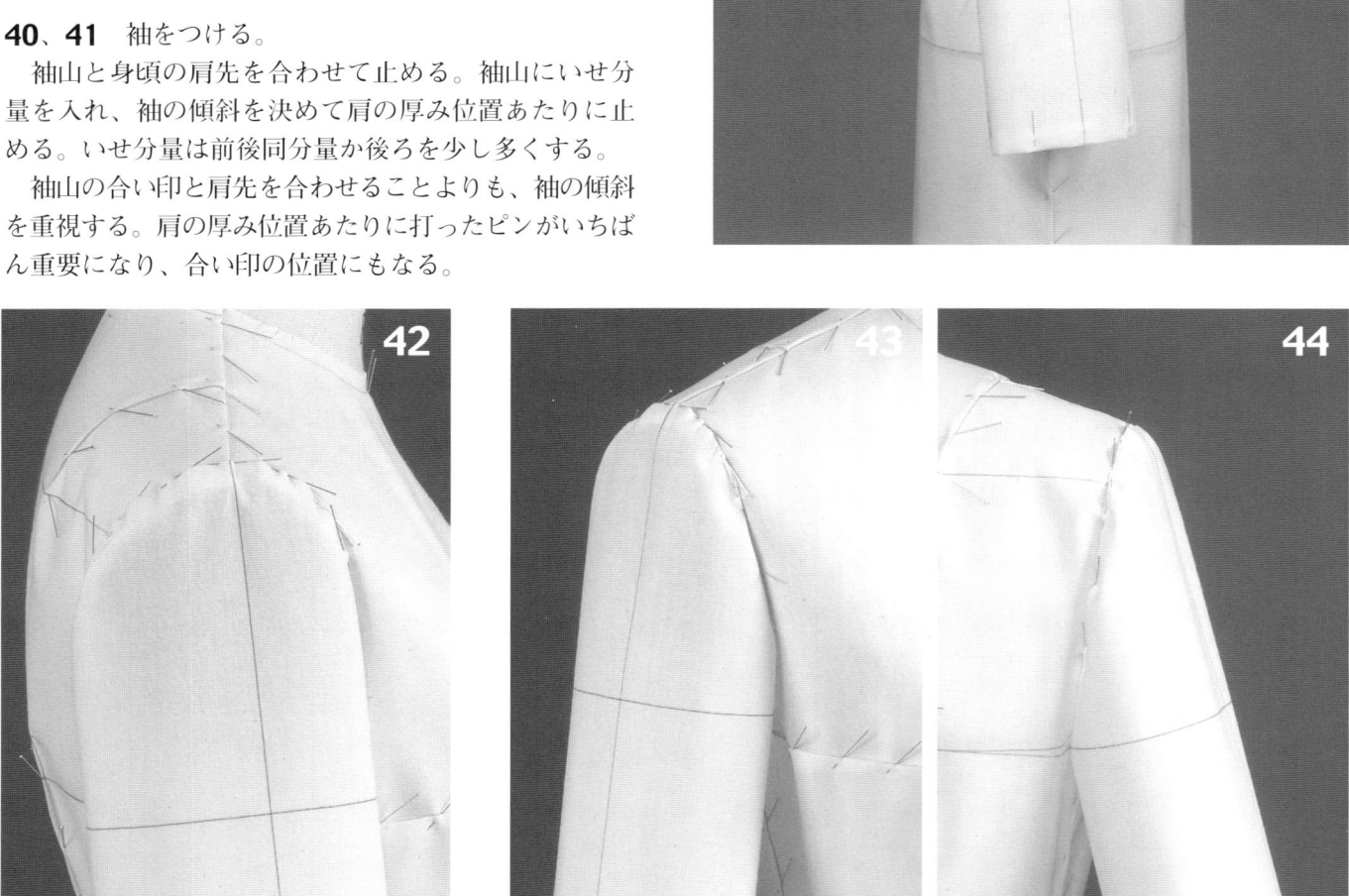

（ふくらみがいせ分量／袖の傾斜を決めるピン）

42 袖山から前後交互に、袖山部分が丸くふくらむようにいせを入れながら止める。

43、44 袖山部分を止めたら、袖をボディから少し離して袖ぐり線と袖つけ線が合うのを確認しながら袖底に向かって止めていく。ただし必ずしも合うとはかぎらない。線どうしを合わせることより、袖がきれいにふくらむことが大切である。

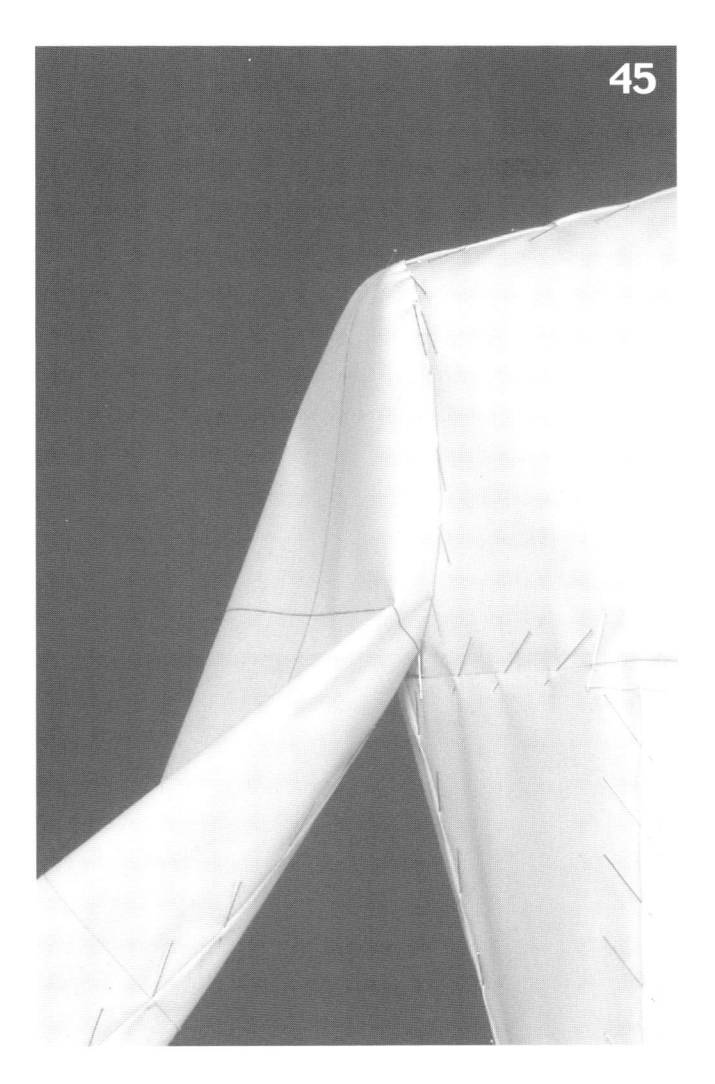

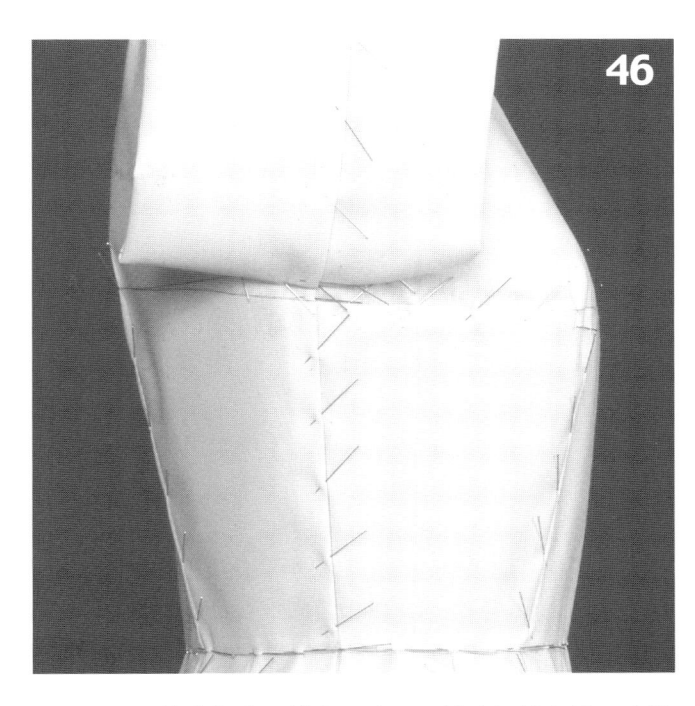

45、46 袖底部分は袖をめくって袖ぐり線と袖つけ線が合うのを確認しながら止めていく。

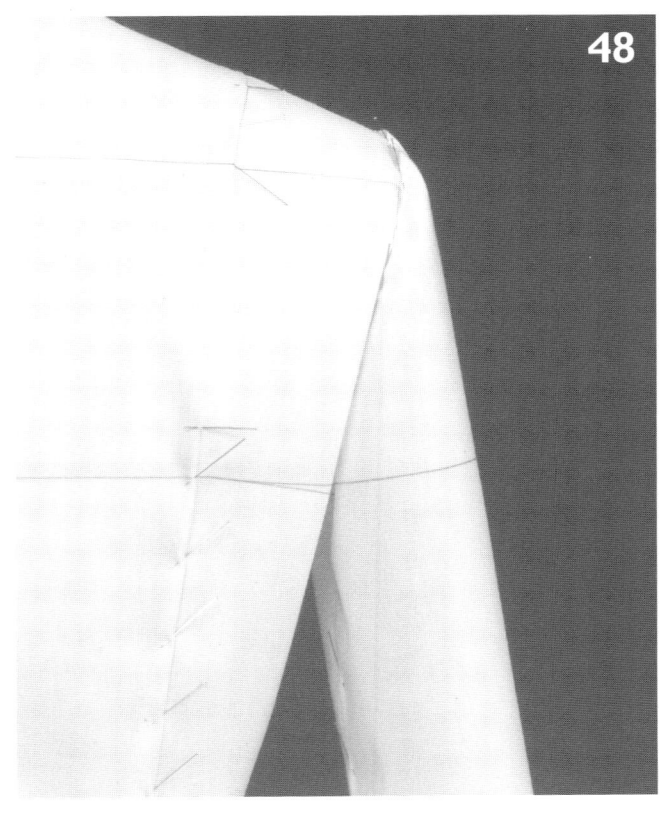

47、48 袖全体が立体的に丸くふくらみをもち、腕が入るだけの厚みがあるか確認する。

49 袖つけ線が変わったらマーキングをしてパターンにうつし取る。

いせを入れて袖をつける。

いせを入れるにはしつけ糸で2本平行に細かく並縫いをしていせるか、ミシンを2本かけて裏面の糸を引き、いせる方法がある。

いせミシンの針目は3cm間で10～12針、上糸の糸調子を多少ゆるくして袖つけ線に平行に0.1cmと0.5cmに2本かける。このときも39の図（43ページ）のようにバイアスに引いていせをなじませる。

いせが丸くふくらむようにピンで袖をつける。

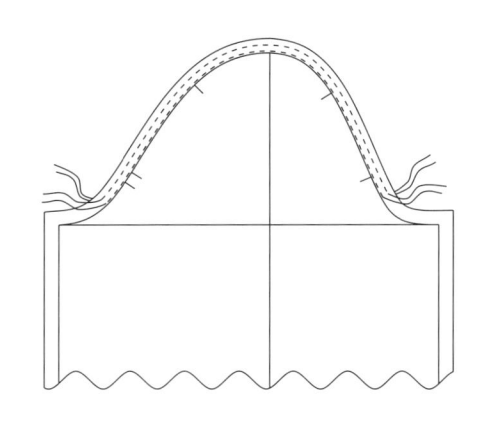

出来上り

少し離れて前後中心線、脇線が垂直に下りているか、ダーツの位置と方向、ウエストラインの位置、袖の方向性など、前面・側面・後面より見る。

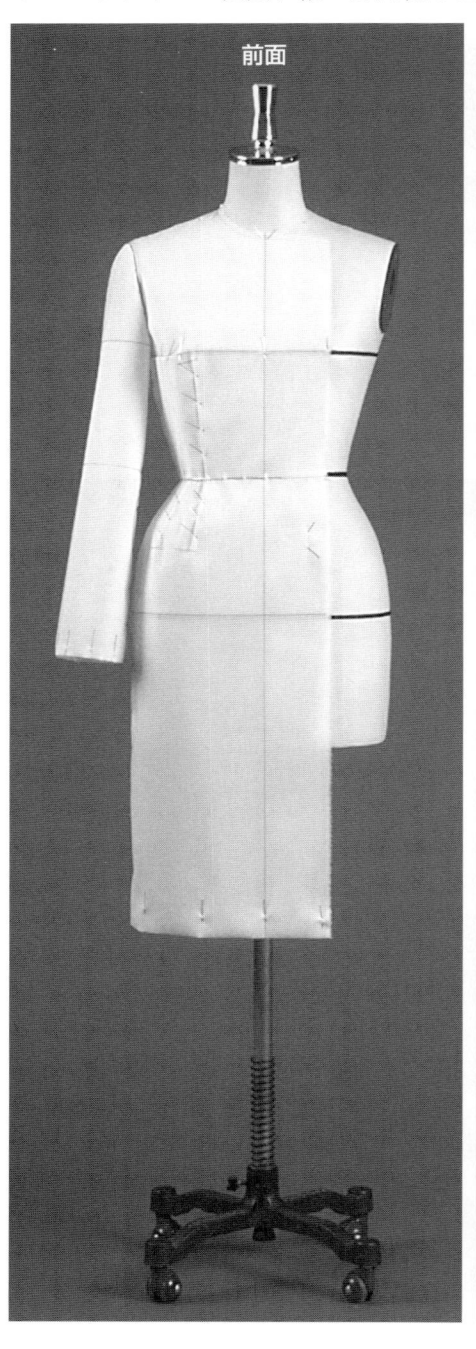

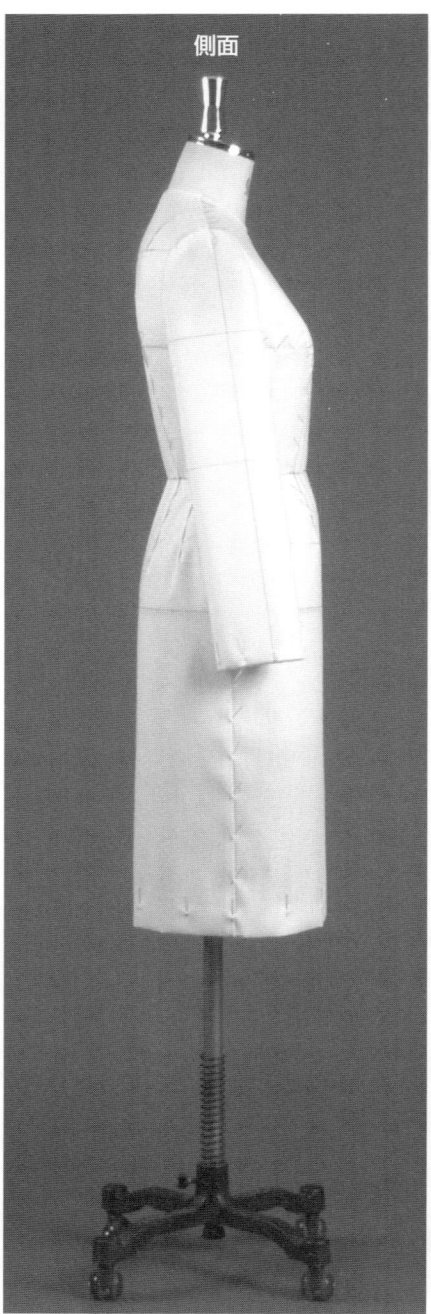

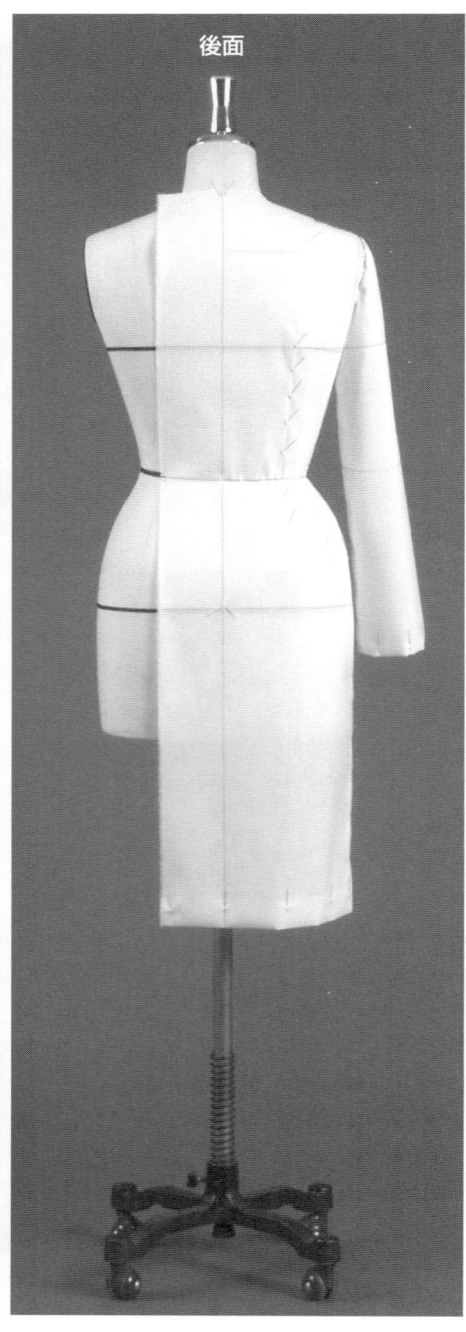

前面　側面　後面

ドラフティング

標準原型（ドレス原型）であるので、バスト、ウエスト、ヒップ寸法、後ろ身頃のバストラインが脇に向かって変化しているなど確認をする。

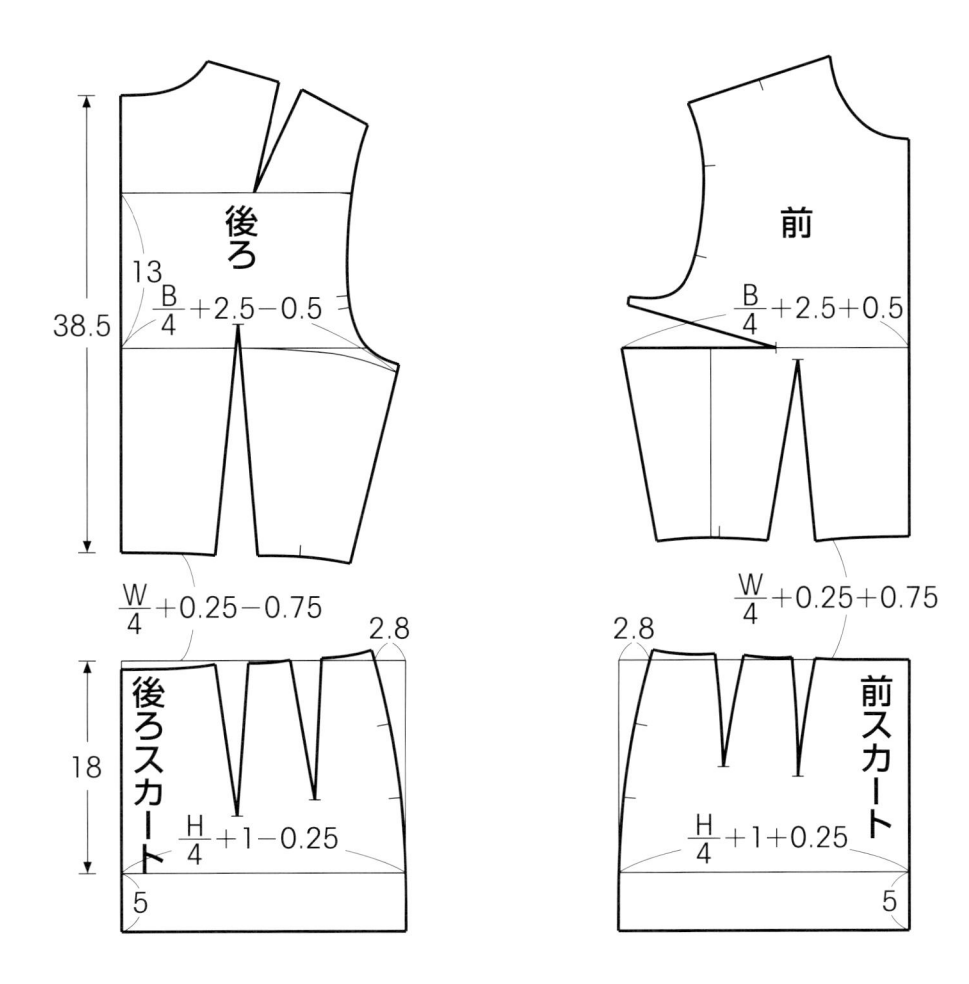

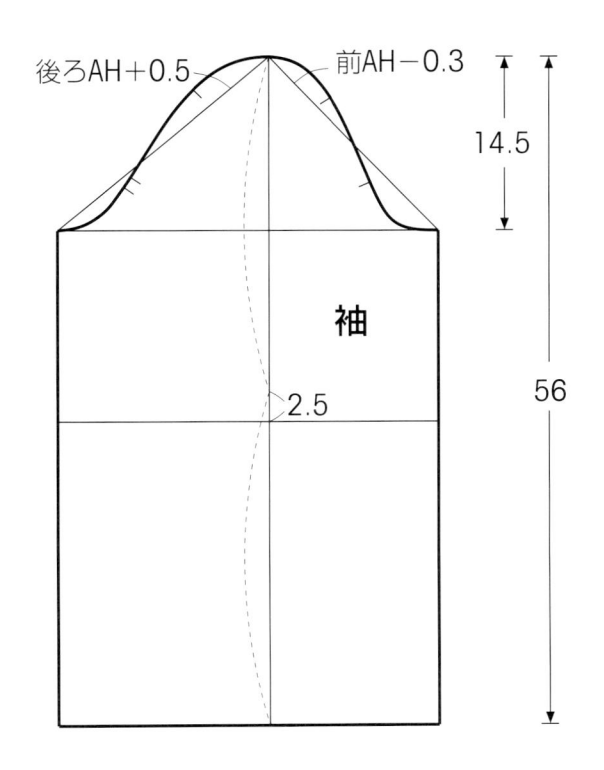

後ろ　13　$\frac{B}{4}+2.5-0.5$　38.5

前　$\frac{B}{4}+2.5+0.5$

$\frac{W}{4}+0.25-0.75$　2.8　後ろスカート　18　$\frac{H}{4}+1-0.25$　5

2.8　$\frac{W}{4}+0.25+0.75$　前スカート　$\frac{H}{4}+1+0.25$　5

袖　後ろAH+0.5　前AH−0.3　14.5　2.5　56

袖の展開

図1 袖の目

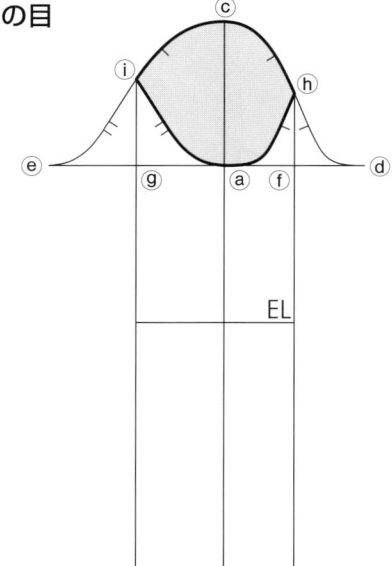

袖の目とは筒にした1枚袖を、袖山線と袖下線を合わせて平面にした形で、この「袖の目」から2枚袖や袖口を細くした袖、袖口にギャザーを入れた袖等、袖の展開を容易にすることができる。例としてタイトスリーブ、袖口にダーツやギャザーを入れた袖の展開を説明する。

1枚袖の前後袖つけ線ⓗ～ⓓ、ⓘ～ⓔを、線ⓕ、ⓖを軸に反転させ、袖の目を作る。

図2 タイトスリーブ

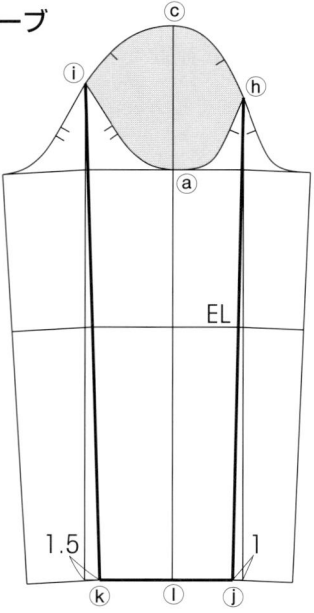

図1の袖口を、前1cm（ⓙ）、後ろ1.5cm（ⓚ）細くして、袖つけ線ⓗ、ⓘと結んで線を引く。ⓗ～ⓙ、ⓘ～ⓚの折り山線を軸にⓗ～ⓐ～ⓛ～ⓙ、ⓘ～ⓐ～ⓛ～ⓚを反転してうつす。

図3 袖口ダーツの袖

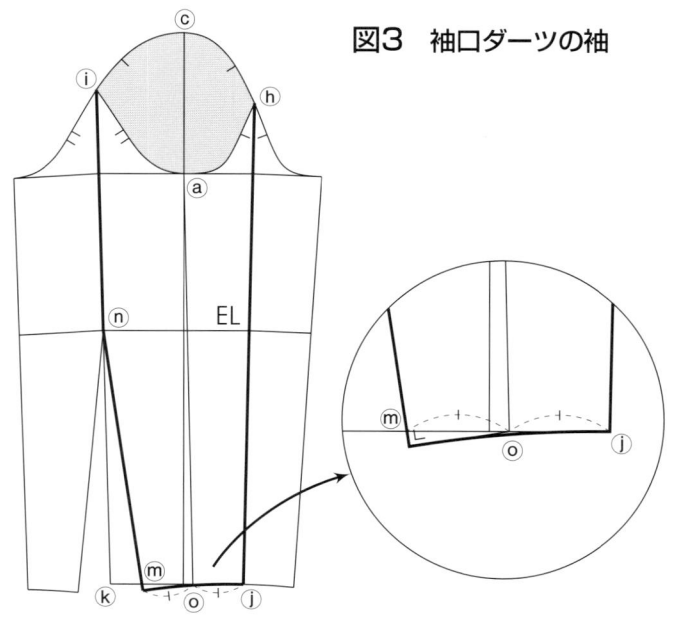

図2の前袖口ⓙから袖口寸法をはかり（ⓜ）、肘線ⓝと結んで線を引く。袖口の中央（ⓞ）とⓐを結び袖下線とする。袖口線は袖口寸法の中央（ⓞ）からⓝ～ⓜの線に直角線を引き、カーブで引き直す。

ⓗ～ⓙの折り山を軸にⓗ～ⓐ～ⓞ～ⓙを反転してうつす。ⓘ～ⓚの折り山線を軸にⓘ～ⓐ～ⓞ～ⓜ～ⓝを反転してうつす。

図4 ギャザースリーブ

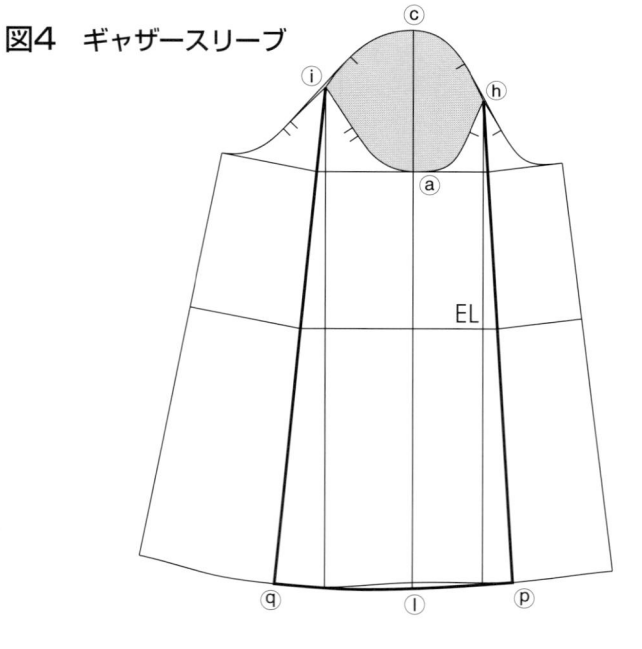

カフス、パフ分量は無視し展開のみとする。

図1の袖口にギャザー分量を加えた寸法、前ⓟ、後ろⓠをはかり、ⓗ、ⓘと結んで線を引く。袖口線は袖下側もカーブ線で引き直す。

ⓗ～ⓟ、ⓘ～ⓠの折り山線を軸にⓗ～ⓐ～ⓛ～ⓟ、ⓘ～ⓐ～ⓛ～ⓠを反転してうつす。袖つけ線ⓗ、ⓘの部分はつながりよく引き直す。

2　ブランド原型

　ブランド原型はドレス原型を基に、ブランドターゲットの体つきのちょっとしたくせを加味して作る原型で、ドレス原型から体型(ミス、ミセス等)を変化させないことが基本となる。ターゲットの体型に合ったボディに、いかり肩の場合は肩パッドをのせたり、バストトップが高い場合はパッドをのせるなどしてメーカーでは使用している。不足分は補えるがボディを削ることはできないので、ボディのサイズを考慮して選ぶ必要がある。

　ここでは肩甲骨が高い、バストトップが高い、反身体、前肩について展開するが、バストトップが低い場合などは逆の展開をする。また、複合的な展開操作が必要な場合もある（展開方法のみで分量は展開がわかる程度にする）。

　肩甲骨の高さ、バストトップの高さの変化はダーツ分量の変化としてあらわれ、高さの違う二つの円錐形を平面に展開すると口の開く分量が違ってくることでわかる(図1)。また、高さの変化は縦方向と横方向の分量の変化になる。たとえばバストトップが高くなれば丈と幅で分量を追加しなくてはならない。

図1

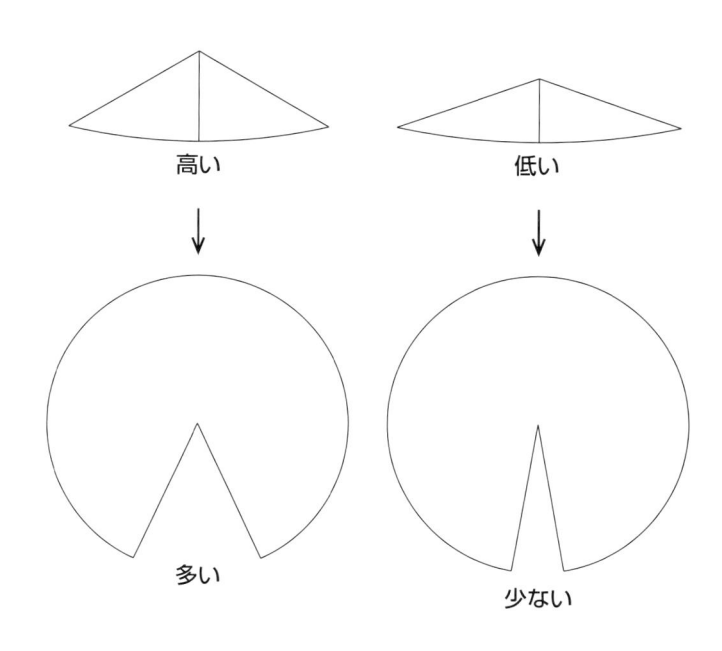

高い　　　　低い
↓　　　　　↓
多い　　　　少ない

肩甲骨が高い場合

　肩甲骨位置で丈と幅を追加して肩とウエストのダーツ分量を多くする。肩幅、袖ぐり、ウエストの寸法は変えない。
- 袖ぐりの肩甲骨案内線位置ⓐを基点に肩ダーツ止りⓑで切り開いて丈を追加し、ⓑを基点に後ろ中心ⓒで平行になるように展開してダーツ分量を多くする。
- 肩ダーツ止りとウエストのダーツ止りを結び、切り開く。
- ダーツ止りは開いた間隔の中央に決め、肩とウエストダーツを引き直す。

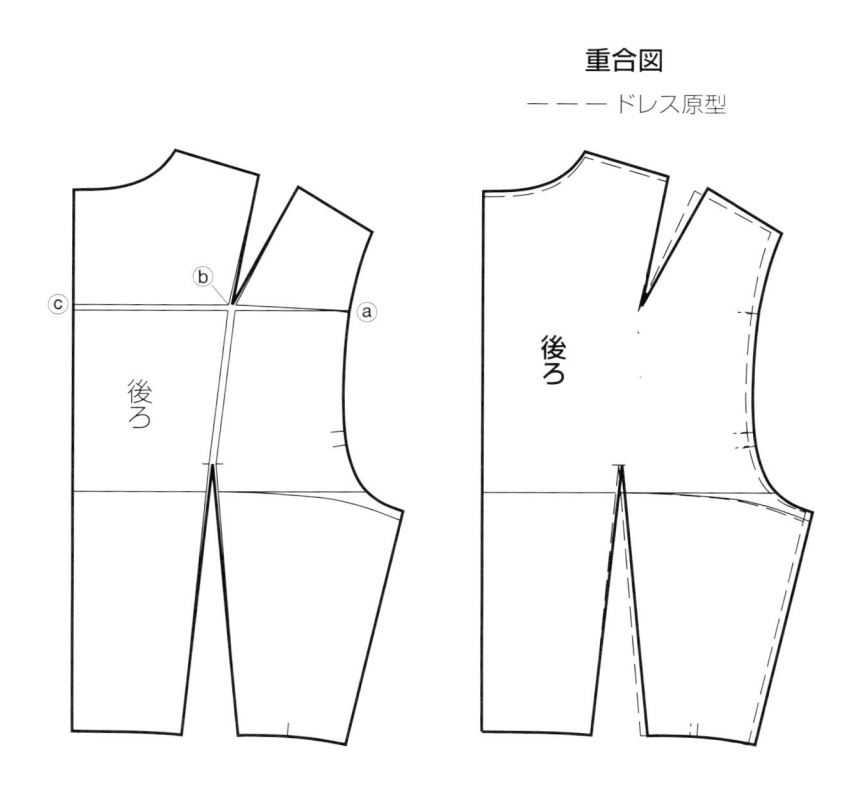

重合図

- ― ― ― ドレス原型

バストトップが高い場合

バストポイント位置で丈と幅を追加し、サイドダーツとウエストダーツの分量を多くする。

肩幅、ウエストの寸法は変えない。

- バストライン ⓓ で平行に丈を追加し、サイドダーツ分量を多くする（図1）。
- 肩幅の中央 ⓔ とウエストダーツ止り ⓕ を結び、ⓔ を基点に切り開き、幅を追加する（図1）。
- ウエストダーツ止り ⓕ で左右止りの高さにずれがでるので、脇側を垂直に上げてそろえる。脇側身頃（斜線部分）の ⓖ を基点に展開してバストラインを水平にする（図1）。
- ウエストダーツ止りは開いた間隔の中央に決め、引き直す（図2）。
- サイドダーツはバストラインで切り開いた下の線にダーツ止りを決め、引き直す（図2）。

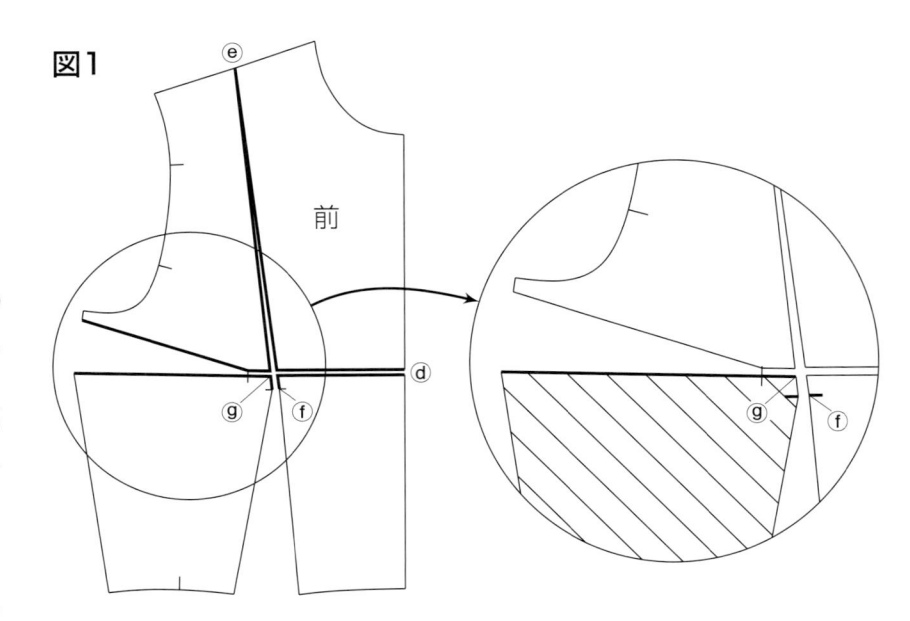

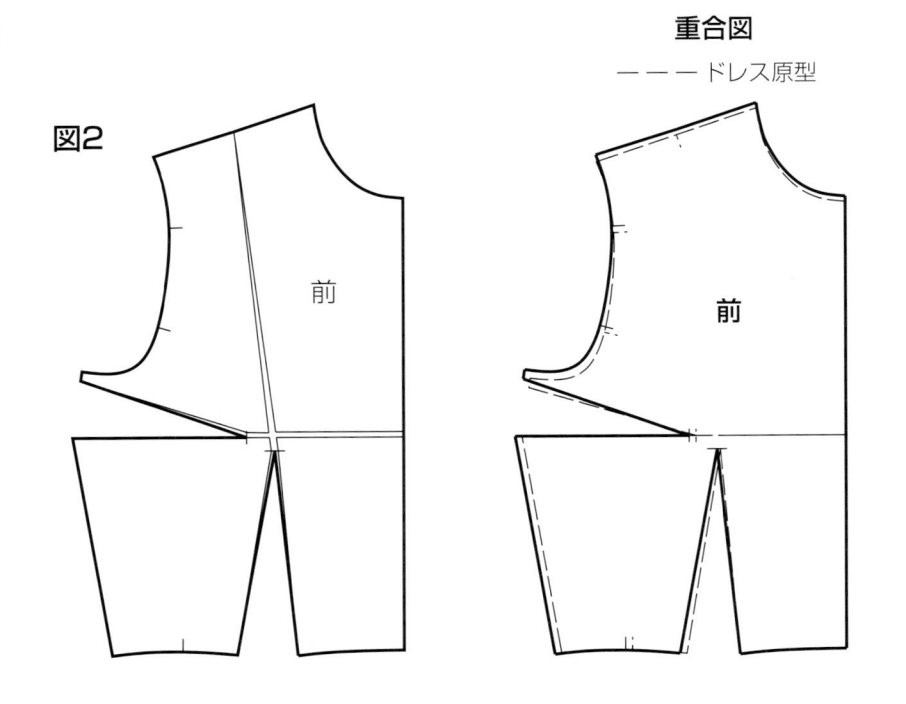

図1

図2

重合図
- - - - ドレス原型

反身体の場合

前身頃は肩線とバストライン間、バストライン、ウエストラインで丈を追加し、幅は前中心とバストポイント位置で追加する。肩線とバストラインの間で追加する丈は、中心側より脇側で変化する量が少ないため、袖ぐりで開く分量は前中心で開く分量よりも少なくする。

後ろ身頃は肩甲骨案内線、バストライン、ウエストラインで丈を短くし、幅は後ろ中心と肩甲骨位置で狭くする。肩甲骨案内線で重ねる分量は前身頃同様に考え、袖ぐりで重ねる分量を中心側より少なくする。バストラインは脇線の長さを変えずに中心側を重ねる。

展開線を引く（図1）

前身頃
- 肩線とバストライン間ⓗ〜ⓘ〜ⓙ、肩幅中央ⓔからウエストダーツ止りⓕに展開線を引く。

後ろ身頃
- 肩甲骨案内線ⓐ〜ⓑ〜ⓒ、肩ダーツ止りⓑからウエストダーツ止りⓚに展開線を引く。

展開法（図2）

前身頃
- バストラインⓓで平行に丈を追加し、サイドダーツ分量を多くする。
- ⓔ〜ⓕの展開線をⓔを基点に切り開き、幅を追加する。
- ウエストダーツ止りⓕで左右止りの高さにずれがでるので、脇側を垂直に上げてそろえる。脇側身頃をⓖを基点に展開してバストラインを水平にする（50ページ図1参照）。
- 肩線とバストライン間ⓗ〜ⓘ〜ⓙで平行に袖ぐりでの分量を切り開く。ⓗ〜ⓘで開く分量を、袖ぐりⓙを基点に切り開き、肩線ⓔを基点にⓗ〜ⓘが平行になるまで展開する。
- 前中心で幅を追加する。
- 脇をゼロにして前中心でウエストの丈を追加する。
- ダーツ止りを決めて引き直す（50ページ参照）。

後ろ身頃
- バストラインⓛ〜ⓜで平行に重ね、脇線ⓝを基点にⓛで重ねた分量と同分量をⓜで重ねる。
- 肩甲骨案内線ⓐ〜ⓑ〜ⓒで平行に袖ぐりでの分量を重ねる。ⓒ〜ⓑで重ねる分量を、袖ぐりⓐを基点に重ね、肩ダーツ止りⓑを基点にⓑ〜ⓒが平行になるまで展開する。
- 肩ダーツ止りⓑからウエストダーツ止りⓚに引いた展開線で重ねる。
- 後ろ中心で幅をカットする。
- 脇をゼロにして後ろ中心でウエストの丈をカットする。
- 各ダーツ止りは重なりの中央に決め、ダーツ線を引き直す。

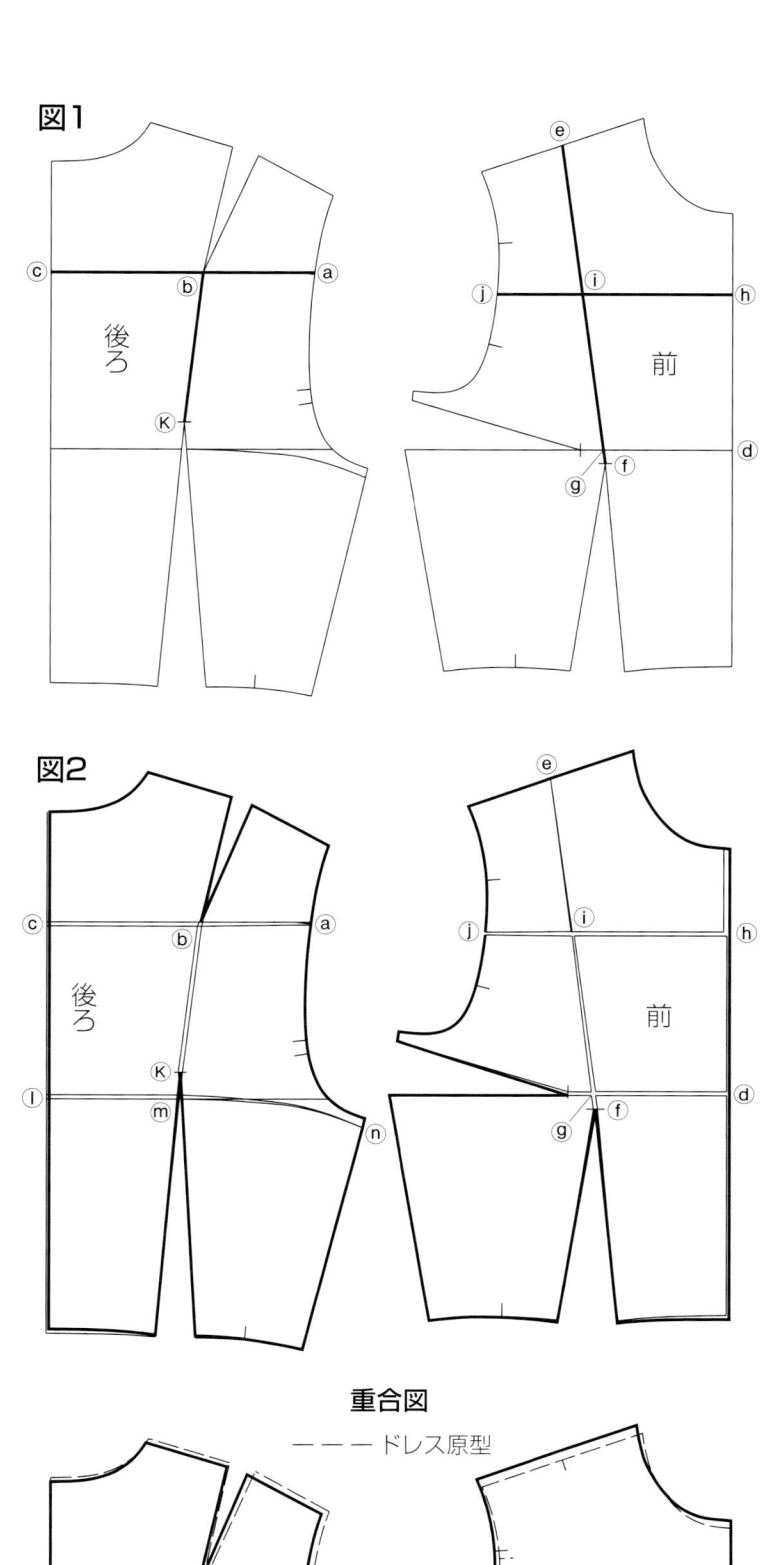

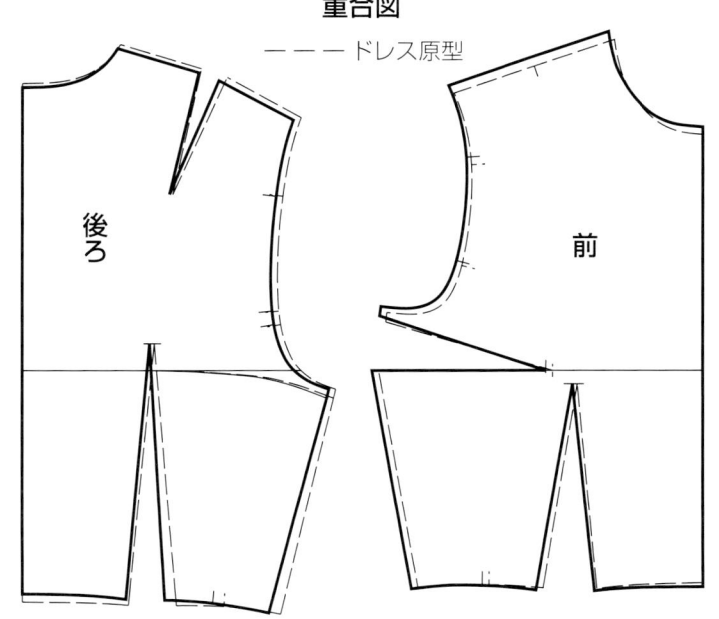

前肩の場合

実線が前肩の変化

肩が前方向に出ている分だけバストトップとの高低差が少なくなり、逆に肩甲骨では高低差が多くなる。前身頃はサイドダーツの分量を肩先に移動して幅を追加し、丈を衿ぐりを基点にして前肩で開いて追加する。前幅自体が少し狭くなるのでバストポイント位置で重ねる。

後ろ身頃は袖ぐりで少し重ね、肩ダーツ分量を多くすることで肩甲骨を高くする。背幅が少し広くなるので追加する。肩線はサイドネックポイントより肩先をより多く前に移動する。

前身頃
- サイドダーツ止りⓞを基点に、袖ぐり肩先から4〜5cm下がった位置ⓟで切り開き、幅を追加してダーツ分量を少なくする。
- 衿ぐりⓠを基点に、袖ぐりⓟで切り開き、丈を追加する。
- 肩線中央ⓔを基点に、ウエストダーツ止りⓕで少し重ねて前幅を狭くする。脇側身頃をⓖを基点に展開してバストラインを水平にする（50ページ図1参照）。
- 肩線を前身頃側に移動して袖ぐり線を引き直す。
- ダーツ止りは重なりの中央に決めダーツ線を引き直す。

後ろ身頃
- 肩ダーツ止りⓑを基点に、袖ぐりⓐで重ね、ダーツ分量を多くする。
- 肩ダーツ止りⓑとウエストダーツ止りⓚを結び、切り開く。
- ダーツ止りを決め、線を引き直す（50ページ参照）。

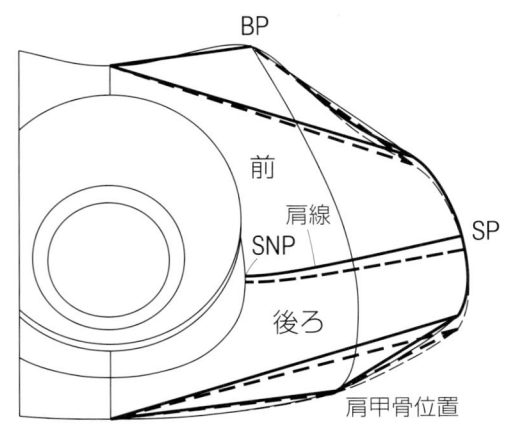

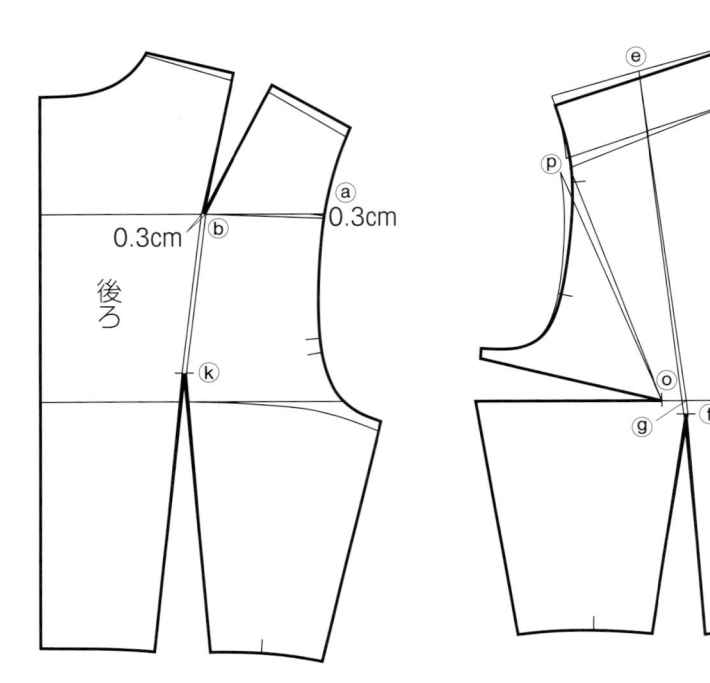

重合図

———ドレス原型

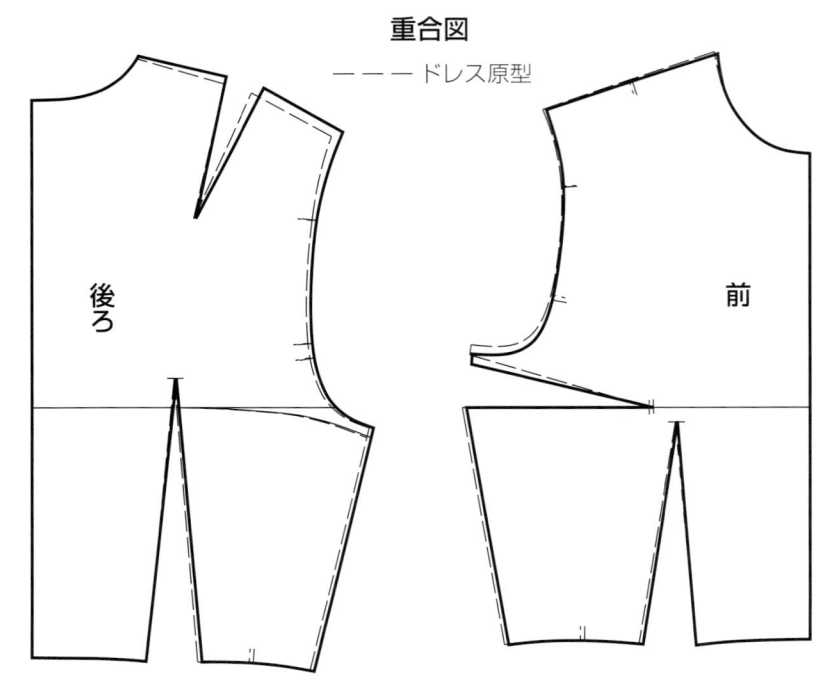

3 シルエット原型

シルエット原型は各アイテムごとに作られ、そのブランドやシーズンの代表的なシルエットを表現する原型で、1つのアイテムをいくつかのシルエットに細分化して作られる。

(1) プリンセスライン原型

プリンセスライン原型はドレス原型（ブランド原型）を基に、前身頃のバストトップと後ろ身頃の肩甲骨（身頃の最も突出している部分）を通るコンストラクションライン（プリンセスライン）に切替え線を作り、身頃とスカートのウエスト切替えをなくし、単純な切替え線で体の形を表現している。

プリンセスライン原型からブラウス原型やジャケット原型への展開をする。

ウエストダーツ線を引き直す（図1）

前身頃
- ウエストダーツ分量の2等分位置とダーツ止りを直線で結び、バストラインまで延長してバストポイントとし（ⓐ）、ダーツ線を引き直す。

前後スカート
- 各ウエストダーツ分量の2等分位置とダーツ止りを直線で結び、1cm延長して新しいダーツ止りとし（ⓑⓒⓓⓔ）、ダーツ線を引き直す。

プリンセスラインを引く（図2）

前身頃
- バストポイントⓐから肩線中央ⓕにプリンセスラインのカーブ線を引く。このカーブ線は立体になったときに直線に見えるように肩線に近い位置でカーブを強くする。
- サイドダーツをプリンセスラインⓕに移動をするため、サイドダーツ止りをバストポイントⓐまでの中央（ⓖ）に移動する。

後ろ身頃
- 肩ダーツ線ⓗから中心側ウエストダーツ線に自然なカーブでプリンセスラインを引く。
- 肩ダーツ線ⓘから脇側ウエストダーツ線に自然なカーブでプリンセスラインを引く。肩ダーツ止り下で少し重なり、ウエストダーツ止り位置ではダーツ線から離して引き、背中が必要以上に丸くならないようにする。

前スカート
- ダーツ止りⓑから裾まで垂直線を引く。

後ろスカート
- ダーツ線を裾まで延長し（ⓙⓚ）、ⓙ〜ⓚの$\frac{1}{4}$ずつ狭くしてダーツ止りⓔと結び、プリンセスラインを引き直す。

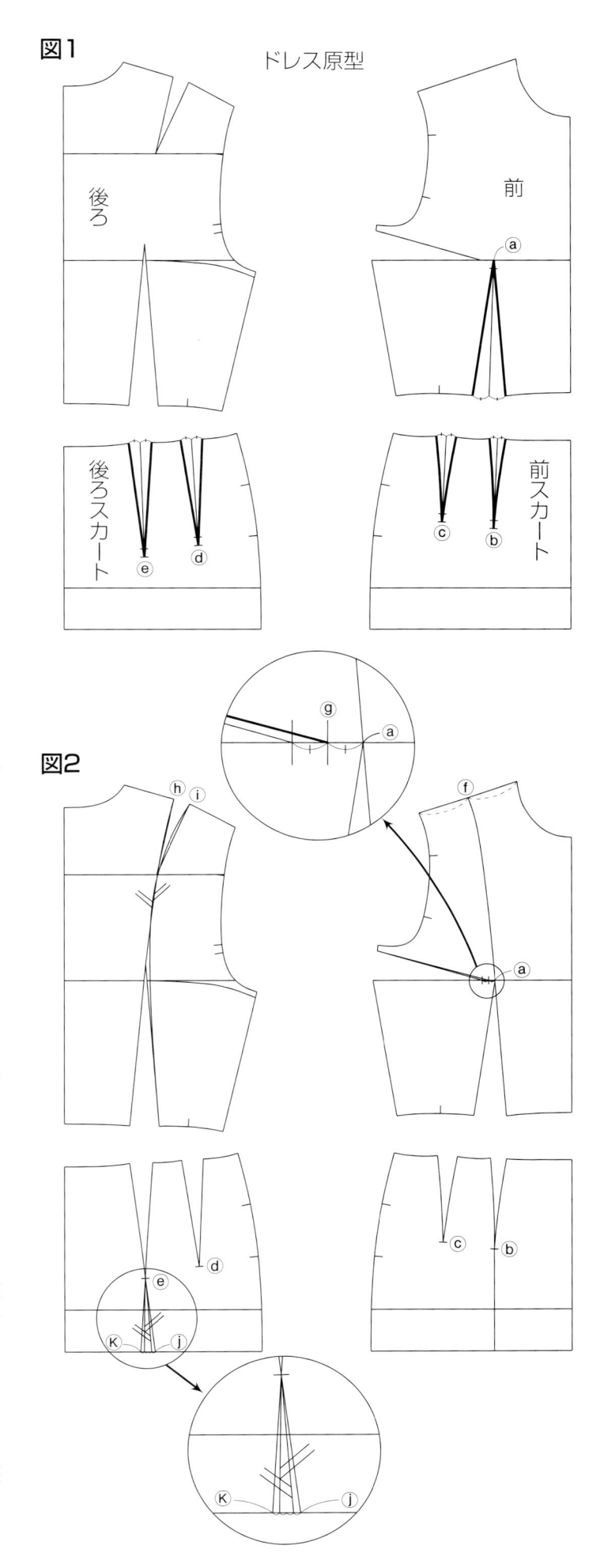

身頃とスカートを各プリンセスラインで切り離し、展開線を引く（図3）

前後脇スカート
- ウエストダーツを閉じる展開線をダーツ止りⓒⓓから裾まで垂直線を引く。ドレス原型でのウエストのゆるみ分量が少ないので、ダーツはすべて閉じずにウエストのゆるみとして0.5cm残す。

後ろ脇身頃
- スカートのダーツ分を0.5cm残すので、身頃でも同位置で同分量開く展開線を引く。スカートのダーツ位置の合い印①からバストラインに直角に線を引き、肩甲骨の案内線ⓜ～ⓝまで延長する（ⓞ）。

前脇身頃
- サイドダーツ止りⓖを基点にしてダーツ分量をすべて閉じプリンセスラインで開く。バストポイントⓐで角になるので自然なカーブに引き直す。
- スカートのダーツを0.5cm残すので、身頃でも同位置で同分量開く展開線を引く。スカートのダーツ位置の合い印ⓟからバストラインに直角に線を引き、肩先とバストトップを結んだ稜線ⓠ～ⓡまで延長する（ⓢ）。

展開法（図4）

前後脇スカート
- ダーツ止りⓒⓓを基点にⓟ①でダーツ分量を0.5cm残して閉じ、裾で開く。
- 前脇スカートの裾で開いた分量が多いので、$\frac{1}{4}$をプリンセスライン側でカットし、線を引き直す。

後ろ脇身頃
- 肩甲骨の案内線のⓜ、ⓝとⓞを基点に①で0.5cm開く。切込みの入れ方はⓜ～ⓝを切り、ⓞ～①はⓜ～ⓝの少し手前から切込みを入れ、ⓞで切り離れないように注意する。
- ①で開いた中央に線を引き、布目線にする。

前脇身頃
- 肩先とバストトップを結んだ稜線のⓠ、ⓡとⓢを基点にⓟで0.5cm開く（切込みの入れ方は後ろ脇身頃と同様）。
- ⓟで開いた中央に線を引き、布目線にする。

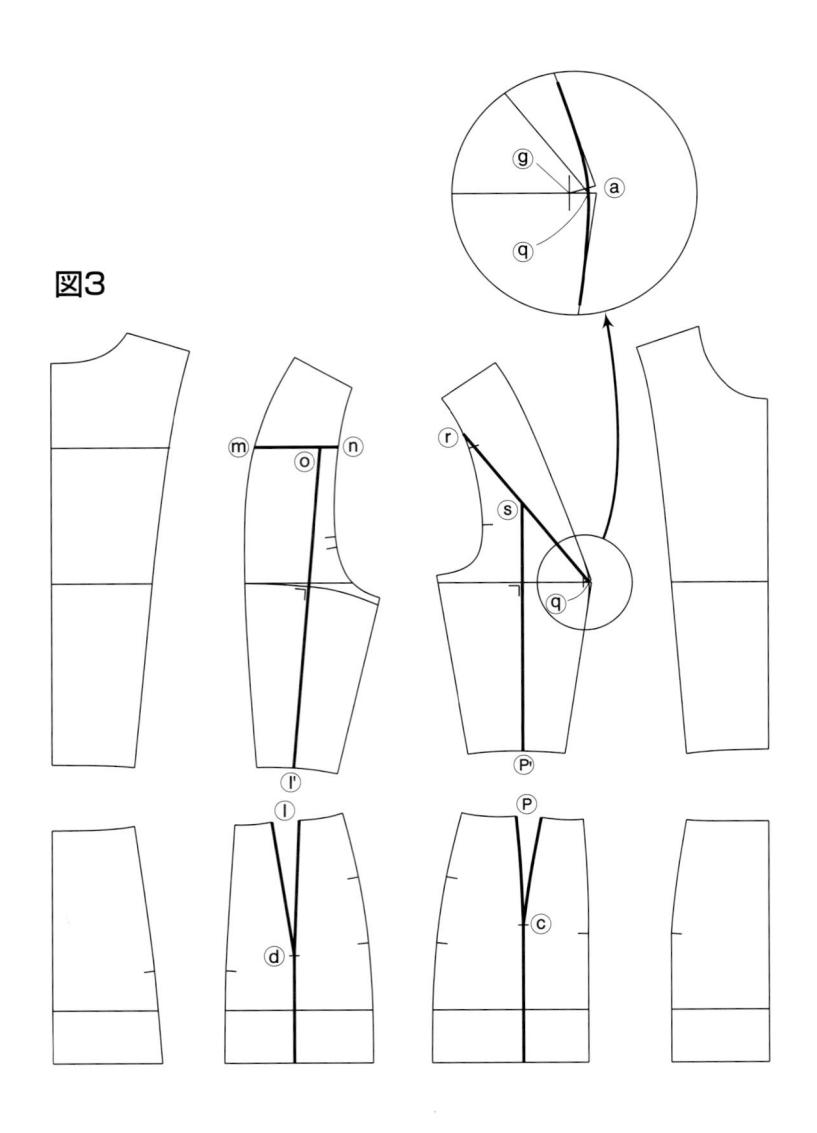

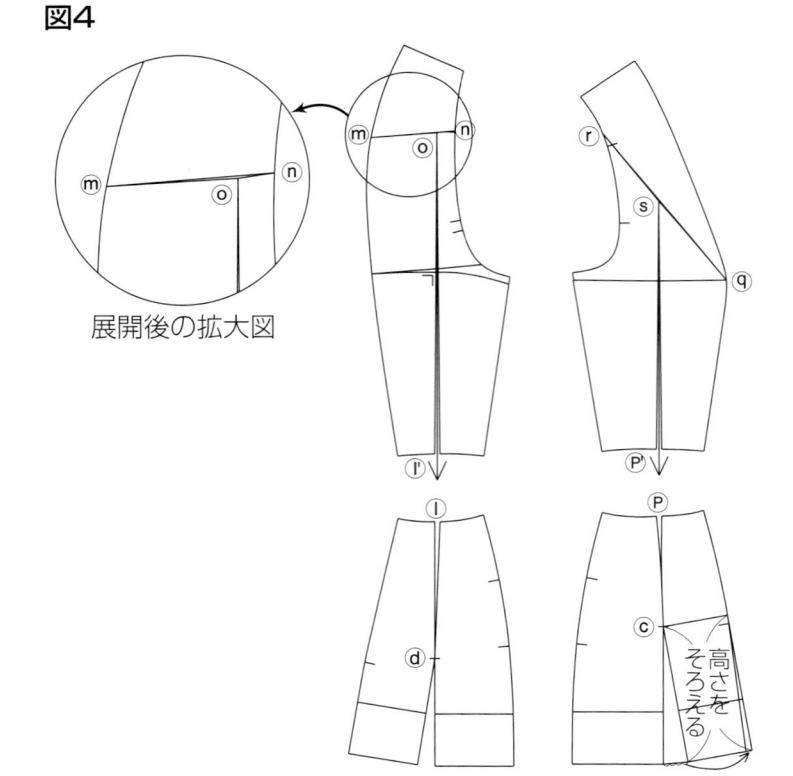

図3

図4

展開後の拡大図

高さをそろえる

前のみ$\frac{1}{4}$カットする

ウエストをはぐ（図5、6）

　後ろ身頃と後ろスカートの中心線を一直線上に合わせ、プリンセスライン側のウエストの角ⓤで合わせ、後ろ中心で離れた寸法ⓣを基準にそれぞれの重なり寸法を割り出す。前後プリンセスラインで重ねる分量は$\frac{t}{2}$、脇は$\frac{t}{2}×2〜2.5$重ねる。縫い合わされる線どうしは同分量を重ね、前後のプリンセスラインも同分量重ね、スカート部分が前後に振れないようにする。特に、脇で重ねる分量はドレス原型の形により倍率を変え、前後や脇に振れたりしないようにする。

後ろ身頃
- 後ろ身頃と後ろスカートの中心線を一直線上に合わせ、$\frac{t}{2}$をプリンセスラインのウエストⓤで重ねる。

後ろ脇身頃
- プリンセスラインのウエストⓤでⓤと同分量重ね、脇のウエストⓥで$\frac{t}{2}×2〜2.5$重ねる。このとき後ろ脇身頃の布目線に対してスカート部分が脇側よりやや後ろ中心側に振れているのが望ましい。
- 脇線が裾線に対し直角に入ると立体に組み立てたとき内側に入り込むシルエットになるので、脇線を裾で0.2cmくらい広げ、線を引き直す。

前脇身頃
- 脇のウエストⓥでⓥと同分量重ね、プリンセスラインのウエストⓦでは後ろ身頃ウエストⓤで重ねた分量と同分量を重ねる。このとき、前脇身頃の布目線に対してスカート部分が前中心側よりやや脇側に振れているのが望ましい。
- 脇線は後ろ脇同様に引き直す。

前身頃
- 前身頃と前スカートの中心線を一直線上に合わせ、プリンセスラインのウエストⓦでⓦと同分量重ね、前中心のウエストは少し開く。

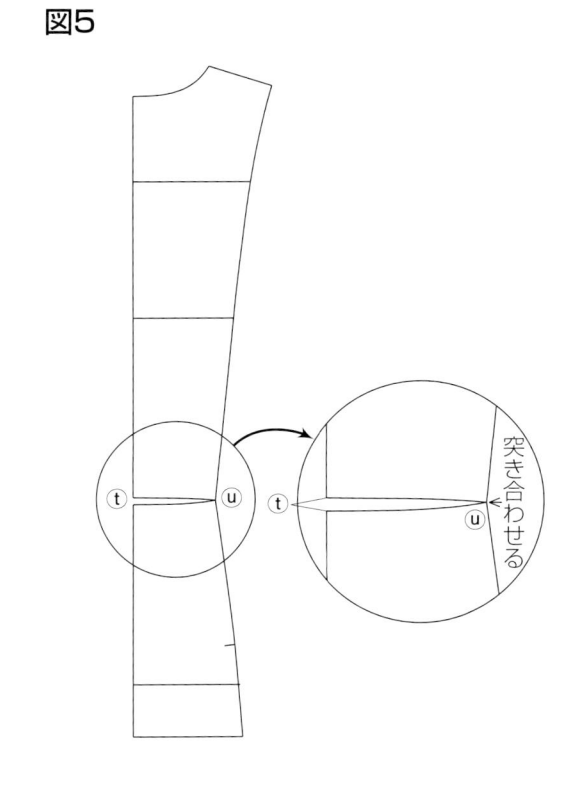

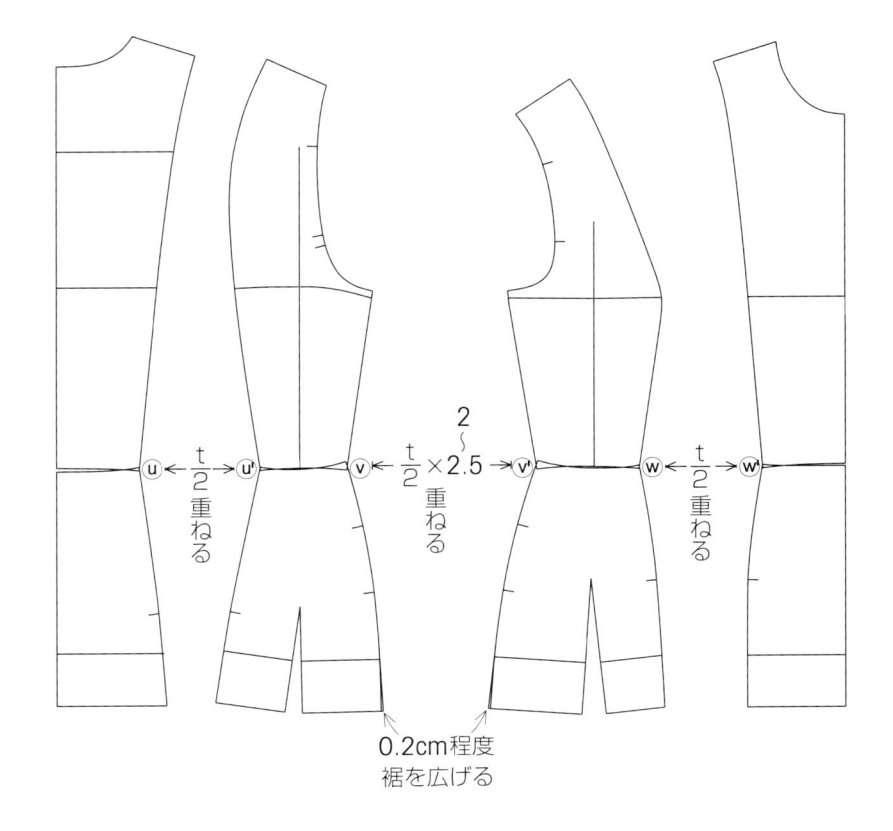

図5

図6

$\frac{t}{2}$重ねる

$\frac{t}{2}×2〜2.5$重ねる

$\frac{t}{2}$重ねる

0.2cm程度裾を広げる

突き合わせる

プリンセスライン原型

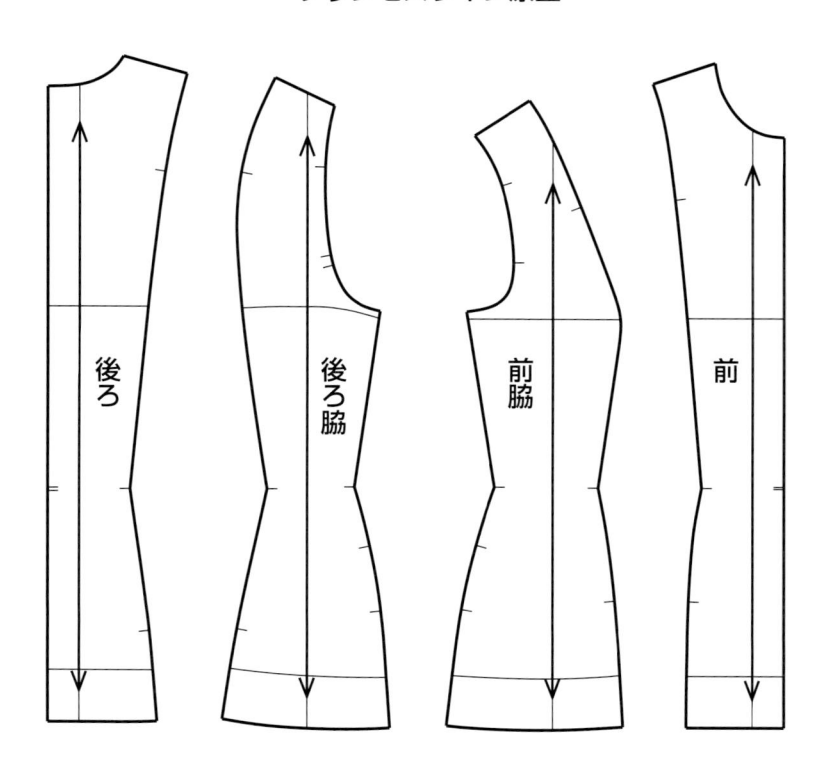

- ウエストの合い印は重なりの中央に決める。プリンセスラインの前はバストラインと肩線の中央に、後ろは肩甲骨位置に合い印を入れる。
- 前後身頃、前後脇身頃を肩線で縫い合わせた状態にして、プリンセスラインのつながりがスムーズなカーブ線になっているか確認する。
- ヒップラインと裾線の開いている部分をつなぎ、スムーズなカーブ線で引き直す。

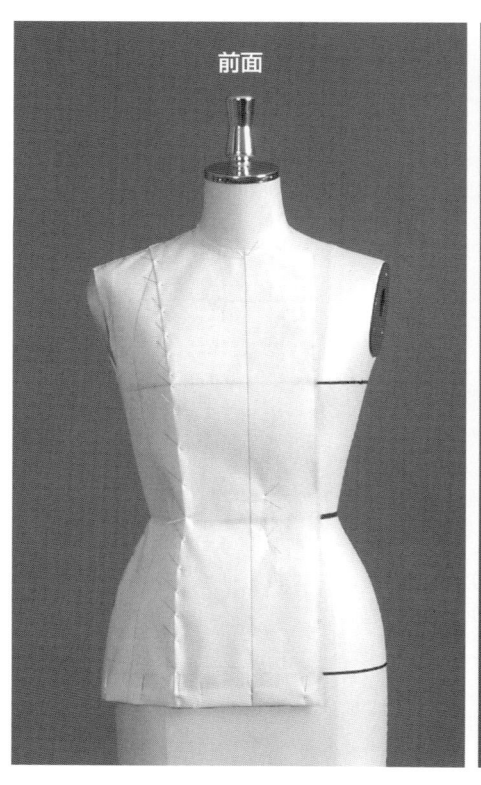

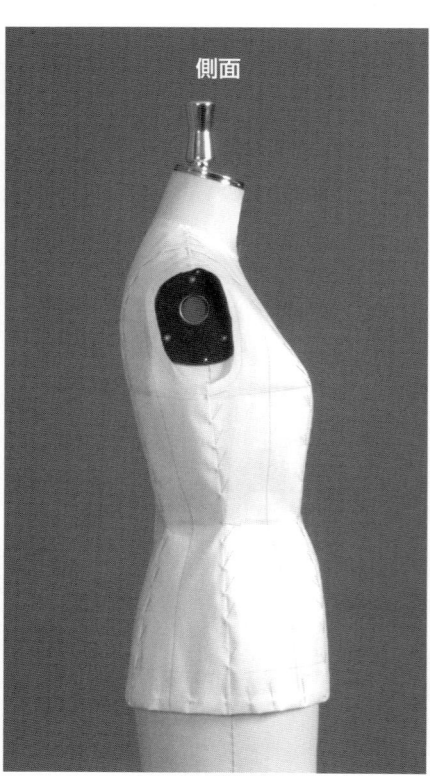

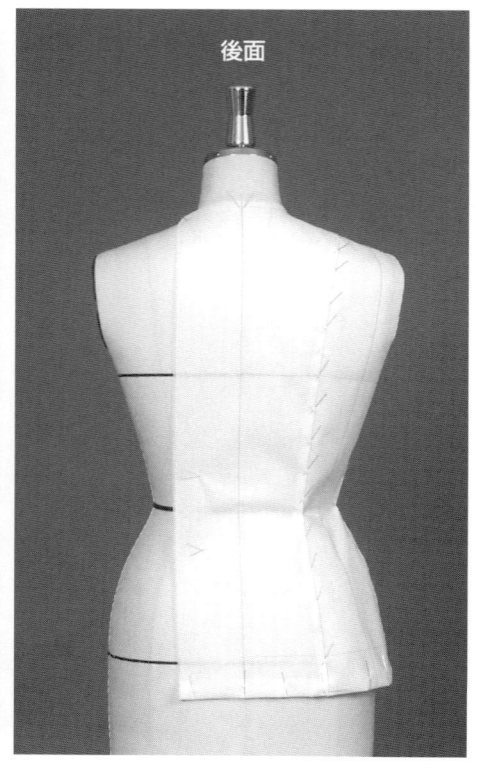

(2) ブラウス原型

ブラウス原型はプリンセスライン原型を基に、最小限のゆとりを入れて作った原型で、この原型からタイトなブラウスやオフボディのシャツに展開する。プリンセスライン原型が持っているウエストダーツ分量をパターンにしるしておき、ウエストダーツを入れるときの目安にする。

ブラウス原型は身体の最も出た部分、前身頃のバストポイントとヒップ、後ろ身頃の肩甲骨とヒップを結んだストレートなシルエットにする。

前後身幅はストレートなシルエットにすると後ろ身頃のバストライン位置で身体から離れる分量（ⓐ）ができ、前身頃では身体から離れないので、後ろ身頃の身幅は前身頃の身幅より広くなる（図1）。

脇線を直線にするための展開線を引く（図2）

前身頃
- 前身頃と前脇身頃のバストポイントとヒップライン位置を合わせる。
- 袖ぐり底ⓑから裾ⓒまで直線を引く。
- 袖ぐり合い印ⓓからウエストと同じ高さⓔまで斜めに線を引く。斜めの線はバストラインからウエストまでの間を図3のように放射状に線を引いたイメージで引く。
- ⓔから脇ⓕを通りⓖまで線を引く。
- ⓕ～ⓖの中央をしるす（ⓗ）。

後ろ身頃
- 肩甲骨の合い印どうしとヒップライン位置を合わせる。バストライン位置ではパターンが離れる（ⓐ）。
- 袖ぐり底ⓘから裾ⓙまで直線を引く。
- 袖ぐり合い印ⓚからウエストと同じ高さⓛまで前身頃同様に斜めに線を引く。
- ⓛから脇ⓜを通りⓝまで線を引く。
- ⓜ～ⓝの中央をしるす（ⓞ）。

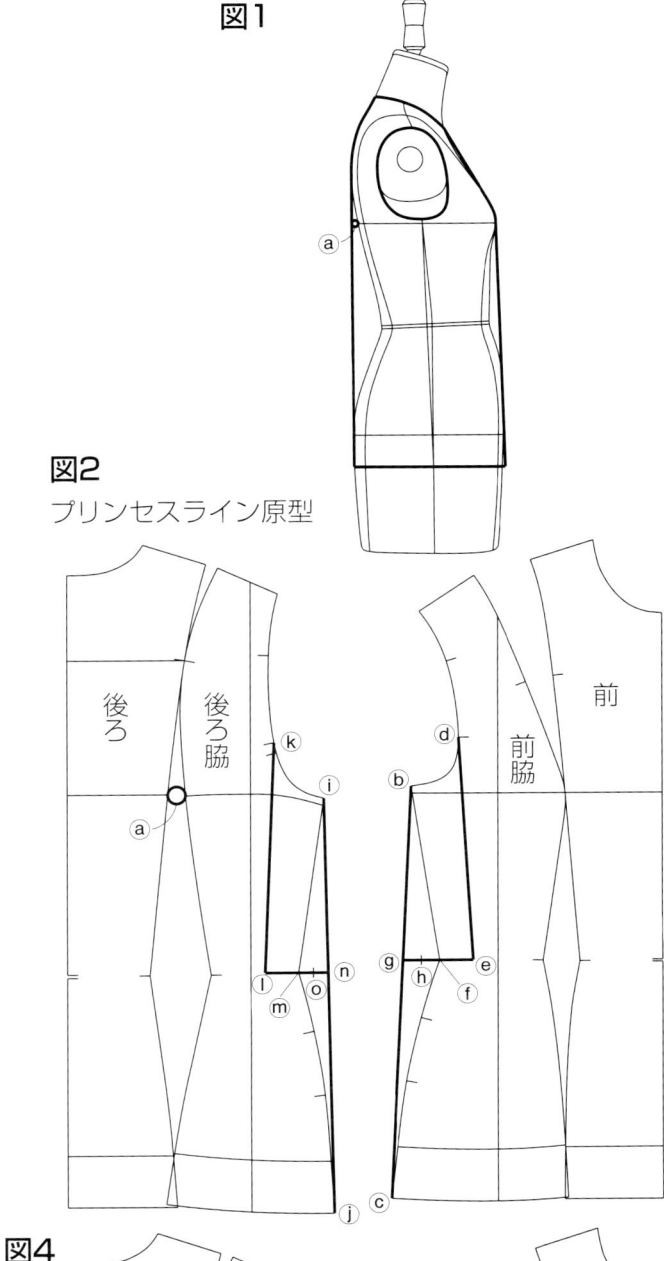

展開法（図4）

前身頃
- 袖ぐりⓓを基点にⓓ～ⓔ～ⓕ～ⓑのⓕをⓗまで移動する（斜線部分ⓓ～ⓔ'～ⓕ'～ⓑ）。
- 袖ぐり底ⓑと裾ⓒを直線で引き直す。

後ろ身頃
- 袖ぐりⓚを基点にⓚ～ⓛ～ⓜ～ⓘのⓜをⓞまで移動する（斜線部分ⓚ～ⓛ'～ⓜ'～ⓘ）。
- 袖ぐり底ⓘと裾ⓙを直線で引き直す。

図1

図2
プリンセスライン原型

図3

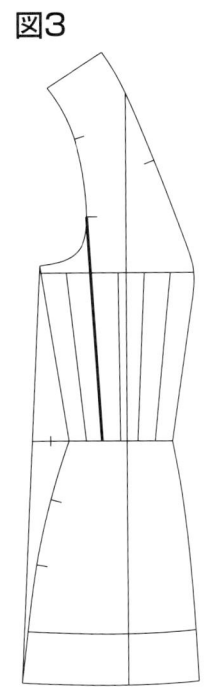

図4

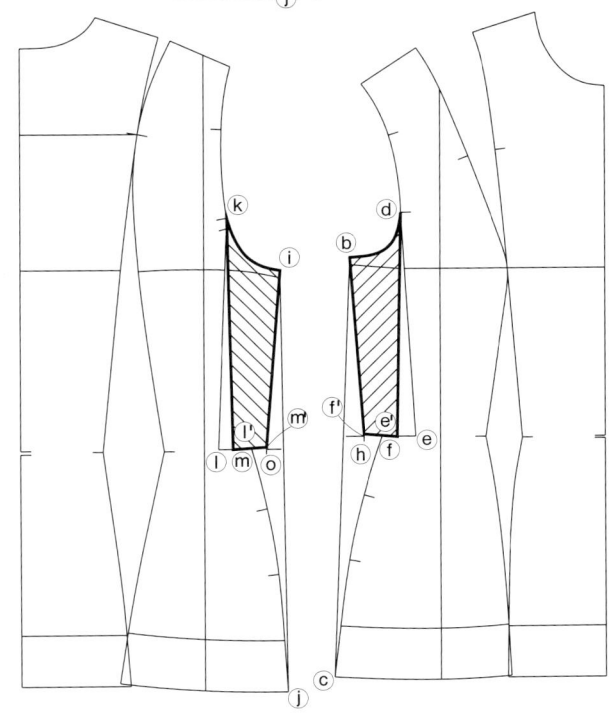

図5　　　　　　　　　　　　　　　　　　　　ブラウス原型

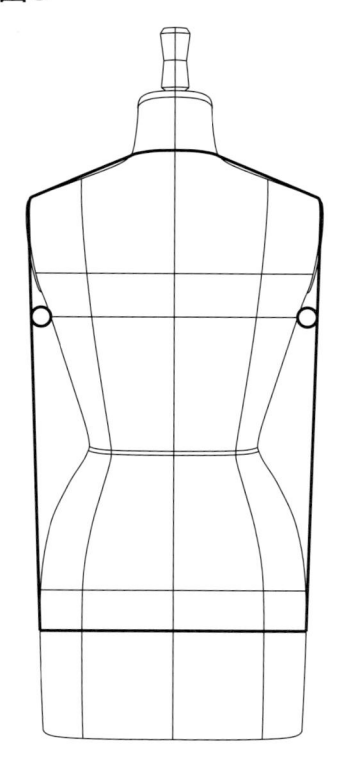

　図5のバストライン位置○印でボディから離れるゆとり分量は、図4の斜線部分を展開することでバストラインにゆとりが入り、脇を直線で引き直すことでもゆとりが入る。幅のゆとりを分散して入れることで身頃が立体的になる。

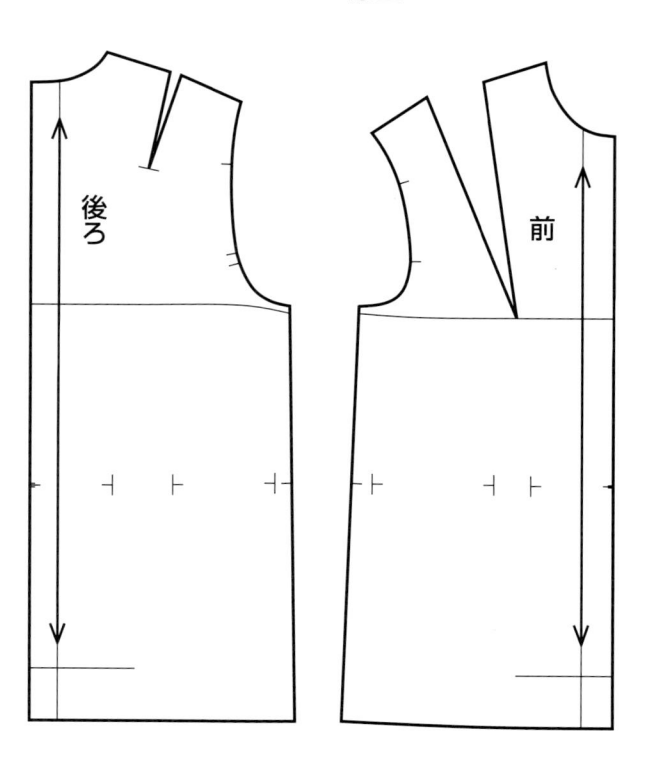

- 後ろは中心裾から水平線を脇まで引き、裾線にする。
- 前は前後脇線の長さを同寸法にして、前中心までカーブで裾線を引く。
- 前後肩ダーツは直線で引き直す。
- ダーツ位置、脇のしぼり位置をしるし、脇線に合い印を入れる。

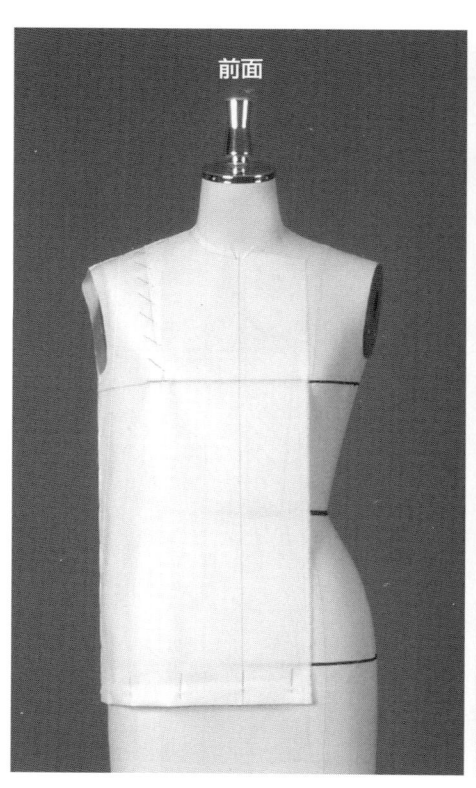

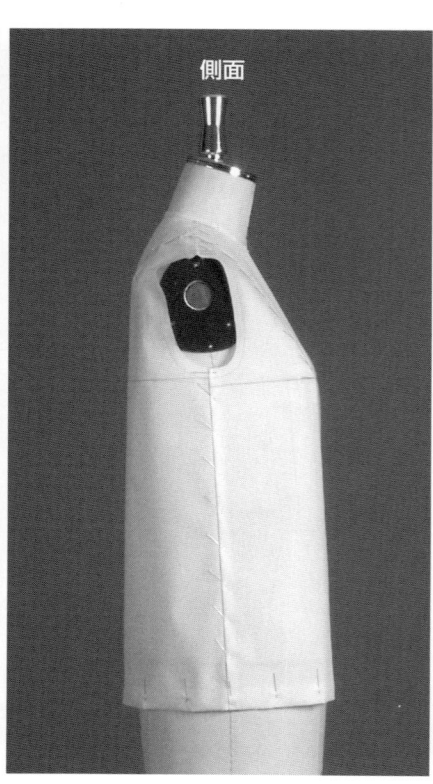

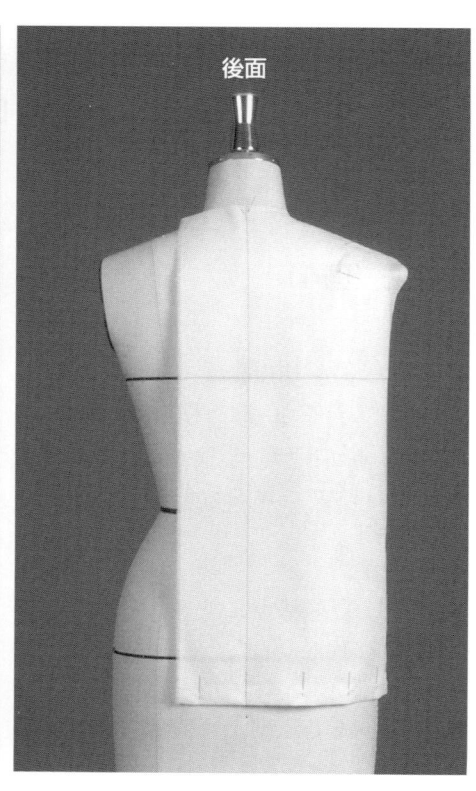

前面　　　　　側面　　　　　後面

(3) ジャケット原型

ドレス原型の身頃を使用し、ジャケットとしてのゆとりと肩パッドの厚み分を加え、ジャケット原型を作る。肩パッドの厚み分は、多く使われる形や厚みを考慮する。

肩パッドは厚みを1cmに設定し、外回りと内回りの寸法差をはかる。寸法差の40％くらいを前身頃に、60％くらいを後ろ身頃の肩先の袖ぐりに追加する（図1）。

図1　外回りと内回りの寸法差が、肩パッドの厚みに対する肩のゆとり分量

展開線を引く（図2）

前身頃

- 着込み分と上乗り分として前中心で幅（ⓐ）を、バストライン位置で丈（ⓑ）を追加する。
- ウエストダーツ分量の2等分位置とダーツ止りを直線で結び、バストラインまで延長してバストポイントとする（ⓒ）。
- ⓒと衿ぐり線の中央くらい（ⓓ）、肩線中央（ⓔ）、袖ぐり肩先から4〜5cmくらい下（ⓕ）をそれぞれ直線で結ぶ。
ⓒ〜ⓓはサイドダーツの残りを展開。ⓒからⓔは肩パッド分と多少肩線に伸ばしを入れるための展開線。ⓒ〜ⓕはジャケットとしての肩のゆとり分量を展開する。
- ⓕ〜ⓘとⓖ〜ⓗは肩パッド分量を展開する（前身頃で開く分量の$\frac{1}{2}$ずつ）。

後ろ身頃

- 着込み分と上乗り分として後ろ中心で幅（ⓙ）を追加する。厚手の素材は丈でも追加する必要があるので、図3のように袖ぐりⓟを基点に、肩甲骨の案内線位置で平行に切り開き、肩ダーツ分量を多くする。
- 脇に向かって下がるバストラインを水平にするための展開線ⓚ〜ⓛは、後ろ正面と脇の面の変りめ付近に入れる。
- ⓜ〜ⓝと、肩ダーツ止りⓞ〜ⓟは肩パッド分量と肩のゆとりを展開する。ⓟは肩先から5〜6cmくらい下にし、ダーツ止り（ⓞ）よりも少し上に設定する（後ろ肩パッド分量の$\frac{1}{2}$ずつをⓝとⓟで開く）。

図2　ドレス原型（身頃）

展開法

前身頃（図4〜6）

- ⓒを基点にサイドダーツをすべて閉じ、肩のダーツにする（ⓔ）。
- ⓒを基点に袖ぐりⓕで肩のゆとり分を開く。
- ⓘを基点にⓕで肩パッド分を開く。ⓕで開く分量は2か所とも間口ではなく図5のように垂直方向ではかる。肩ダーツ分量は分散され、少なくなる。

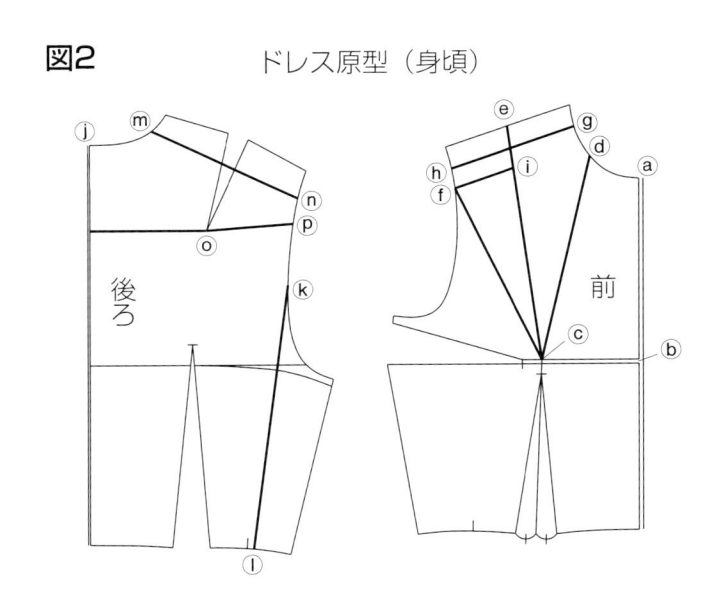

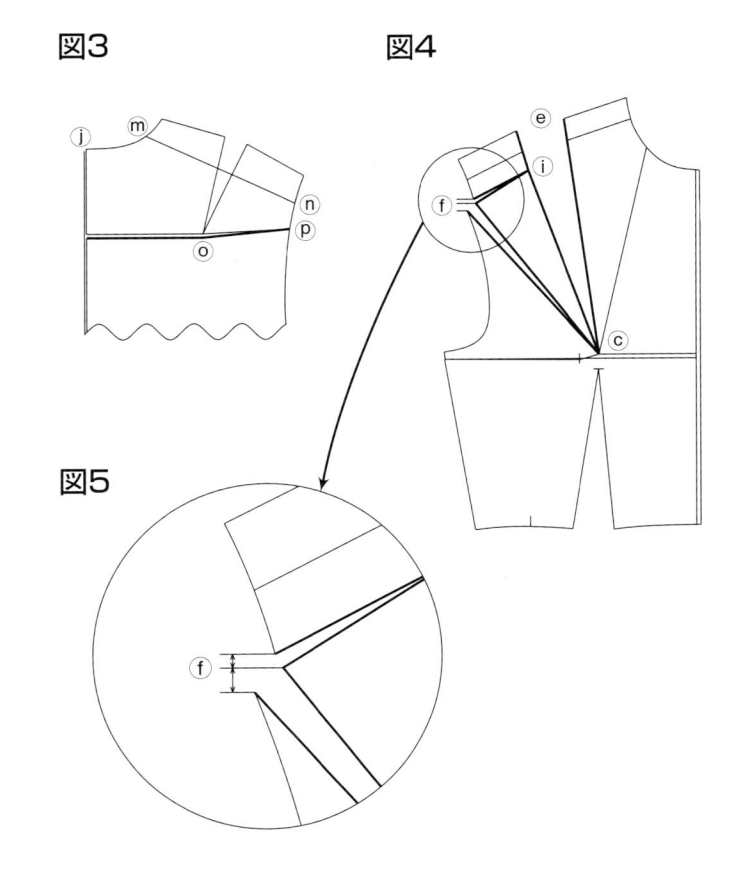

図3　図4　図5

図6

肩パッドの厚み分

ジャケットとしてのゆとり

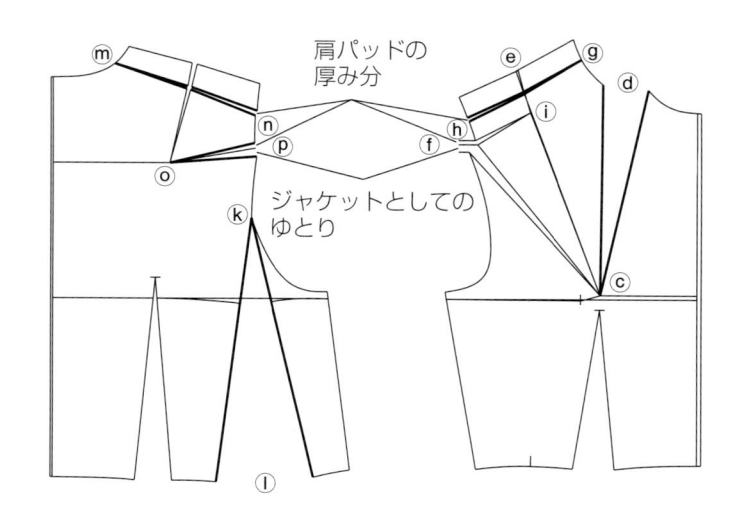

- ⓒを基点に肩のダーツ(ⓔ)を閉じ(肩の部分は少し重なる)、衿ぐり(ⓓ)にダーツ分量を開く。前肩線を少し伸ばすことで肩先が前方向に向くのを助ける。
- ⓖを基点にⓗで肩パッド分を開く。

後ろ身頃（図6）
- ⓞを基点に、肩ダーツ分量をⓟで開き、肩のゆとり分と肩パッド分にする。
  ⓟは間口がほぼ垂直方向なので間口ではかる。ⓟの寸法は前身頃のⓕよりも少し多くする。

図7

- ⓜを基点にⓝで肩パッド分を開く。ⓝの寸法も前身頃のⓗよりも少し多くする。残った肩ダーツ分量はいせにする。
- ⓚを基点に、下がったバストラインが水平になるまでⓛで開く。
  ジャケット原型のバストラインを水平にすることで、ウエスト位置でのしぼりや前ミドルヒップ位置と後ろヒップ位置での交差のバランスを把握することができる（図7）。

3面構成のジャケット原型

　前身頃にウエストダーツがある3面構成のジャケット原型。

　体の面構成を考慮し、パネルラインの位置やダーツ分量を決める。ウエストから上の身頃側と下のボトム側では、体の面構成や方向が大きく変わるため、ウエストから下の各パネルラインの方向や丸みは、体の形をしっかり把握する必要がある。

1　前後身頃のジャケット原型を据える。
- 出来上りのバスト寸法を考慮して、前後身頃を脇でどれくらい離すか決める。水平に引かれたバストラインを合わせ、ジャケット原型を据える。
- 後ろ中心で着丈を決め、裾線、ウエストライン、ヒップラインを前中心まで引く。
  裾線は、後ろ中心の衿ぐりから着丈をはかり、前中心まで水平に引く。
  ウエストラインは、後ろ中心のウエスト位置から水平に引く。
  ヒップラインは、ウエスト位置から腰丈をはかり、水平に引く。
- 脇を決め、袖ぐり線を引き直す。
  脇線は前後身頃を離した間隔の中央から垂直に引く。
  袖ぐり線は袖ぐり底を脇でバストラインまで下げ、ドレス原型の袖ぐりに似せて袖ぐりを引き直す。

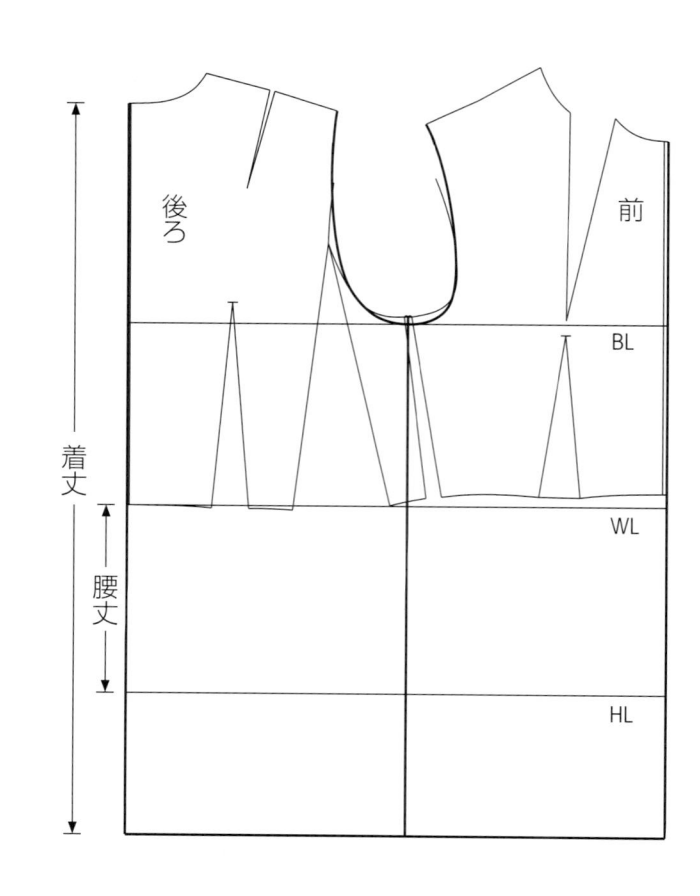

2 ダーツ、パネルラインを引く。

前身頃

- ダーツを引く。

  バストポイントⓒから1～1.5cmくらい脇寄りに垂直線を引く。ダーツのウエスト位置を原型のウエストあたりに決め、シルエットにより変わるがダーツ分量を1～2cmにして、垂直線から半分ずつ左右にとる。ダーツ止りはバストラインから3cmくらい下と、ウエストラインから7cmくらい下に決める。ウエストライン下のダーツ止り位置は、腰ポケット位置も考慮して少し短めにする。

- パネルラインを引く。

  バストラインから5～6cm上の袖ぐりⓠから、ウエストまで自然なカーブで線を引く。このとき、傾斜を脇側ダーツ線と対称になるように引くと、ダーツからパネルラインまでの形がバランスよくできる。ウエストの位置は原型のウエストあたりに決める（ウエストから裾までは脇身頃を参照）。

後ろ身頃

- 後ろ中心線を引く。

  後ろ中心ウエストで1～2cmカットし、肩甲骨の案内線と自然なカーブでつなぐ。ウエストから裾までは垂直に引くか、素材が無地なら0.5～1cmくらい裾を広げてもよい。

- パネルラインを引く。

  前袖ぐりⓠより3～4cm上になるように後ろパネルライン位置を決める（ⓡ）。
  後ろ身頃のウエスト幅（ⓢ）を前身頃のウエスト幅（ⓣ）より狭く設定し、袖ぐりⓡから自然なカーブ線を引く。

脇身頃

- 前側パネルラインを引く。

  前袖ぐりⓠからウエストまでS字カーブで線を引く。ウエストのダーツ分量は前ダーツ分量の1.5～2倍くらいにする。ウエストのダーツ分量の中間から垂直線を引く。

- 後ろ側パネルラインを引く。

  後ろ袖ぐりⓡ位置で後ろ身頃のパネルラインより0.5～1cm交差させ、ⓡからウエストまでS字カーブで線を引く。袖ぐりかま幅は12cmくらい必要で、それより広い場合は交差の必要はないが、体の厚みがある体型にはもっと必要になる。
  ウエストダーツの分量は前ダーツ分量の4～5倍くらいにする。ウエストのダーツ分量の中間から垂直線を引く。

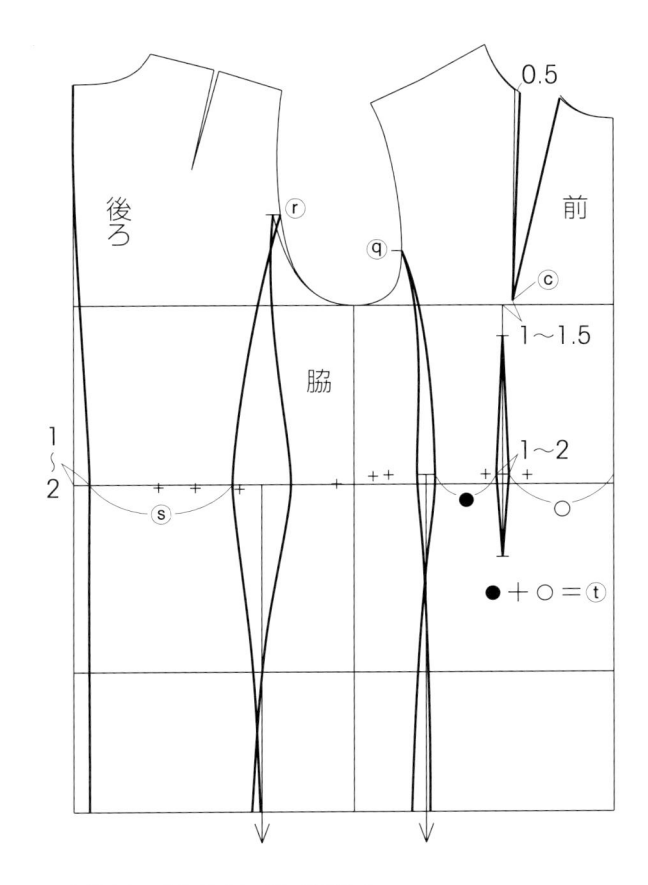

ウエスト下のパネルラインを引く。

- 前側パネルラインを引く。

  図7（60ページ参照）の垂直線とミドルヒップから下の交差を意識して、カーブでウエストから裾まで線を引く。パネルラインの裾でウエストからの垂直線と交差する分量は、前身頃より脇身頃パネルラインのほうの交差分量を少なくし、側面から見て前身頃裾が中心側にはねないようにする。

- 後ろ側パネルラインを引く。

  前側と同じように考え、ヒップのいちばん出ている位置で、パネルラインを交差させ、カーブでウエストから裾まで線を引く。ウエストからの垂直線と脇身頃のパネルライン裾を交差させ、側面から見て後ろ身頃裾をはねたようにする。後ろ身頃のパネルラインは必ずしも垂直線と交差しなくてもよい。

- 脇身頃の形は人体を側面から見たときと同じように、後ろ側のくびれが強くなる。

- 衿ぐりダーツを0.5cmくらい衿ぐりのゆとり分にして衿ぐり線を引き直す。

  衿ぐりダーツは、ジャケット衿ぐりのゆとりとして、最低0.5cmは浮かしてダーツ分量を小さくしておく。残ったダーツはテーラードカラーのための浮き分や、ダーツで処理できないときのゴージダーツ分量として残しておく。

3 袖つけ線を引く。

- ドレス原型の袖の作図43ページ参照。
前後案内線a、bの長さはドレス原型よりいせを多くした分だけ長くするが、素材によっていせ分量が決まるので、この案内線の長さは一定ではない。
- 袖ぐりに合い印をつけ、袖にいせの配分をして合い印をつける。

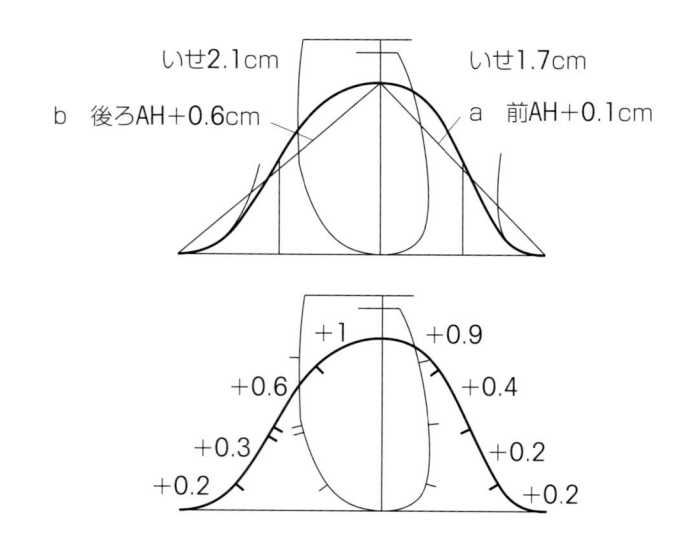

4 2枚袖のシルエット線を引く。

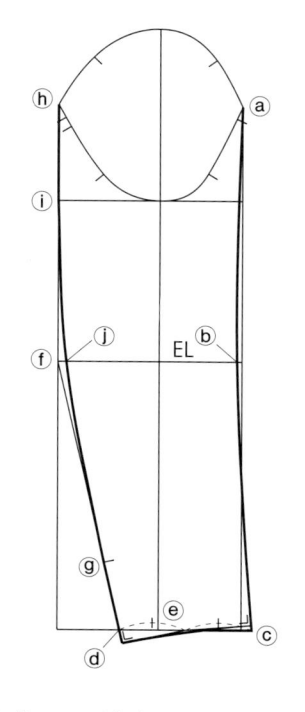

- 袖の目を作り、袖丈、肘丈を決め、筒袖を作る（48ページ参照）。
- 前袖つけ線ⓐから肘線位置で0.5cm内側ⓑを通り、袖口で1cm外側のⓒまで、自然なカーブで線を引く。ⓒから袖口幅をはかり（ⓓ）、後ろ肘位置ⓕからⓓを直線で結び、袖口方向に延長する。袖口幅の中央（ⓔ）から前後シルエット線に対して直角に線を引き、カーブ線で引き直して袖口線とする。袖口から8cmくらい上にあきみせ止りを決める（ⓖ）。
後ろ袖つけ線ⓗからⓘまで垂直線を引き、肘位置で0.5〜1cm内側ⓙを通り、ⓖまで自然なカーブで線を引く。この線が袖のシルエットになり、前後切替え線の基準になるので、腕の形を充分考慮して決めなければならない。

5 2枚袖の前後切替え線を引く。

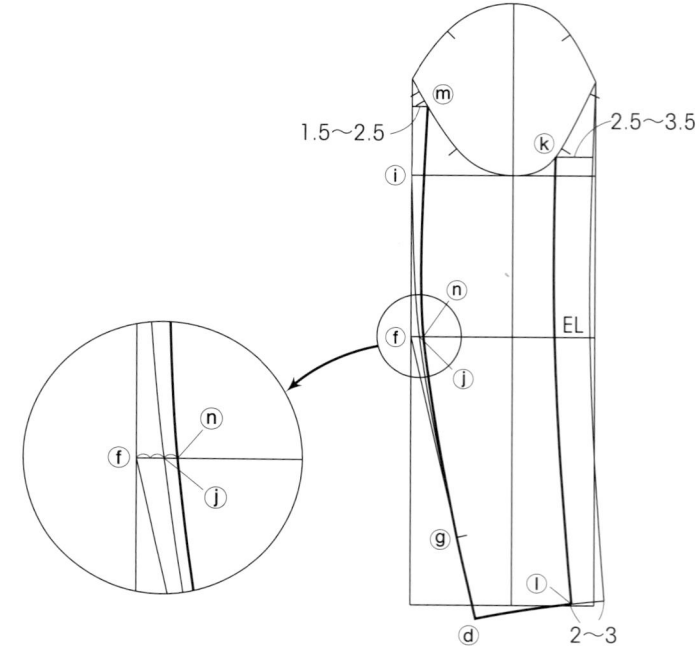

- 前切替え線は、袖つけ線位置で2.5〜3.5cm（ⓚ）、袖口で2〜3cm（ⓛ）内側に、シルエット線と同じようなカーブ線を引く。2枚袖は袖口で細くなっているので切替え線も少し袖口で細くする。
- 後ろ切替え線は、袖つけ線位置で1.5〜2.5cm（ⓜ）、肘位置でⓕ〜ⓙの$\frac{1}{2}$くらい内側（ⓝ）を通り、ⓖまで自然なカーブで線を引く。

6　前後切替え線を展開する。

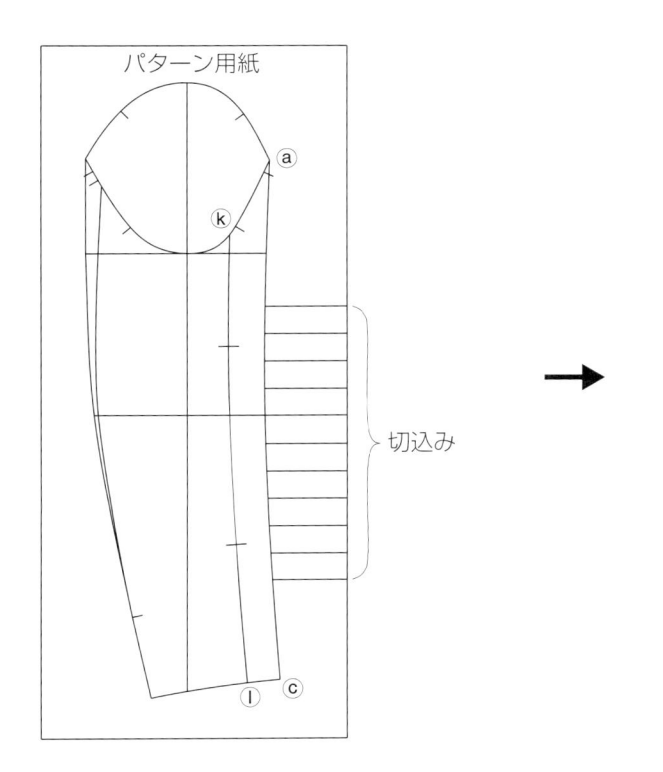

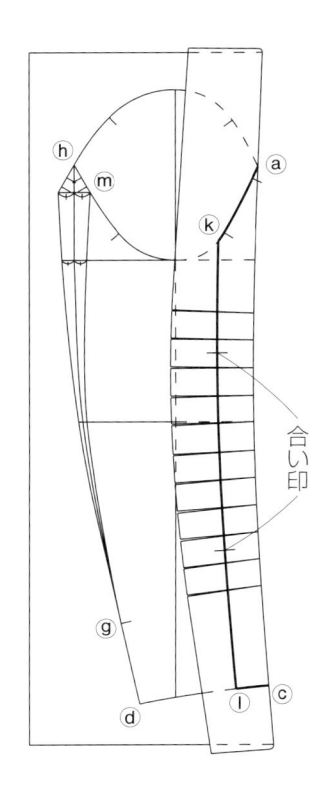

- 前シルエット線ⓐ〜ⓒを軸に、切替え線ⓚ〜ⓘを反転してうつすために、パターン用紙の余白に切込みを入れる（最初に折り目をつけてから切込みを入れる）。

- パターン用紙を前シルエット線ⓐ〜ⓒで折り、ⓐ〜ⓚ〜ⓘ〜ⓒをうつす。カーブ線で折るためにⓚ〜ⓘで少しずつ口が開いた状態になるが、この分量が外袖の伸ばし分量になる。合い印をしるす。
- 後ろシルエット線ⓗ〜ⓖを軸にⓗ〜ⓜ〜ⓖを反転してうつす。パターン用紙を折らずに、シルエット線から切替え線までの間隔と同間隔で線を引いてもよい。

7　外袖、内袖の切替え線をきれいに引き直す。

- うつした外袖の前切替え線をきれいに引き直す。
- 内袖の前切替え線の袖口を0.2〜0.3cm上げ、合い印をつけ直す。外袖の伸ばし分量を減らしたり、袖ぐりを内側にひねるのに有効。

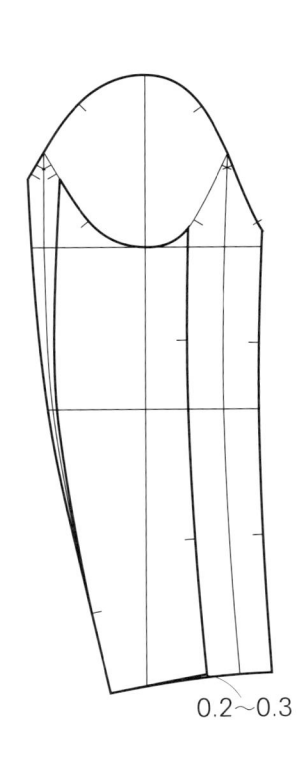

● メンズライクな2枚袖

図1

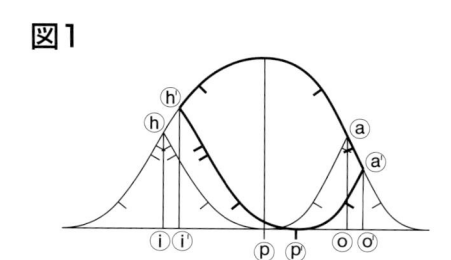

図2

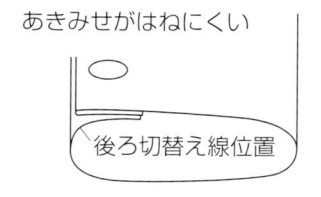

あきみせがはねにくい
後ろ切替え線位置

あきみせがはねやすい
後ろ切替え線位置

図3

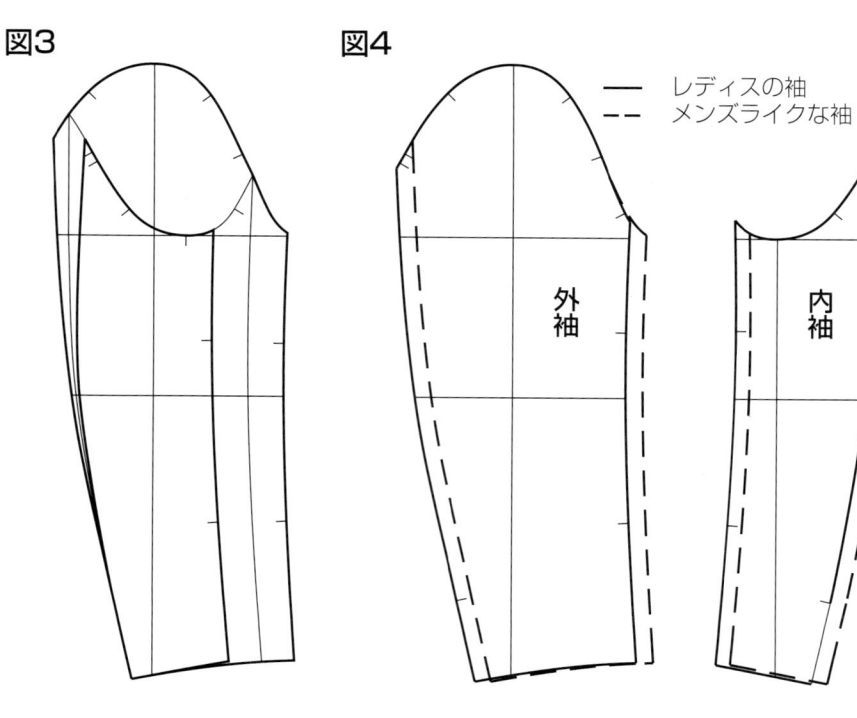

図4
― レディスの袖
--- メンズライクな袖

外袖　内袖

レディスの2枚袖の目を使って展開。メンズジャケットの2枚袖は、全体に前方向にひねられていて、特に肘から下のひねりが強い。後ろ切替え線位置を袖山線側に移動して後ろ側に厚みを加え、ひねる。

袖の目をずらす（図1）
- 袖つけ線を反転する軸ⓐ～ⓞ、ⓗ～ⓘを前側に移動し、新しい軸ⓐ'～ⓞ'、ⓗ'～ⓘ'で袖底部分を反転してうつす。新しい袖の目はⓐ'～ⓟ'～ⓗ'～ⓐ'となり、メンズの形に似てくる。
- この袖の目から2枚袖を作ると後ろ切替え線が外側に移動され、袖口のあきみせのはねもでにくくなる（図2）。

2枚袖の作図を同様にする（図3）
- 二つの袖を重ねて比較すると（図4）、切替え線の移動だけで大きな違いはないが、組み立てたトワルで見るとレディスの袖よりひねりが大きくなっているのがわかる（写真A、B）。

レディスの袖　A

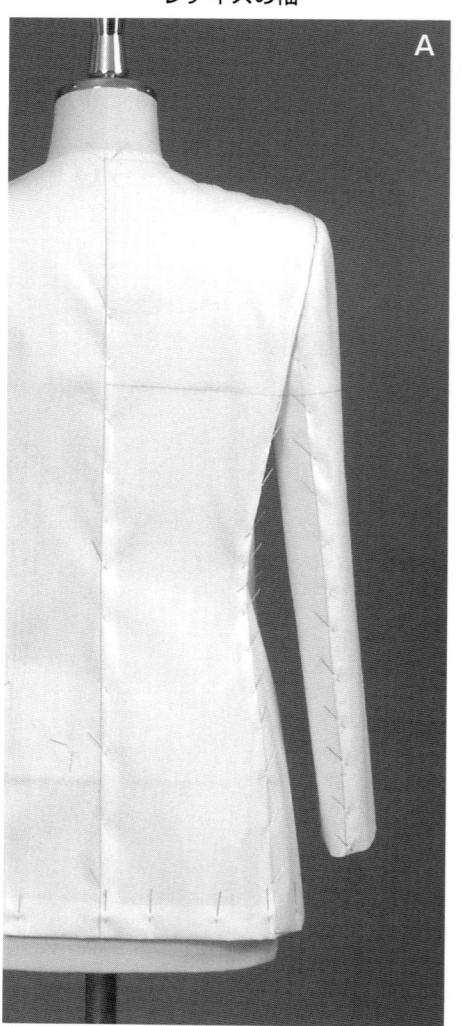

メンズライクの袖　B

3面構成のジャケット原型

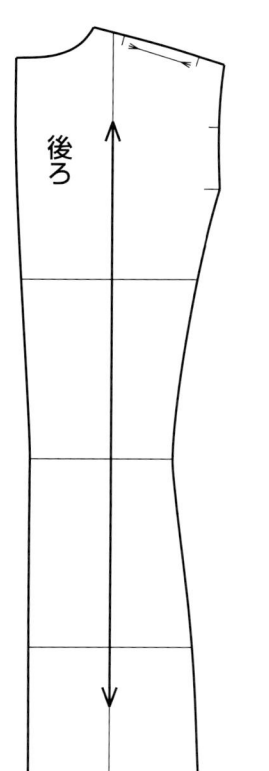

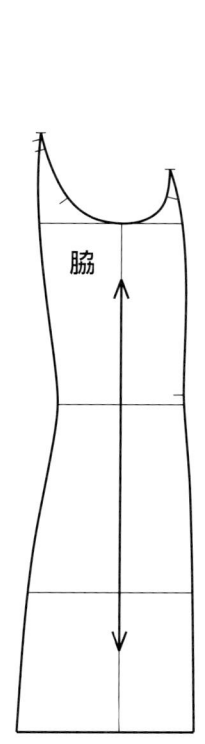

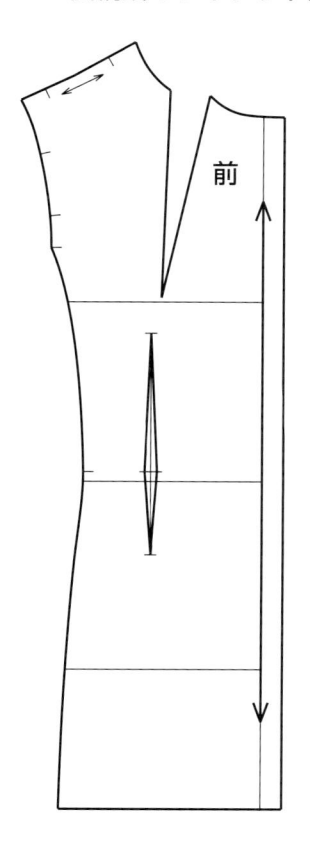

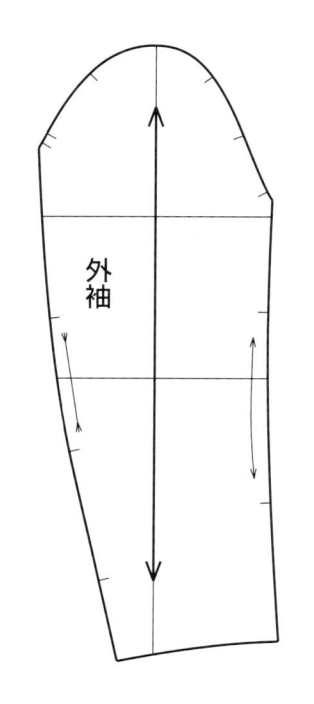

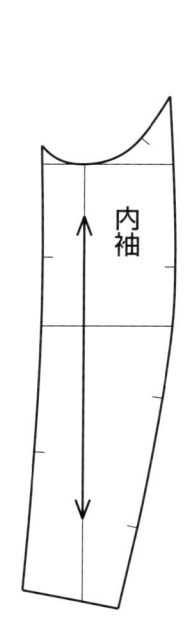

身頃
- 前、脇、後ろ身頃を各パネルラインで突合せにして、袖ぐり線を訂正し、合い印をつける。
- 前後身頃を肩線で突合せにして、衿ぐり線、袖ぐり線を訂正する。
- 肩線に合い印をしるし、いせ、伸ばしの記号を入れる。
- 前中心に2cmの打合せ分をつける。
- 布目を入れる。

袖
- 後ろ切替え線の合い印を外袖、内袖に入れ、いせの記号を入れる。
- 前切替え線の合い印を外袖、内袖に入れ、伸ばしの記号を入れる。
- 布目を入れる。

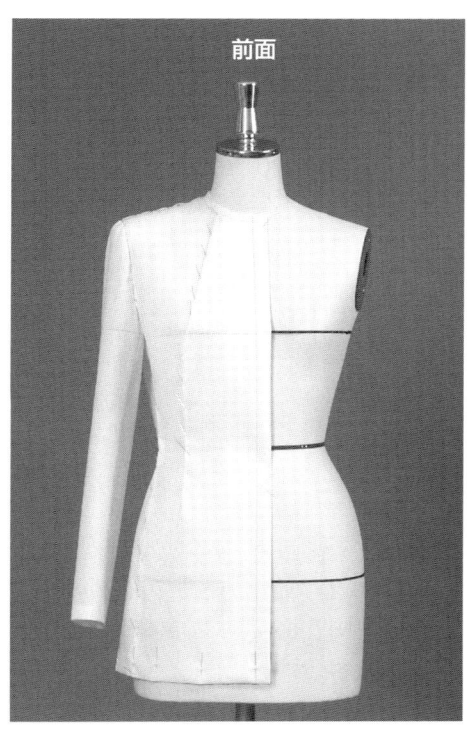

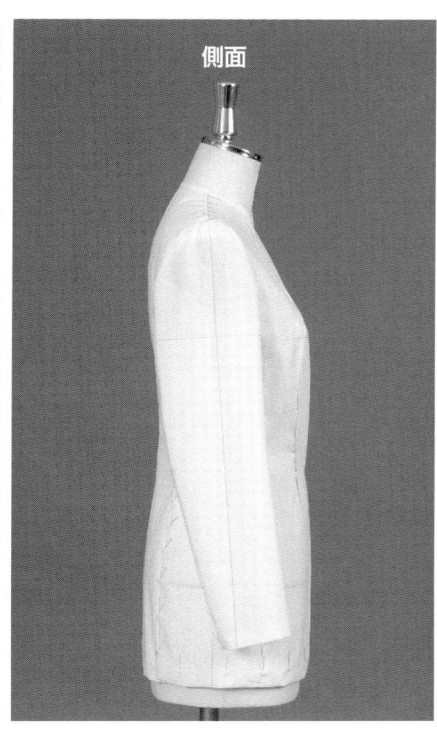

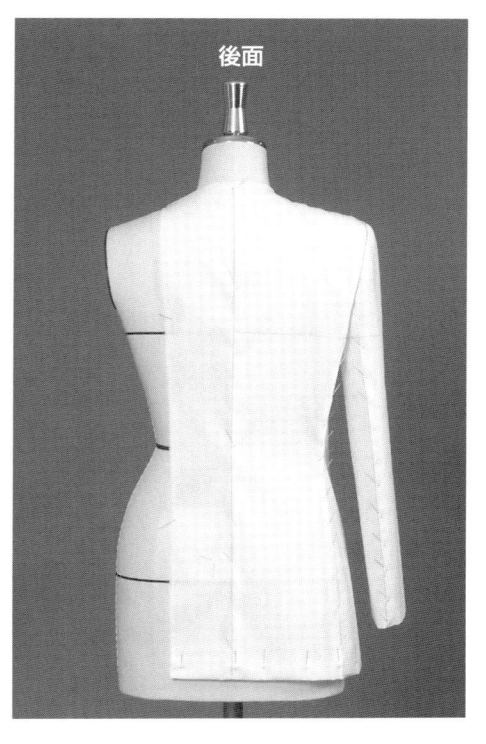

第3章　原型

4面構成のジャケット原型（プリンセスライン）

プリンセスライン原型を基に、ジャケットとしてのゆとりと肩パッドの厚み分を加え、ジャケット原型を作る。肩パッドの厚み分は多く使われる形や厚みを考慮する。

基本的にはバストラインを水平にしたジャケット原型（59ページ参照）と、同じ考え方で展開線を入れ展開をする。前後脇身頃にウエストダーツを作り、ウエストがシェープしないシルエットの場合はダーツをとらずにゆとりとする。

図1

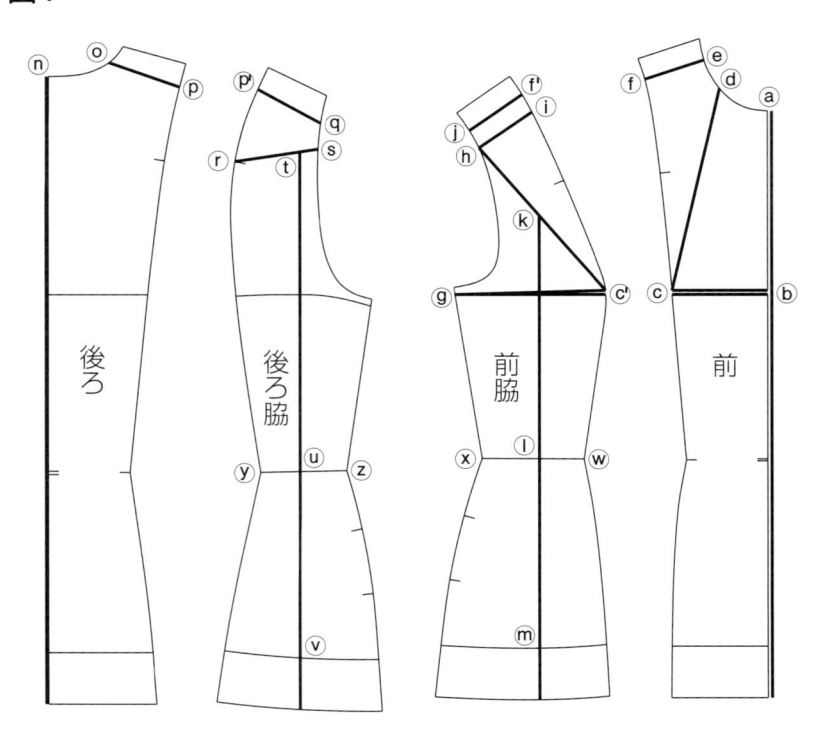

展開線を引く（図1）

前身頃
- 着込み分と上乗り分として前中心で幅ⓐを、バストライン位置で丈ⓑを追加する。
- バストポイントⓒから衿ぐり線の中央くらいⓓに直線を引く。ⓒ〜ⓓはジャケットのゆとり分量を展開。
- ⓔ〜ⓕは肩パッド分量を展開する。

前脇身頃
- 前身頃ⓒで開いた分量と同分量を、バストライン脇ⓖを基点に開き、丈を追加する（ⓒ'）。
- バストポイントⓒと袖ぐり肩先から4〜5cmくらい下ⓗを直線で結び、肩のゆとり分量を展開する。
- ⓗ〜ⓘとⓕ〜ⓙは肩パッド分量を展開する。
- ⓚ〜ⓛ〜ⓜはダーツを展開する。

後ろ身頃
- 着込み分と上乗り分として後ろ中心で幅ⓝを追加する。
- ⓞ〜ⓟは肩パッド分量を展開する。

後ろ脇身頃
- 肩甲骨合い印ⓡ〜ⓢは肩パッド分量と肩のゆとりを展開する。ⓟ〜ⓠは肩パッド分量を展開する。
- ⓣ〜ⓤ〜ⓥはダーツを展開する。

図2

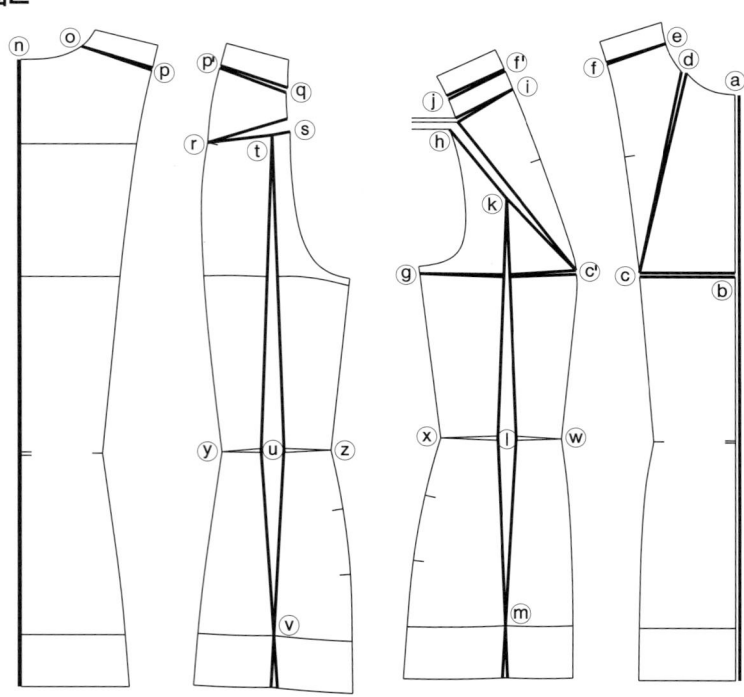

展開法（図2）

前身頃
- ⓒを基点に衿ぐりⓓでジャケットのゆとり分量を0.5cm開く。
- 前身頃と前脇身頃をプリンセスラインで合わせ、ⓔを基点にⓙで肩パッド分を開く。

前脇身頃
- ⓒを基点に袖ぐりⓗで開き、肩のゆとり分にする。
- ⓘを基点にⓗで肩パッド分を開く。ⓗで開く分量は2か所とも間口ではなく垂直方向ではかる
- ウエスト位置ⓦⓧとⓚⓜを基点にダーツ分量を開く。開く分量はプリンセスライン原型のウエストダーツ分量と脇のしぼり分量（図3の矢印部分）を合計し、その25％ぐらいを目安に決める。ウエストⓛでパターンが重なる。

図3　　図4

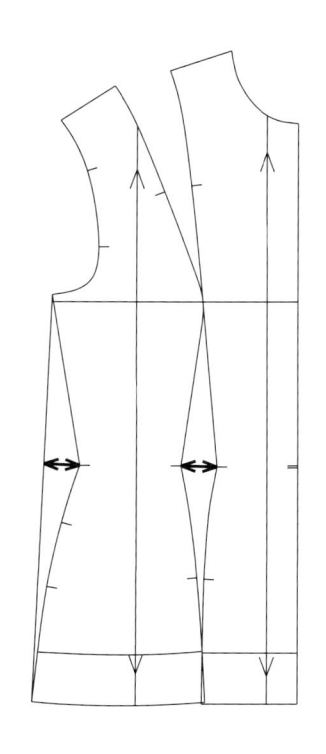

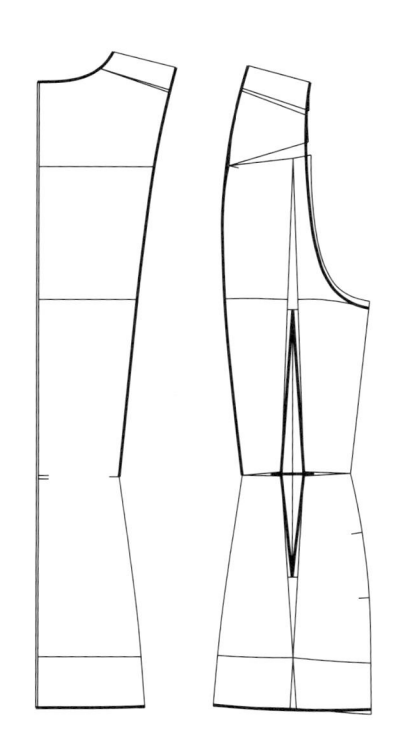

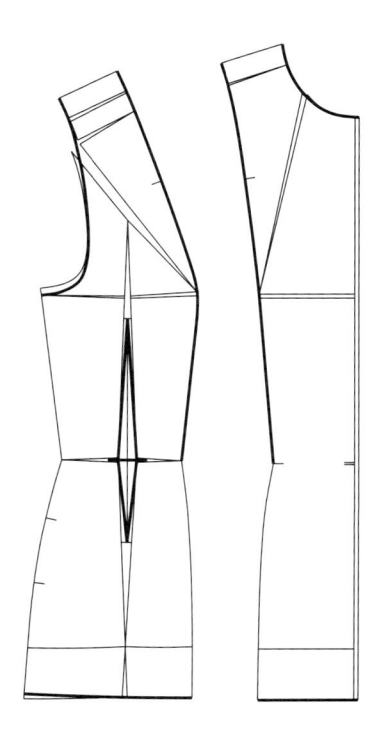

後ろ身頃
- 後ろ身頃と後ろ脇身頃をプリンセスラインで合わせ、◯を基点に◯で肩パッド分を開く。

後ろ脇身頃
- 肩甲骨の合い印◯を基点に◯で肩のゆとり分と肩パッド分を開く。
- ウエスト位置◯◯と◯◯を基点にダーツ分量を開く。開く分量は前身頃同様に考えて決める。ウエスト◯でパターンが重なる。

ダーツを引く（図4）
- 前後身頃の衿ぐり線、袖ぐり線、プリンセスライン、裾線をつながりよく引き直す。袖ぐりはバストラインまで袖ぐり底をくり下げて引き直す。
- 前脇身頃のダーツはバストラインから2〜2.5cm下をダーツ止りにし、ウエストは重なった中間に合い印を決め、ウエストから下は8cmくらいの長さで作る。
- 後ろ脇身頃のダーツはバストラインから1〜1.5cm下をダーツ止りにし、ウエストは重なった中間に合い印を決め、ウエストから下は10cmくらいの長さで作る。

4面構成のジャケット原型（プリンセスライン）

- ダーツの中心線を布目にする。
- バストラインを水平にしたジャケット原型と同じ展開方法、寸法であれば62ページで作図した2枚袖をつけることができる。完成写真（68ページ）にはメンズライクな2枚袖をつけた。

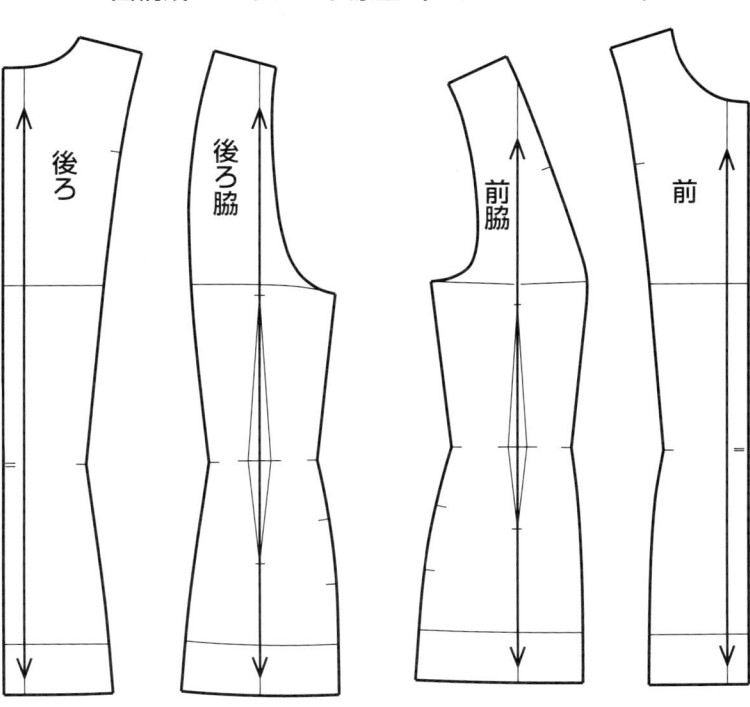

第3章　原型　67

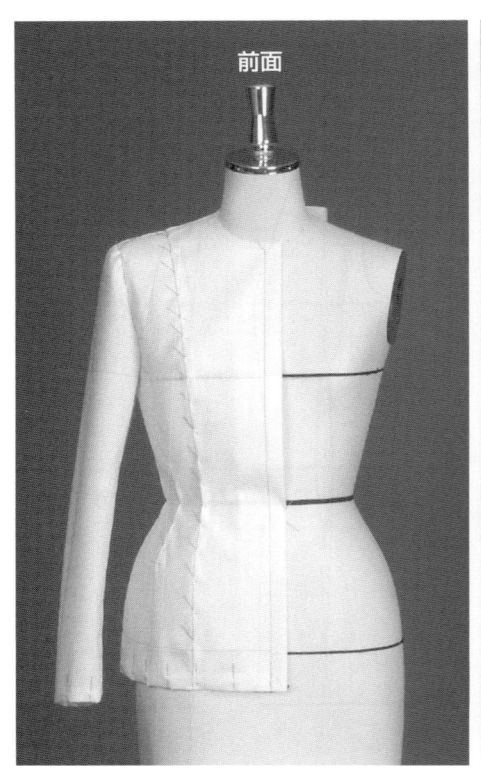

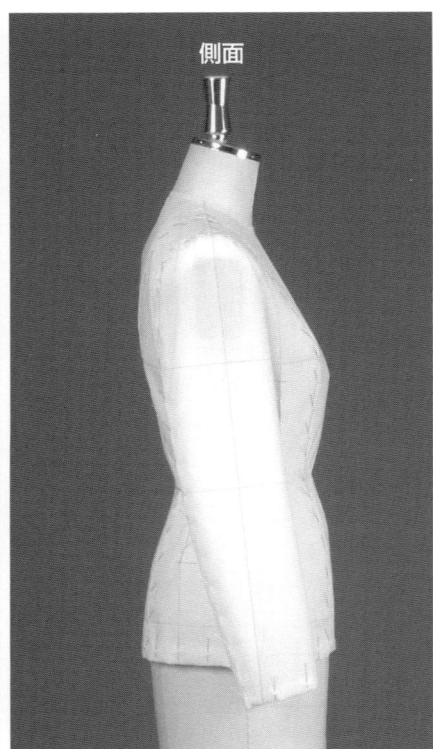

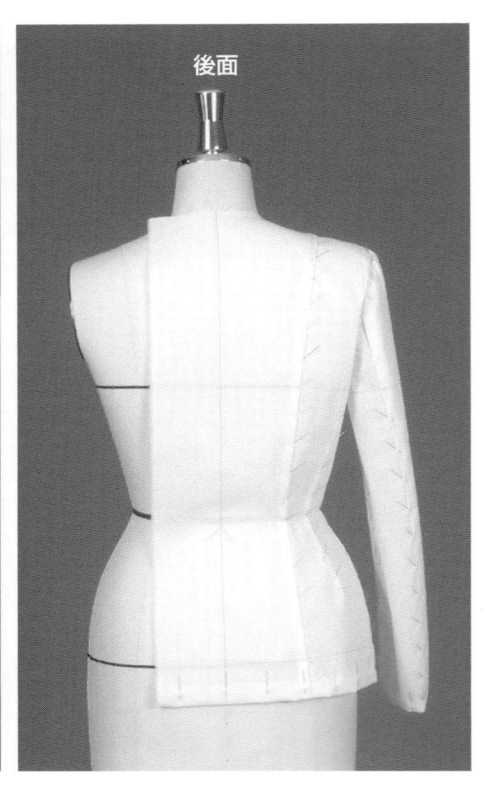

4面構成のジャケット原型（パネルライン）

前後とも袖ぐりからのパネル切替え線と脇に切替え線を作った4面構成のジャケット原型。このパネルラインはデザインによりさまざまなカーブ線で作られることが多いのでシーズンのトレンド等を考慮して決める。

3面構成のジャケット原型同様、体の面構成を考慮してパネルラインを入れる。3面構成よりウエストが細いシルエットや、ゆとりが少なく、体のラインを見せるようなときには、面構成の数を多くしてシルエット作りをする。

展開線を引く（図1）

- 3面構成のジャケット原型（61ページ）のパネルラインとダーツ等、不要な線を消した図から始める。
- ウエストを細くすると後ろ中心で丈が不足するので、丈を追加するために後ろ身頃の肩ダーツ止りⓐから後ろ中心ⓑと袖ぐりⓒまで展開線を引く。

図1

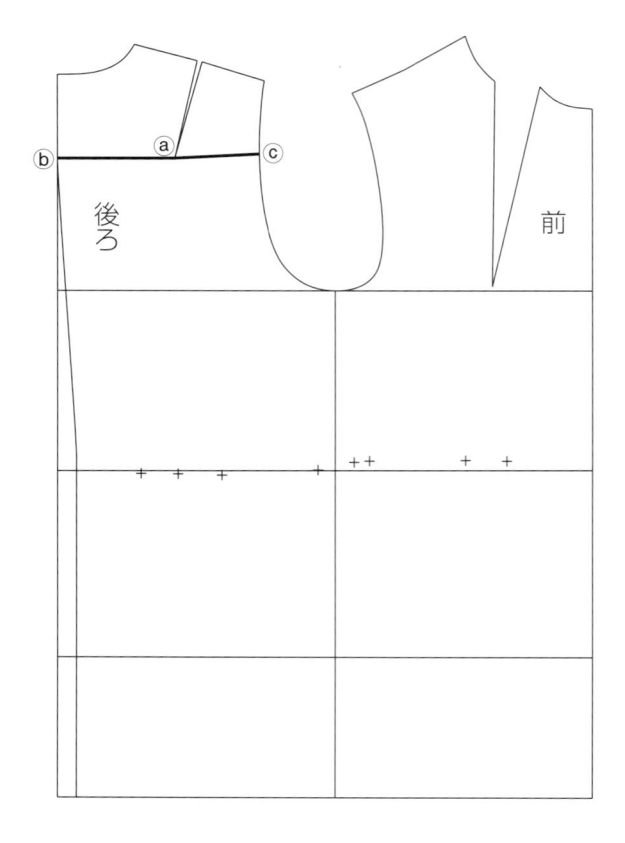

展開し、後ろ中心線を引く（図2）

- 後ろ中心で丈を追加する。袖ぐり©を基点に、肩ダーツ止り③で開く。③を基点に③～⑤を平行にするか、⑤を少し多く開いて肩ダーツ分量を調整する。肩ダーツはいせにすることが多いのでいせられる分量にする。
- 後ろ中心線は3面構成のジャケット原型同様か少し多くしぼり、ウエストを細くする。ウエストから裾までは素材が無地ならば裾で0.5～1cmくらい出してもよい。

パネルラインを引く（図2）

前身頃

- 衿ぐりダーツ止り⑥から2.5cm脇寄りのバストライン⑥から垂直線を引く。
- ウエストダーツ位置を原型の位置より1cmくらい上げ、分量を垂直線（⑥）から左右に1～1.2cmずつ（ダーツ分量は2～2.4cm）とり、しるしをする（①⑧）。
- バストラインから8cmくらい上の袖ぐり⑪から⑥に向かって直線を引き、⑪～⑥の中央くらいからカーブでウエスト①まで前パネルラインを引く。

前脇身頃

- 前身頃袖ぐり⑪からバストライン近くまでは同じ線を通り、自然なカーブでウエスト⑧まで前側パネルラインを引く。
- 原型の脇線位置でウエスト位置を前側と同じ高さにし、ダーツ分量を前身頃より少し多くし、脇線をカーブでウエストまで引く。

後ろ身頃

- 前袖ぐり位置⑪より1～2cm上に後ろパネルライン位置を決める（①）。
- ウエスト位置を脇より0.5～1cm下に決め、後ろウエスト幅は前ウエスト幅（前中心線～①）より狭くなるように、後ろ中心線からはかる（①）。ダーツ分量を前ダーツ分量の2.3～2.5倍に決め、しるしをする（⑥）。ダーツ分量の中央から垂直線を引く。
- 袖ぐり①から自然なカーブでウエスト①まで後ろパネルラインを引く。

後ろ脇身頃

- 袖ぐり①からウエスト⑥に自然なカーブで後ろ側パネルラインを引く。
  バストライン位置で丸くしすぎると、側面から見たとき、背中が丸く見えるので注意する。

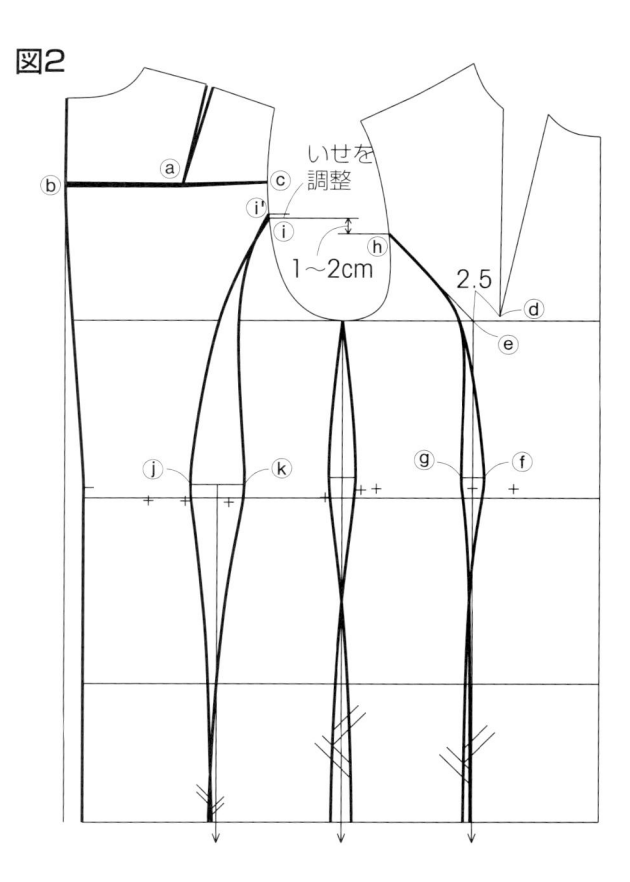

図2

後ろパネルラインのいせ分量の調整

- 後ろ身頃と後ろ脇身頃のパネルラインの寸法差が多く、いせが処理しきれないときには、後ろ脇身頃のパネルラインの袖ぐり①を寸法差の $\frac{1}{2}$ くらいを上に移動し、パネルラインを引き直す（①）。

ウエスト下のパネルラインを引く（3面構成のジャケット原型61ページを参照）。

　側面から見たシルエットは、前後脇身頃の中心側のパネルラインの形状によって大きく違いがでる。前側を丸くすると腹部がパネルラインと同じように丸く見え、直線的にすると腹部が平らになりすっきり見える。

- 前側パネルラインを引く。
  垂直線⑥に対して2本のパネルラインが交差する位置を脇側にして前中心側に丸くふくらまないようにする。
- 脇線を引く。
  垂直線に対して2本の脇線が交差する位置を前パネルラインより高めにし、左右対称にする。丸みを高い位置に作り、腰高に見せる。
- 後ろ側パネルラインを引く。
  垂直線に対して2本のパネル線が交差する位置を後ろ中心側にして、平面的なヒップにならないように注意する。交差の位置を脇側にすると、後ろ正面から見たときにウエスト下のラインが離れすぎ、ヒップの広さを感じさせ、扁平に見える。

4面構成のジャケット原型（パネルライン）

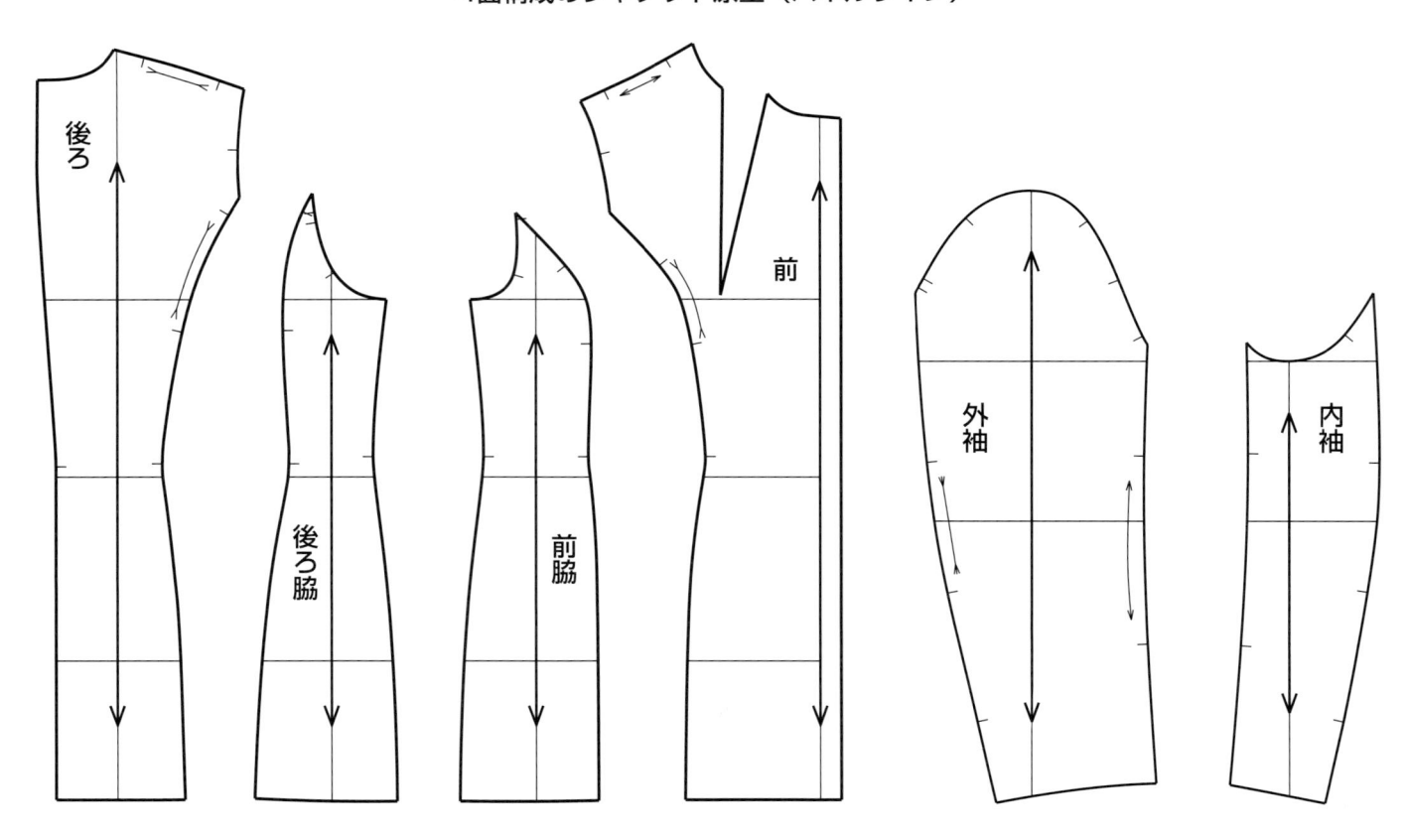

- 前後身頃のパネルラインにいせの合い印と記号を入れ、その他は3面構成のジャケット原型参照。

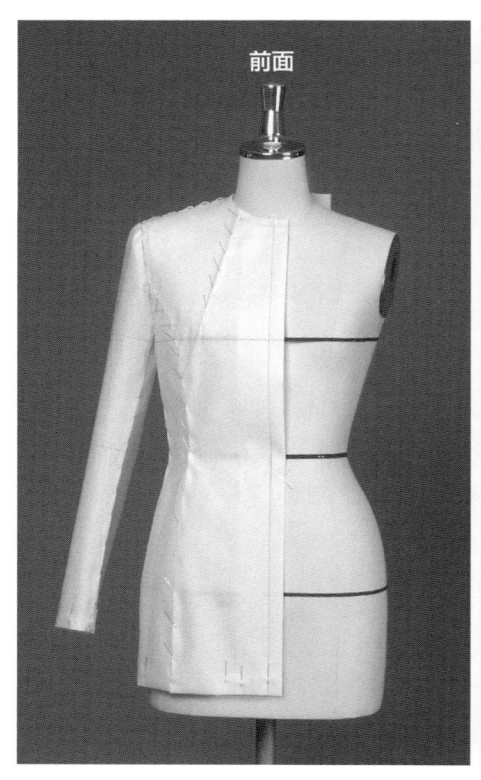

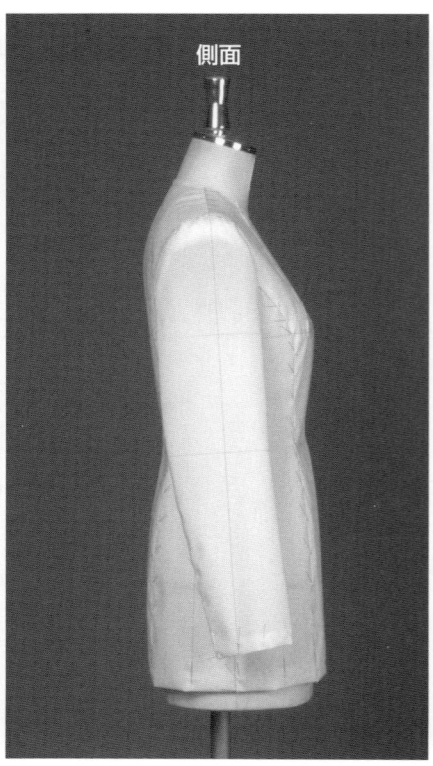

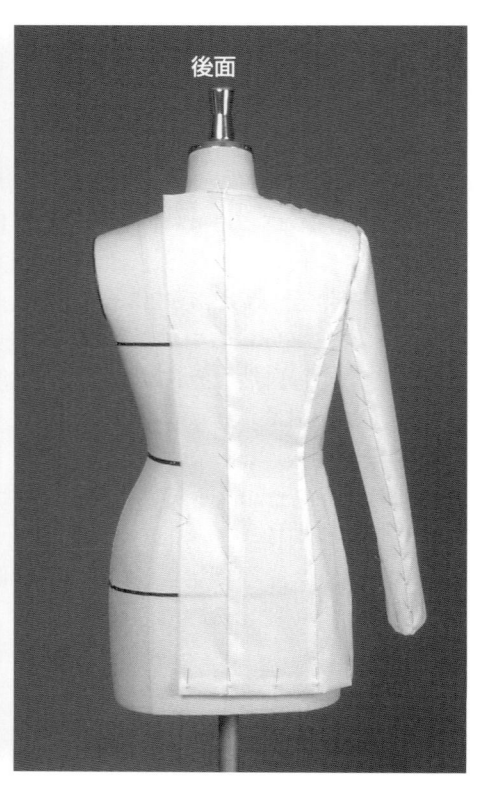

第4章

基本アイテムのパターンメーキング

I スカート

1 タイトスカート

タイトスカートはウエストからヒップにかけてフィットし、ヒップラインから裾にかけてまっすぐなシルエットのスカートである。

スカート丈により、歩行に必要な裾幅が不足するので、プリーツ、ベンツ、スリットなどで補う。

ボディの準備

ウエストラインと脇線にガイドラインを入れる。

ウエストラインは布の厚みなどやゆとりを加えたベルトが落ち着く位置にする。ここではボディのウエストラインより0.7cm下がった位置にし、後ろ中心はその寸法よりくり下げた位置に設定する。

脇線は、体の厚みの半分の位置になるように1cm後ろ側に移動する。

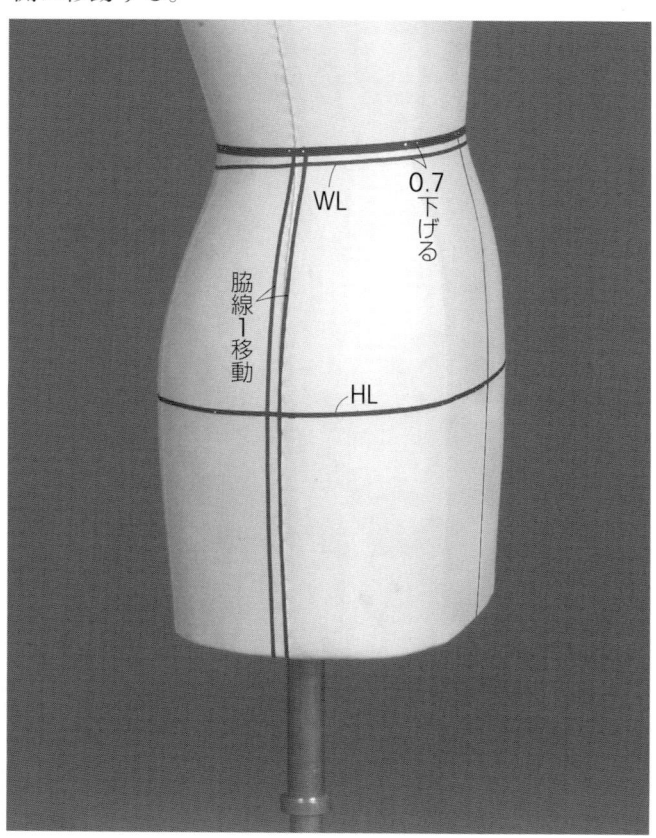

トワルの準備

ヒップとウエストの出来上り寸法を決める。

ヒップの出来上り寸法は、ヒップ寸法（91cm）にゆとり分として5cm加え、96cmとする。$\frac{H}{4}$ 寸法に前後差をつけ、脇の縫い代分（4〜5cm）と中心に5cm加えて幅を決める。

ウエストの出来上り寸法は、ウエスト寸法（64cm）に布の厚みや動作によるゆとり分として1cm加えて65cmとし、ベルト布を見積もる。

丈は予定のスカート丈にウエストの縫い代と裾の折り代分を加える。

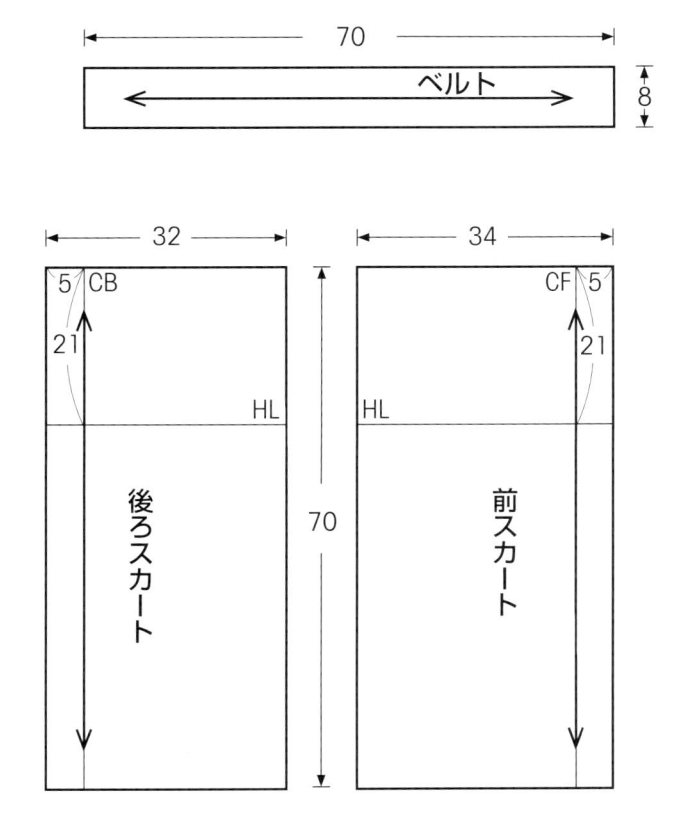

ドレーピング

1 前スカートのヒップのゆとりを決める。

ボディに前中心とヒップラインを垂直、水平に合わせて止める。前中心では、ヒップラインからウエストラインにかけては、腹部のふくらみを意識して止める。

ヒップラインにそって布を水平に合わせ、ゆとりを加えて布が垂直に落ちるようになじませる。このタイトスカートのヒップのゆとりは、半身で2.5cmにし、全身で5cmとなる。

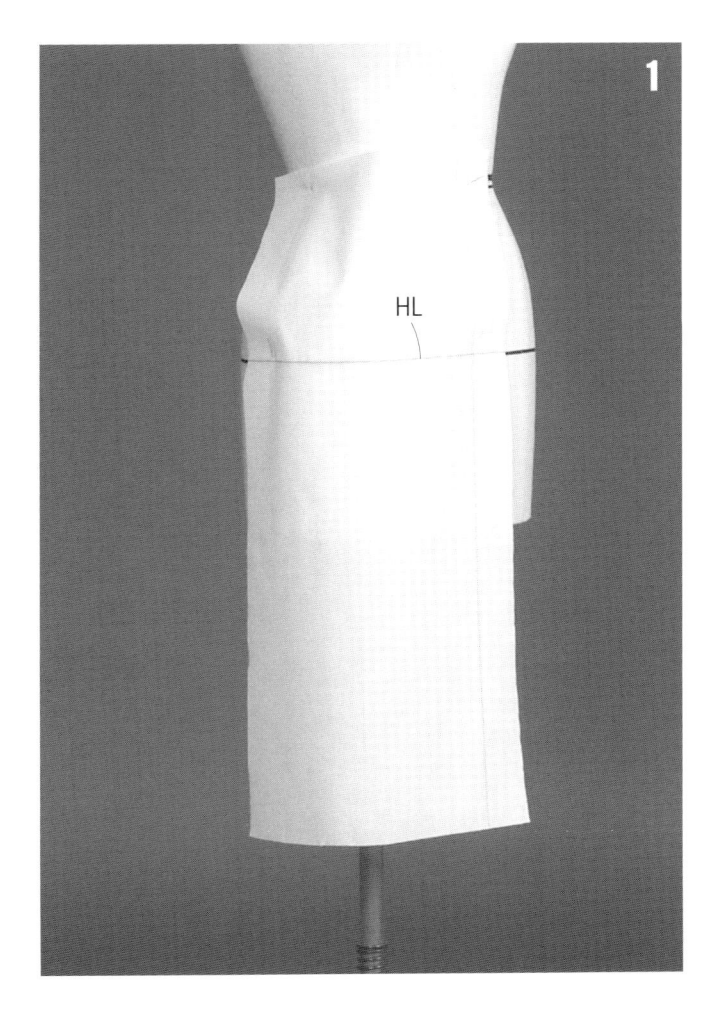

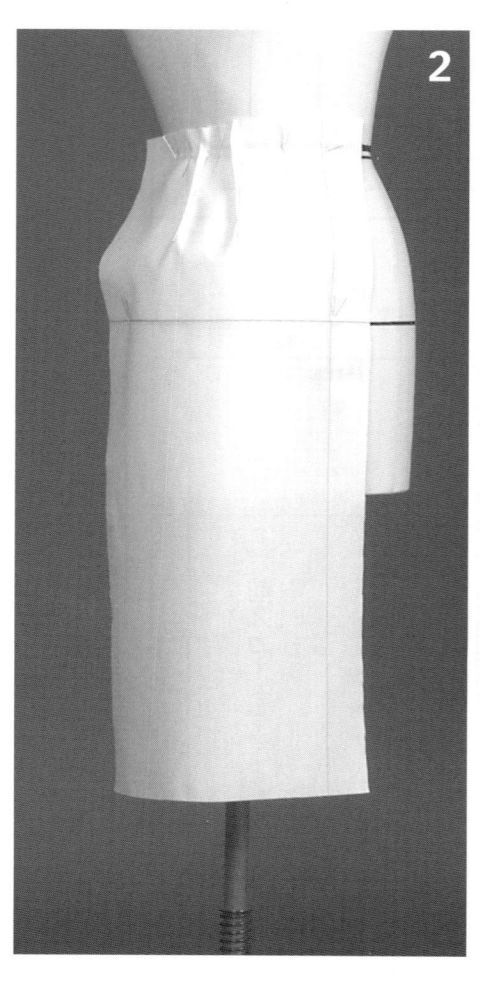

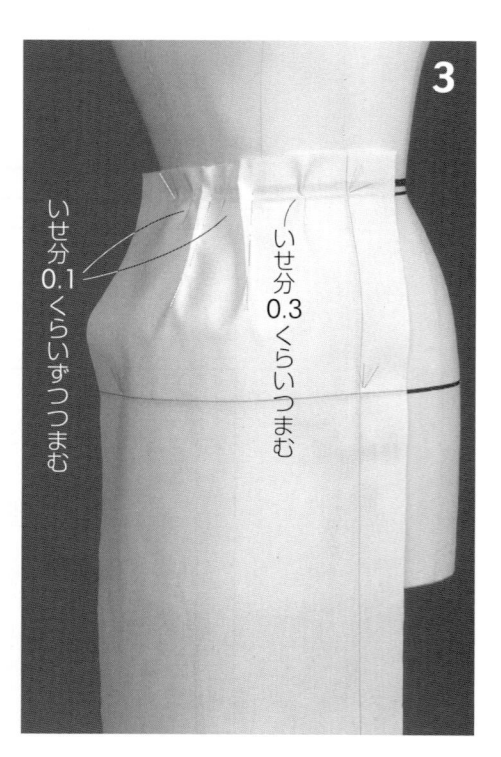

2、3 脇の傾斜と前ダーツを決める。

　ヒップラインから上の脇を、布目を通して腰部にそわせ、脇の傾斜を作る。ウエストに生じた余り分は、いせ分と2本のダーツに配分する。

　いせ分は、前中心側で腹部のふくらみに対して0.3cmくらいつまみ、脇側で腰の張りに対して2か所で0.1cmくらいずつつまむ。

　中心側のダーツはボディのプリンセスライン付近を目安にとり、脇側のダーツは腰骨の位置あたりを目安にし、長さはウエストラインからヒップラインの中間あたりにしてあまり長くならないようにし、方向も考慮して決める。

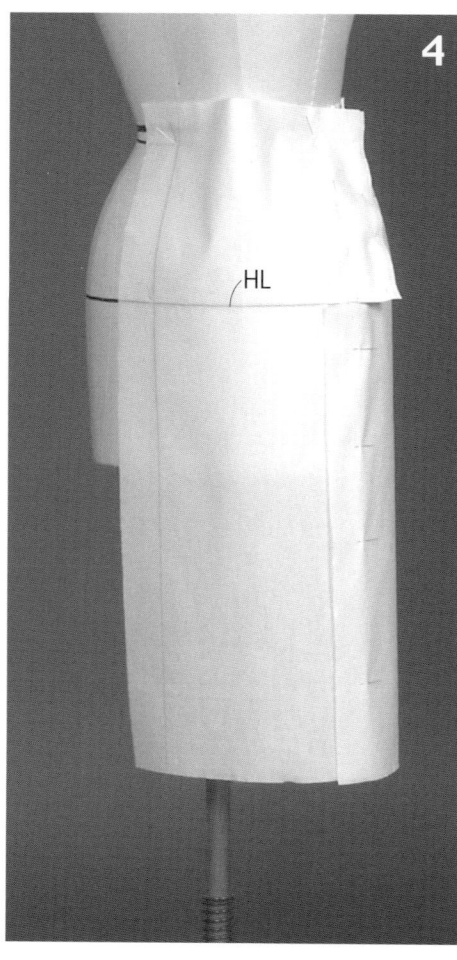

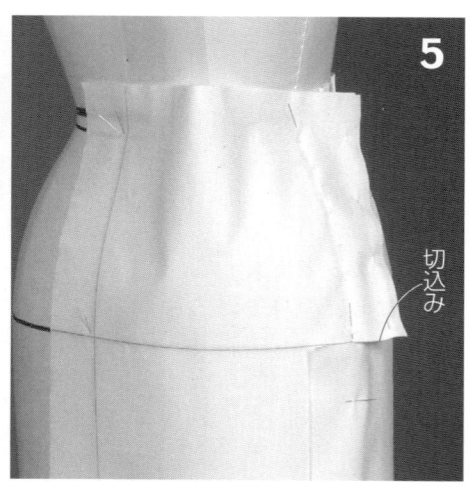

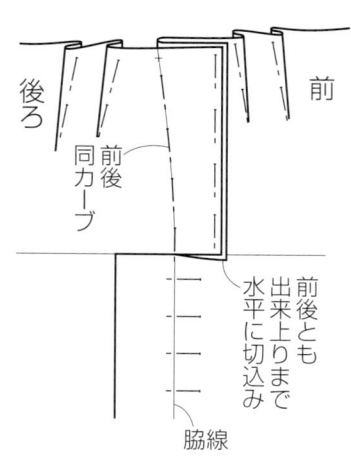

4、5 後ろスカートのヒップのゆとりを決める。

　ボディに後ろ中心とヒップラインを垂直、水平に合わせて止める。前と同様にヒップラインにそって布を水平に合わせ、前と同じ分量のゆとりを加え、布が垂直に落ちるようになじませる。

　前後の脇を合わせる。

　前後とも図のようにヒップライン位置の脇縫い代に切込みを入れ、ヒップラインから下は垂直に前後重ねて止める。ヒップラインより上は、前後の脇が同カーブ（同傾斜）になるように、布を合わせてつまみピンを打つ。このとき、布端のずれはそのままにしておく。

6 後ろダーツを決める。

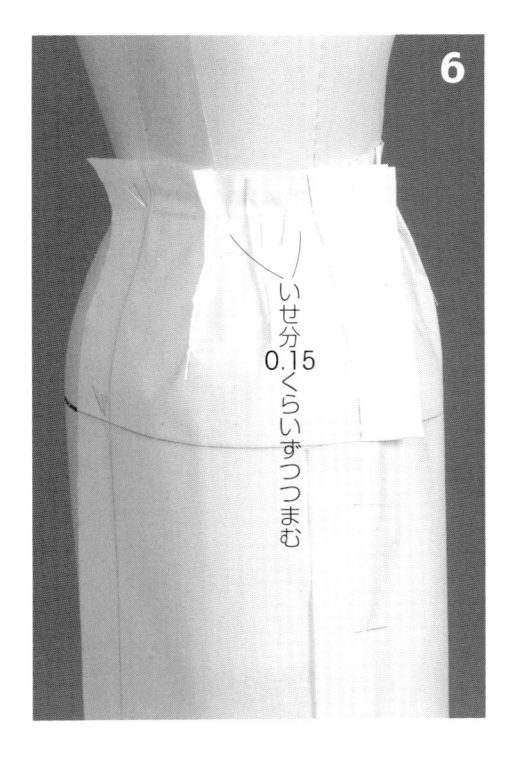

後ろのいせは中心側には必要なく、ダーツ間と脇線との間の2か所で0.15cmくらいずつのいせ分をつまむ。

中心側のダーツは、ボディのプリンセスライン付近を目安にし、脇側のダーツは、バランスを見てとる。ダーツの長さは中心側を長めに、脇側は前と同じくらいの長さにする。

7、8 スカート丈を決める。

スカート丈と裾幅を補うためのスリット位置を決める。

ダーツ位置や方向、全体のバランスを確認する。

9 マーキングをする。

ウエストライン、ダーツ、脇線、裾線に印をつけ、ボディからはずす。

脇線は、ヒップラインより上は前後の布を合わせ、間にチョークペーパーをはさみ、Hカーブルーラーなどのカーブ尺を使って同カーブにしるす。ヒップラインより下は直線にする。

前ダーツはゆるやかなカーブに、後ろダーツの中心側は直線に、脇側は前ダーツと同様、ゆるやかなカーブになるように引く。

ピン仕上げをする。ダーツ、脇は伏せピンにし、裾は縦にピンを打つ。ウエストラインは図のようにカーブルーラーなどを使って訂正する。

ウエスト、ヒップの出来上り寸法を確認し、ボディに着用させる。

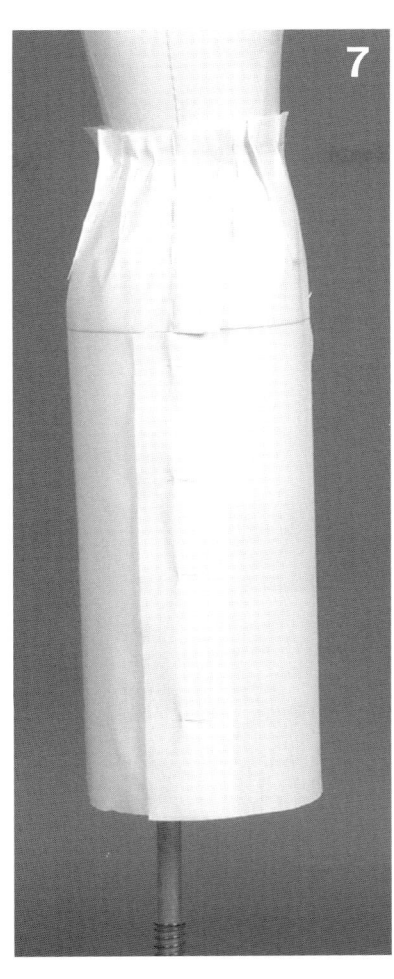

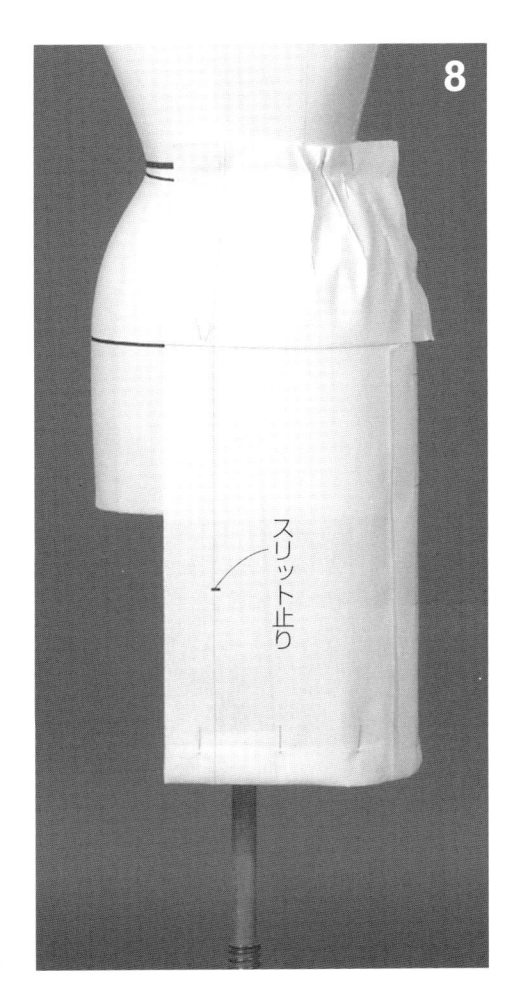

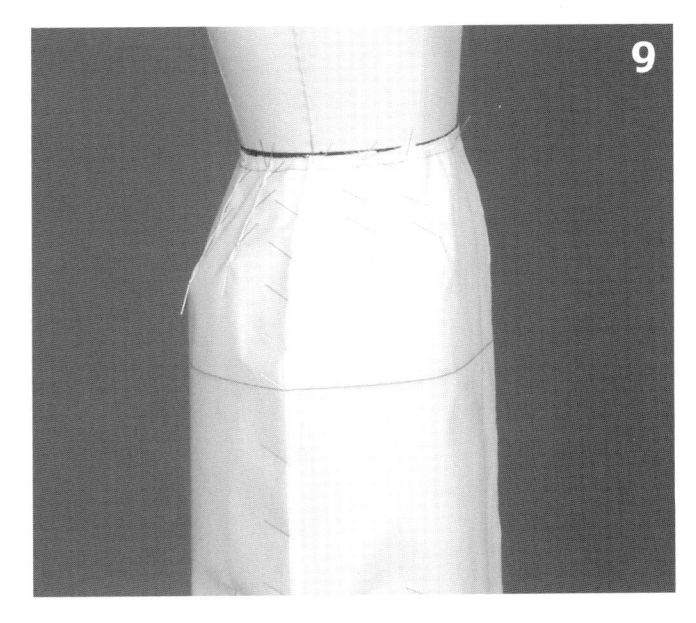

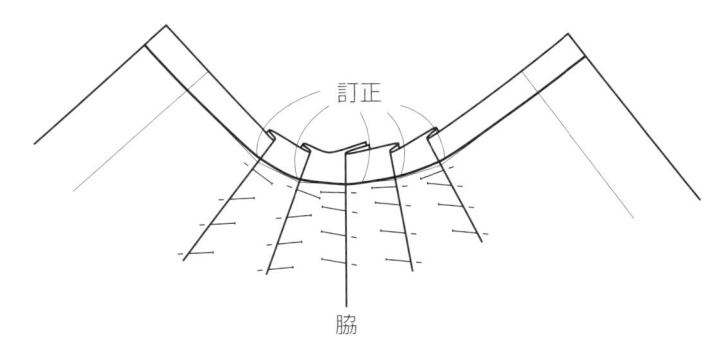

第4章 基本アイテムのパターンメーキング 75

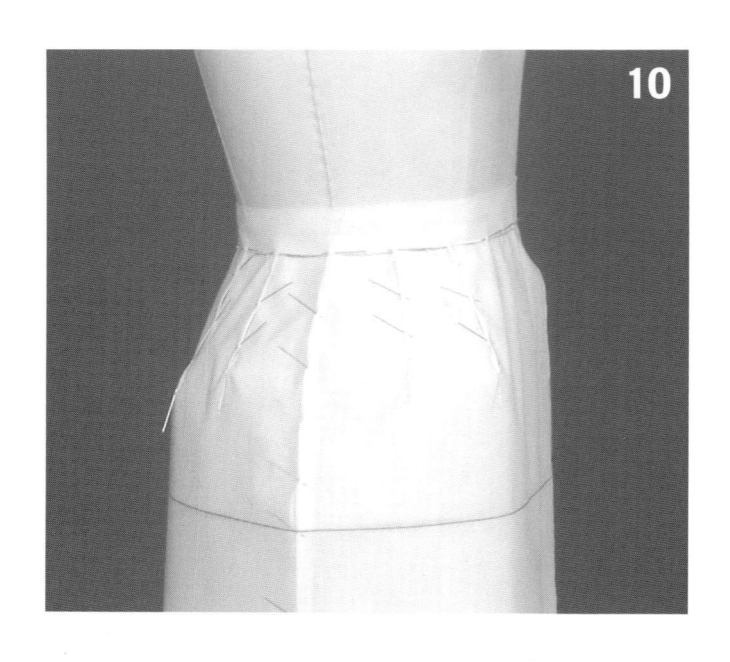

10 ベルトをつける。

　ベルトに合い印をつけ、スカートの合い印と合わせ、いせ分を入れながらベルトをつけ、ウエストラインを確認する。あきは左あきとする。

出来上り

　ヒップラインが水平か、脇線が垂直になっているか、ダーツの位置、分量、方向を、前面、側面、後面から確認する。

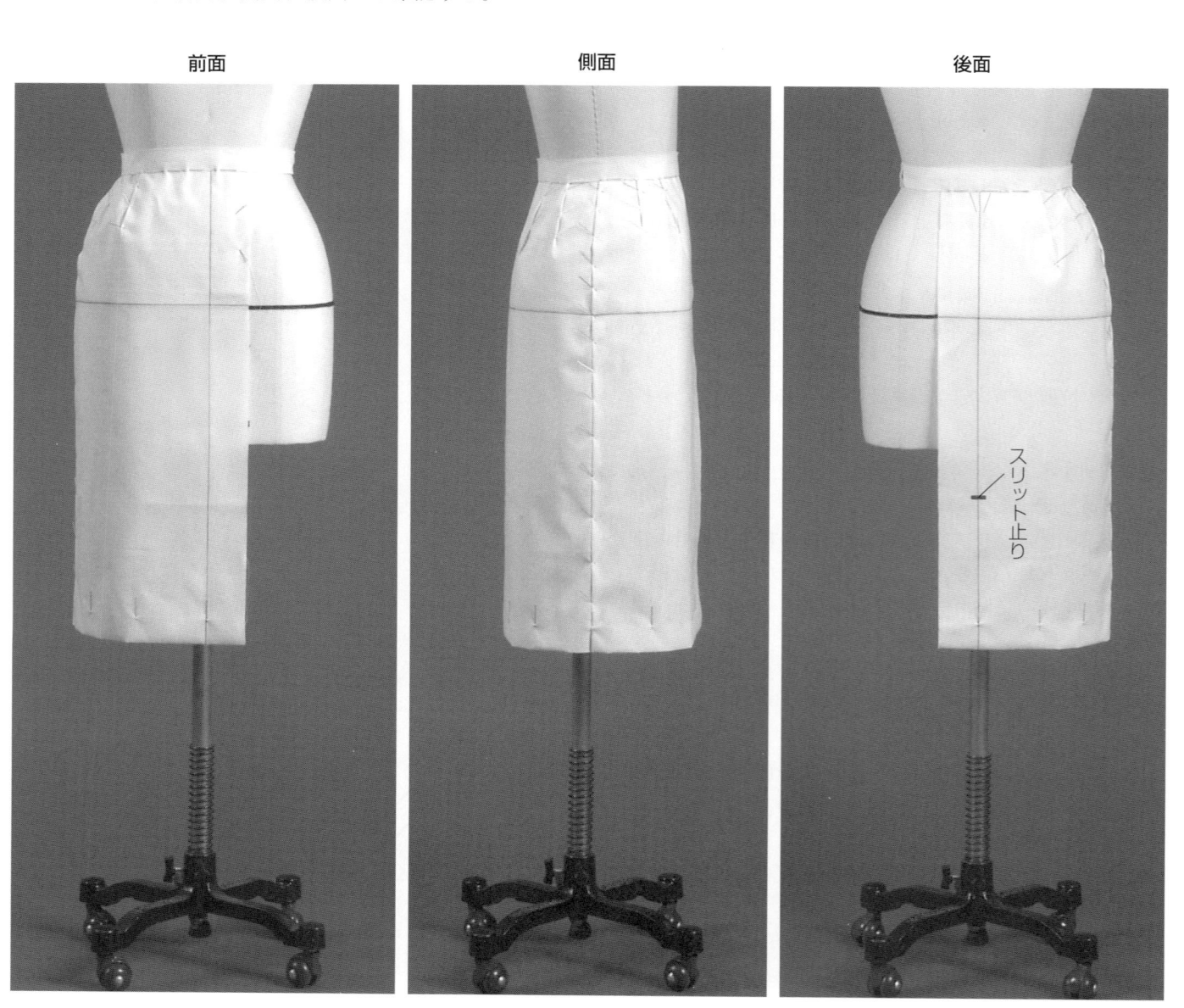

前面　　　　　側面　　　　　後面

スリット止り

ドラフティング

ウエストとヒップ寸法が、決めた出来上り寸法になっているか確認をする。

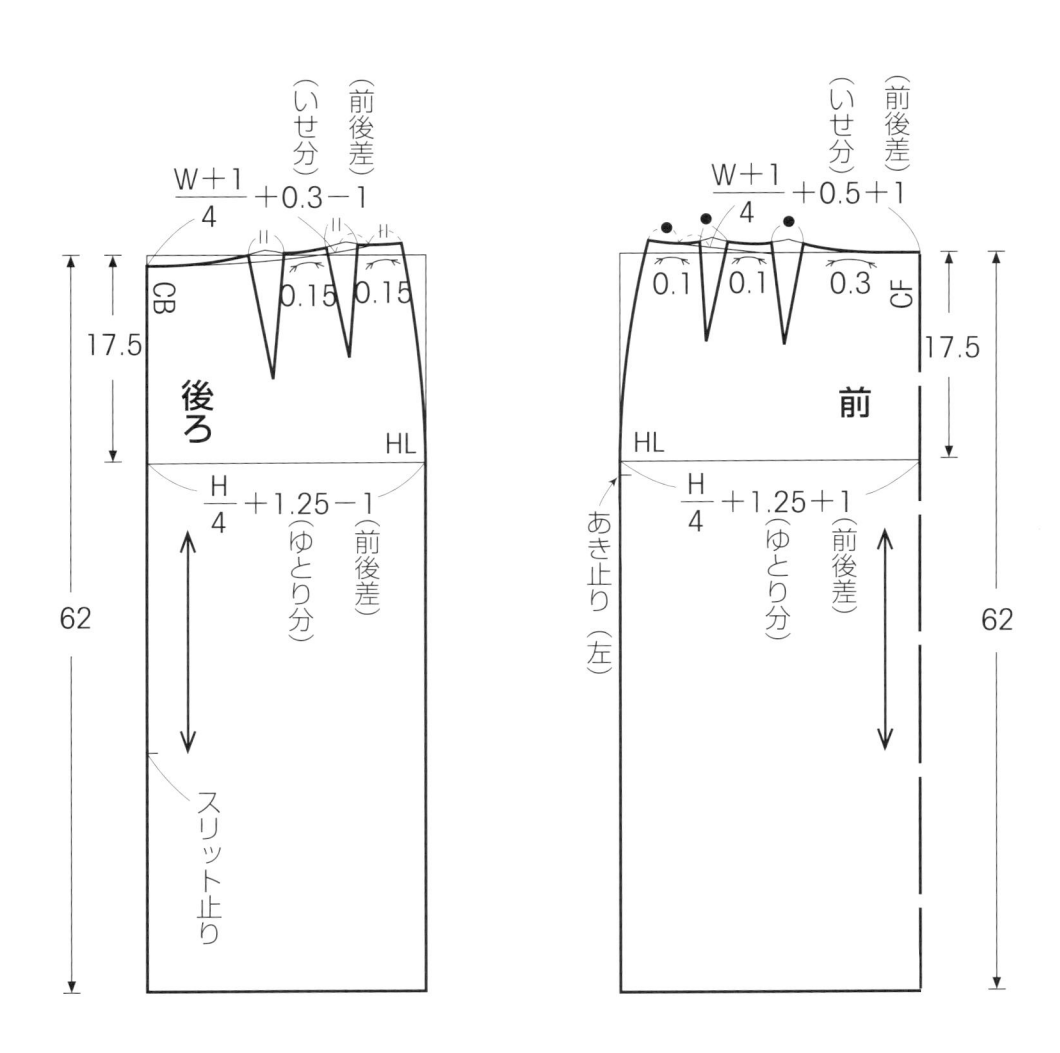

W出来上り寸法＝65cm

ベルト
64+1
3 持出し　SS　CB　SS　CF　SS　3

後ろ
$\frac{W+1}{4}$ +0.3－1（前後差）（いせ分）
CB　0.15　0.15　HL
17.5
$\frac{H}{4}$ +1.25－1（前後差）（ゆとり分）
62
スリット止り

前
$\frac{W+1}{4}$ +0.5＋1（前後差）（いせ分）
0.1　0.1　0.3　CF
17.5
HL　$\frac{H}{4}$ +1.25＋1（前後差）（ゆとり分）
あき止り（左）
62

タイトスカートフルパターン

　ファーストパターンの各縫合せ線の長さのチェックや、縫いやすいカーブ線になっているか確認する。
　縫製方法に合わせて縫い代をつけ（30ページ参照）、パターンに各パーツの名称や裁断枚数、ステッチや芯はり位置と縫製に関する仕様や注意事項を記入する。

表布のパターン

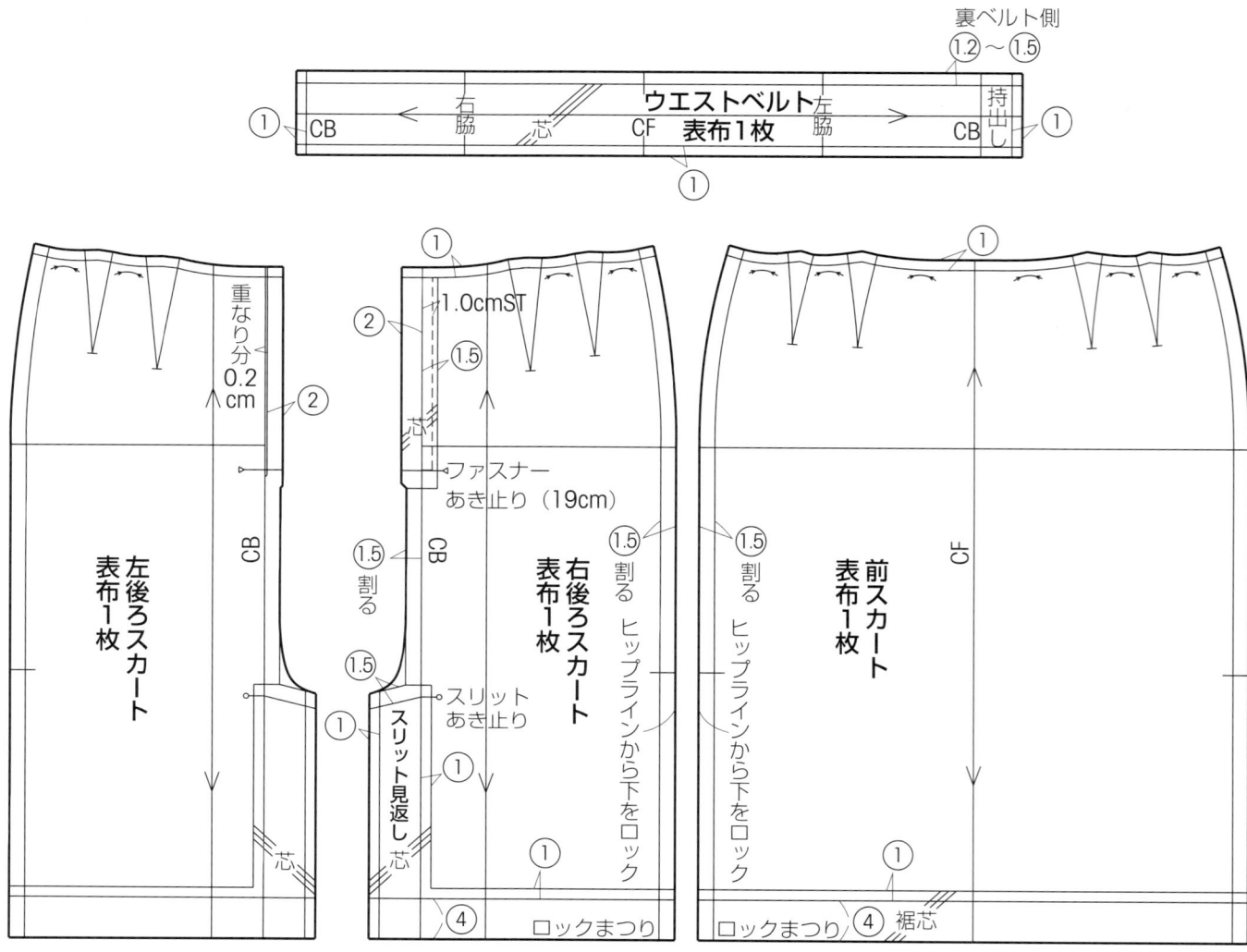

- 後ろスカートは後ろ中心のファスナーつけ部分の縫い代幅が違うため、左右のパターンを作成する。前スカートは前中心がわ裁ちになるので左右開いたパターンに作成する。
- 左後ろスカートのファスナーつけ位置は、0.2～0.5cm（布地の厚さによって変化）の重なり分をつけ、ファスナーが見えないようにする（図1参照）。
- スリットあき止り位置の縫い代は角に切らずに丸くカットし、見返しが下がるのを防ぐ。
- 裏スカートの裾をふらしにするので、ヒップラインから下の脇縫い代をロックミシンの始末にする。
- 裏ベルトの縫い代幅を1.2～1.5cmつけ、折られて不足する分量を補う。

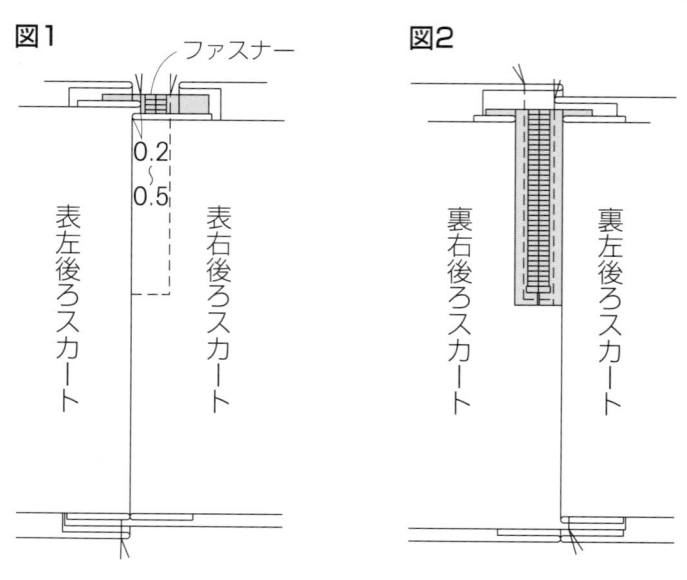

裏布のパターン

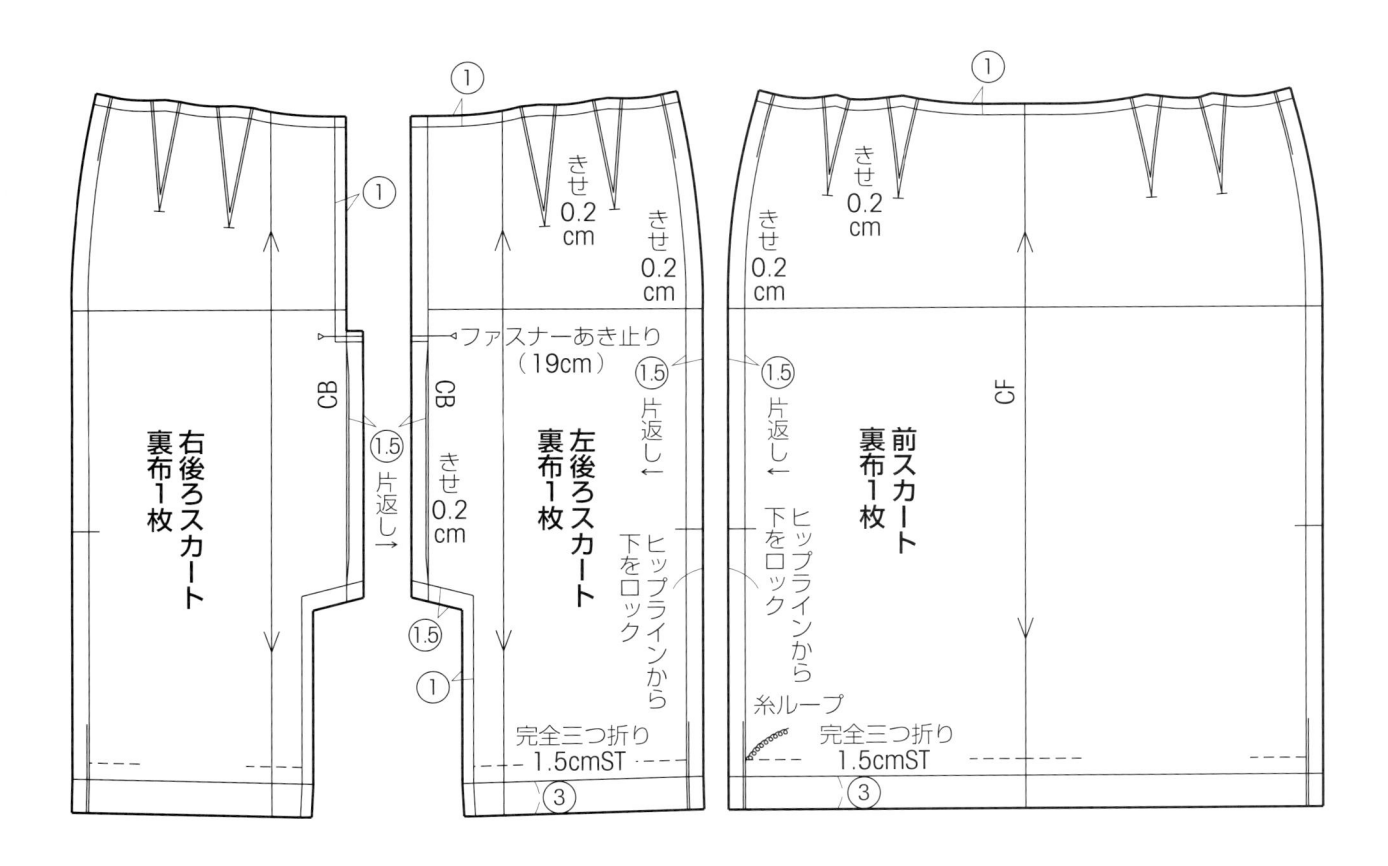

裏つきでスリット（ベンツも同様）があるスカートは、スリットあき止り位置で表布と裏布を縫い合わせるため、ウエストとスリットあき止りの間で表布が伸び、余って袋になりやすい。表布は伸びても裏布は伸びないので裏布に縦のゆとりa（0.5～0.7cm）を入れる。ゆとり分は表布により考慮する。

- 後ろスカートの表布パターンに、裏布パターン用にスリット見返しと裾で控える線（破線）を入れる。スリット線を下にずらし、ゆとりを入れる。裾線は脇線の長さを変えずに斜めに引き直す。前スカートは裾で裏布を控える線を入れる（図3）。
- 裏布のファスナーつけはミシンでつけ、縫い代は左スカート側に片返し（図2参照）。
- 右後ろスカートのファスナー位置はファスナー分を控えておく。表布同様に前後とも左右のパターンを作成する。
- 裾をふらしにするので、ヒップラインから下の脇縫い代をロックミシンの始末にする。

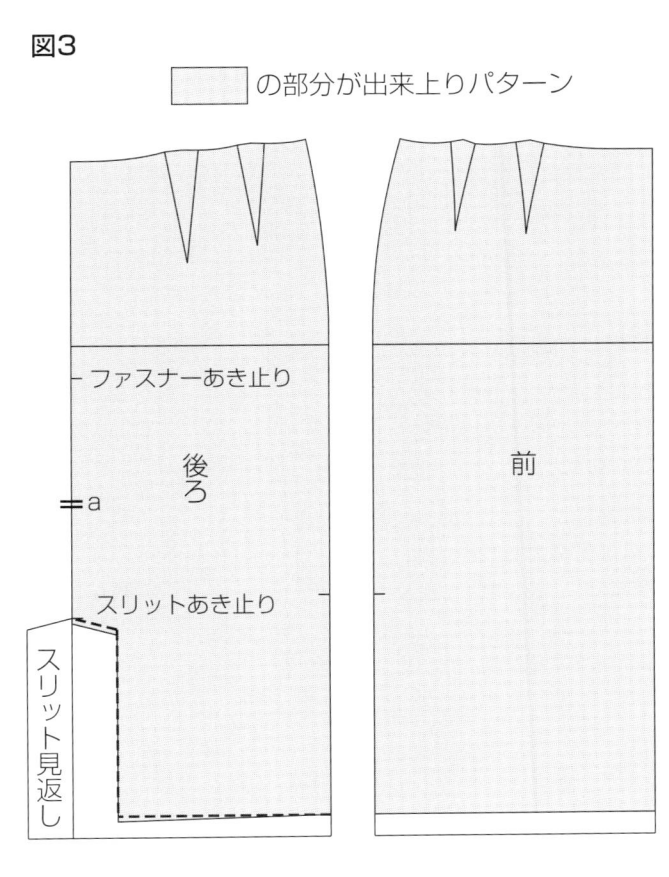

図3

第4章 基本アイテムのパターンメーキング

芯のパターン

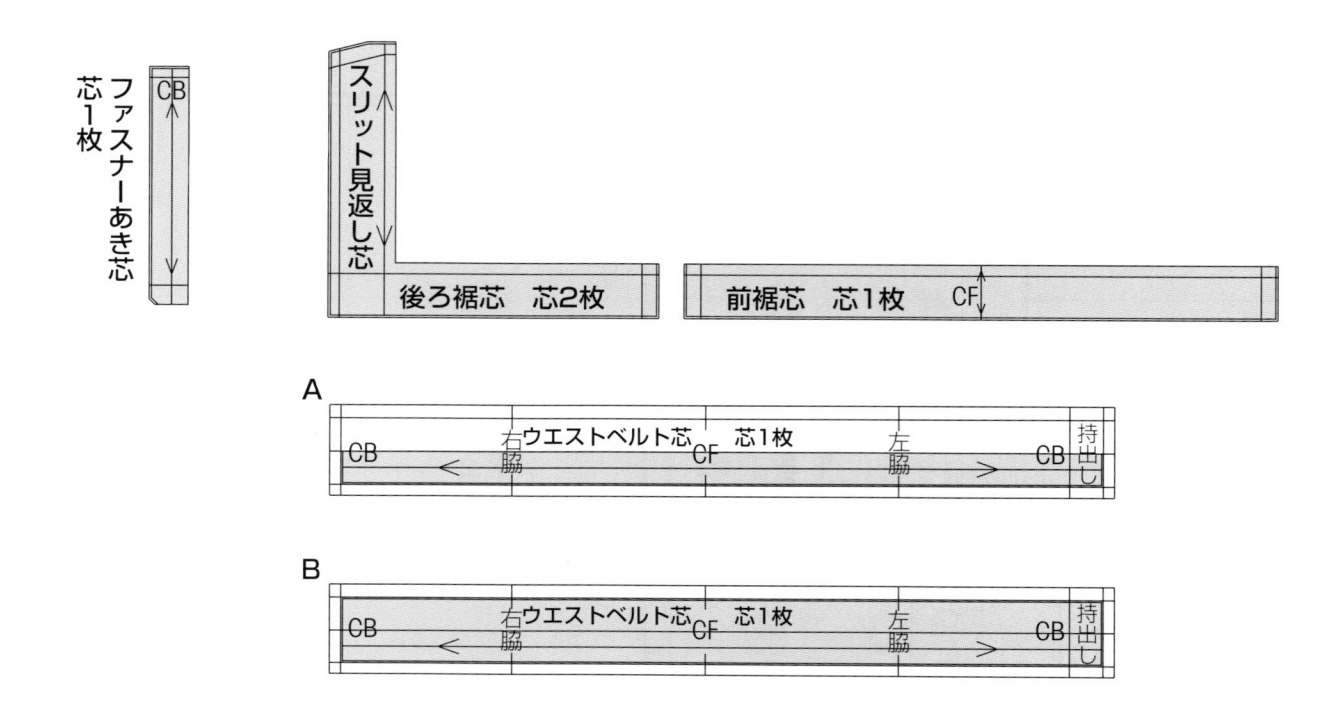

- 裾芯とファスナーあき芯は、プレス機に接着剤がつかないようにパターンの縫い代線より0.2～0.3cm控えて作成する。
- 固い接着芯をベルト芯にするときは、出来上り線よりミシン針が落ちる幅0.1cmぐらい控え、ベルト上端は出来上り線と同じにする（A）。ベルト全面にはる場合でも出来上り線から0.1cmぐらい控えてベルト芯のパターンを作成する（B）。

ソフトで薄い芯をはるときや薄い素材の場合は、縫い代を含めて全面にはる。ただしアイロンの当りや縫い代の段差が目立たないか確認する。

接着のインサイドベルトを使用する場合も同じように考える。

2　フレアスカート

ウエストから裾に向かって放射状にフレアを入れ、ゆるやかに波打たせたスカート。裾幅は多様で、広げたとき円形になるスカートをサーキュラースカートという。ここでは半身で前後各3か所にフレアポイントを入れたシルエットとする。

ボディの準備

ウエストラインと脇線を決め、フレアポイントをしるす。

ウエストラインはタイトスカートと同様に、ベルトの落ち着く位置に設定する（72ページ参照）。

脇線はフレアスカートの場合、前後を同じフレアの感じにするため、前後差はつけない。

フレアポイントは$\frac{W}{4}$を4等分し、ボディラインまたはピンなどで印をつける。

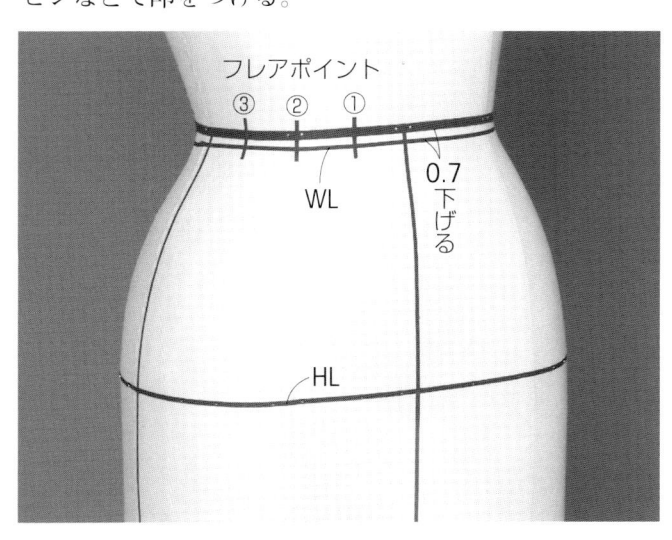

トワルの準備

フレアを前後同じ感じに出すため、前後とも同じ大きさの布を準備する。フレアスカートはウエストラインが水平でなく、シルエットによって変化するので、ウエストラインの縫い代を多く見積もる。このシルエットでは約10cmつけてある。

ウエストの出来上り寸法は、タイトスカートと同様、65cmとする。

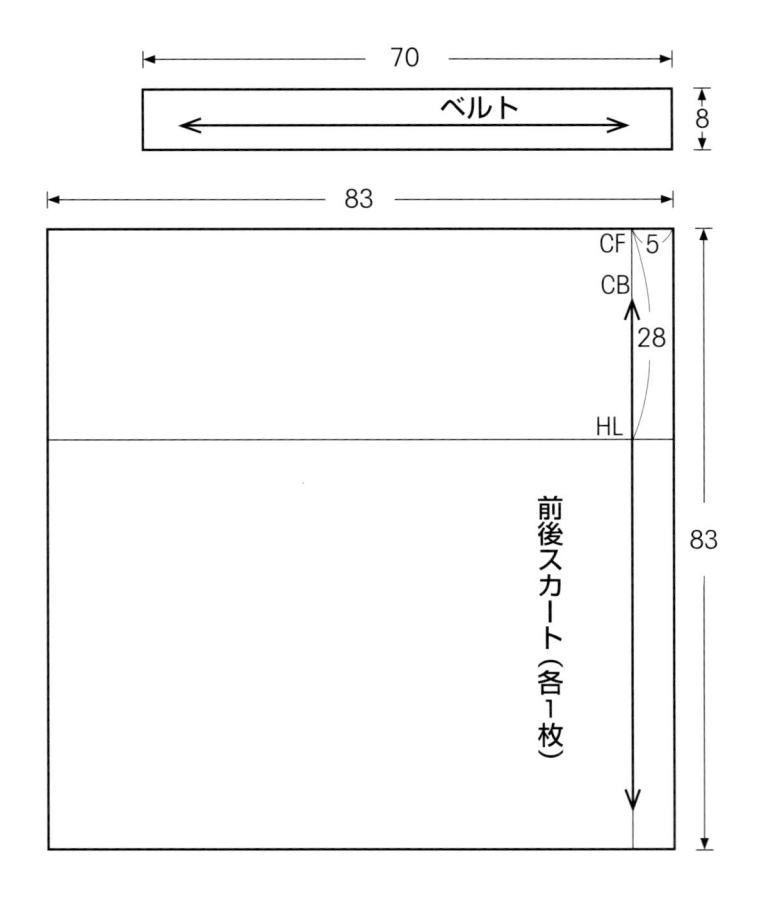

ドレーピング

1 前スカートの各ポイントからフレアを出す。

ボディに前中心とヒップラインを垂直、水平に合わせて止める。ウエストラインで、①のフレアポイントまで水平に合わせ、フレアポイントに切込みを入れ、フレアが放射状に出るように布を落とす。

ウエストの縫い代分として1.5cmくらい残し、余分な布をカットする。

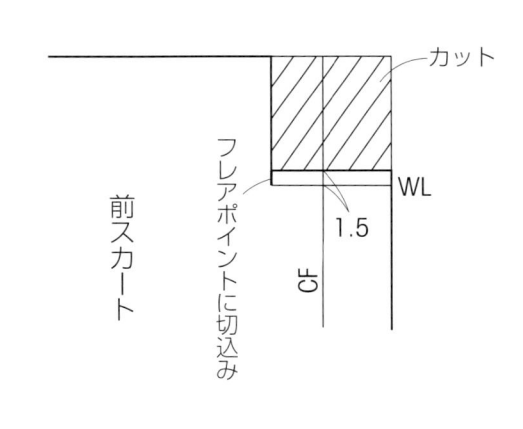

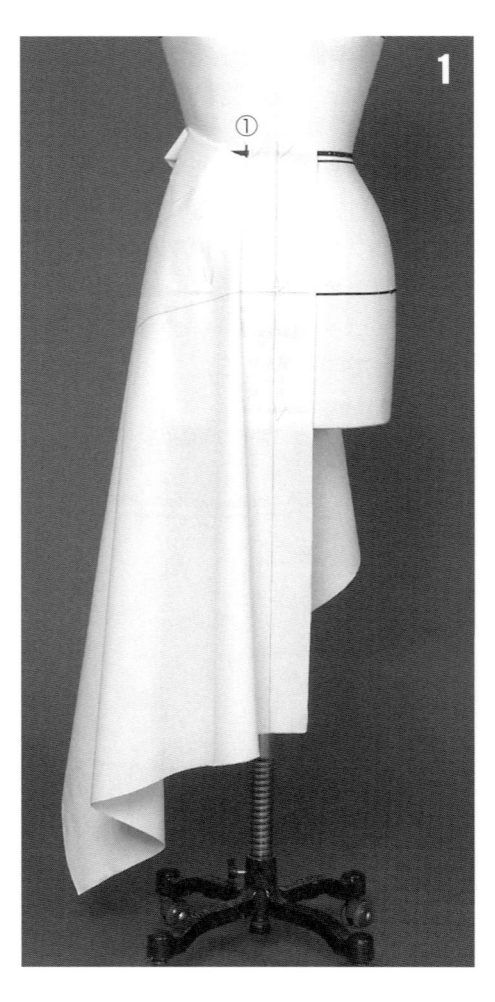

2 ②③のフレアポイントでも同様の手順でフレアを放射状に出し、ウエストの余分な縫い代をカットする。

3 脇線を決める。
脇のウエスト縫い代にも切込みを入れてフレアを出し、側面から見て台形になるように形作る。
ボディの脇線に合わせてボディラインを垂直に入れ、脇線を決める。

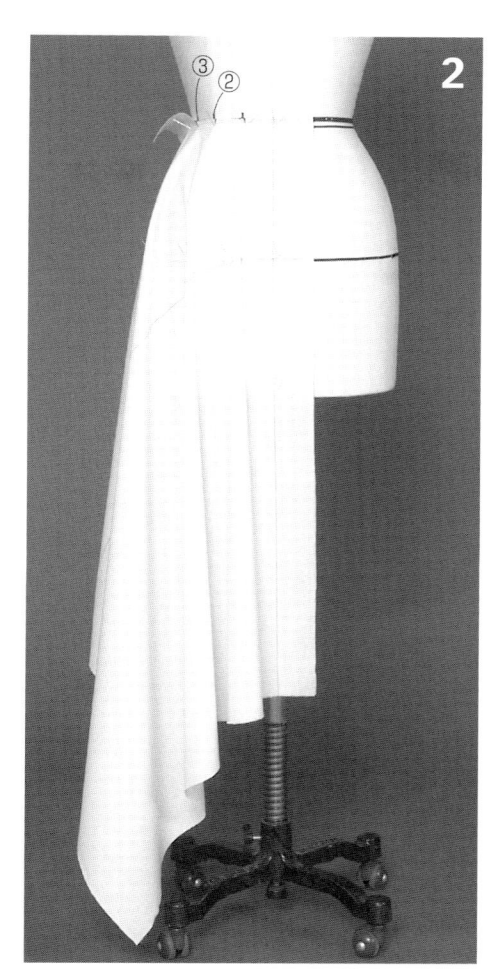

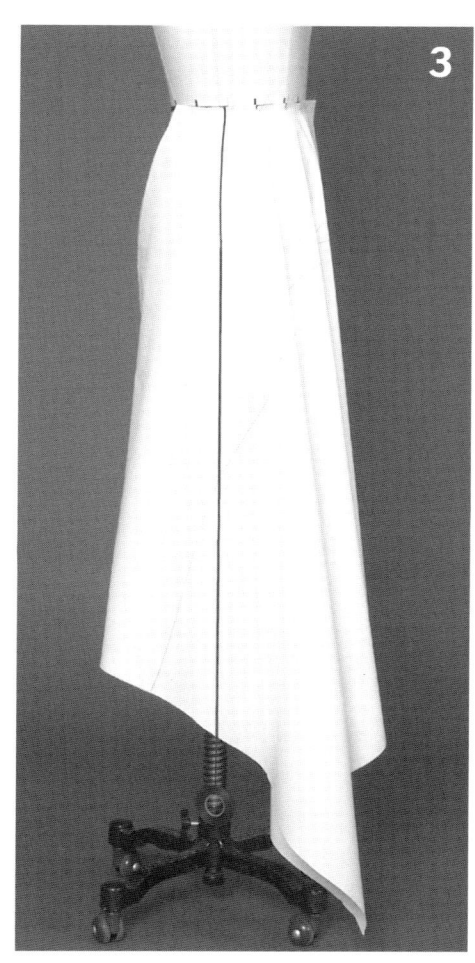

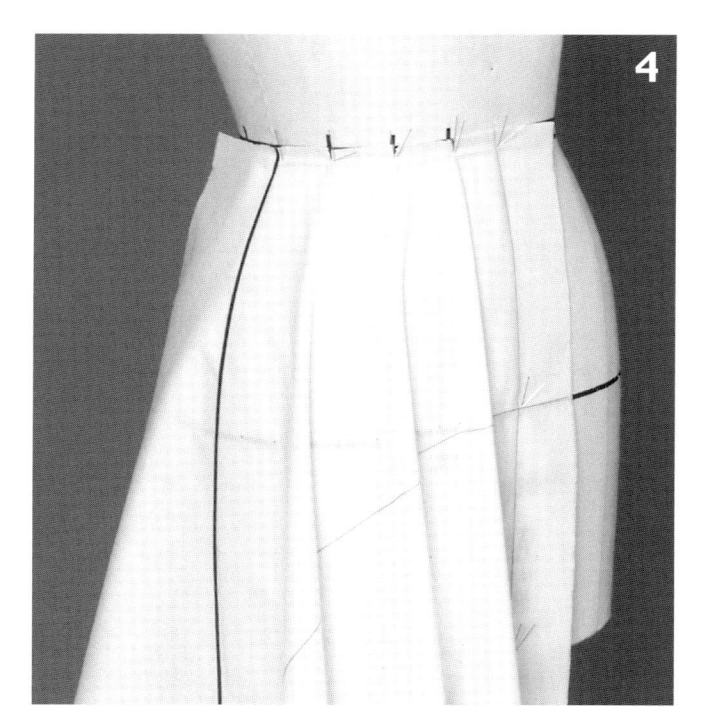

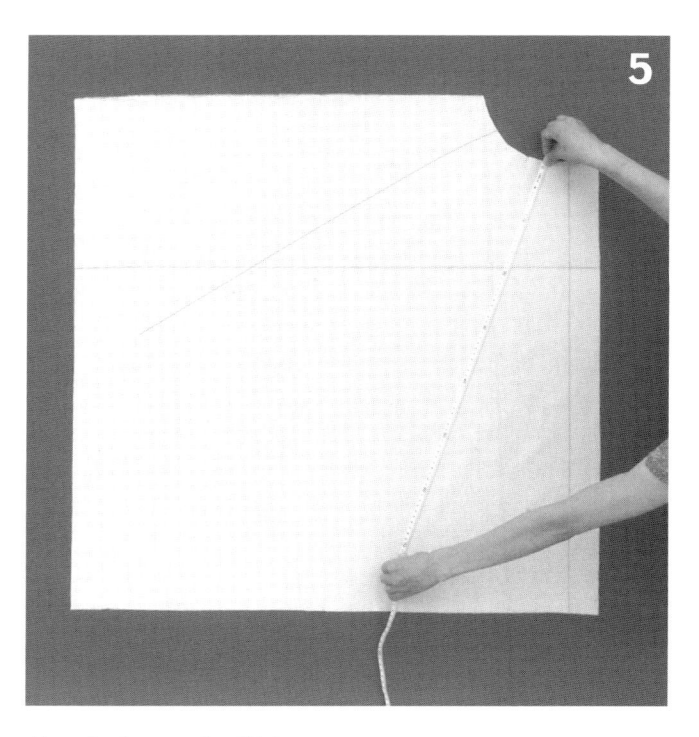

4 マーキングをする。
ウエストライン、変化したヒップライン、脇線に印をつけ、ボディからはずす。

5 脇線を引き、スカート丈を決める。
脇線は平らにした状態で、ヒップラインより下は直線、上はカーブで引く。
スカート丈は前中心で決め、ウエストラインよりスカート丈に裾の折り代分を加えた寸法を各ポイントから放射状に同寸法はかり、裾の印をする。
ウエストラインを訂正し、ウエストの出来上り寸法をチェックする。

第4章 基本アイテムのパターンメーキング 83

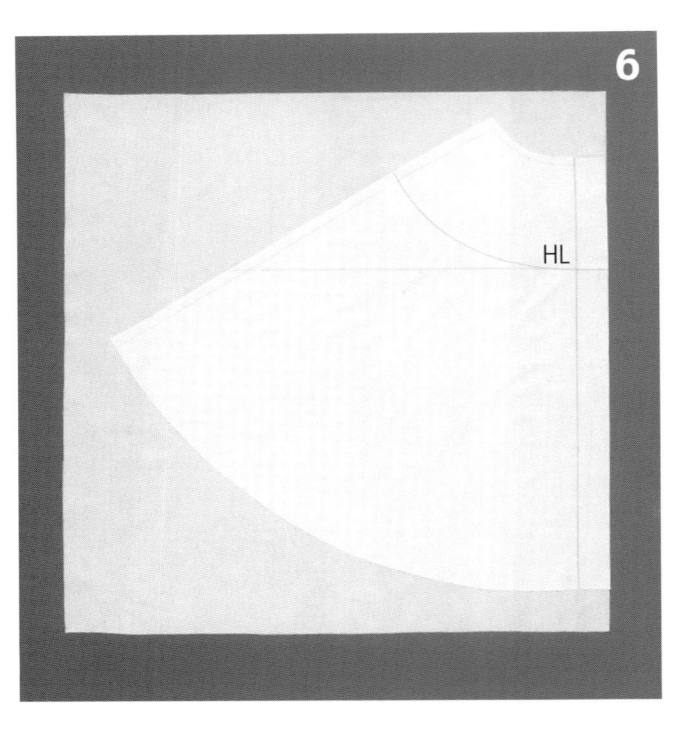

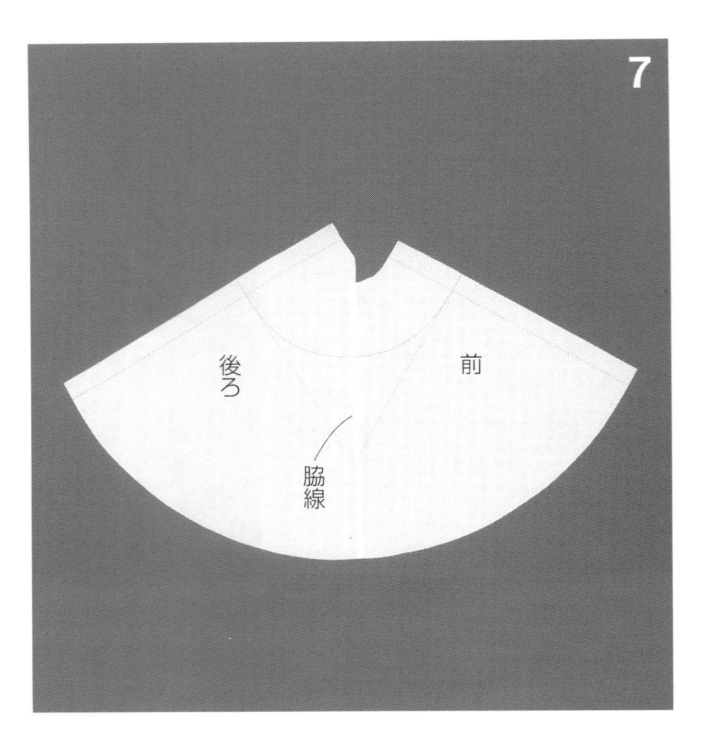

6 後ろスカート布を裁断する。

　前スカートは縫い代分をつけてカットする。前後の脇傾斜を同一にするために、前と後ろスカートのガイドラインを合わせて止め、チョークペーパーを下に置き、脇と裾の出来上り線をしるし、前と同じ形に布をカットする。ウエストの縫い代はカットしないで残しておく。

7 前後のヒップラインを合わせ、脇線を止める。

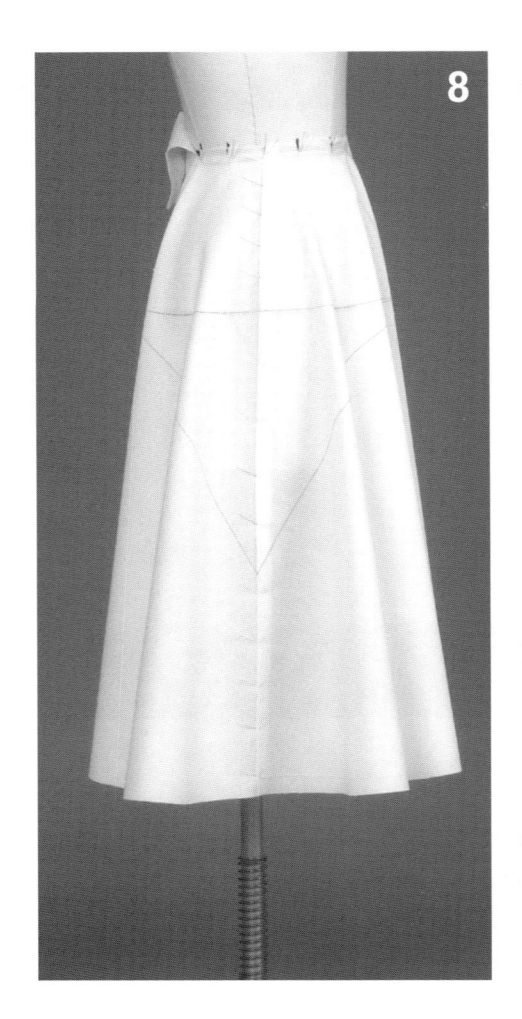

8、9 ボディに着せつけ、後ろスカートの各ポイントからフレアを出す。

　前スカートのフレア分量を確認しながら、脇側から後ろ中心に向かってフレアを入れていく。脇線が垂直に下り、台形のシルエットになっているか確認し、前スカートと同様に各ポイントから放射状にフレアが出るようにする。ヒップラインは後ろ中心でボディのラインと合うようにする。このとき、後ろ中心線は、ボディのガイドラインより少し内側になる。新しい後ろ中心にボディラインで印をつける。

　マーキングをする。前スカートと同様にウエストラインに印をつけ、ボディからはずし、ウエスト寸法をチェックする。新しい後ろ中心線も引く。

出来上り

　フレアが放射状に出ているか、脇が台形で、脇線が垂直になっているか、新しいヒップラインが水平になっているか、前面、側面、後面から確認する。

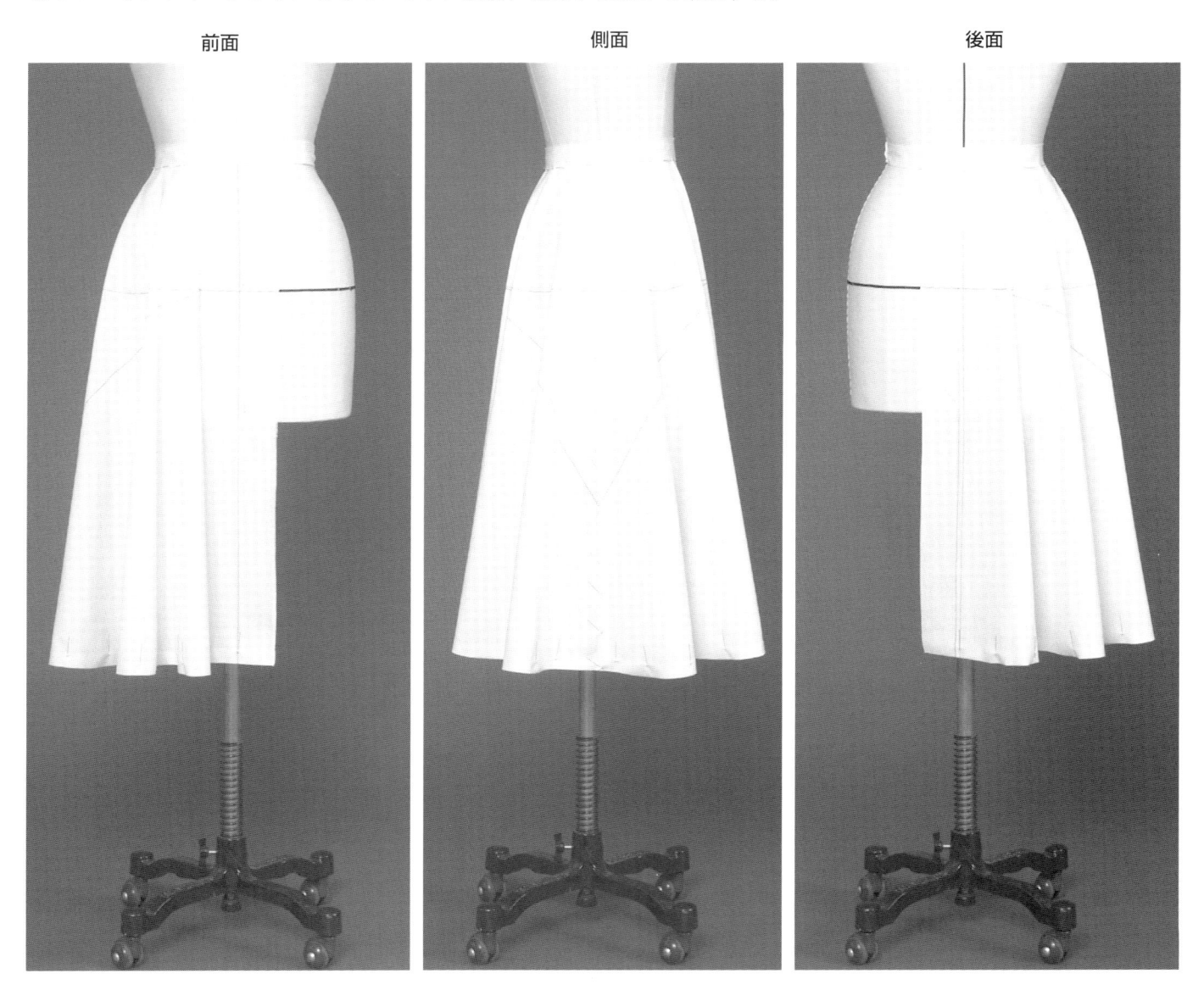

前面　　　　　　　　　　側面　　　　　　　　　　後面

ドラフティング

トワルの準備で入れたガイドラインに合わせてドラフティングをとり、ウエスト寸法の確認をする。

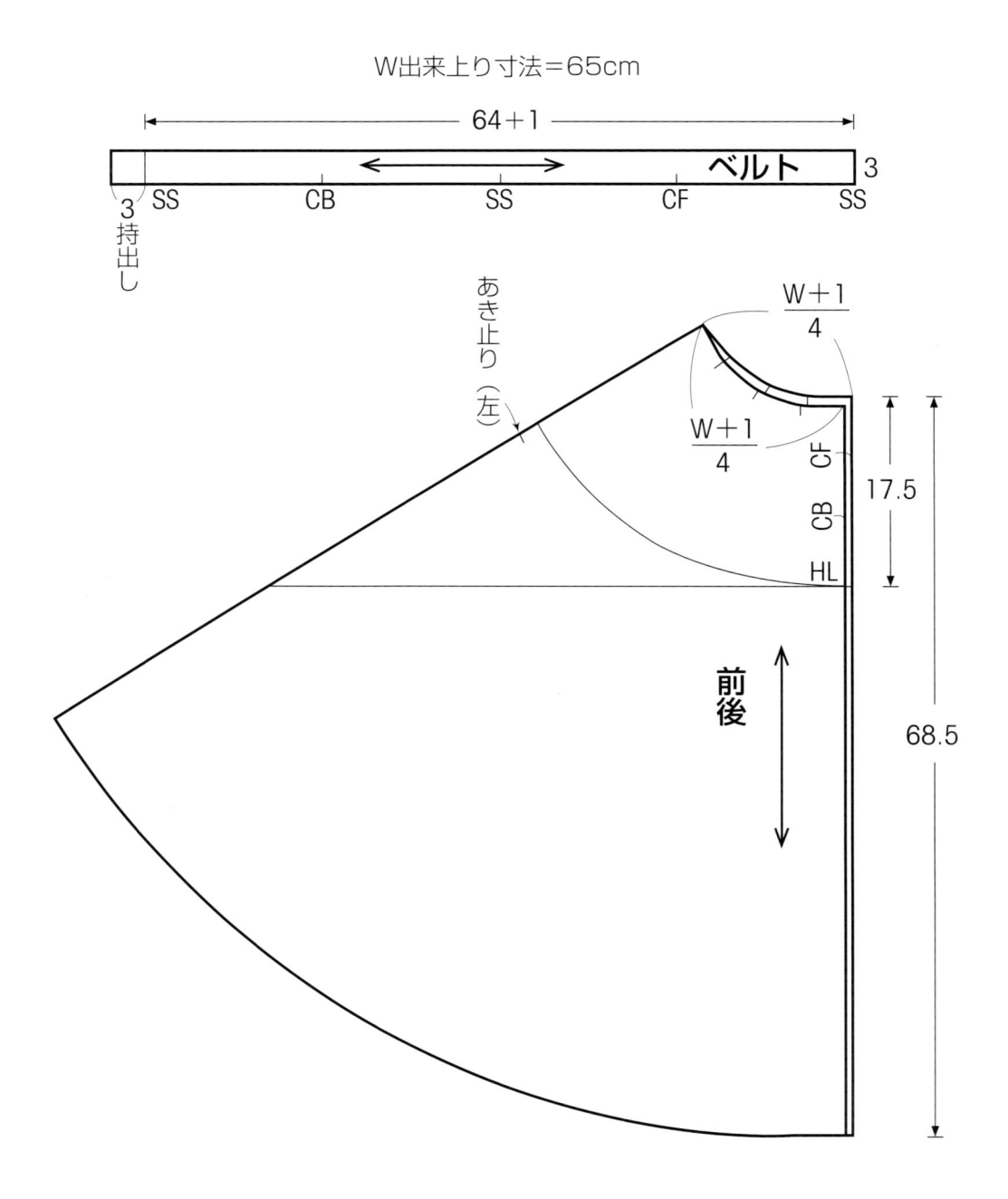

W出来上り寸法＝65cm

64+1

ベルト

3 SS　CB　SS　CF　SS

3 持出し

あき止り（左）

$\dfrac{W+1}{4}$

$\dfrac{W+1}{4}$

CF
CB
HL

17.5

前後

68.5

Ⅱ　パンツ

1　ストレートパンツ

　パンツの種類は多く、シルエット、デザイン、パンツ丈や素材、用途などの別により、さまざまな名称で呼ばれている。

　このストレートパンツは基本形で、ヒップのゆとりは最小限にし、前後とも2本ダーツで処理している。大腿部から裾にかけてストレートに落ちているシルエットである。

　またヒップのゆとりを少し多めにし、前ダーツをタックで処理してもよい。

　このストレートパンツからバリエーション展開がいろいろできる。

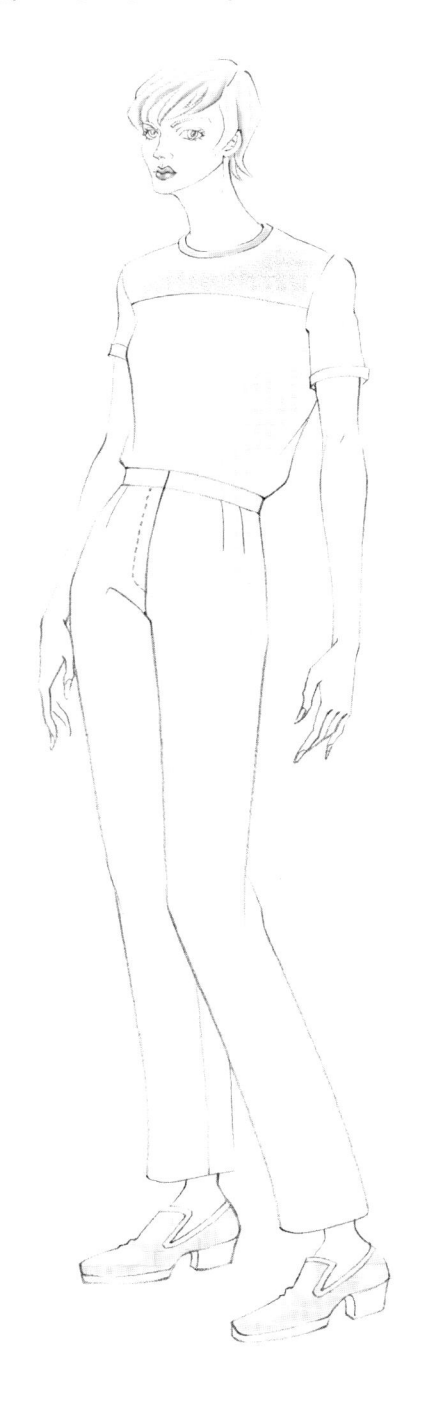

ボディの準備

　パンツボディは下肢ボディで、工業用ボディと比較するとヒップのゆとりは全体で1cmと少なく、ヌード感覚で作られている。この1cmのゆとりは上回り分くらいと考えてよい。

　ガイドラインはヒップライン（HL）、股上線（CL）、ニーライン（KL）、脇線に入れる。ウエストライン（WL）はボディにはられているラインを使用（写真1）。ボディによっては足首にテープが止められているが、パンツ丈の目安として入れてもよい。パンツ丈は外果点（くるぶし）の中央、または最下縁までの寸法で決めるとよい。

　股上線はボディの股つけ根より1～1.5cmくらい下がった位置に水平に入れる（写真2）。

　ニーラインは膝蓋骨より4～5cm上とし、脇線はウエストライン、ヒップラインで前後の中心に入れる。前後差はつけない。ウエストの前中心から股のつけ根を通り、ウエストの後ろ中心まで（股上前後長）を参考にはかっておくとよい（写真3）。

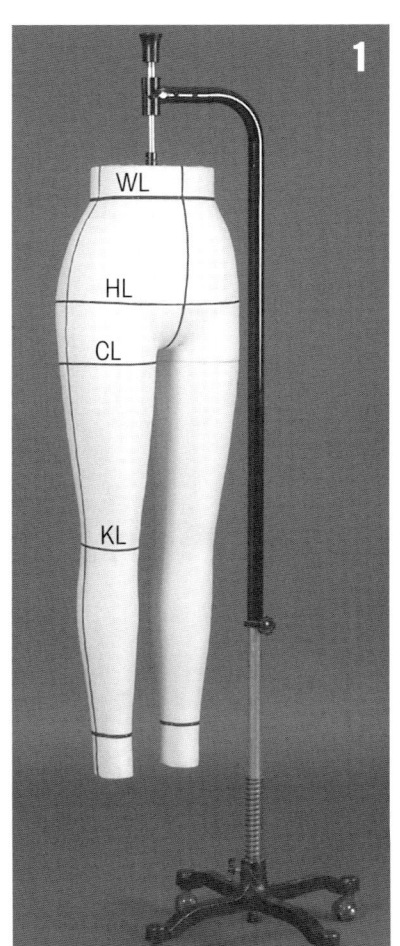

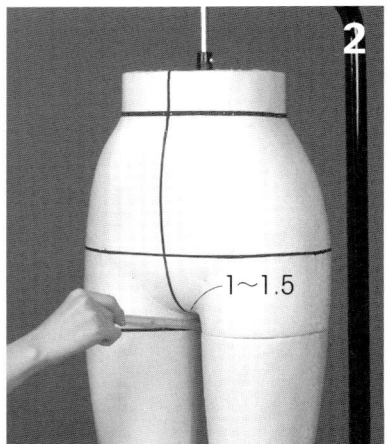

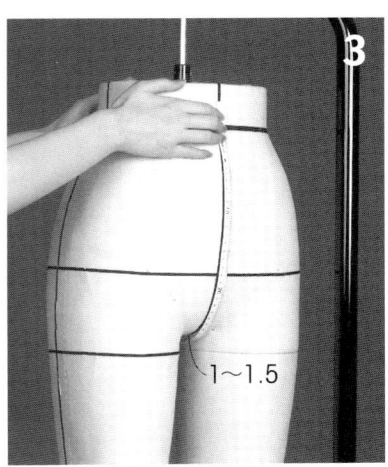

第4章　基本アイテムのパターンメーキング

トワルの準備

股上寸法はデザインにより多少異なるが、このデザインの場合28cm、ニーライン（KL）は膝蓋骨から4〜5cm上に設定した。前後ウエストライン、ヒップライン、股上線（CL）、ニーラインのガイドラインを水平に入れる。

前中心のガイドラインを垂直に入れ、股上丈の位置で前股ぐり幅の目安として5cmの位置をしるしておくとよい。この寸法は体型により多少増減する。

後ろ中心はウエストラインで4cmの傾斜をつけてガイドラインを入れる。これはダーツ分として考える。

前後とも中心側の余分な布を図のようにカットし、切込みを入れておくとやりやすい。

ここではボディを使ってドレーピングをしていくが、生体立体で行なうこともある。その場合はモデルの寸法を考慮してトワルの準備をする。

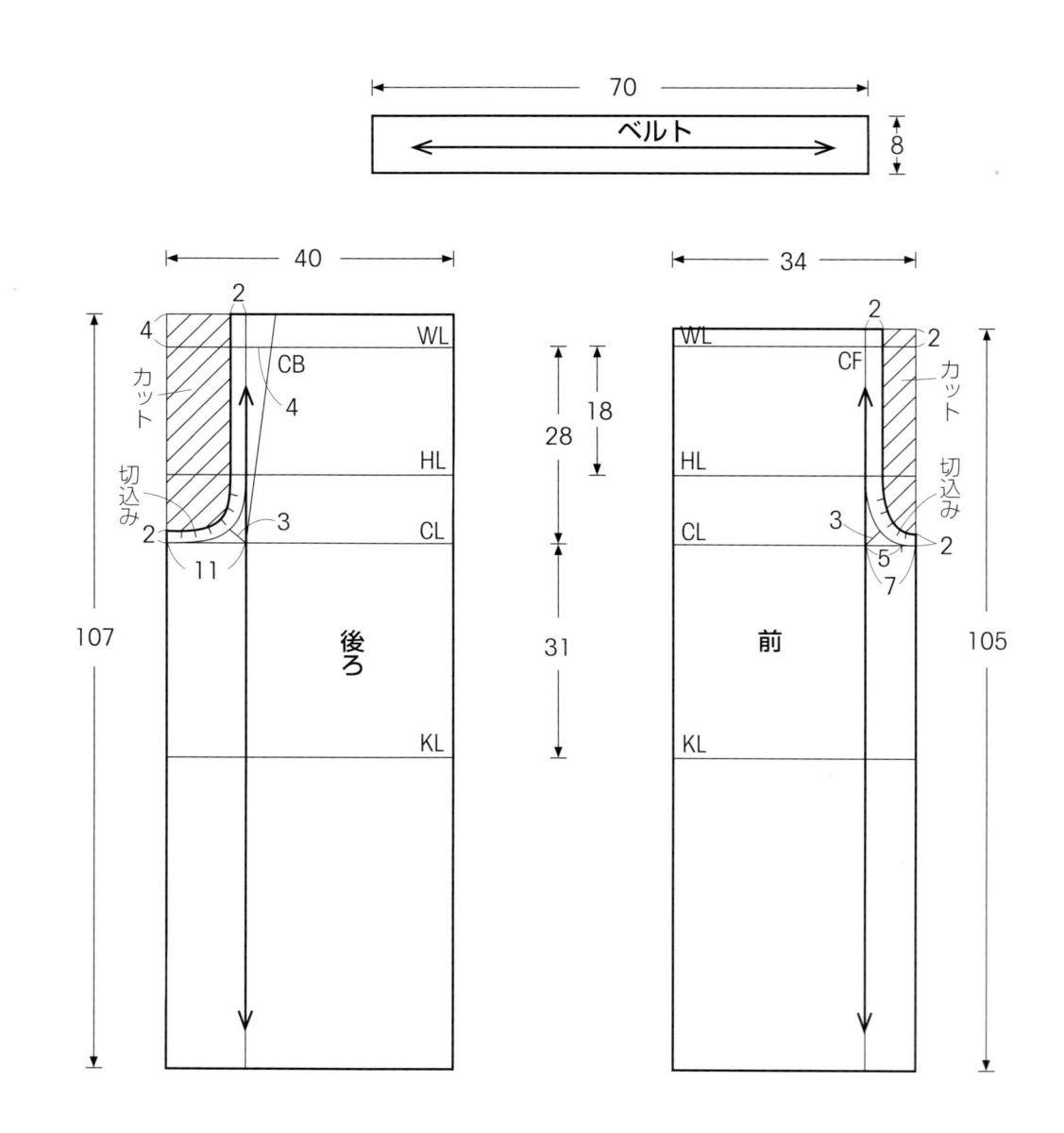

ドレーピング

1 前中心、股ぐりをボディに止め、ヒップラインを水平に合わせ、最小限のゆとり0.5cmをつまみ、脇側にピンを打つ。前ヒップのゆとりは半身で1cm入っていることになる。

前中心は垂直に落とす。

前中心のウエストラインにピンを打つときは、腹部のふくらみを意識して止める。

2、3 股上丈までの脇線を決める。

タイトスカート（74ページ）と同様に脇の傾斜をつけ、デザインテープをはる。傾斜はあまり強くしないほうがよい。

4 前中心のウエストラインで0.5cmカットし、ヒップラインと結ぶ。

5 折り山線を引く。

脇線が決められたところで、一度ボディからはずす。股上線位置で前中心から5cm出た位置と脇までをはかり、2等分した位置から0.5cm脇側の位置を折り山線とする。

折り山線は、ウエストから裾まで布目を通してかく。

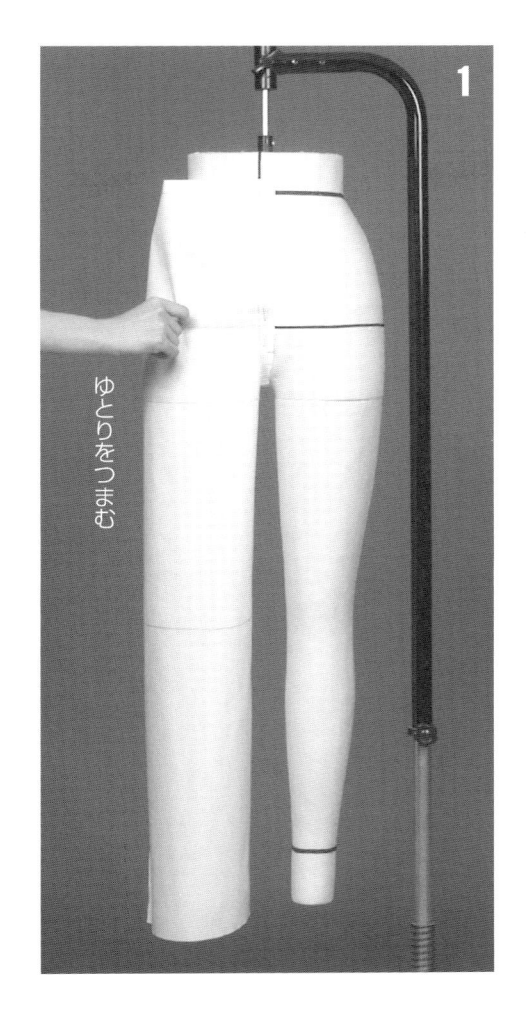

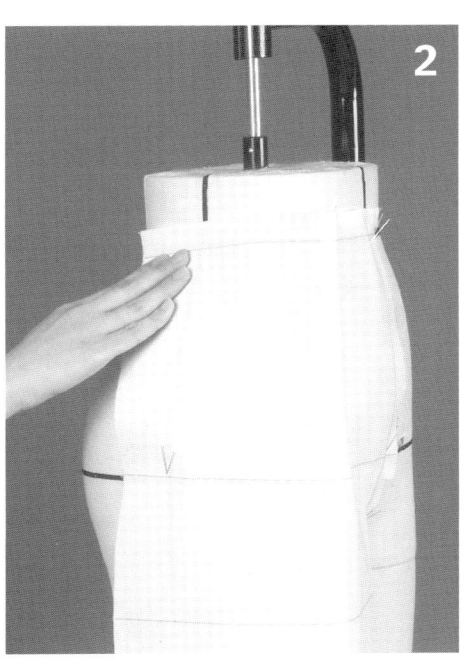

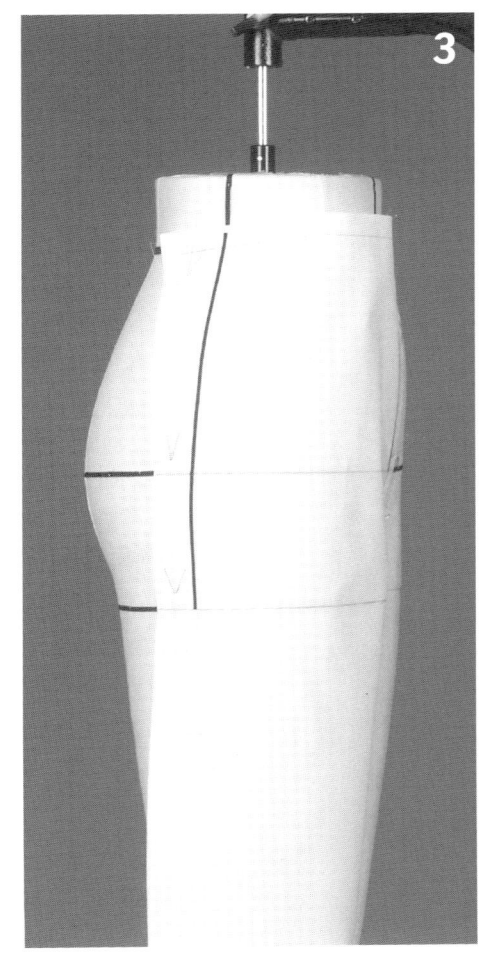

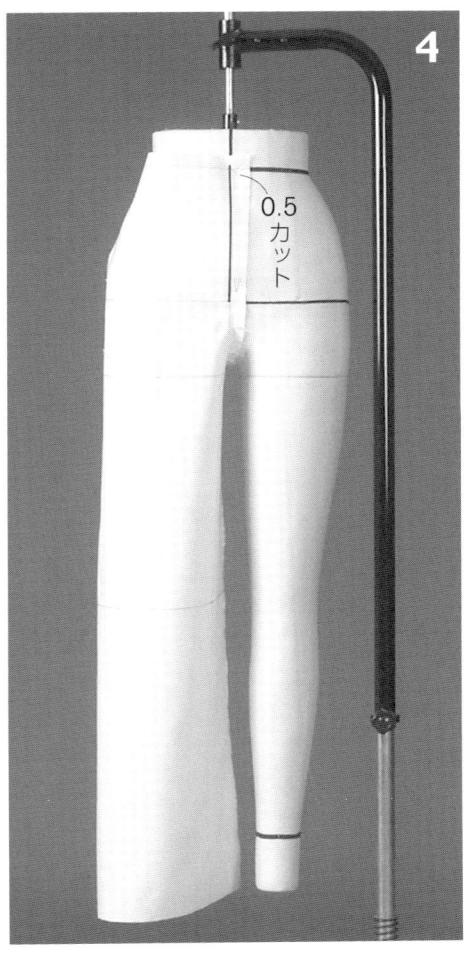

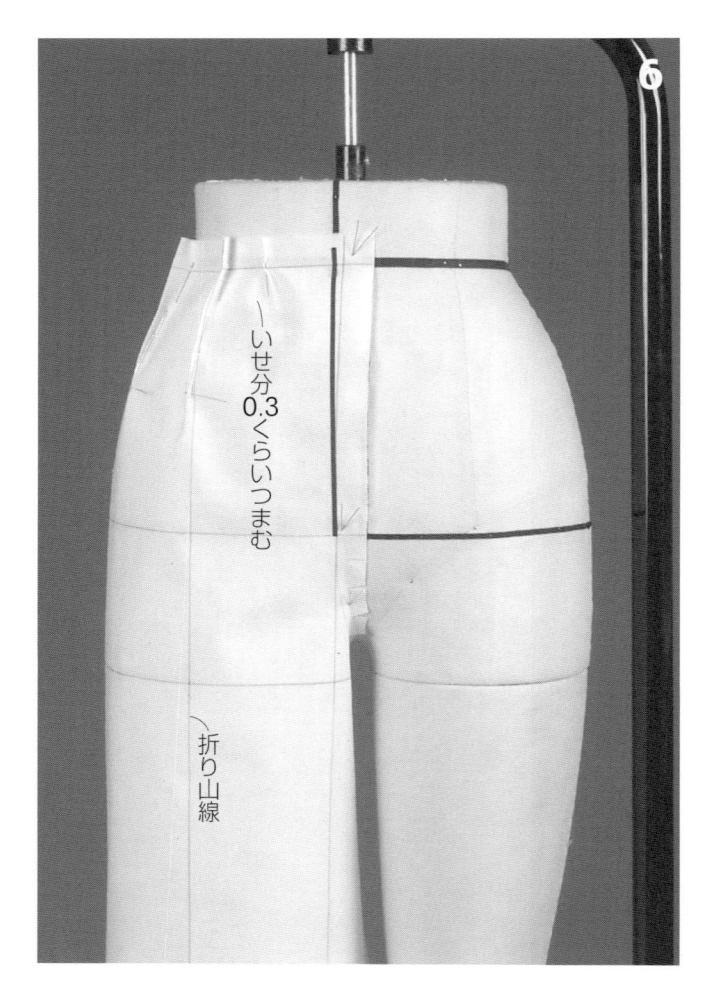

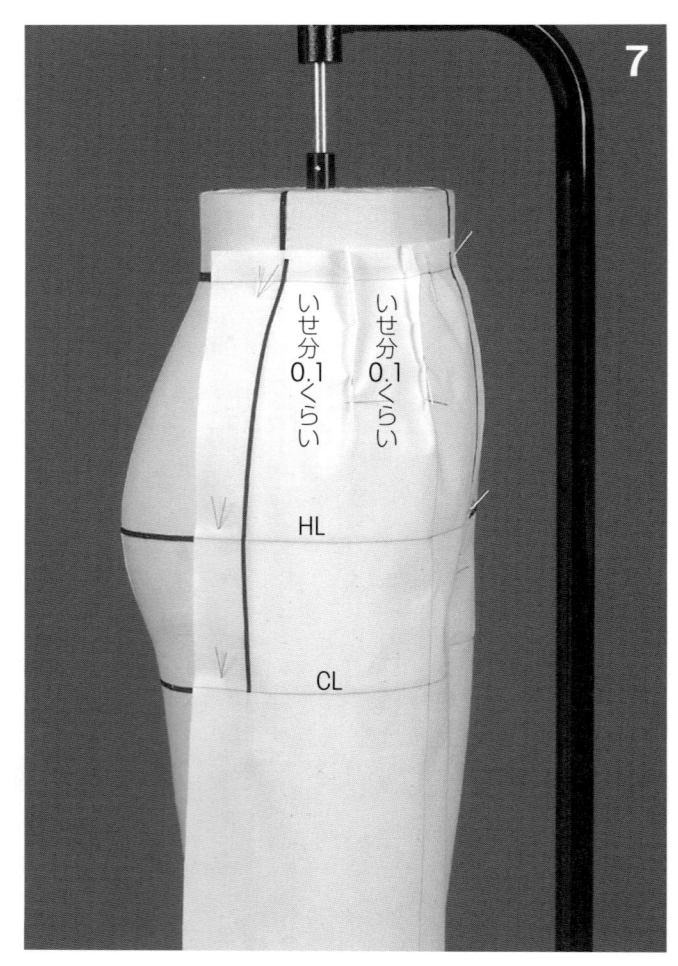

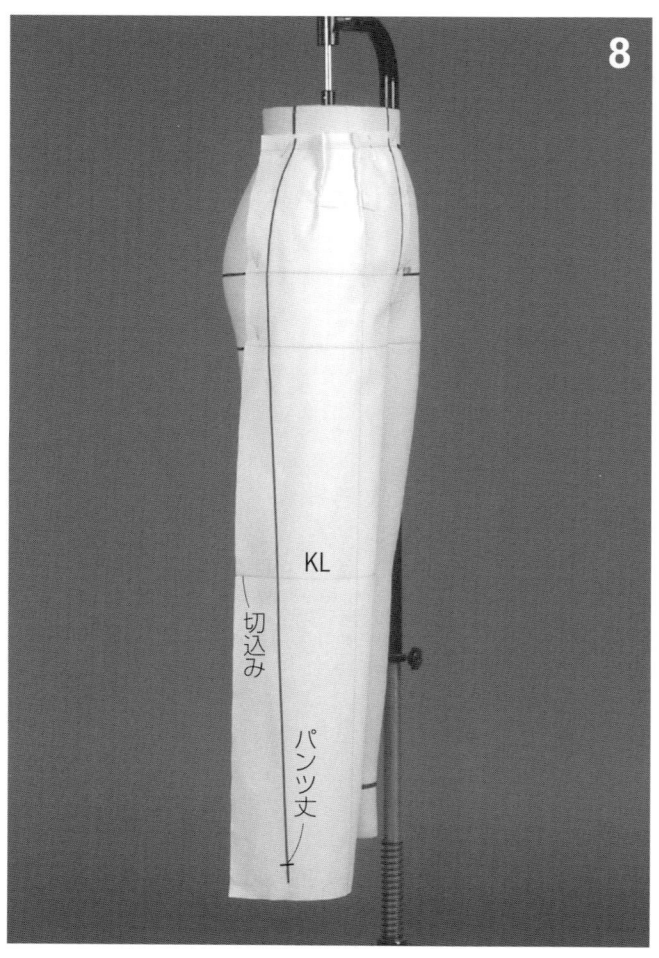

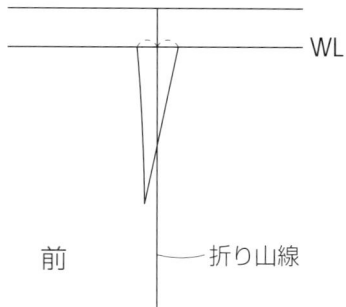

6、7 ダーツ分量をチェックし、ダーツをとる。ウエストにはタイトスカートと同様に腹部のふくらみに対していせ分を0.3cmくらいとり、脇側は腰の張りに対して0.2cmくらいとる。残りをダーツ分として、2等分する。1本めのダーツは目安として図のように折り山線を中心にしてとり、長さもタイトスカートくらいにする。2本めは腰骨の位置あたりを目安にとる。長さ、方向も考慮して決める。

8 脇線を決める。

折り山線から脇まで寸法をニーラインで11.5cm、裾で9.5cmはかり、デザインテープを股上線より続けてはる。ニーラインに切込みを入れてもよい。

パンツ丈は外果点（くるぶし）を目安にして決める。

これらの寸法はバランスで見る。

9 マーキングをする。ウエストライン、ダーツ、脇線をマーキングし、ボディよりはずす。アイロンをかけ、平らにする。

10 前股下線をかく。

ダーツ、脇線のつながりをチェックする。ニーラインと裾で折り山線から脇までの寸法を股下側へ同寸法とり、印をつける。ニーラインから裾までは直線で引く。前股ぐり幅5cmの位置とニーラインまではゆるいカーブで結ぶ。

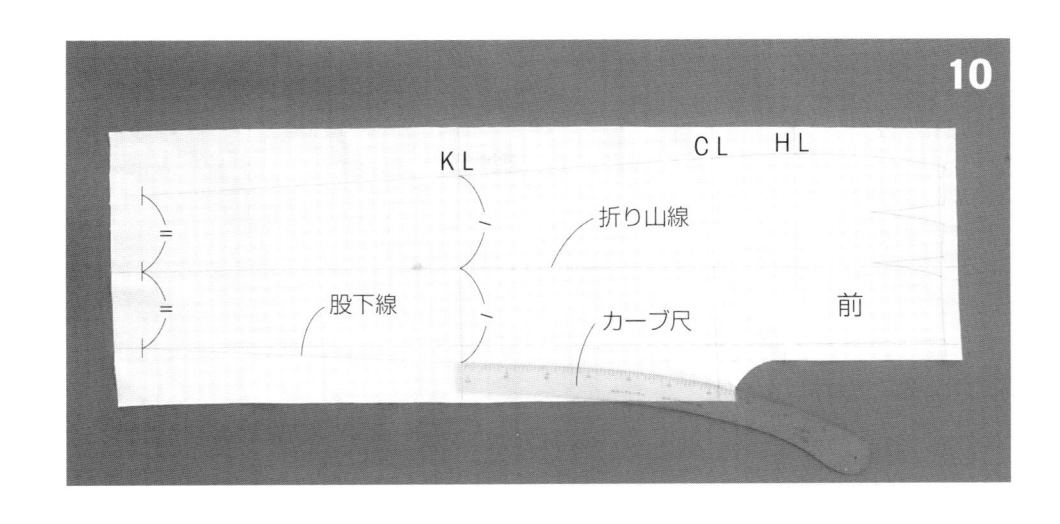

11、12 後ろのゆとりを見る。

後ろ中心はトワルの準備で入れておいた傾斜のガイドラインに合わせて見る。この線は目安で入れたガイドラインである。そのときダーツ分としてピンでつまむ方法（写真11）と傾斜の線にずらして合わせる方法（写真12）がある。

傾斜を作るとヒップラインが2cmくらい上がってくる。その位置で前と同様のゆとりをつまみ、新しくできたヒップラインにデザインテープをはる。ウエストラインも変化するので、デザインテープをはっておく。

脇線位置が確認できたら印を入れ、トワルをボディよりはずす。

13 前後脇線を合わせる。脇を同傾斜にするため、前の脇線を後ろへうつし、脇の縫い代をカットする。

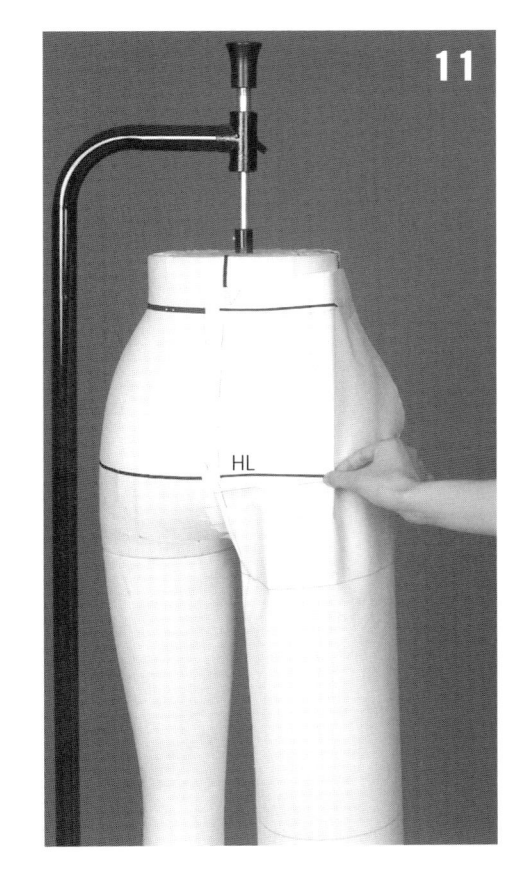

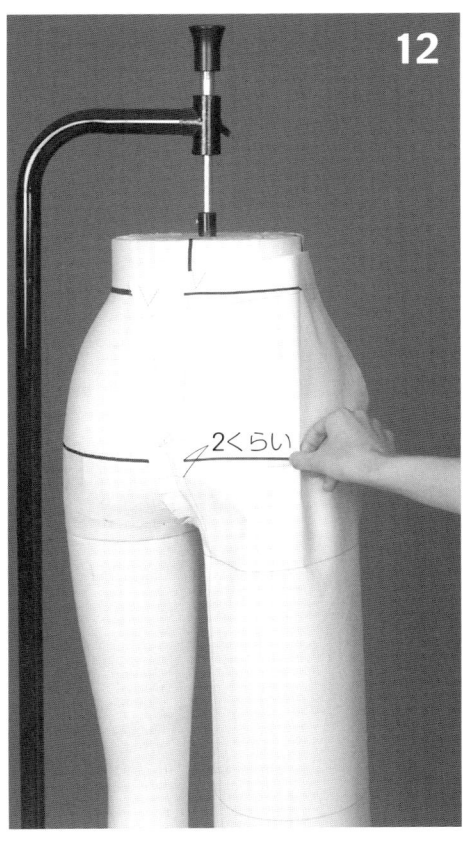

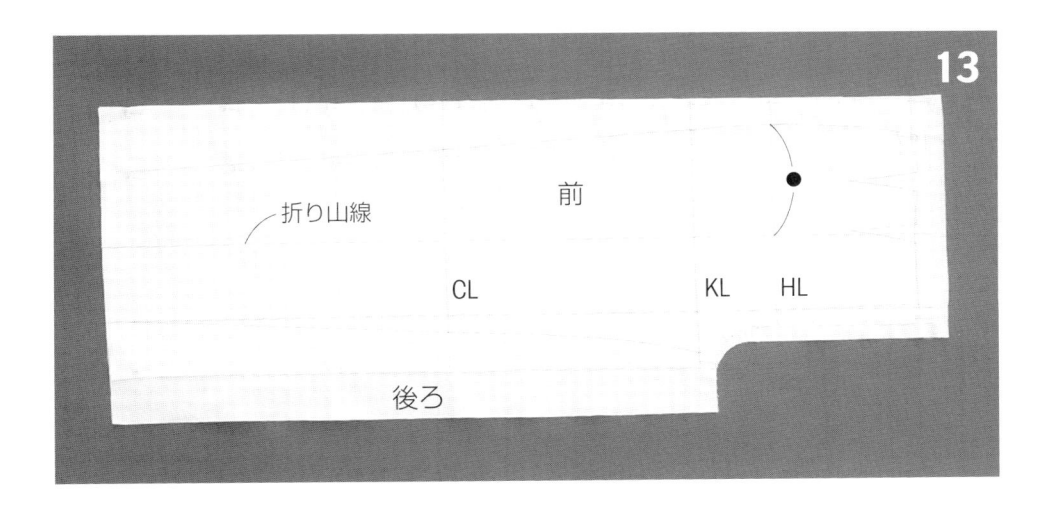

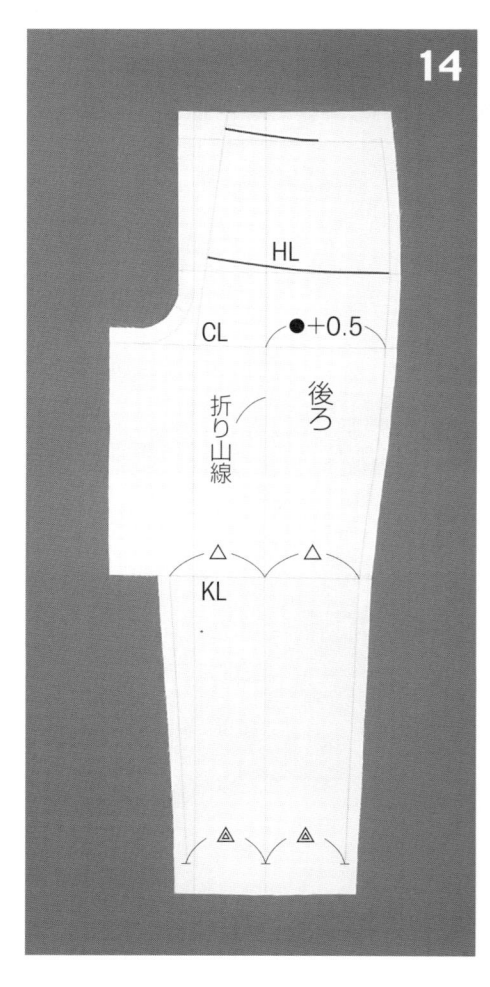

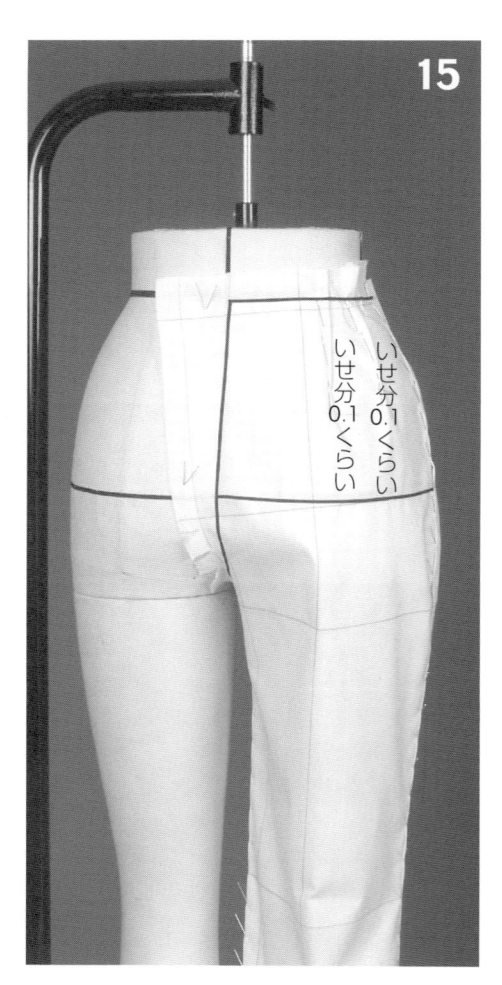

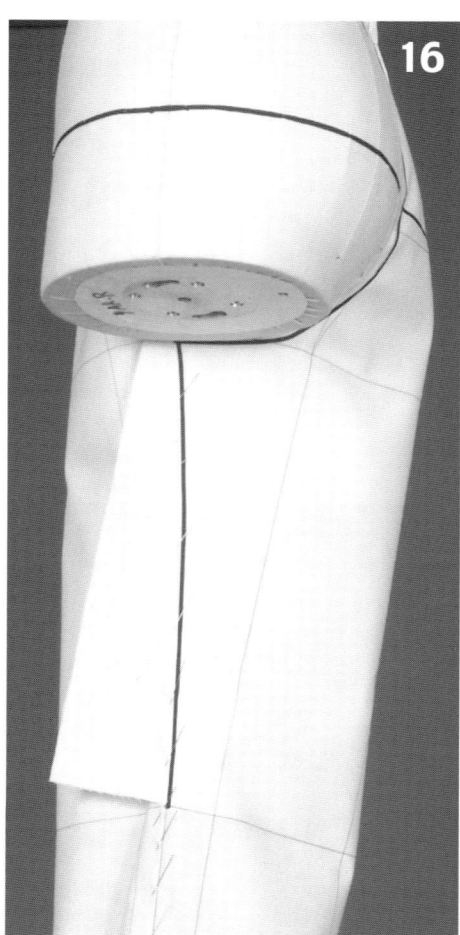

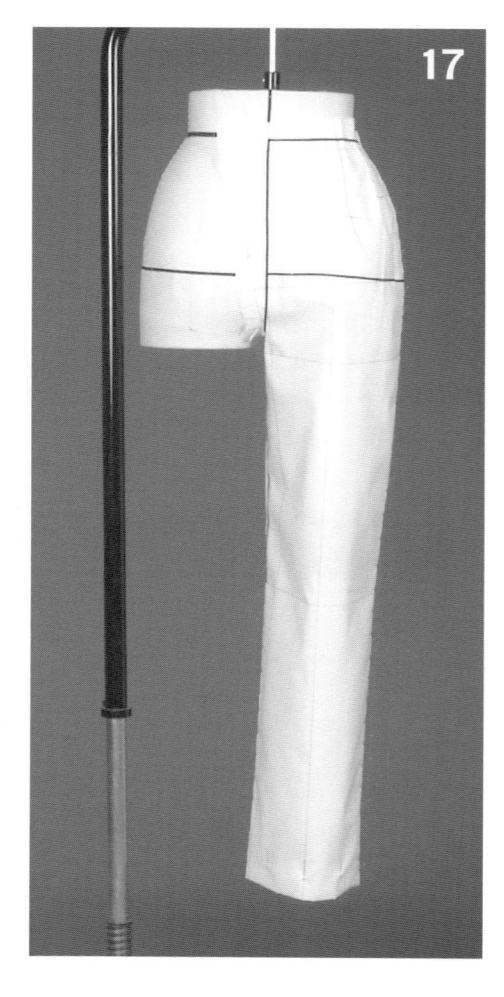

14 後ろ折り山線を決め、ニーラインから下の幅も決める。

　後ろ折り山線は、股上線で前折り山線から脇までの●寸法（写真13）に0.5cm加えた寸法を後ろ脇線からとり、前と同様にガイドラインを入れる。ニーライン、裾とも前より0.5cm広くなっている。

　ニーラインと裾で脇側と同寸法を股下側へとり、股下線を引く。

15 後ろダーツをとる。

　脇と股下のニーラインから下をピンで止め、筒にし、ボディに着せつける。

　スカートと同様に後ろは脇側でいせ分をつまみ、残りをダーツ分とする。ダーツ分を2等分し、1本めはプリンセスライン付近を目安にとり、2本めはバランスのよい位置に決める。長さは中心側を長めに、脇側は前と同じくらいの長さにする。

16 後ろ股ぐり幅を見る。

　股下は前に後ろを重ねる。バイアスになるため、少々伸ばしぎみにして重ね、股下にデザインテープをはり、後ろ股ぐり幅（厚み）を見る。

17 ダーツ、股ぐり幅が決まり、筒状になった状態で前面、側面、後面から見て、ゆとり、ダーツの方向、バランスなど確認する。

18 ベルトをつける。

ベルトに合い印をつけ、パンツの合い印と合わせ、いせを入れながらベルトをつける。前あきにした。

ウエストラインの確認をする。

19 マーキングをする。

前パンツと同様に印をつけ、ボディからはずす。線を引き、縫い代を整え、ピン仕上げをする。

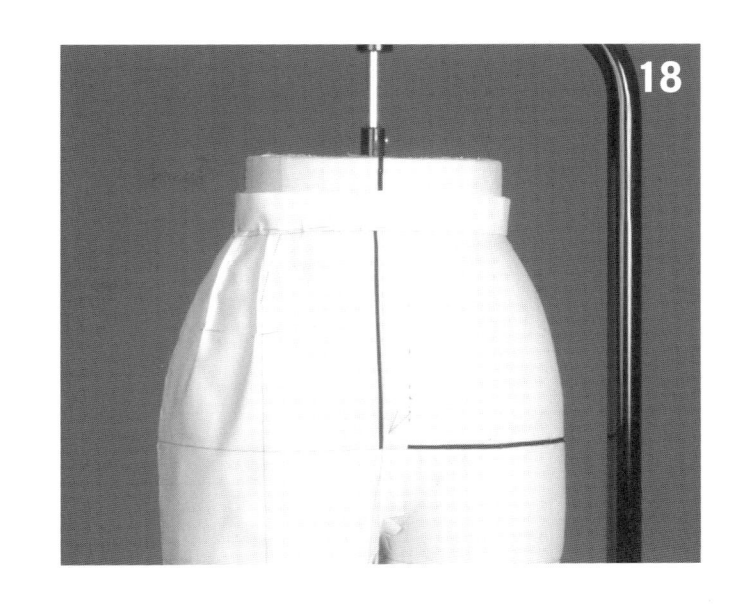

出来上り

全体のバランスを見る。

前面

腹部のふくらみに対し、ダーツの位置、分量、方向など確認し、ヒップラインが水平であるか見る。

側面

脇線が垂直に下りているか見る。

後面

殿部の突出に対し、前と同様、ダーツの位置、分量、方向などを確認し、変化したヒップラインが水平であるか見る。

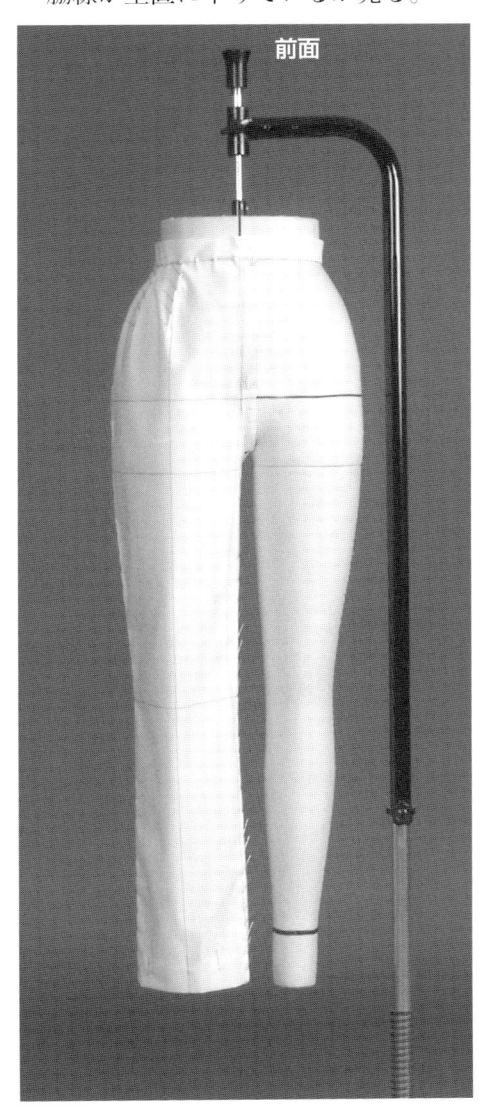

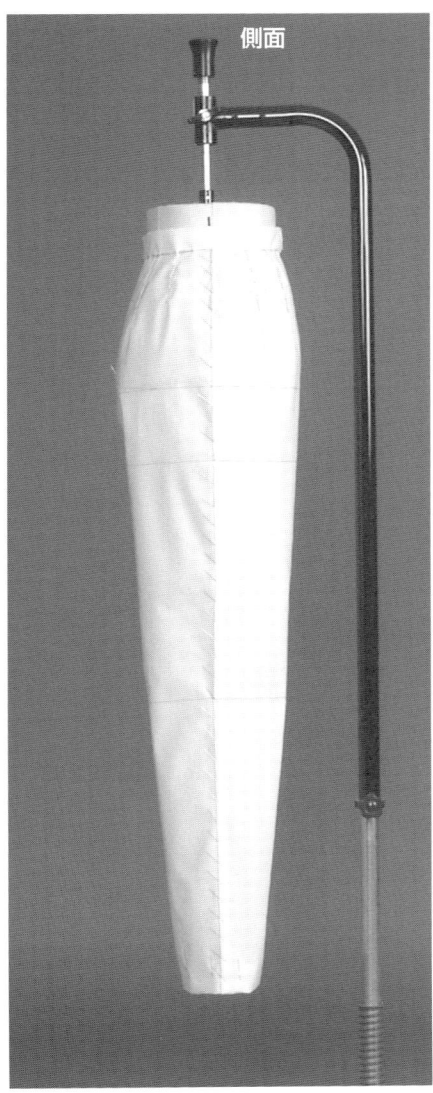

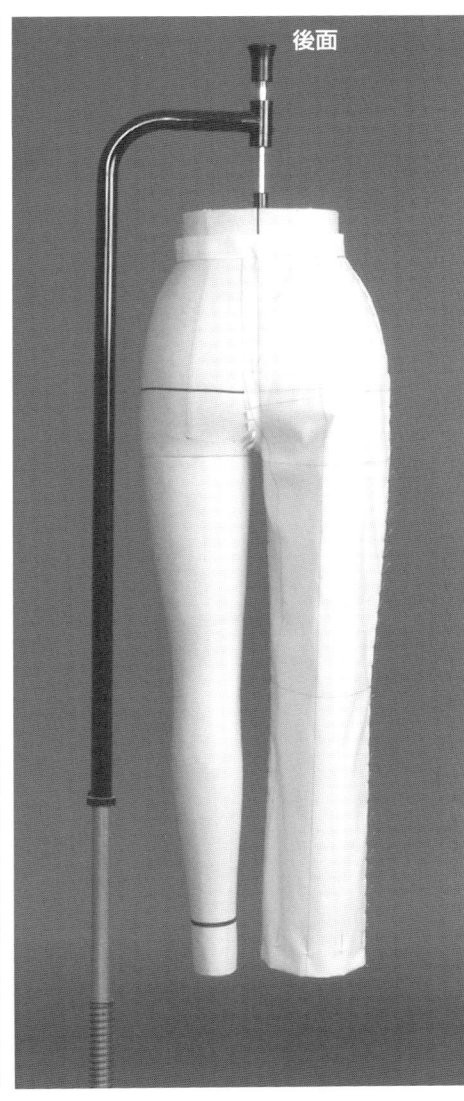

ドラフティング

前後の股ぐり幅のバランス、股下のカーブに無理がきていないか、前の折り山線は前股ぐり幅を基点にして決められているかなど、確認をする。

このストレートパンツから、バリエーション展開がいろいろできる。

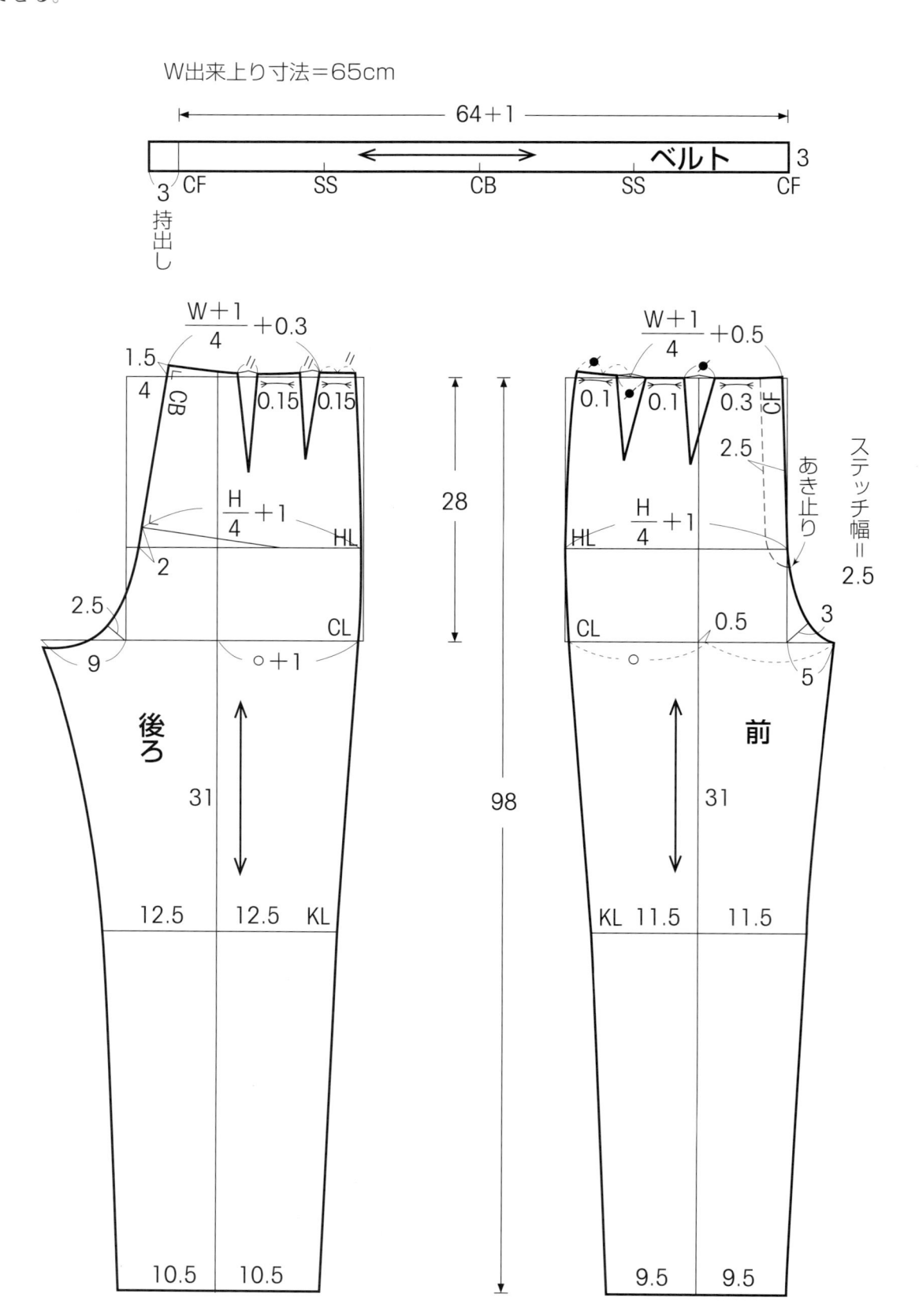

W出来上り寸法＝65cm

前ウエストダーツをタックで処理する場合

- ヒップのゆとりはダーツの場合より多くし、後ろのゆとりは殿部の突出が感じられるよう前より少なめにするとよい。
- ニーライン、裾もバランスを見て、少し広くしてもよい。

参考にトワルの準備、ドラフティングを加えておく。

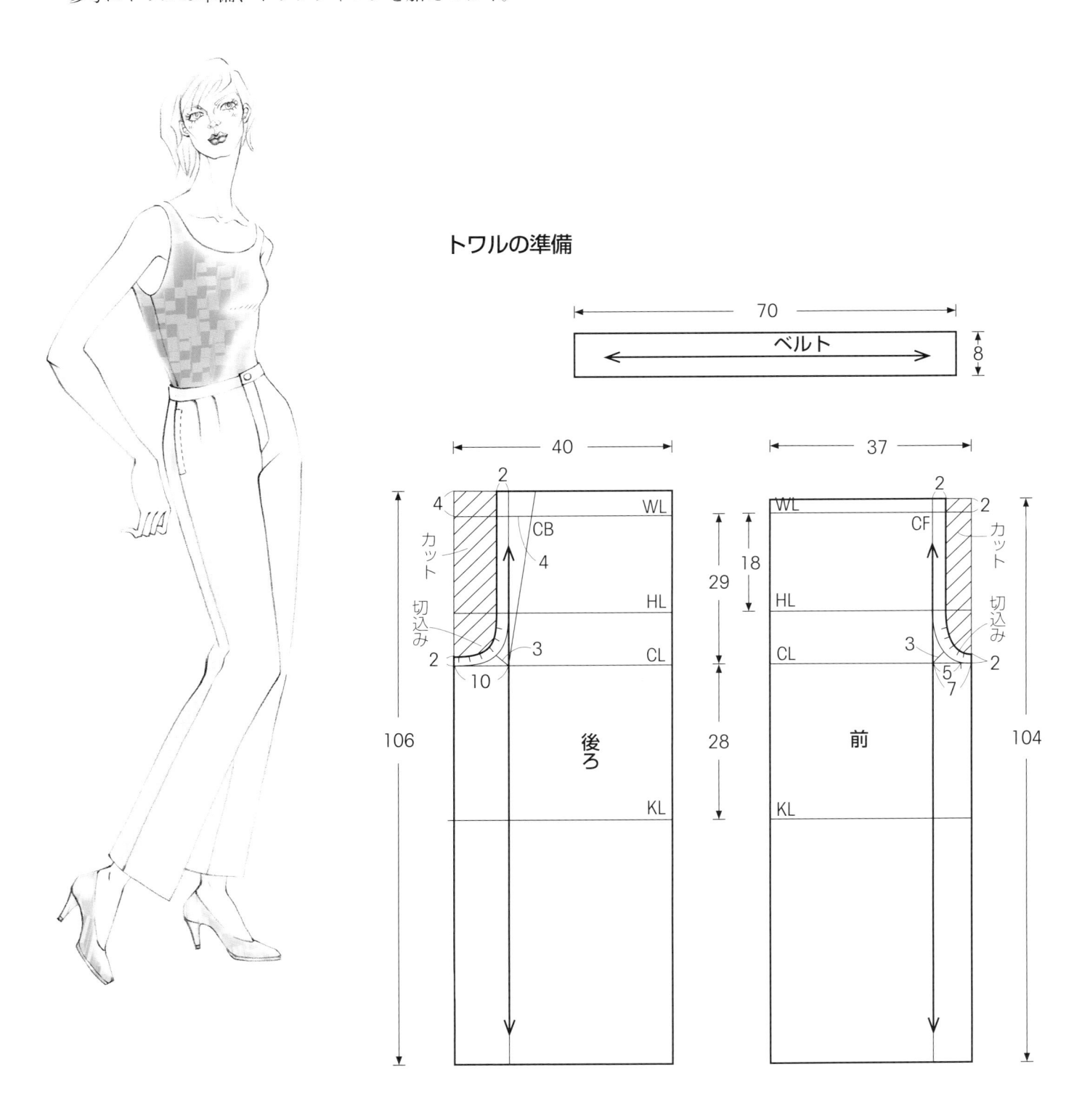

トワルの準備

ドラフティング

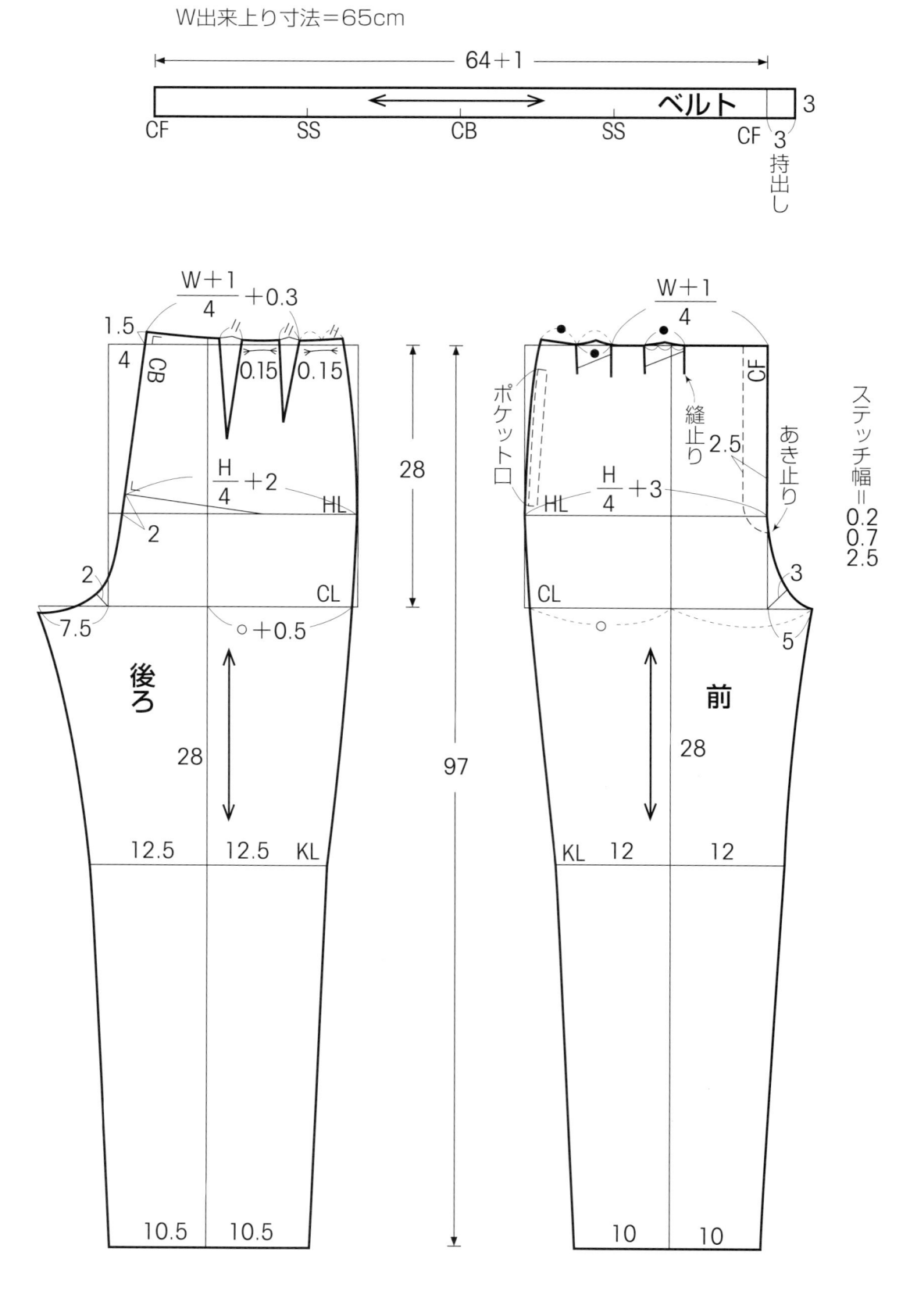

W出来上り寸法＝65cm

2 ジーンズ

　ヒップラインから下の脇線に布目を通したスタンダードな太さのジーンズで、膝から裾までの幅は平行。前後とも左右の股ぐりを縫ってから股下を縫い、ステッチをかけて縫い代を押さえる。

　ジーンズはストレートパンツなどとは違い、股下の傾斜を強くとってくる。比較のため完成写真とドラフティングを加えた。

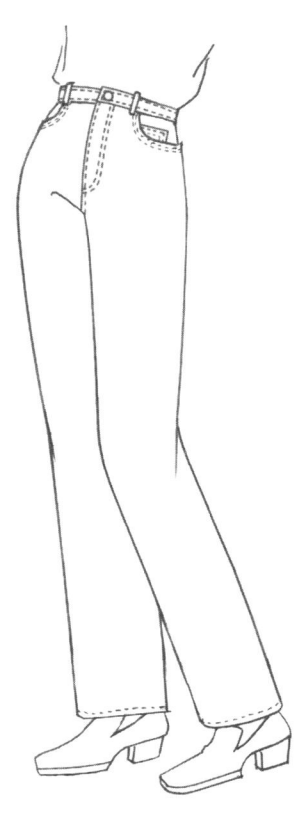

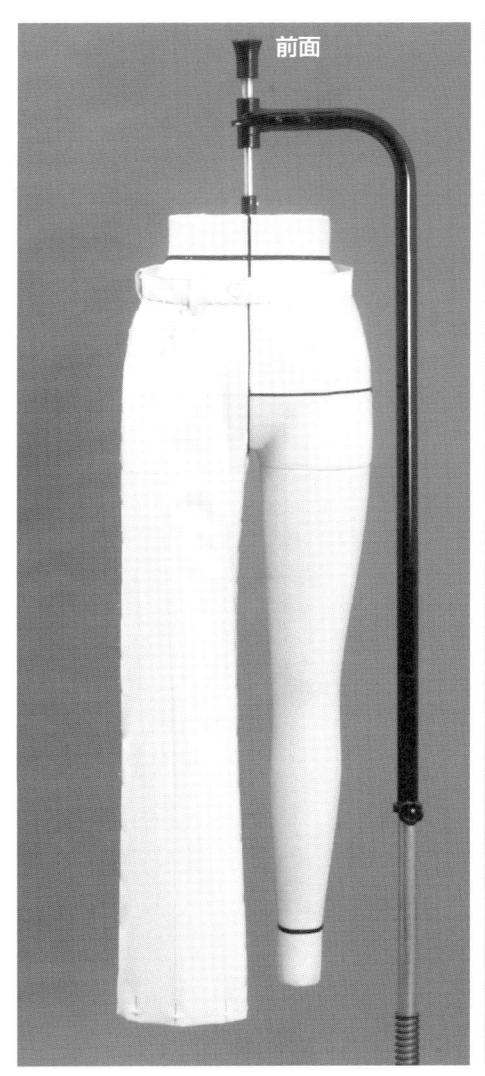

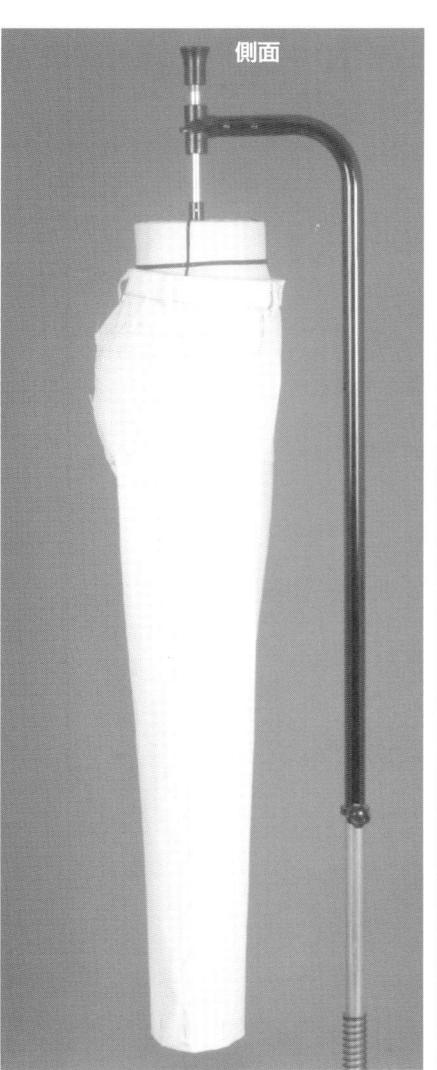

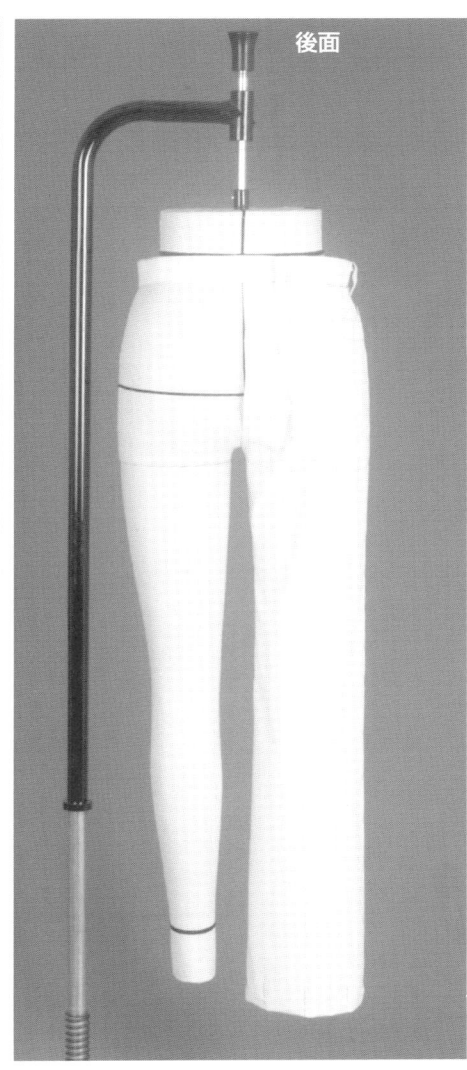

前面　　　側面　　　後面

第4章　基本アイテムのパターンメーキング　97

ドラフティング

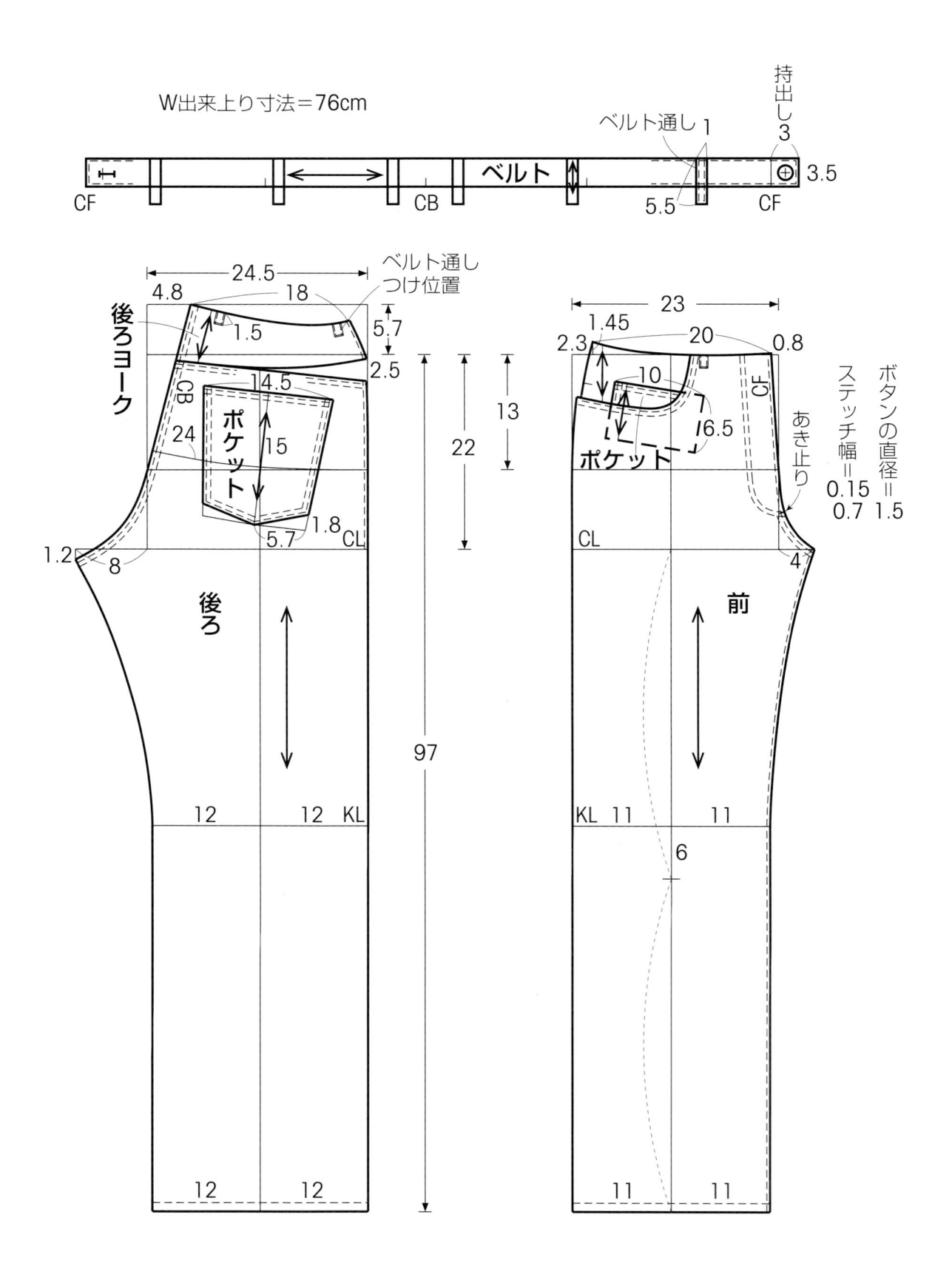

W出来上り寸法＝76cm

ベルト通し 1
持出し 3
ベルト
CF　CB　CB　5.5　CF　3.5

後ろヨーク 24.5
4.8　18
1.5
5.7
2.5
CB　14.5
24　ポケット 15
1.2　8　5.7　1.8　CL
後ろ
22
13
97
12　12　KL
12　12

前 23
1.45　20　0.8
2.3　10
ポケット 6.5
CF
あき止り
ボタンの直径＝1.5
ステッチ幅＝0.15
0.7
CL　4
KL 11　11
6
11　11

III　ブラウス

1　シャツブラウス

　男性のワイシャツのようなスタイルを基本にしたブラウスで、シャツカラー、前立て、シャツスリーブ、カフスなどがついているのが一般的である。

　このシャツブラウスは、比翼あきで、肩の部分をヨーク切替えにし、衿は台衿つきシャツカラー、ポケットは大きめのアウトポケットにプリーツを入れ、フラップがついている。

　身幅とドロップトショルダーの関係を確認しながらドレーピングすることが大切である。

ボディの準備

　ヨーク切替え位置にガイドラインを入れる。

　前は肩線に平行に3cmくらい下がった位置に、後ろは肩甲骨位置より3～4cmくらい上にガイドラインを入れ、肩線はわ裁ちにする。肩甲骨の位置に切替えを入れると、肩甲骨の張りを強調することになるので避けたほうがよい。

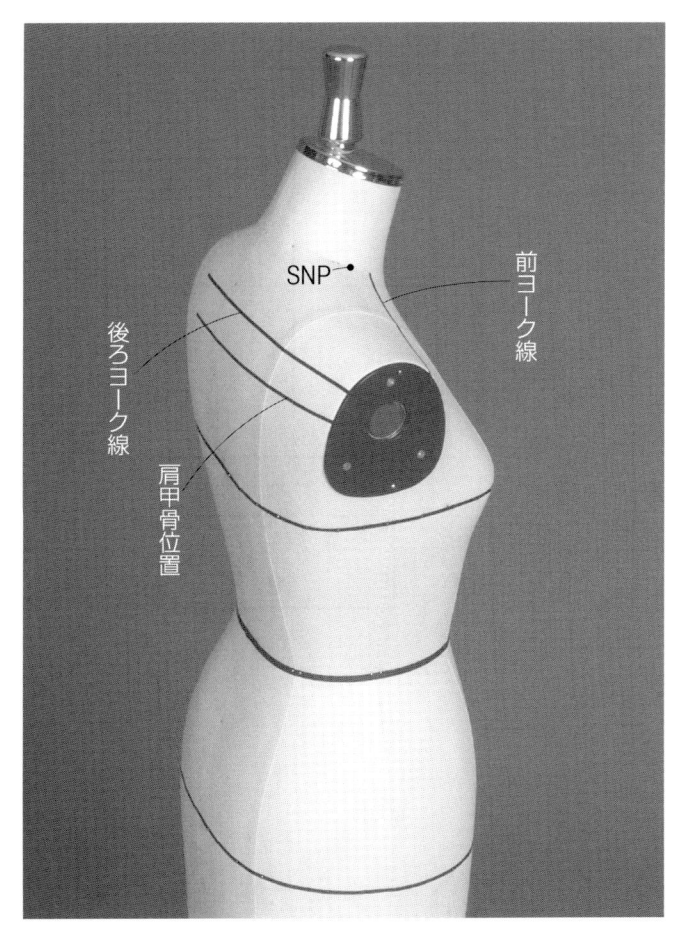

第4章　基本アイテムのパターンメーキング　99

トワルの準備

ガイドラインを入れる。

前身頃は、中心線、前端、短冊幅、バストライン、ウエストラインを入れる。

後ろ身頃は、中心線、側面線、バストライン、ウエストライン、肩甲骨位置を入れる。

ヨークは、後ろ中心線、側面線、横布目線を入れる。

衿は、後ろ中心線と横布目線を入れる。

袖は、袖山線と横布目線を2本入れる。

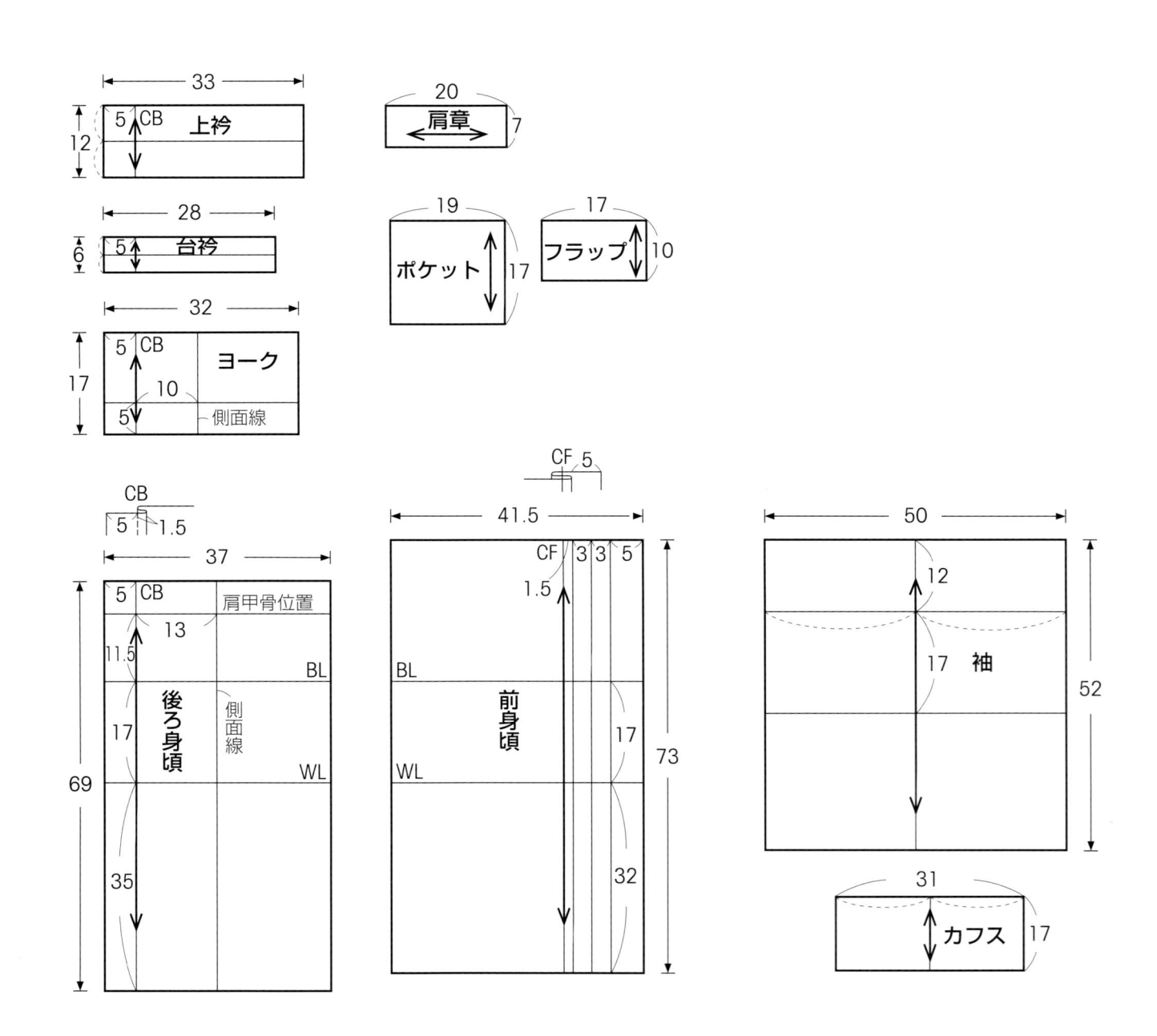

ドレーピング

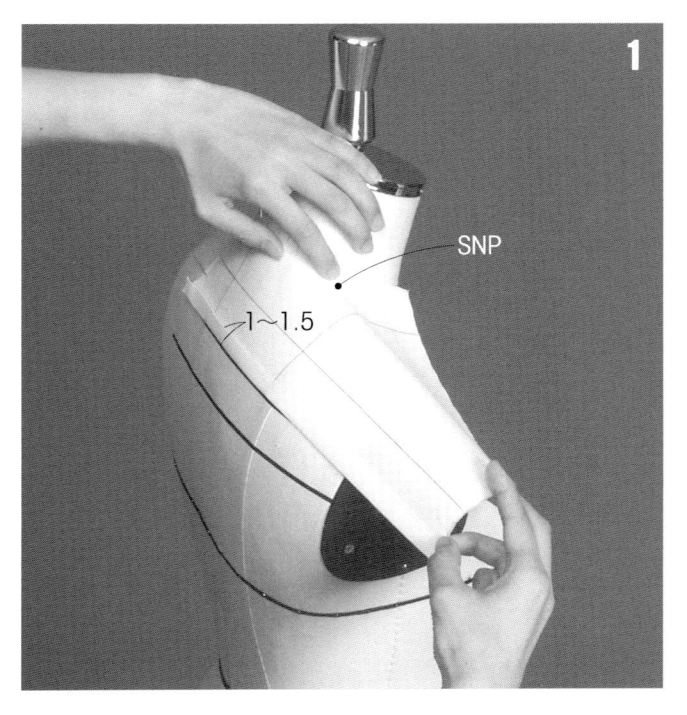

1 ヨークを作る。

後ろヨークは縫い代分として布の下端を1〜1.5cmくらい外側に折り、後ろ中心線をボディの後ろ中心に合わせる。横布目線はボディのガイドラインと平行になるように合わせ、衿ぐりの余分な布をカットする。サイドネックポイントを押さえ、肩先で指1〜2本くらいのゆとりを入れる。

3 前身頃を作る。

前端を図のように折り、比翼あきを作る。前身頃の中心線とバストラインをボディに合わせ、水平、垂直になるように止めて、衿ぐりの余分な布をカットする。

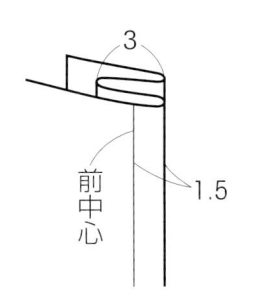

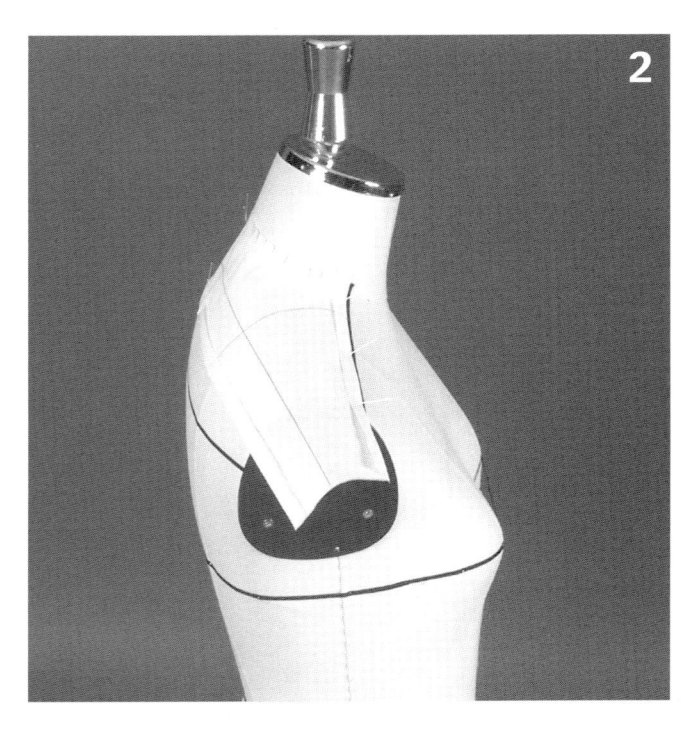

2 前ヨーク布をなじませ、ガイドラインに合わせて布端を外側に折る。

衿ぐりとヨーク切替え位置をマーキングしてボディよりはずす。

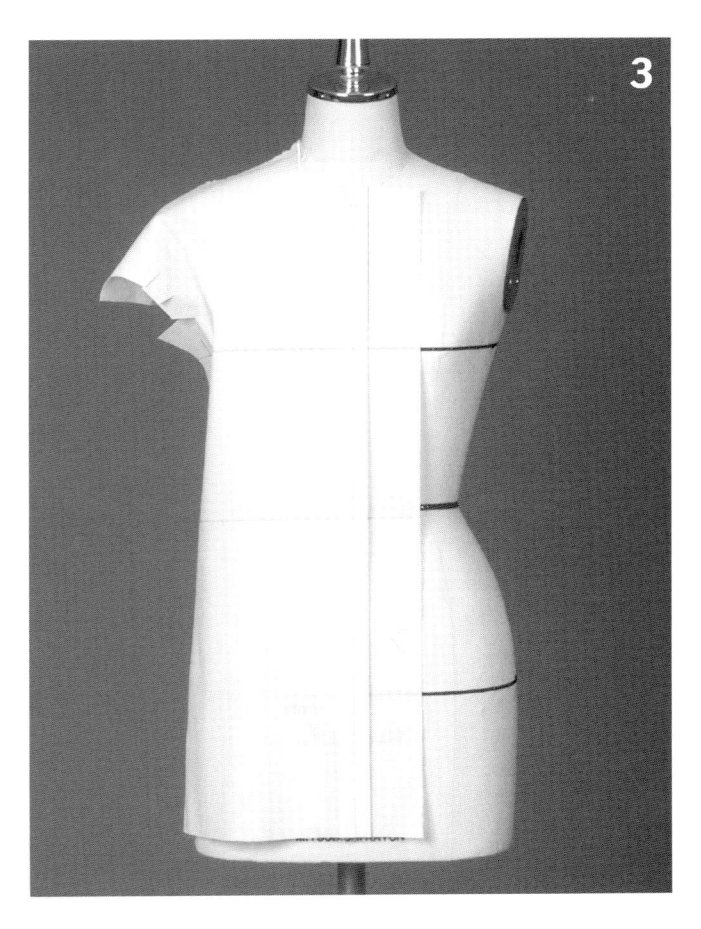

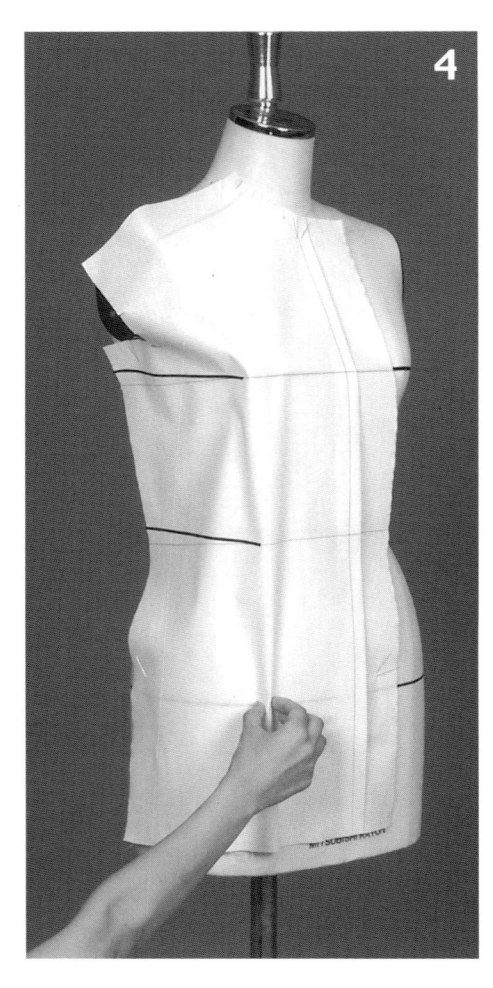

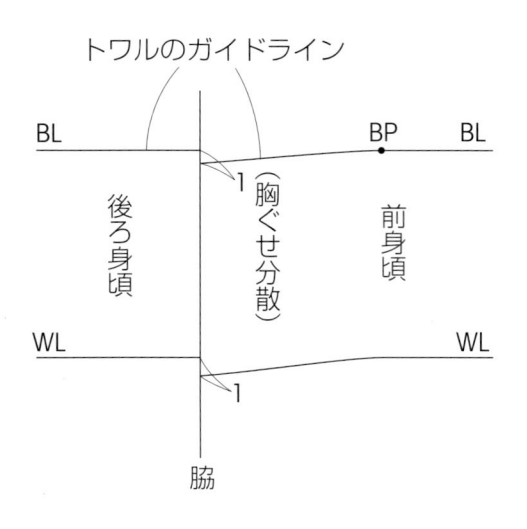

4 胸の張りに合わせて布を立体化し、形よくそわせて図のように胸ぐせの処理をする。その結果、側面のバストラインとウエストラインが下がるので新しいラインをデザインテープで入れる。
　ヒップラインでは、つまんで1cmぐらいのゆとりを入れる。

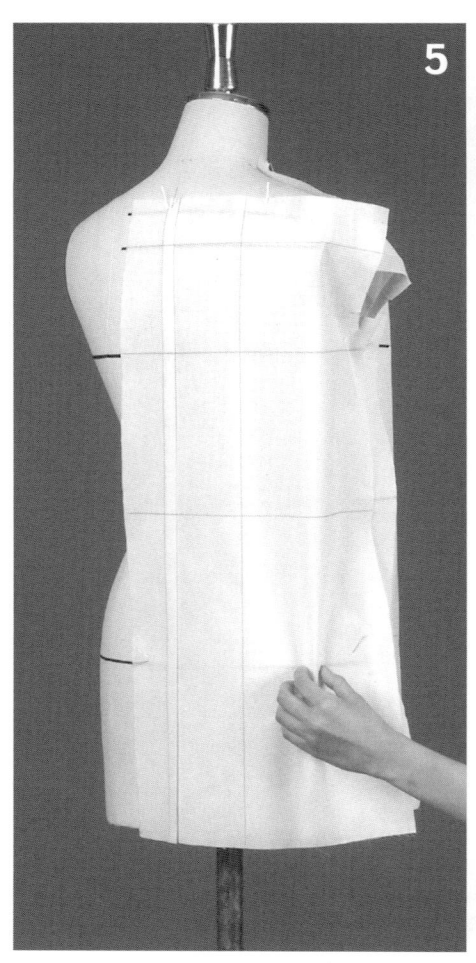

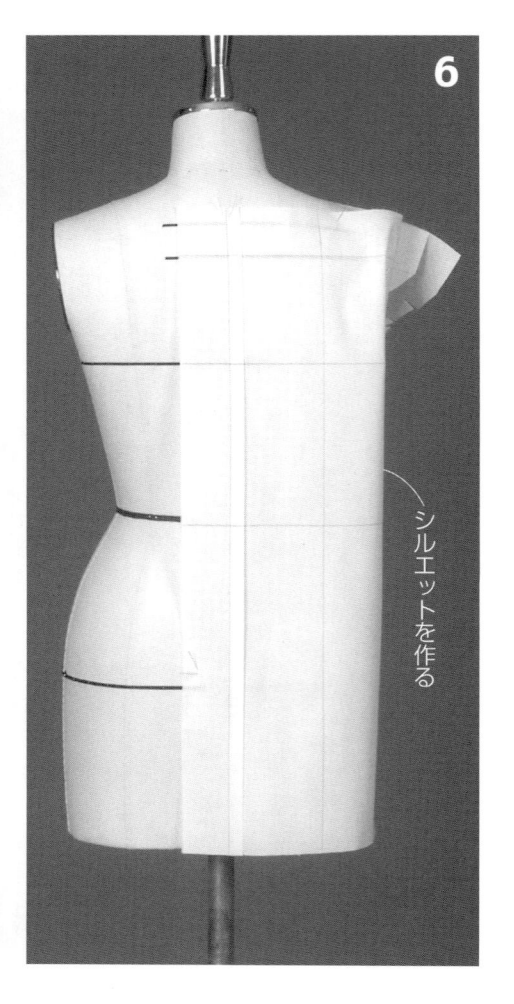

```
              トワルのガイドライン
                    │
BL ─────────────┬───┤    BP    BL
                │ 1 │  ●
         後ろ身頃│(胸ぐせ│ 前身頃
                │ 分散)│
WL ─────────────┤   ├───────── WL
                │ 1 │
                    │
                   脇
```

5、6 後ろ身頃を作る。
　後ろ中心のタックを折る。後ろ身頃中心線と肩甲骨のガイドラインをボディに合わせ、水平、垂直にして止める。
　前身頃と同様に、ヒップのゆとりを入れ、シルエットを作る。

7 脇を合わせる。

ヒップのゆとりを確認しながら、前後のウエストラインを合わせる（102ページの図参照）。

8 ヒップラインを基準にしてウエストラインから裾までを垂直に合わせて止める。ウエストラインに切込みを入れ、矢印のように逆三角形に布を引いてバストにゆとりを入れ、ウエストラインから上の脇にピンを打つ。

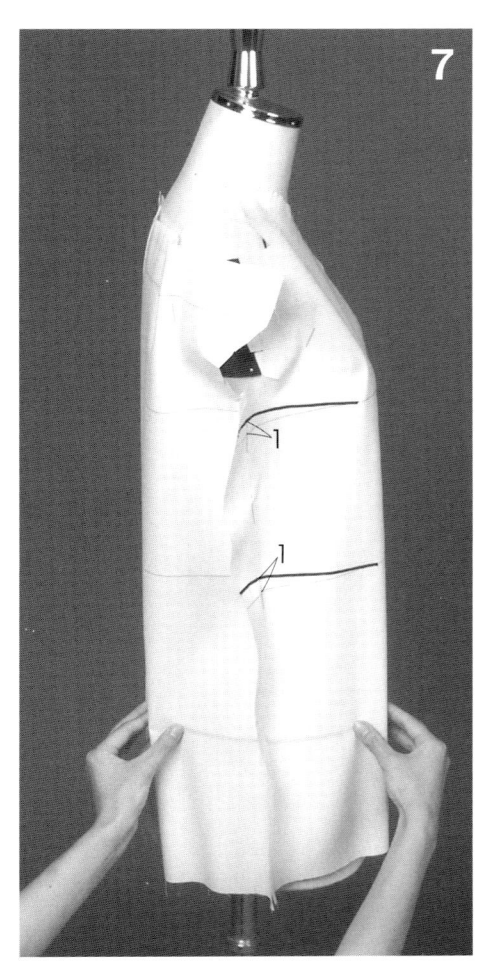

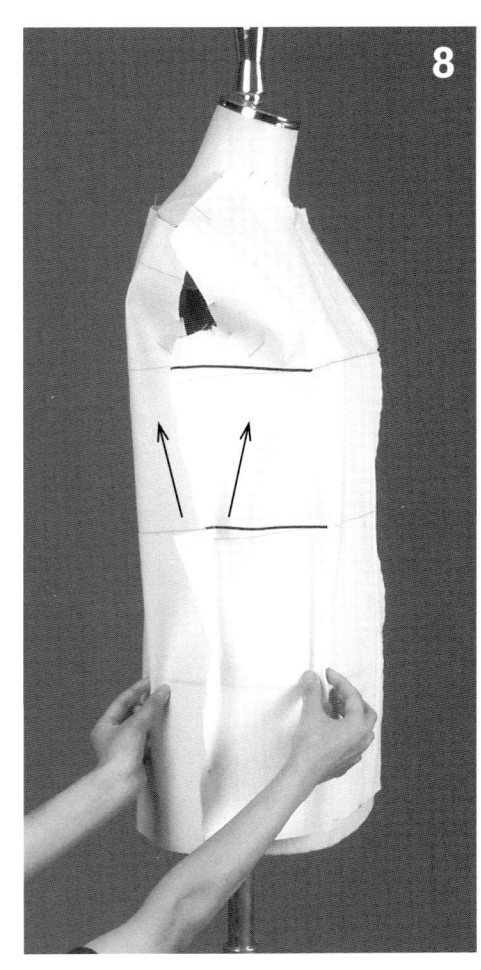

9 ヨークをつける。

身頃にヨークを止め、肩に手を入れてゆとりを確認する。

脇線とヨーク位置をマーキングし、縫い代を整理して、組み立てる。

10～12 衿ぐり、袖ぐり、裾線を決める（104ページ参照）。

衿ぐり線は、あまり丸みをつけずシャープな線にする。袖ぐり線は、ドロップトショルダーの位置と袖ぐり底を決め、袖ぐりのカーブは、少し前を深めにし、後ろは浅くする。

裾は、後ろ下がりになるように、バランスを見て決める。テープで出来上り線を入れたら、全体のバランスを確認する。

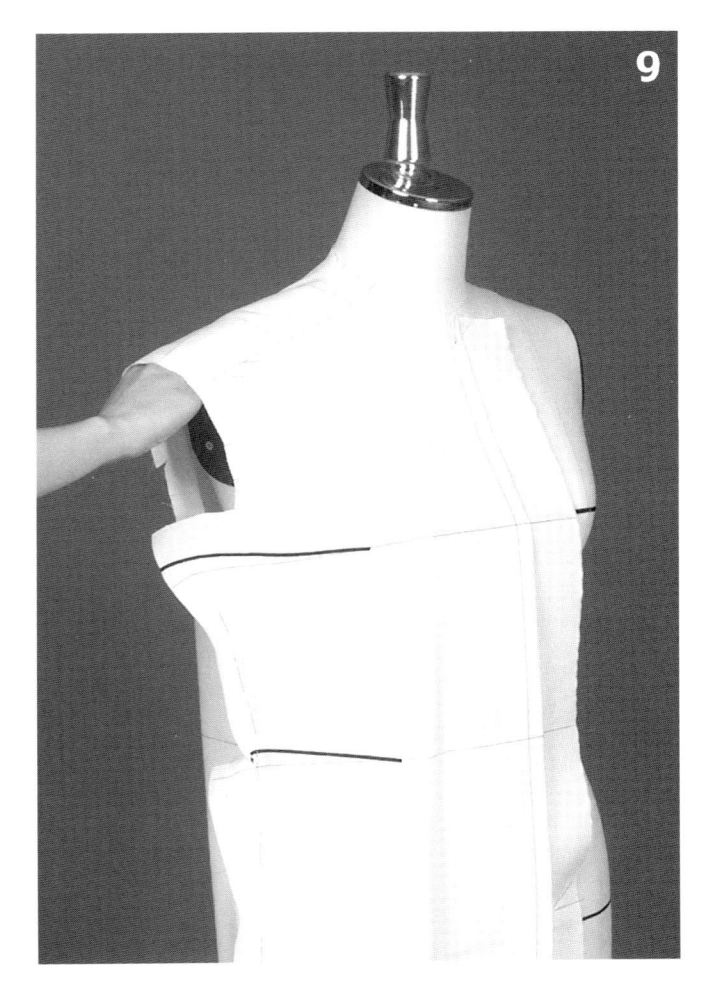

第4章 基本アイテムのパターンメーキング

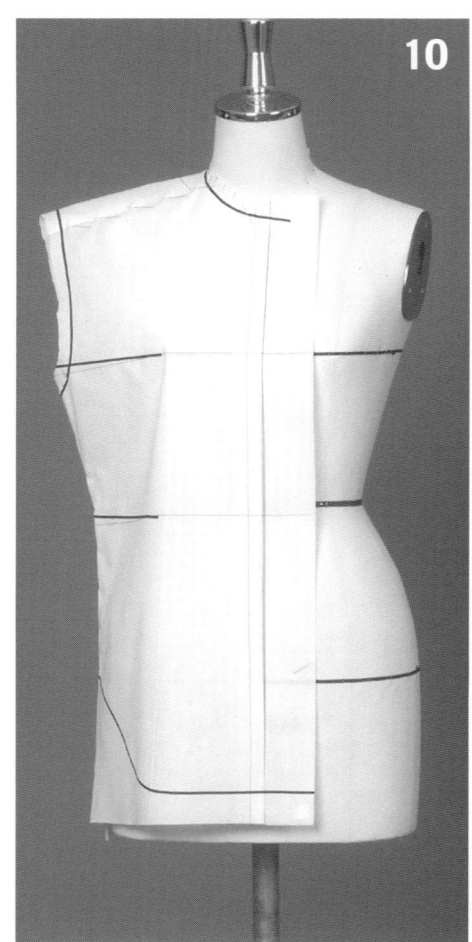

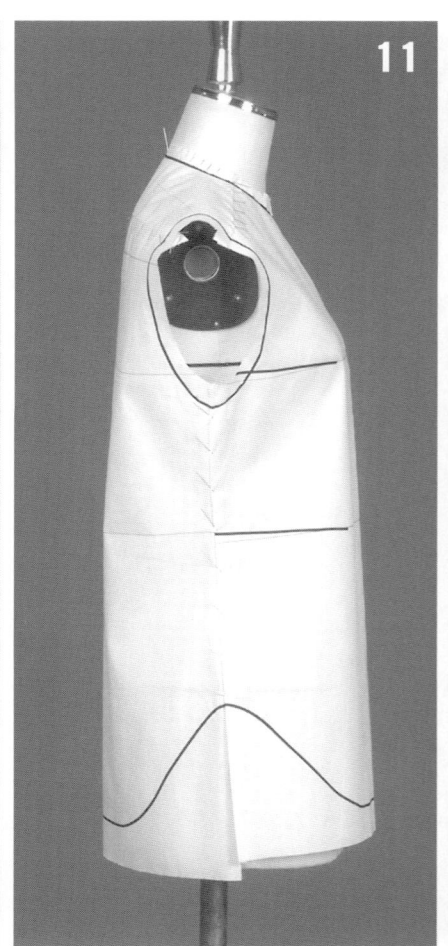

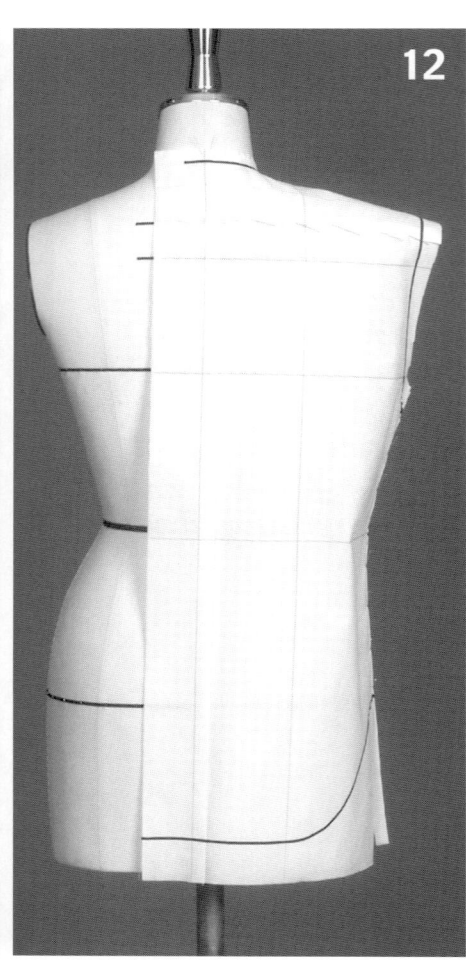

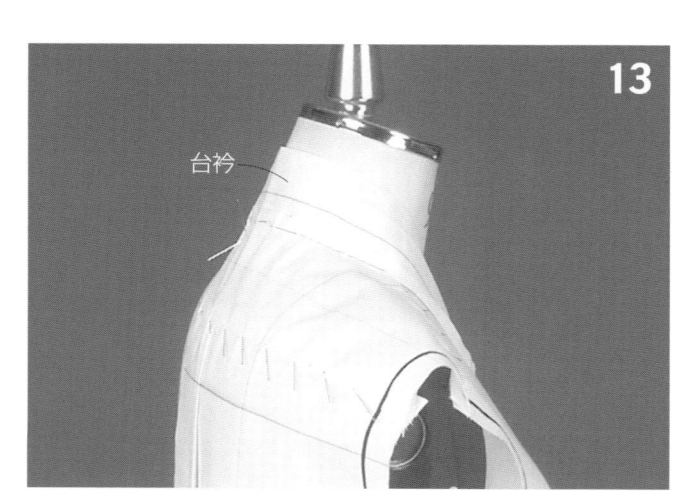

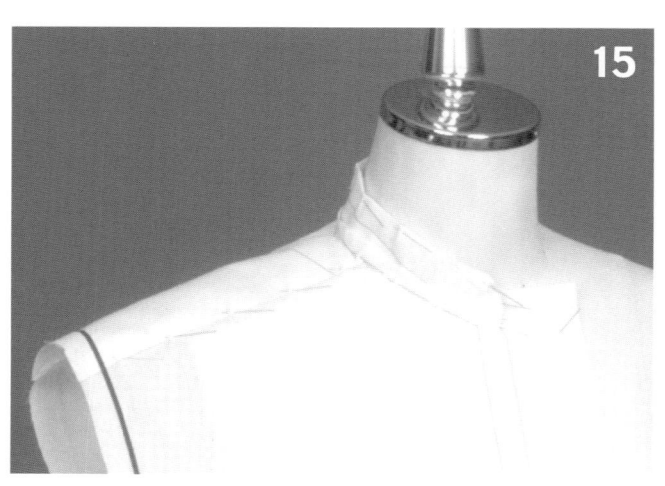

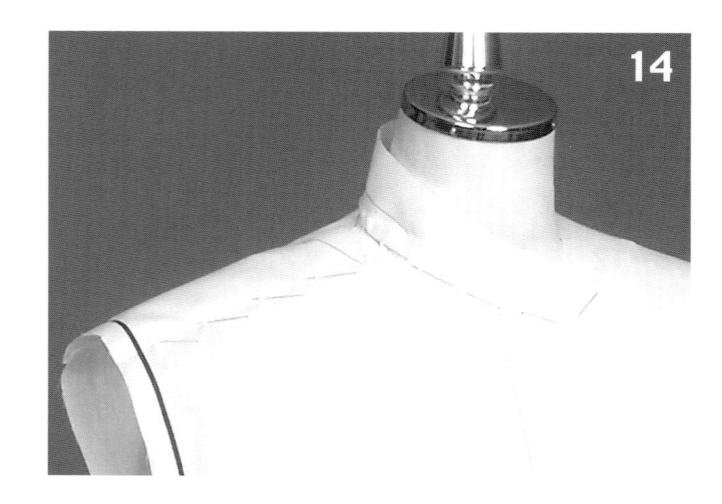

13 衿を作る。

衿は台衿つきシャツカラーである。

まず台衿から作る。台衿布のつけ側を1cm外側に折り、後ろ中心を身頃の後ろ中心に合わせる。サイドネックポイント付近まで横布目線を水平にして首にそわせながらピンを打ち、前へ回していく。

14 前衿つけ線をピンで止め、首からの離れぐあいや衿つけの感じを見る。

15 台衿の幅を決める。前衿幅を少し狭くするとバランスがよい。

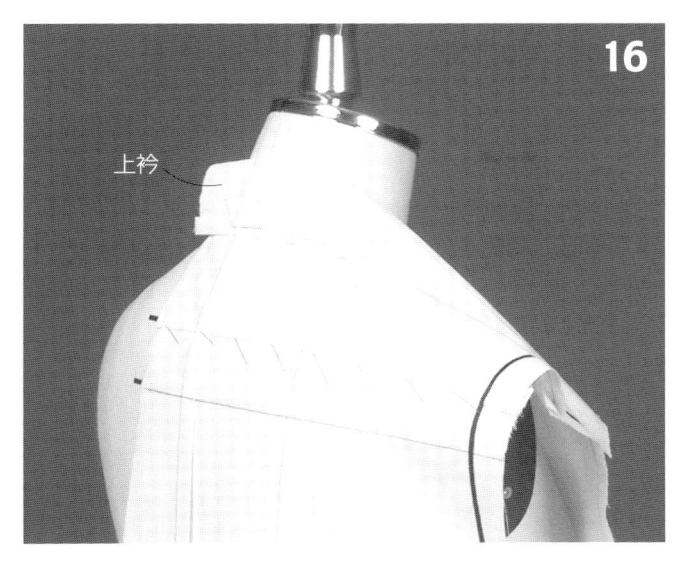

16 上衿を作る。

上衿のガイドラインは両面に入れる。後ろ中心から後ろ衿ぐりの約 $\frac{1}{3}$ を図のようにカットする。上衿幅を決めて衿の外回りを折る。

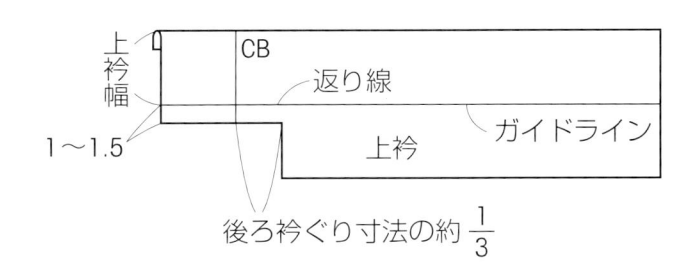

17 ガイドラインを水平にし、布を前に回しながら台衿に止めていく。つれるところは縫い代に切込みを入れる。

18、19 つけ線をマーキングして上衿をはずし、縫い代を整理する。上衿を台衿に止め直し、返り線から折り返して、衿の形を決める。

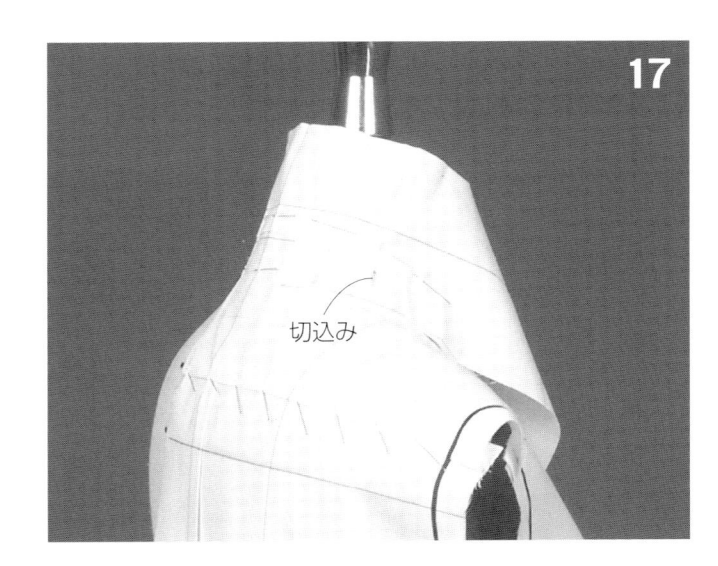

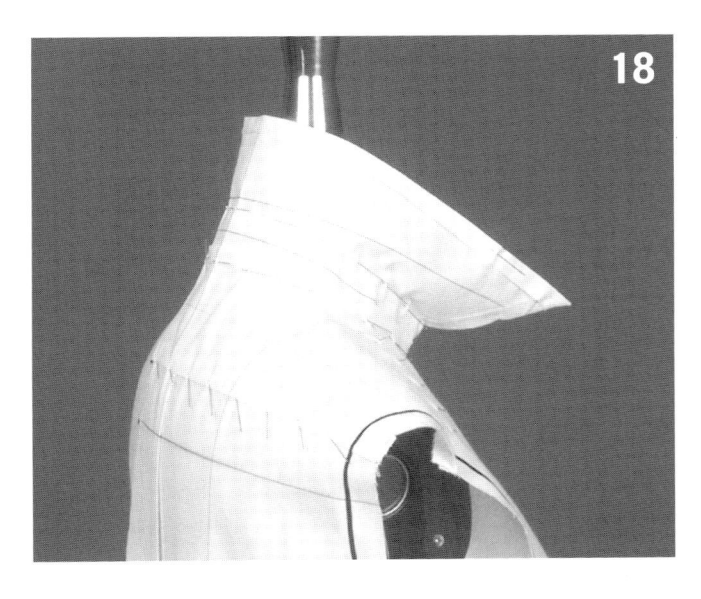

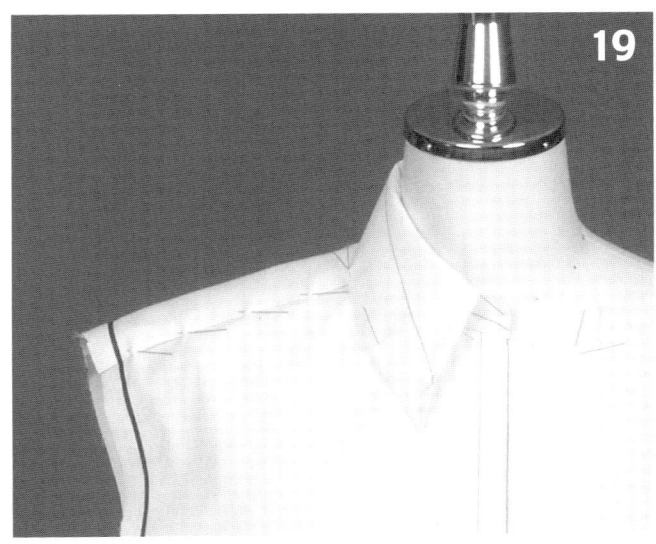

第4章　基本アイテムのパターンメーキング

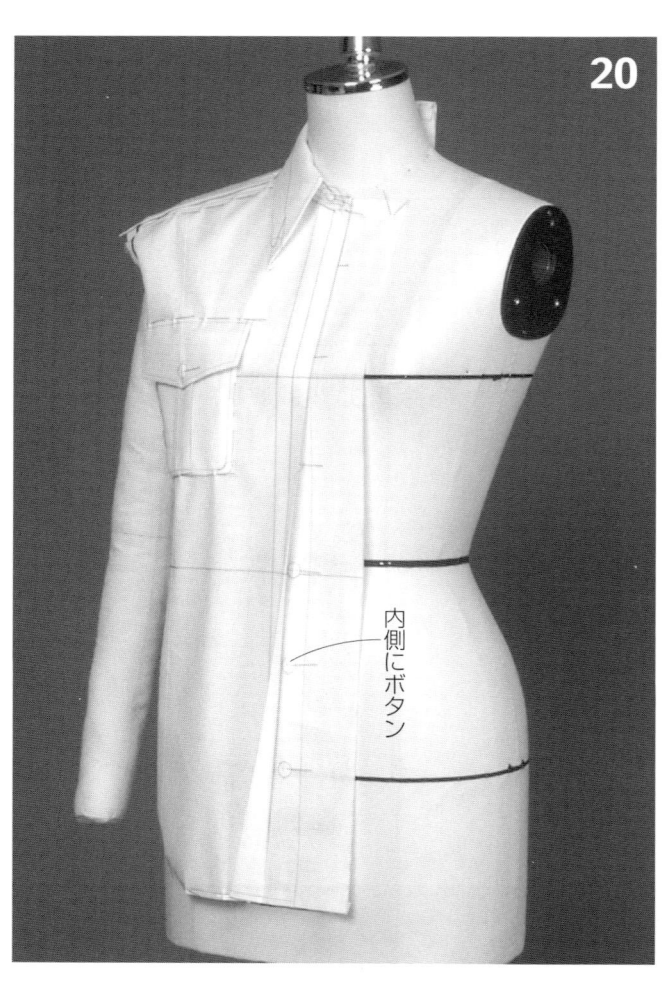

20 ボタン、ポケット、肩章をつける。

ボタンは比翼あきなので内側につける。ポケット、肩章はデザインを見てバランスよくつけ、裾を出来上りに折る。

21〜23 身頃の出来上り。

中心線、側面線が垂直に下りているか、前後のバランスと裾線のつながりがよいかなど、前面、側面、後面から確認する。

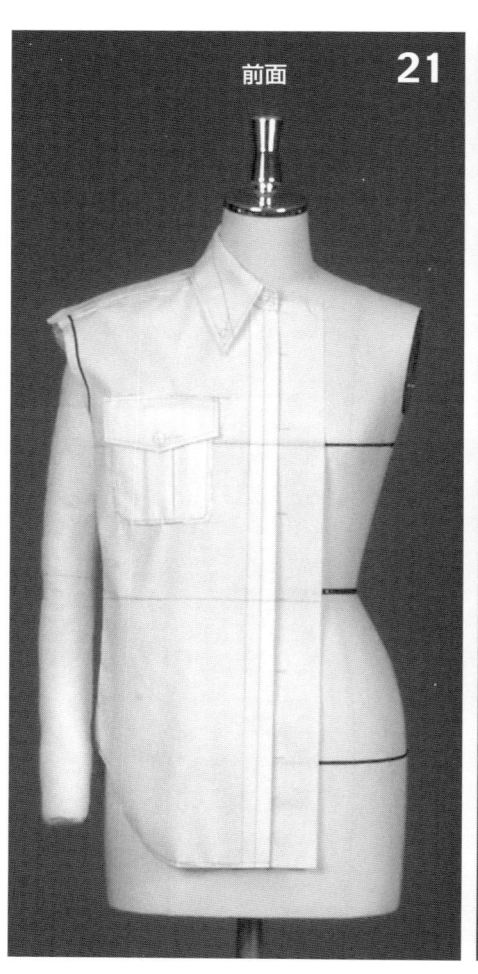

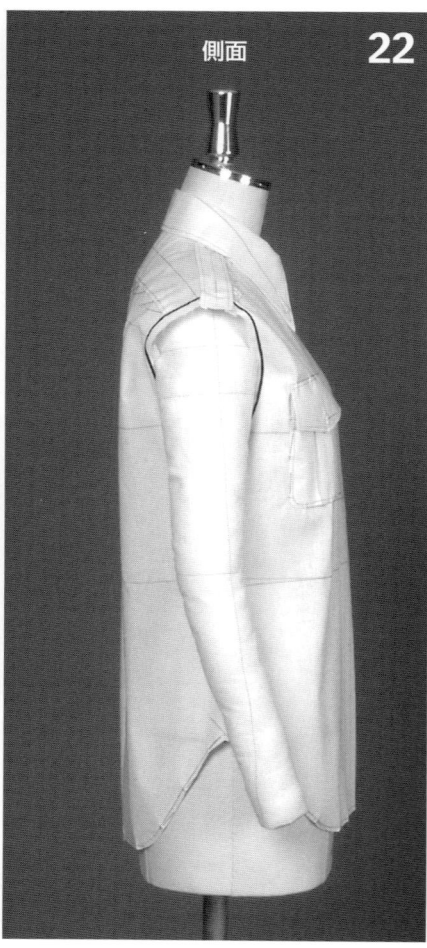

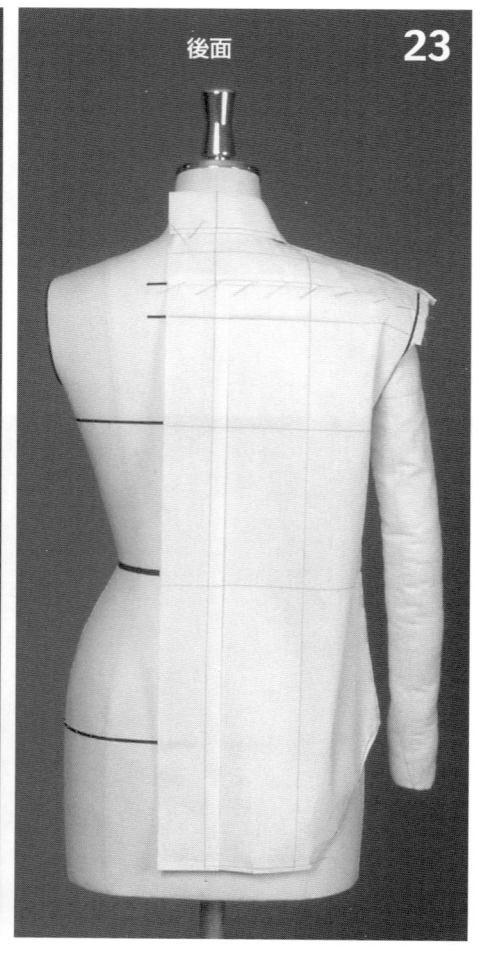

24 袖を作る。

シャツスリーブは腕の動きが楽なように、身頃の袖つけ位置をドロップし、袖山を低くした袖である。

袖山の高さを図1のように決め、袖の作図をする（図2）。

袖丈は少し長めに見積もるとよい。袖下は身頃脇線からつながるようにカーブをつけて引き、袖口寸法はカフスの出来上り寸法にタック分を含めた寸法にする。

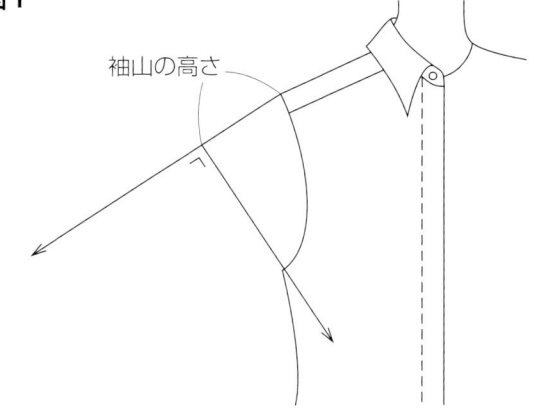

図1

図2

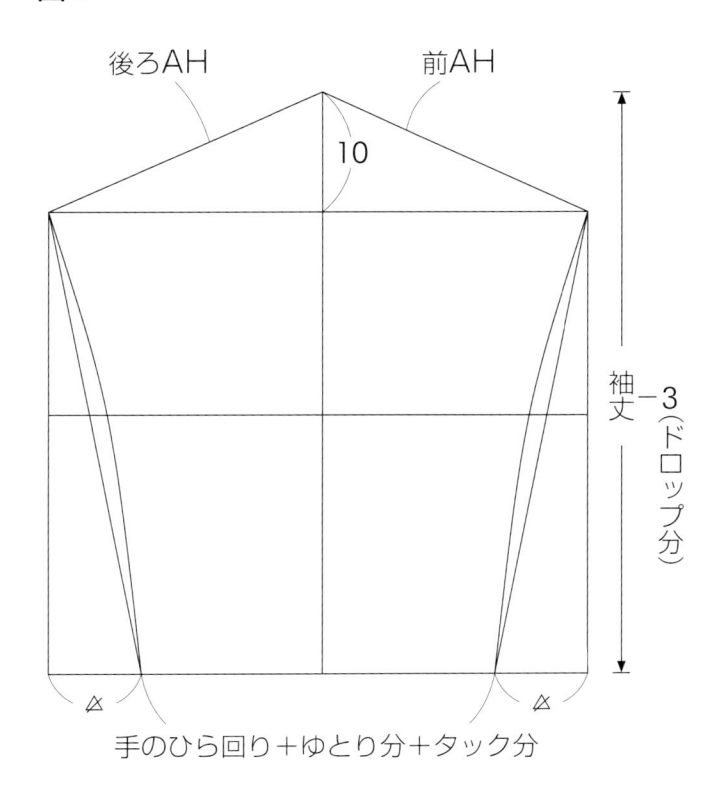

後ろAH　前AH

10

袖丈−3（ドロップ分）

手のひら回り＋ゆとり分＋タック分

25 袖を組み立てる。

布に袖の作図をうつし取り、袖下縫い代を前側に片返してピンを打つ。このとき三角形に見える部分がまちの役目をし、機能性がでる。

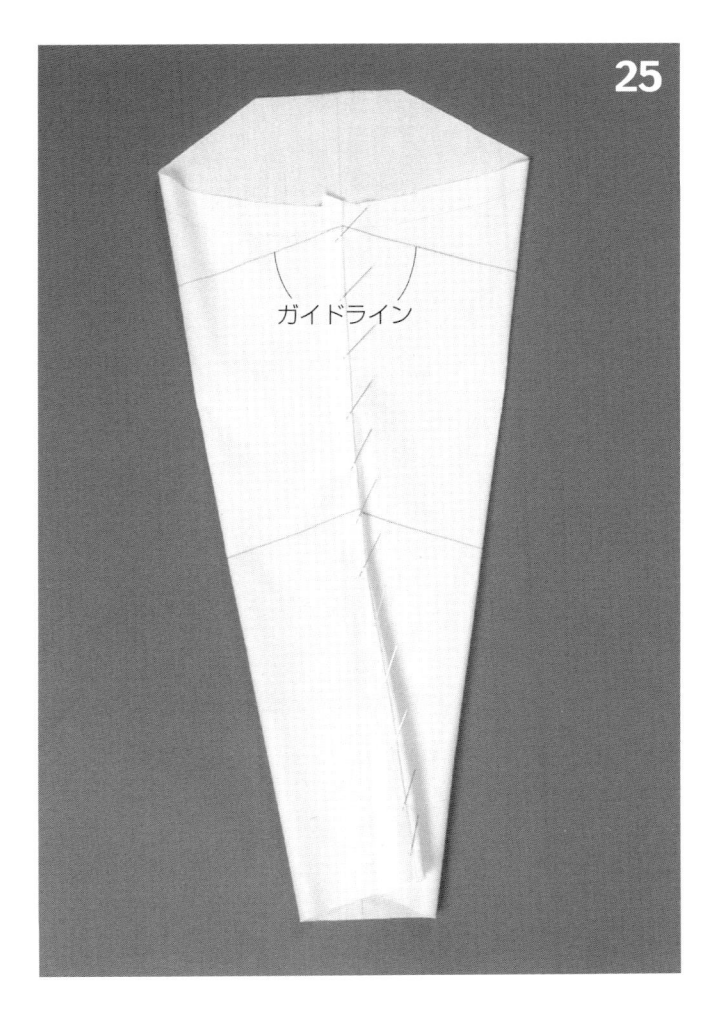

ガイドライン

第4章　基本アイテムのパターンメーキング

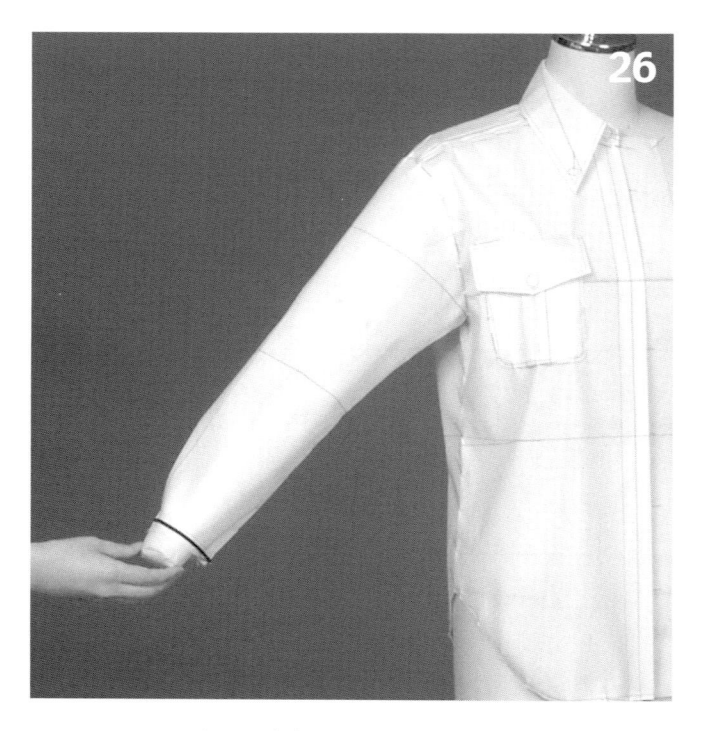

26、27 ボディに腕をつけ、袖をつける。
　まず身頃の袖ぐり底と、袖底を合わせてピンを打ち、袖山点を肩先に止める。袖山は袖つけをしながらカーブをつけて止めていく。

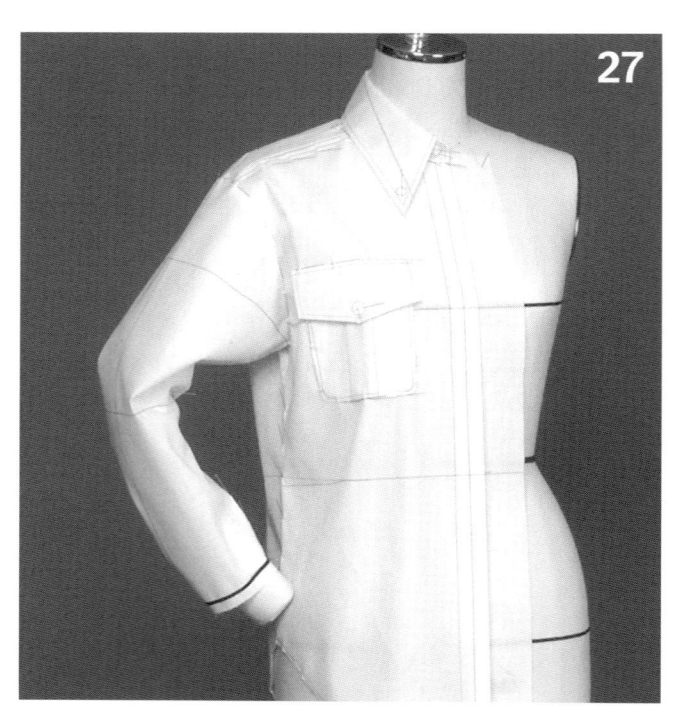

　脇と袖下のつながり、腕を曲げたときの運動量も確認し、袖つけをする。
　この場合、袖のほうが上になっているため、寸法が大きくなるが、パターンチェックで調整する。

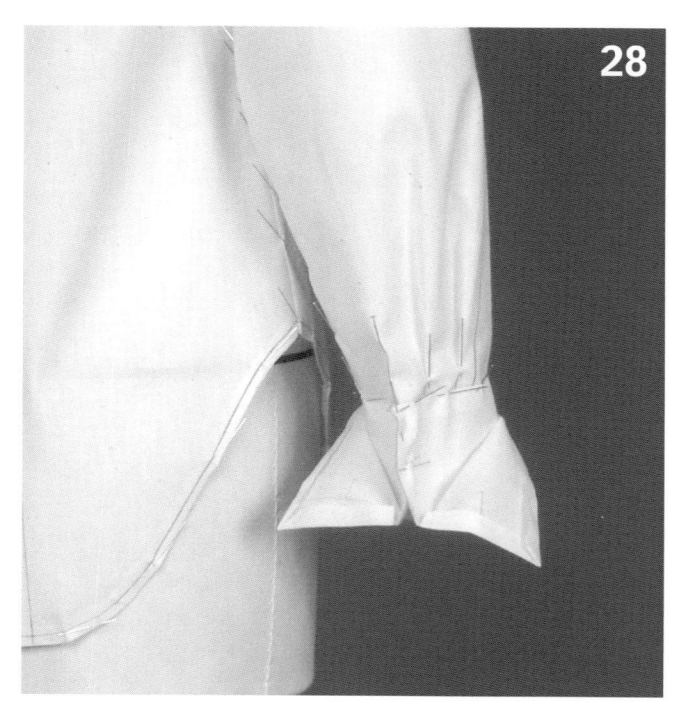

28、29 カフスをつける。
　袖口にタックをとり、カフスをつける。

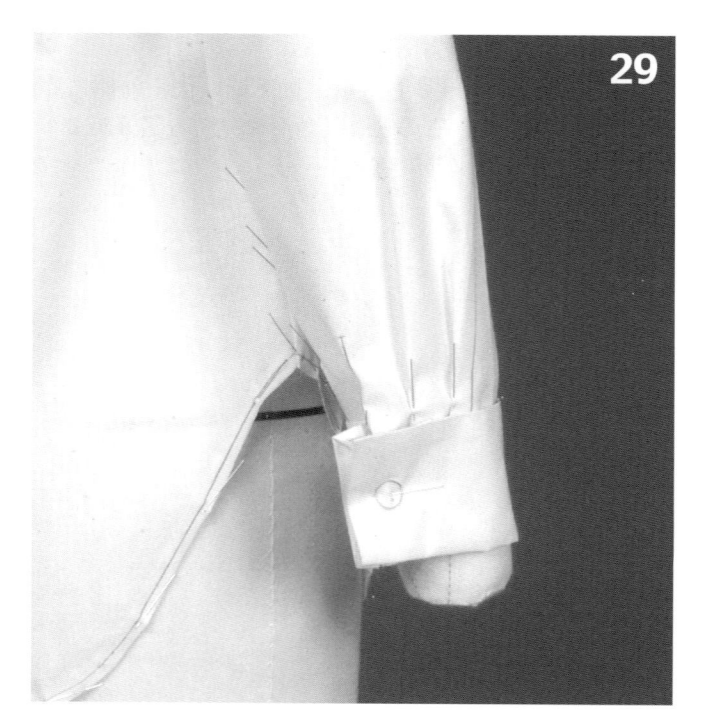

　ウィングカフスの場合は、カフスつけ位置が隠れるように外側のカフス幅を広めにする。ボタンは鼓ボタン。

出来上り

前端を出来上りに折り、デザインに合わせてステッチを鉛筆で入れる。
前面、後面、側面から全体のバランスを見る。

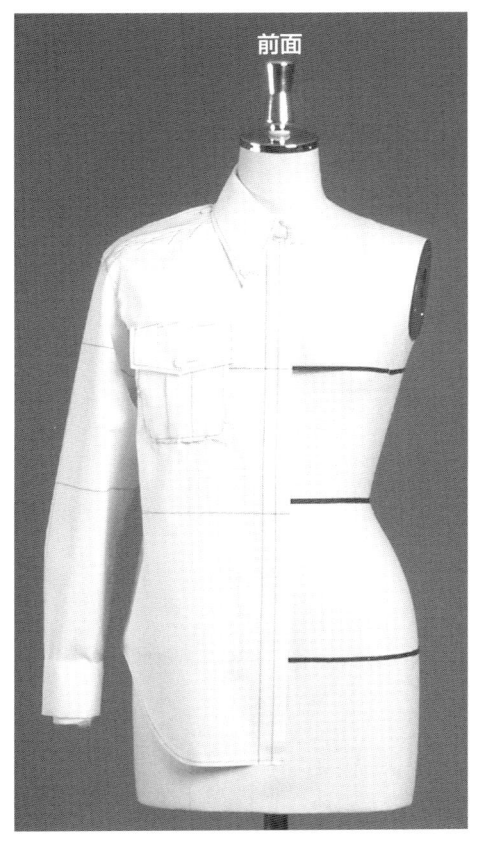

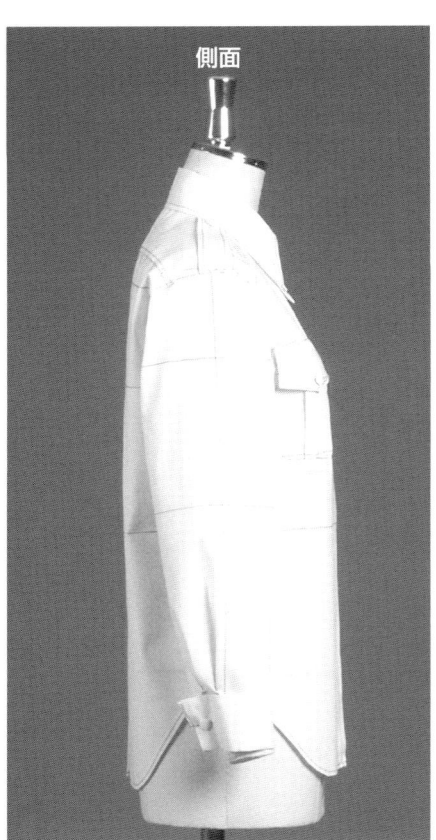

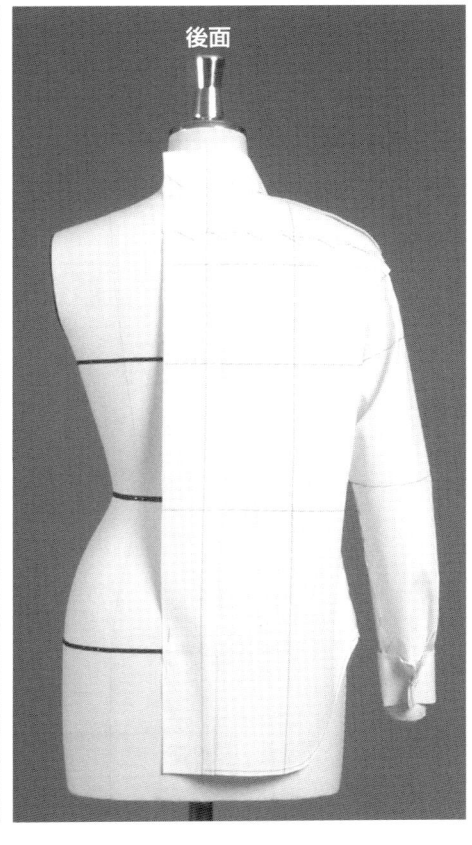

前面　　側面　　後面

ドラフティング

シャツの場合、袖つけ縫い代は身頃側に片返しにするので、袖つけ寸法は身頃袖ぐり寸法より前後とも0.3cmくらい少なくする。

衿は、台衿つきの場合、縫い代の厚み分を考慮して、つけ寸法を身頃衿ぐり寸法より0.1cmくらい追加する（110ページ参照）。

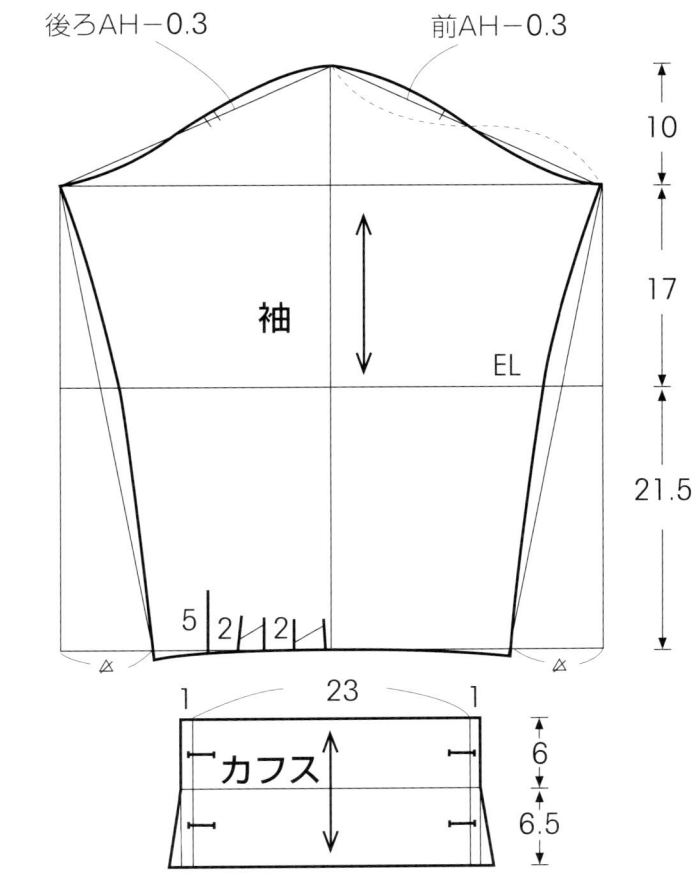

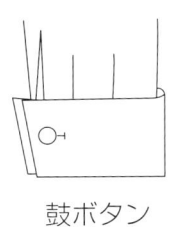

後ろAH－0.3　　前AH－0.3

袖

EL

10
17
21.5

鼓ボタン

カフス

23
1　　1
6
6.5

5　2　2

第4章 基本アイテムのパターンメーキング　109

切開き図

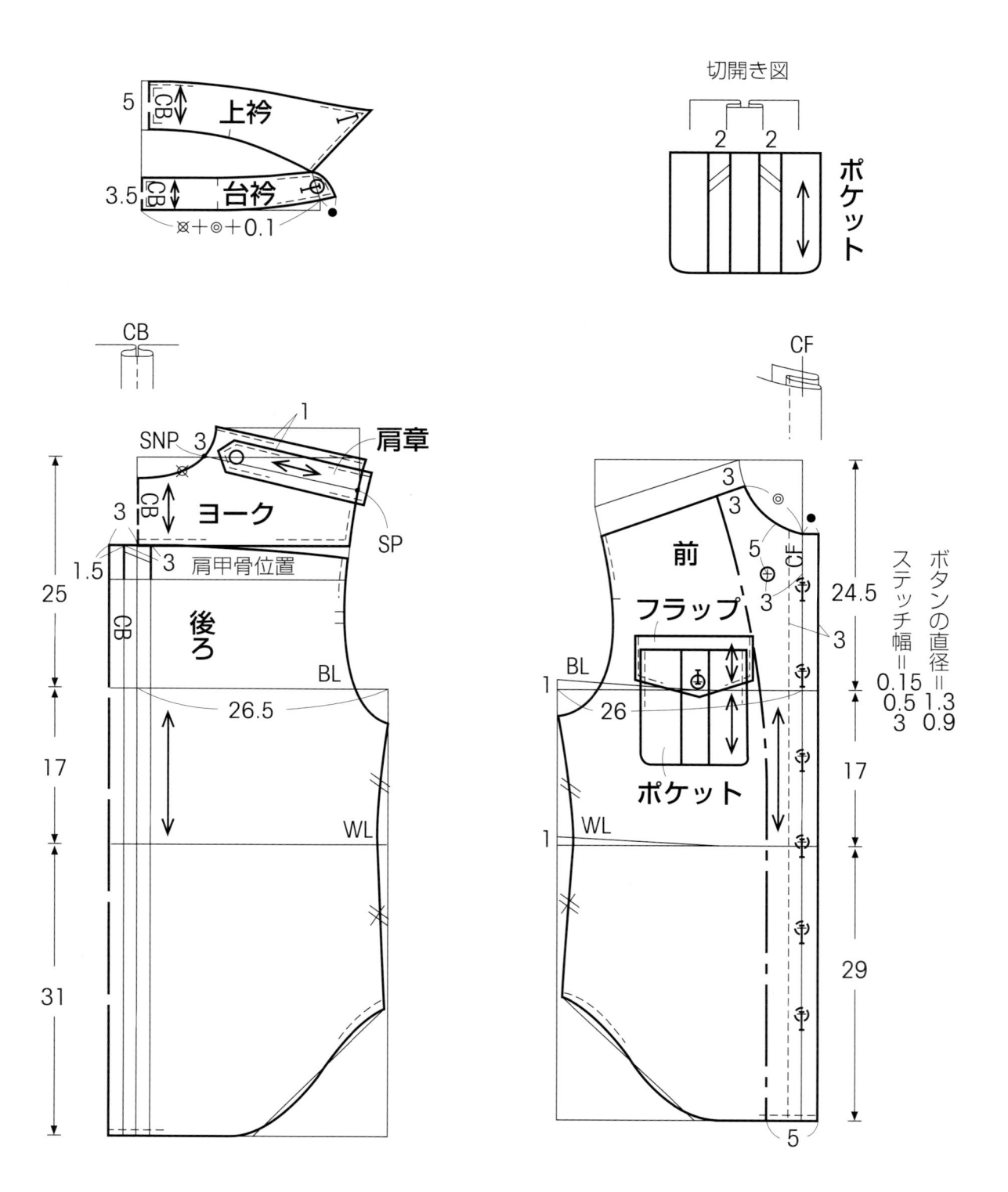

| 上衿 | 5 CB |
| 台衿 | 3.5 CB |
⊠＋◎＋0.1

ポケット 2 2

肩章
SNP 3
ヨーク
SP
3
1.5 3 肩甲骨位置
CB
後ろ
BL
26.5
25
17
31

前
フラップ
ポケット
BL 1 26
WL 1
24.5
17
29
5

ボタンの直径＝1.3
ステッチ幅＝0.15 0.5 0.9 3

Ⅳ ジャケット

1　3面構成のジャケット

　前身頃、脇身頃、後ろ身頃の3面構成で、ダブルブレスト、ピークトラペルのジャケット。オーソドックスなデザインであるが、時代の流れに対応したむだのない構造線の決め方が重要なポイントとなる。また、体型とデザイン線との適合や、ボタン、ポケット、着丈等、ディテールの位置やサイズが全体のバランスを読む大切な要因となる。

ボディの準備

　背肩幅を決め、肩パッドをつける。
　デザイン画のシルエットから肩パッドの形と厚さを決め、背肩幅からショルダーポイント位置を定め、肩パッドを1cmくらい出してボディに止める。そのとき止めつけるピンは一方方向に打ち、肩パッドを多少移動させることができるようにしておく。また肩パッドの先は止めない。これは袖つけの際、肩パッドで布を押し出して袖つけ周辺のシルエットを形作るようにするためである。デザインテープで肩線付近の、袖ぐり線、肩線をしるす。

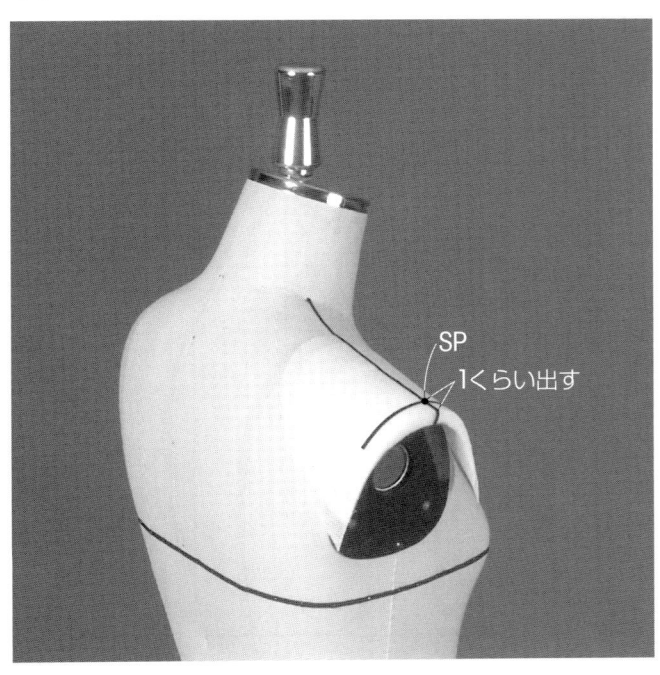

SP　1くらい出す

トワルの準備

　立体裁断ではボディのガイドラインとトワルの縦・横の布目線が基準となるので、布目は正しく地直しする必要がある。

　布は必要以上に多く見積もってもドレーピングしにくいので、デザインとシルエットにより布を見積もることが大切である。ここではあらかじめ作業しやすい寸法で見積りをしている。また使用するボディの種類やサイズによっても見積り寸法が変わるので注意する。

　ガイドラインは、多すぎてもデザインの読取りに妨げとなるため、身頃は前後中心線とバストラインのみとした。脇身頃は布幅の中心あたりに縦の布目を通しておく。

　また、前中心線から左身頃のバストポイントあたりまで、後ろ中心から左身頃の肩甲骨まで布を見積もることにより、布を安定して止めることができるのでドレーピングがしやすくなる。

　このデザインはダブルブレストなので前中心線からダブルの打合せ分と前端の折返し分を見積もると同時に、ラペルが大きい場合はその分、布の見積りをまちがわないように注意したい。

　ジャケットに使用するトワルの厚さは、基本的には実際に使用される表布の厚みや求めるデザイン線により選択する。

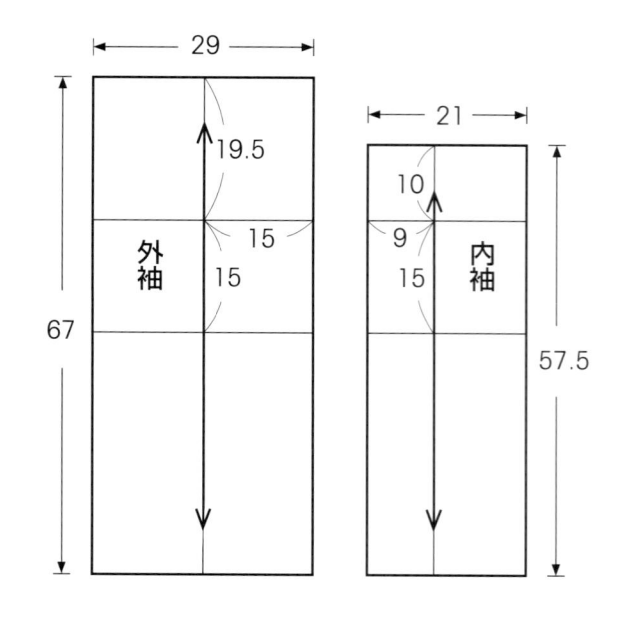

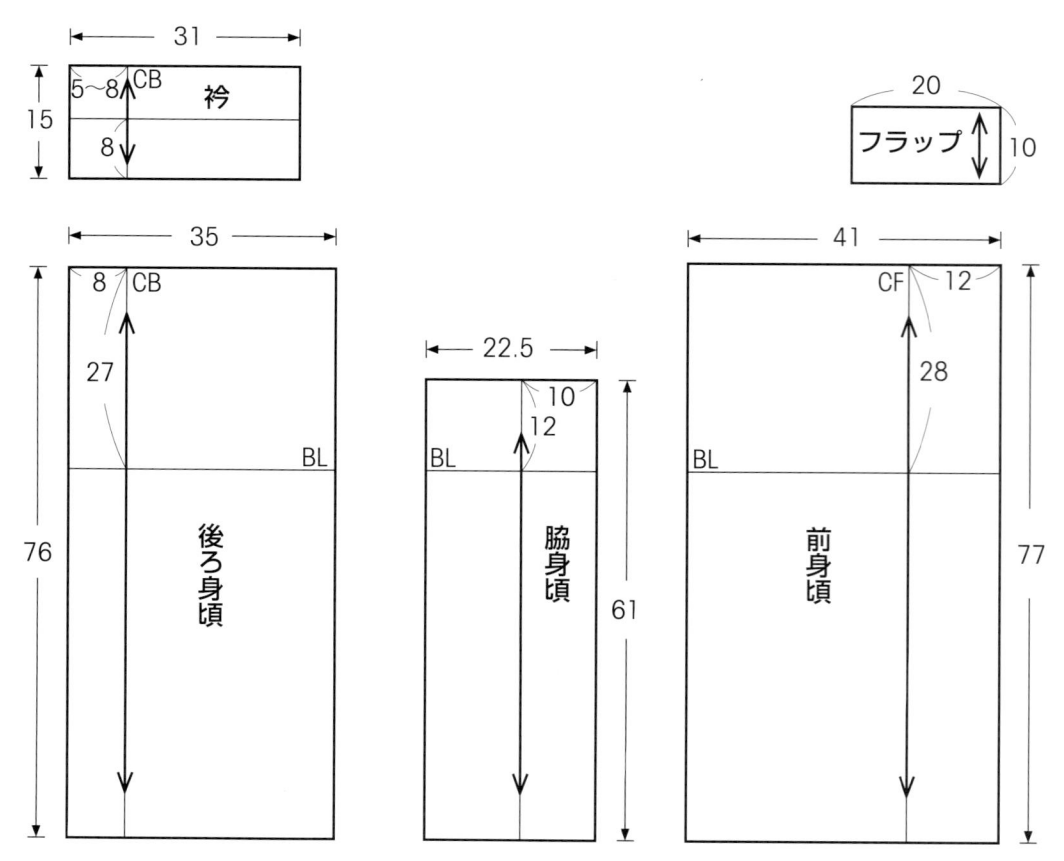

ドレーピング

1 前身頃を作る。

前中心を芯と打合せの厚み分として0.4〜0.5cmずらし、バストラインを水平に合わせ、丈と幅にゆとりを入れて止める。

2 衿ぐりにそって切込みを入れながら余分な布をカットし、胸ぐせ分散を考えながらネックダーツをとり、前面のシルエットを決める。

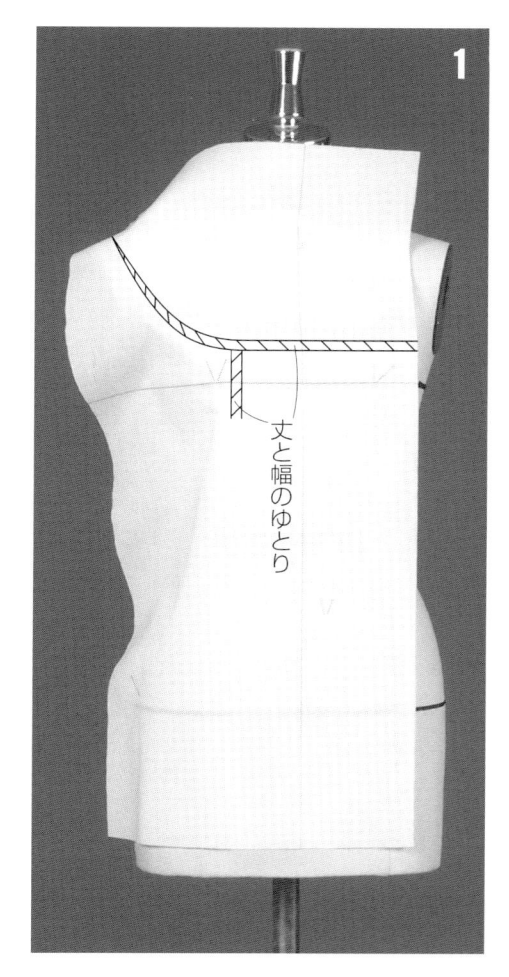

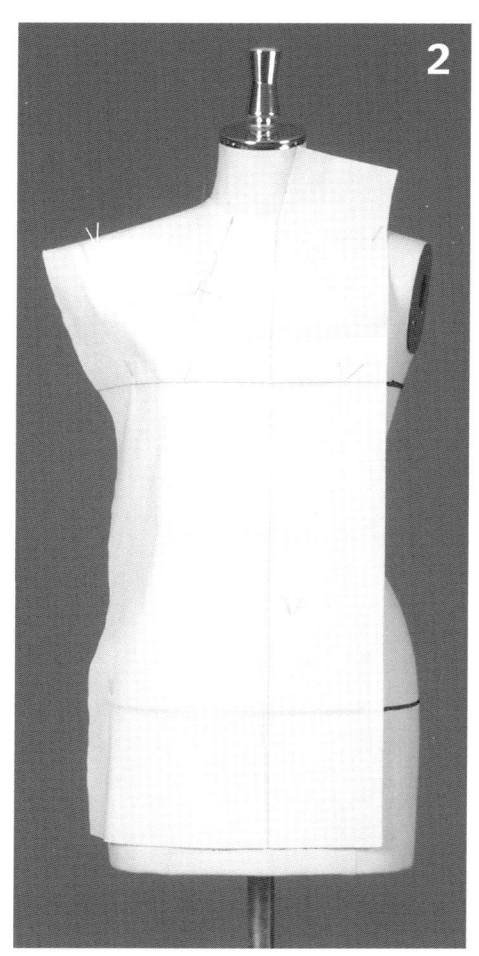

3 切替え線を設定してシェープ分をつまみ、さらに前中心寄りにダーツをとる。

4 ボタンをつけ、ダブルの打合せ分を出し、ラペルの返り止りを決める。返り止りに切込みを入れ、前端を折り、裾にデザインテープをはって出来上りの感じをつかむ。

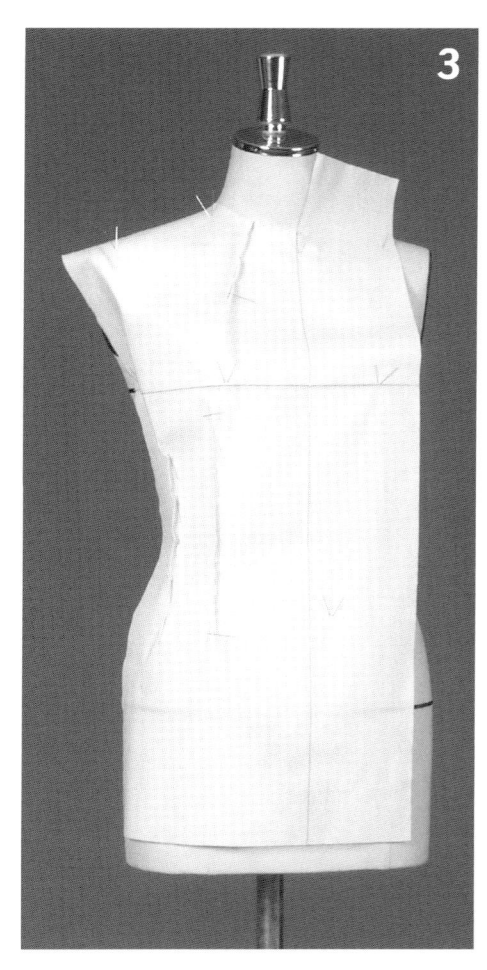

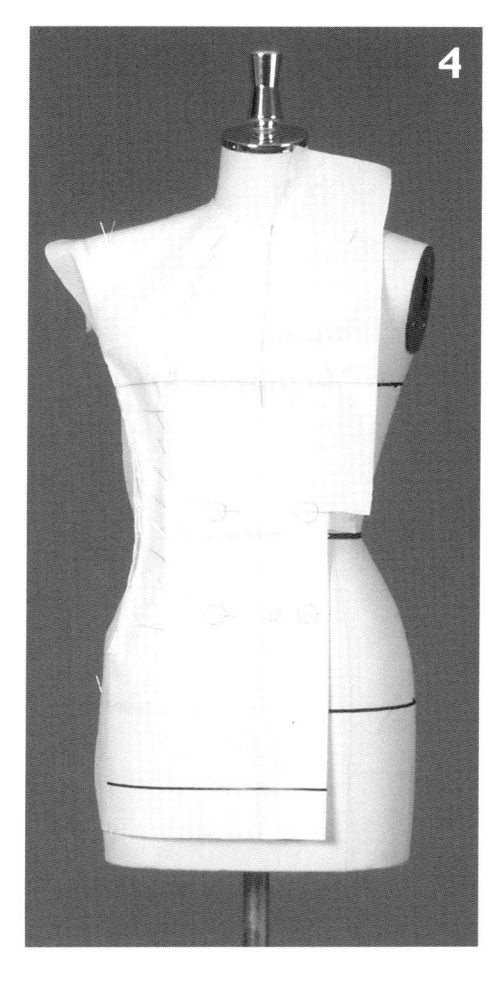

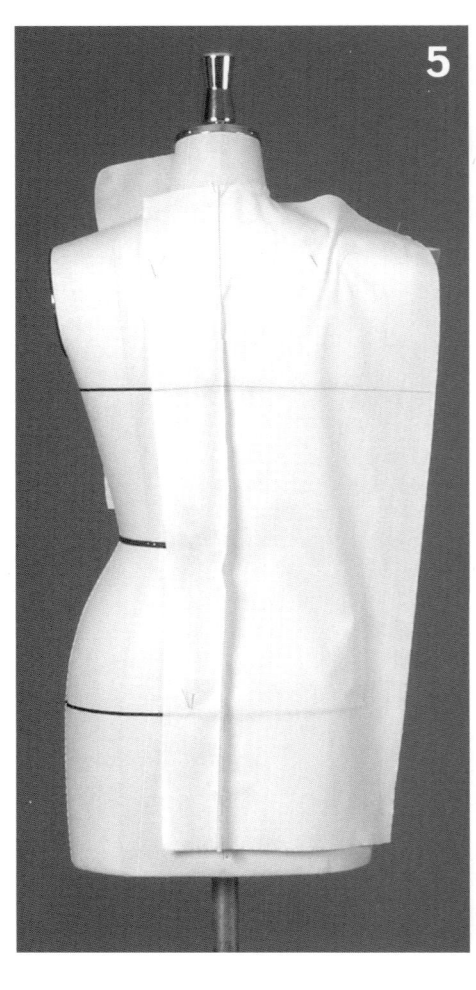

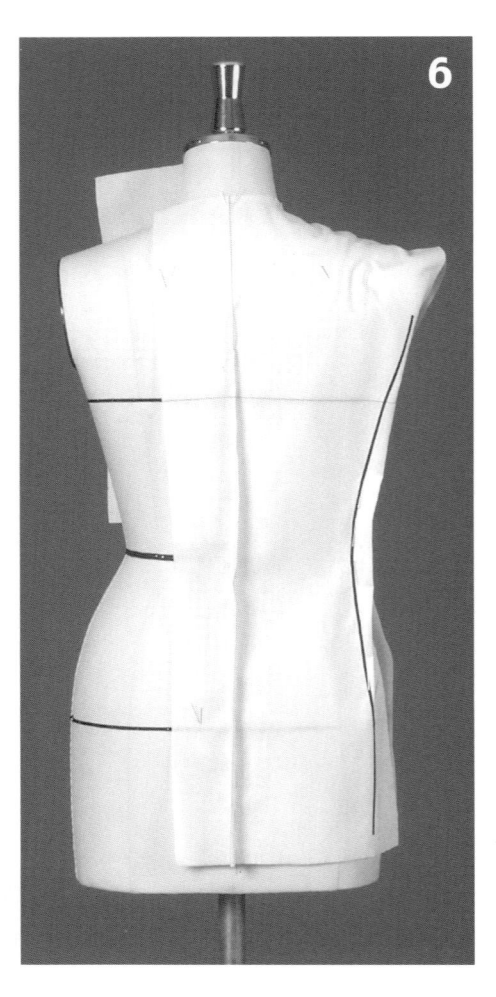

5 後ろ身頃を作る。

後ろ中心は布の厚み分として0.2～0.3cmずらし、バストラインを水平に合わせる。衿ぐりをそわせ、後ろ中心で体型を把握しながらシェープ分をつまむ。肩甲骨の張りをカバーするため、肩にいせ分を確保する。

6 いせ分量を配分しながら前後の肩を合わせる。後ろのシルエットを見ながら切替え線を設定し、シェープ分をつまむ。

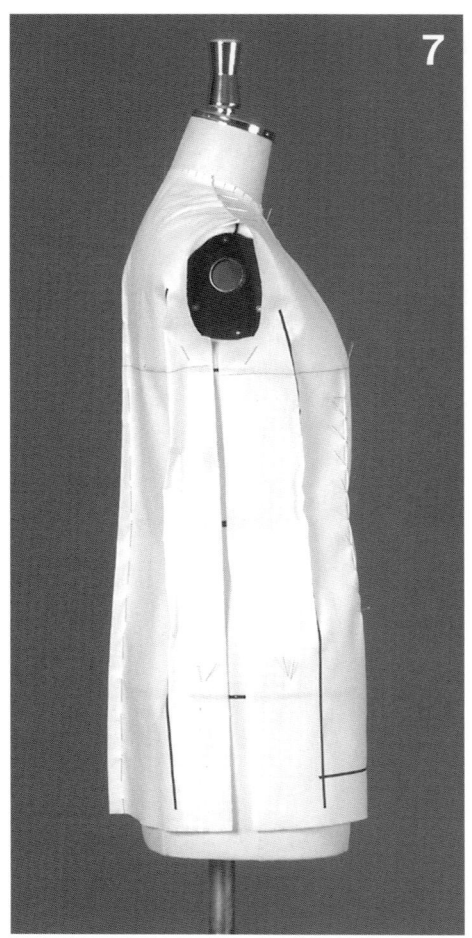

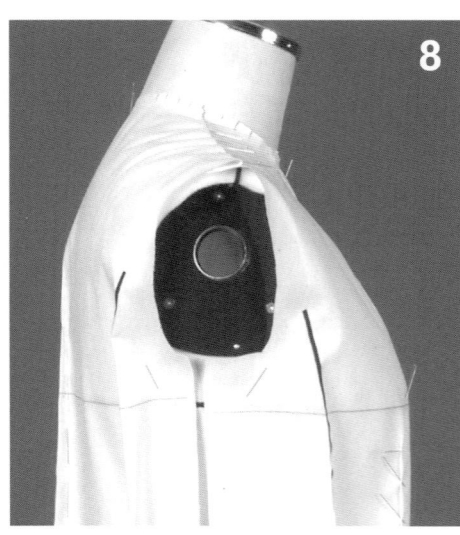

7、8 前後身頃を形作ったら側面から見て脇身頃のシルエットを決める。前後のだき分を確保し、全体のゆとりを考えながらシルエットを決める。前後のバストラインは写真8のように変化する。

9 脇身頃を作る。

脇布を水平、垂直に合わせる。ウエストのしぼりの位置に切込みを入れ、ウエストラインより上は縫い代をつけてカットし、バストライン、ウエストライン、ヒップラインでのゆとりを見ながら前後だき分量を保ち、切替え線を止める。

10、11 脇身頃は面を意識して、ウエストの切込み位置より上下へシルエットを形作る。

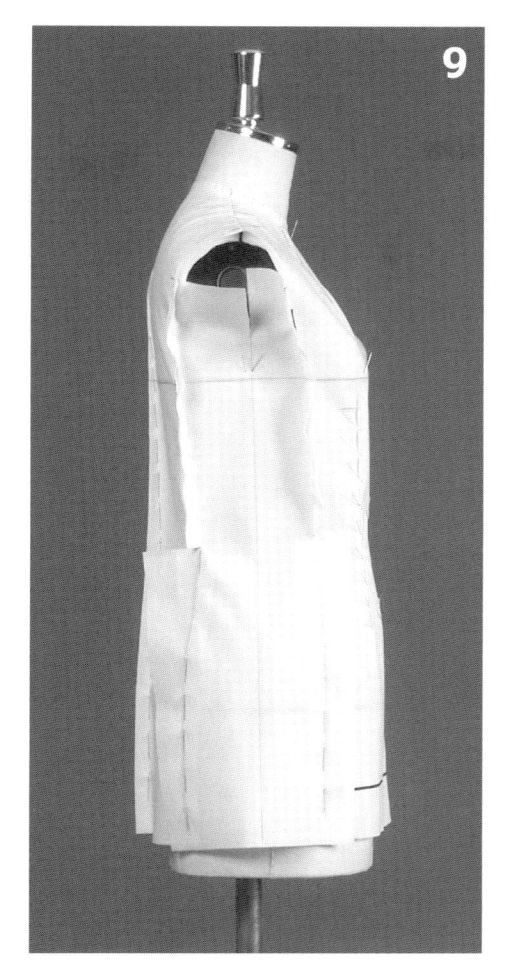

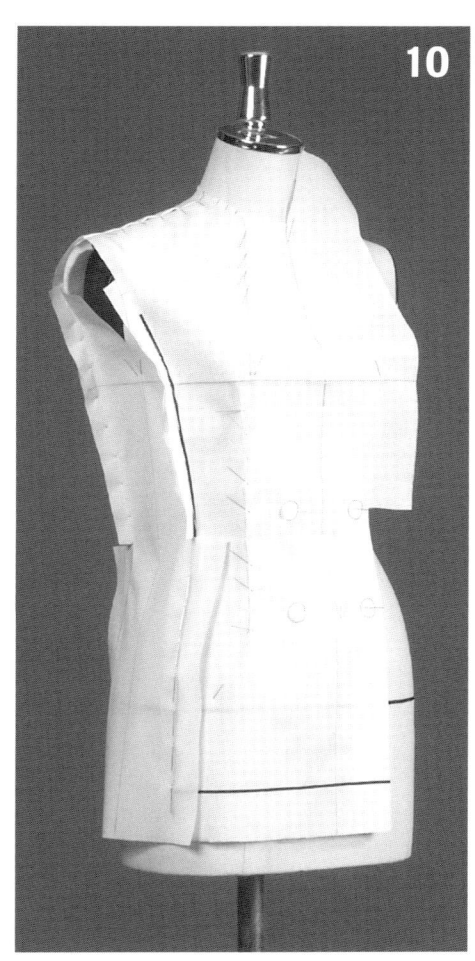

12 アームホールを設定する。前後だき分量と腋下のゆとり分を考え、バストライン上に袖底を設定する。

マーキングをし、縫い代を整理して身頃を組み立てる。

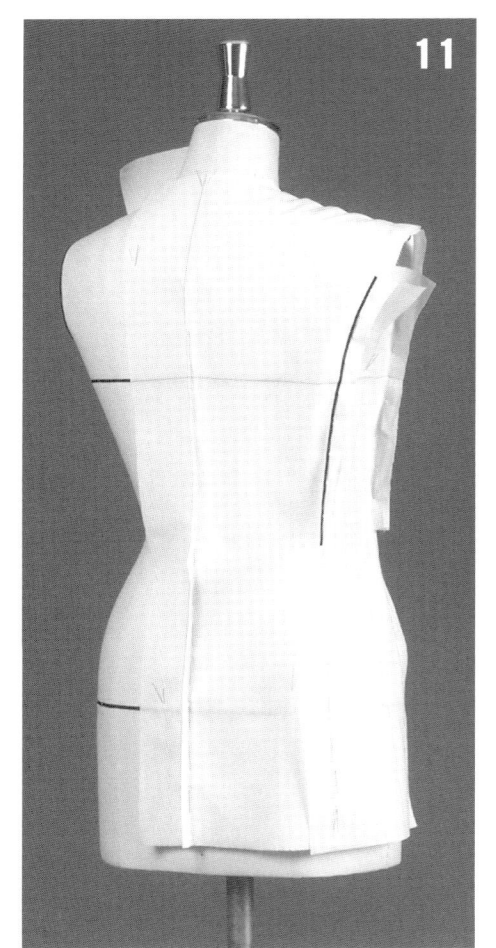

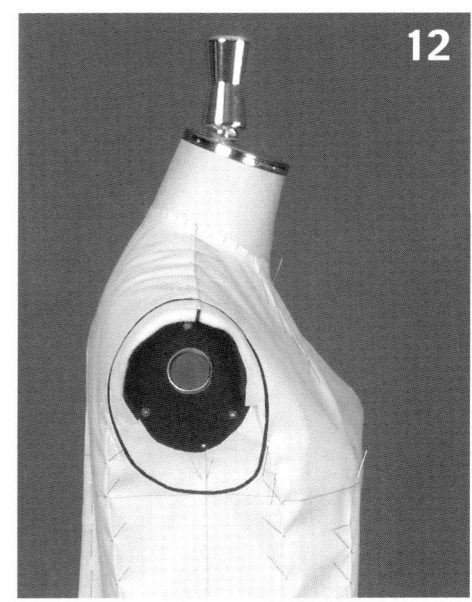

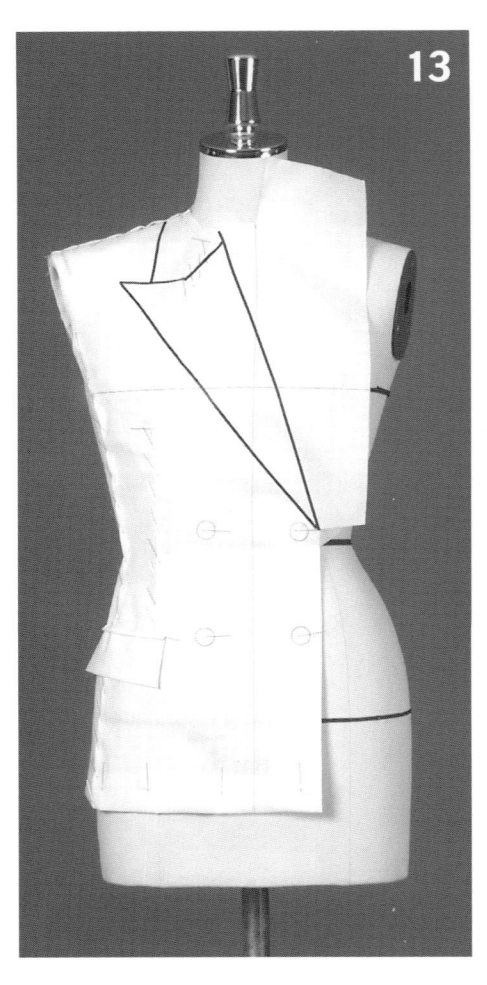

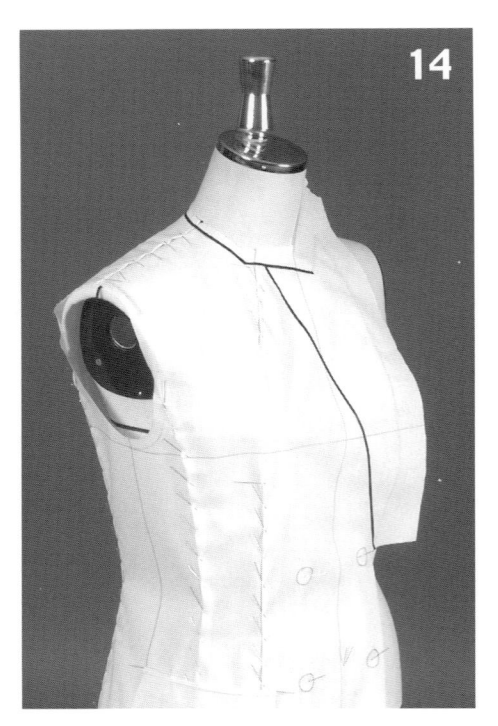

13～16 ラペル・上衿を作る。決め方として身頃にラペルと上衿をテープでデザインする方法（写真13、14）と、ラペルを折り返してデザインする方法（写真15、16）がある。

全体のシルエットとデザイン線や、ボタン、ポケット等の位置や大きさが衿のバランスと深く関係する。ピークラペルは、上衿とラペルを調和のとれたバランスで身頃にデザインテープをはる（写真13）。

ゴージラインから後ろ衿ぐり線までしるす（写真14）。

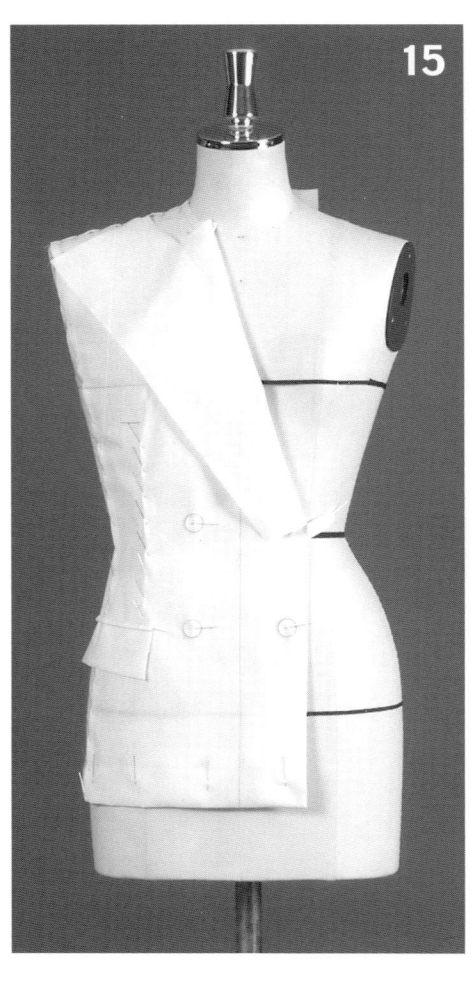

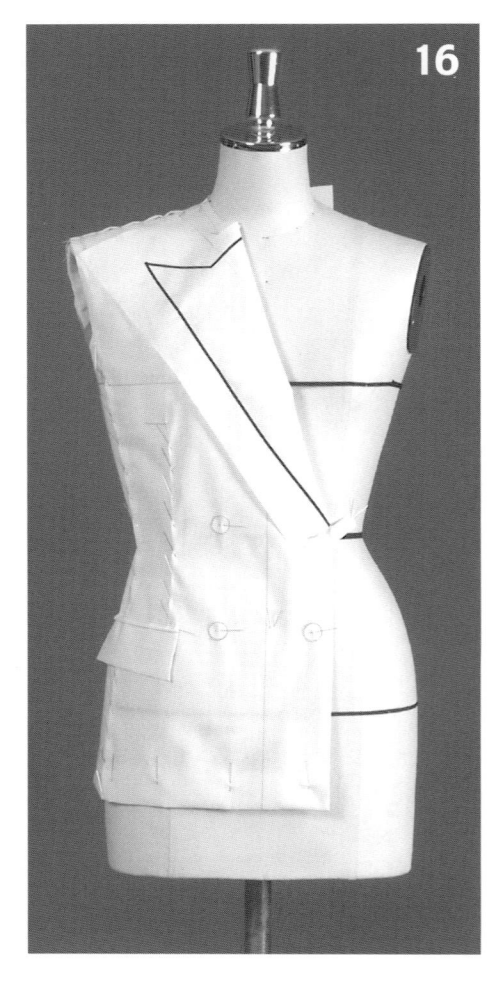

衿の返りの厚み分

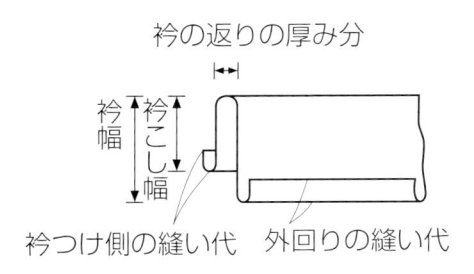

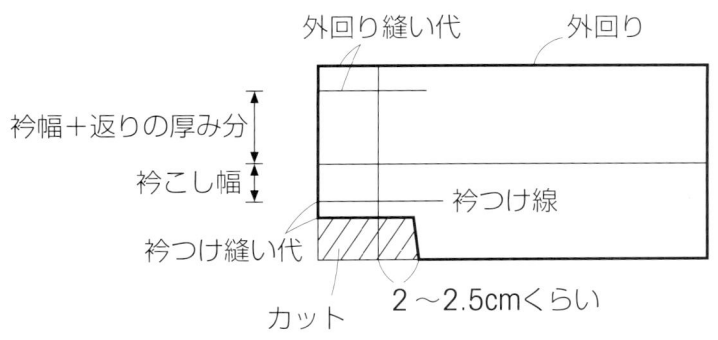

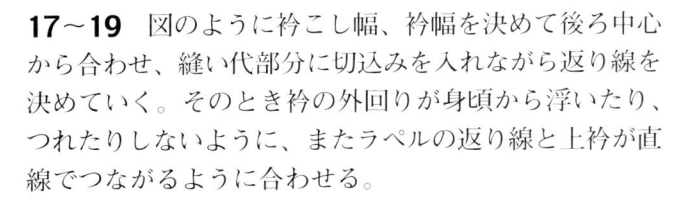

衿幅 衿こし幅

衿つけ側の縫い代　外回りの縫い代

外回り縫い代　外回り

衿幅＋返りの厚み分
衿こし幅
衿つけ線
衿つけ縫い代
カット
2～2.5cmくらい

17～19 図のように衿こし幅、衿幅を決めて後ろ中心から合わせ、縫い代部分に切込みを入れながら返り線を決めていく。そのとき衿の外回りが身頃から浮いたり、つれたりしないように、またラペルの返り線と上衿が直線でつながるように合わせる。

20 衿つけ線をマーキングし、ボディから上衿をはずす。衿つけの縫い代を整理して内側に折り、再度つける。

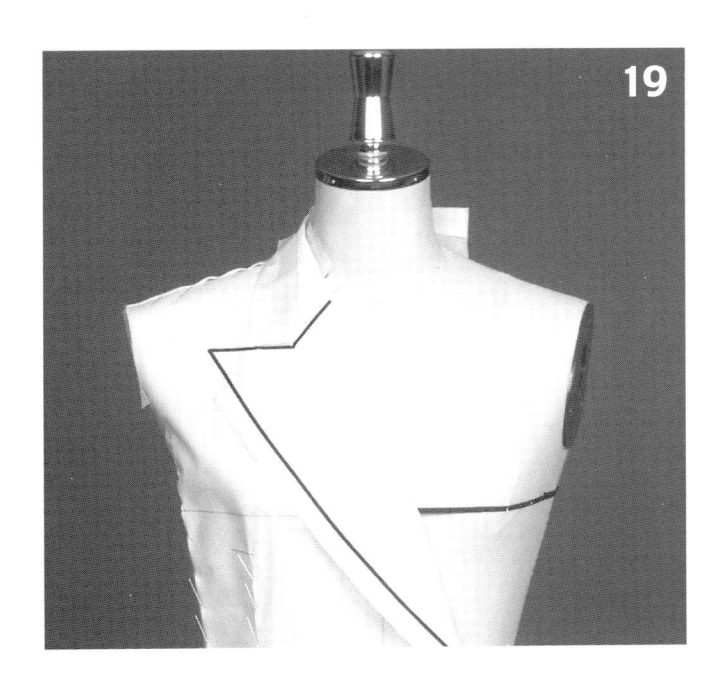

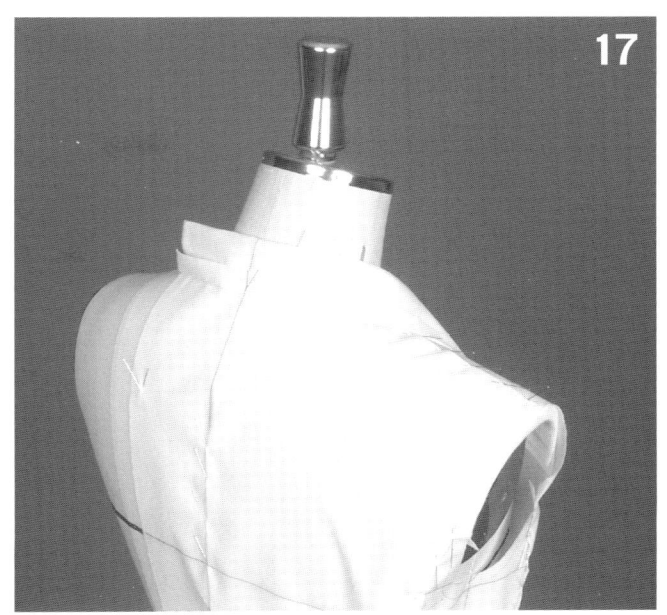

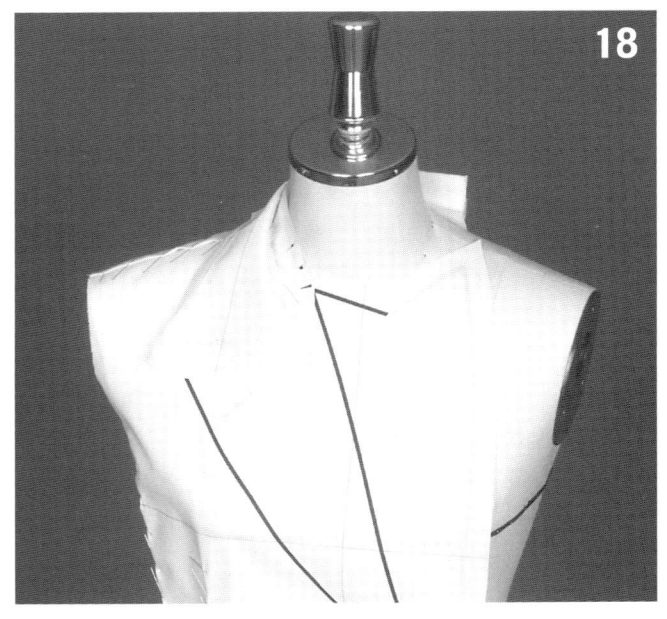

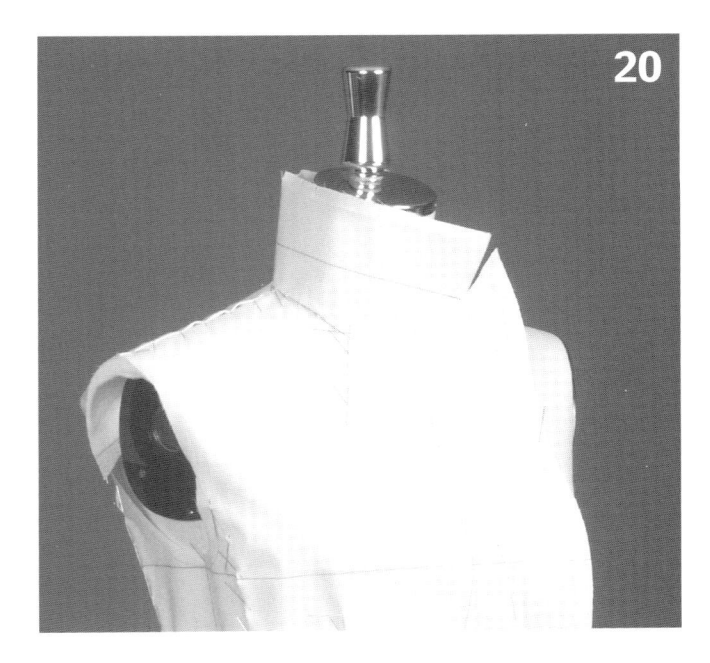

第4章　基本アイテムのパターンメーキング

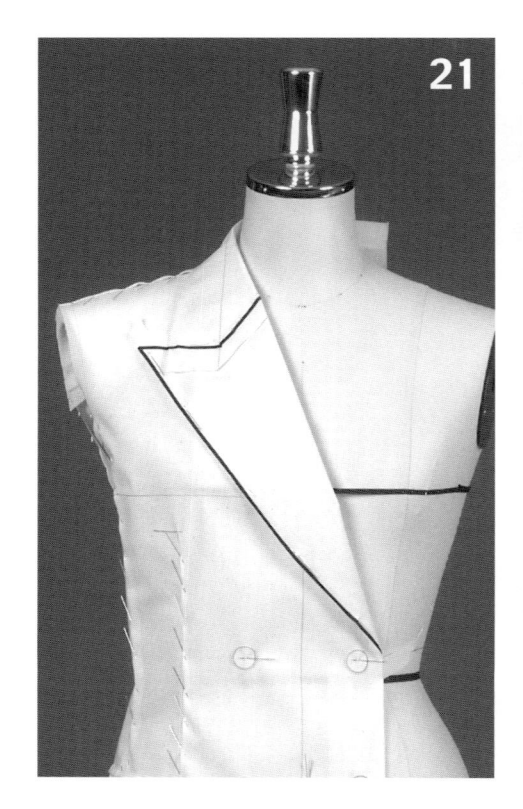

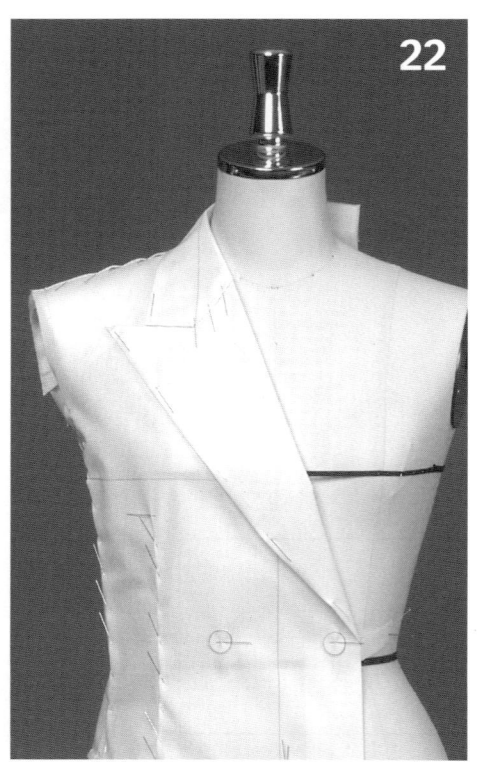

21～22 衿の刻みを決める。衿の刻みの間隔はデザイン画より少なめにしておくと、実物を作ったときちょうどよくなる。この場合は口があかないように設定してある。

23 袖を作る。

袖山の高さは、肩先から袖ぐり底までが最大の山の高さになる（図1）。これは山の高さとしては機能性に欠ける。袖は静止時の美しさと、運動時の機能性の両面を考慮しなくてはならない。身頃のアームホールをうつし取り、身頃の袖ぐり底の合い印から上下に垂直線をかき、袖山線とする。図2のように袖山の高さを決め、袖丈、方向性、袖口寸法を決め、平面作図（図3）をしてトワルで組み立てる。

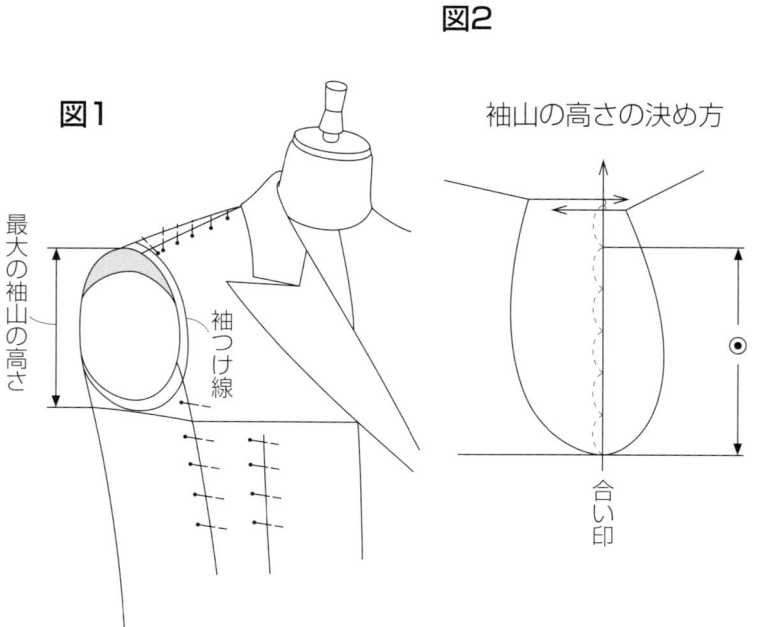

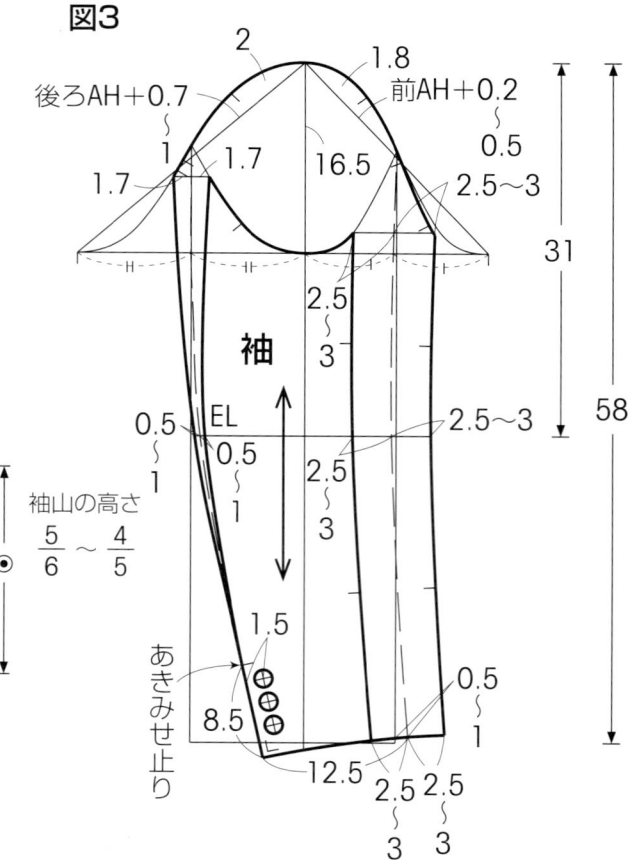

24、25 ボディに腕をつける。身頃に袖底を止め、腕を中に入れて袖山を止める。袖山の高さ、袖のすわり、方向性、いせの分量、袖丈、袖幅と身頃のバランスを確認する。さらに前後の腋点あたりにピンを打ち、前後いせ分量の配分を確認する。

26 前後のいせ分量のバランスを見ながら、前、後ろ、交互にピンを打ち、袖つけ線を止めていく。身頃のだき分と袖の厚みをだしながら形作る。

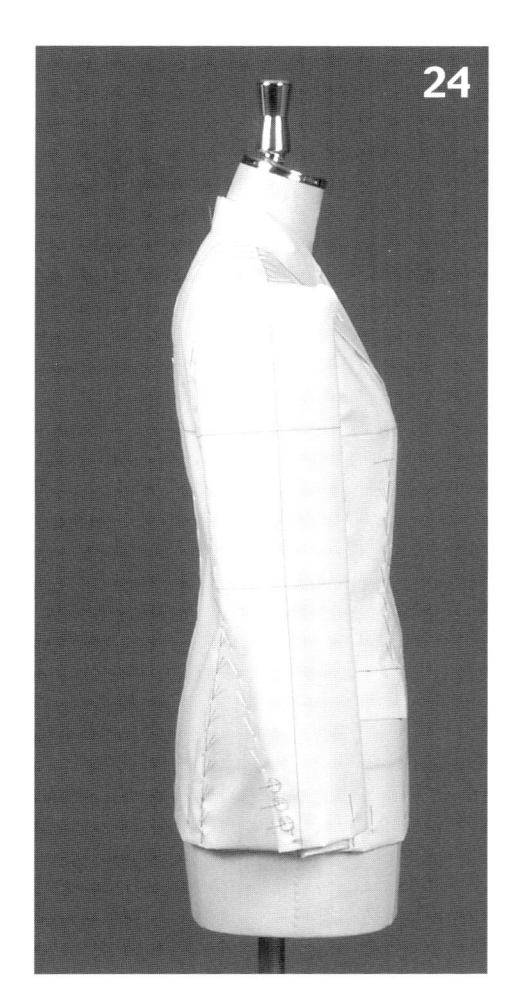

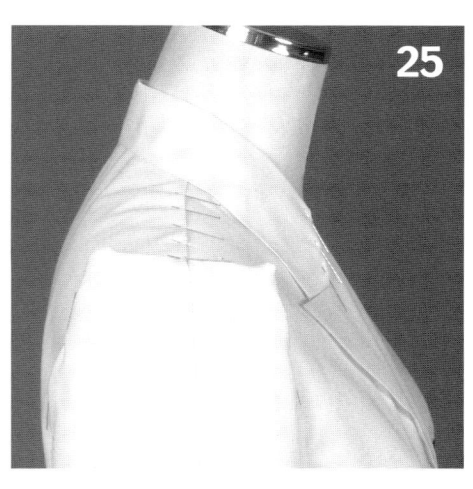

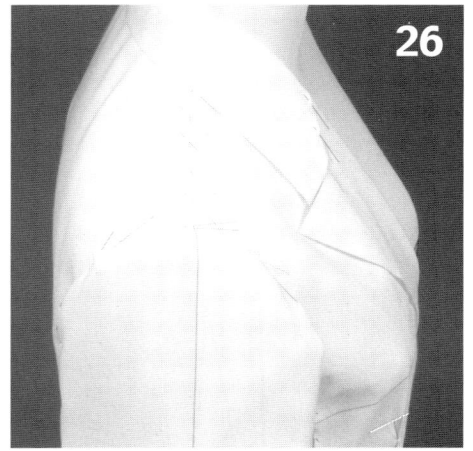

出来上り

シルエットと構造線、各ディテールの位置やサイズ等、全体のバランスを前面、側面、後面から確認する。

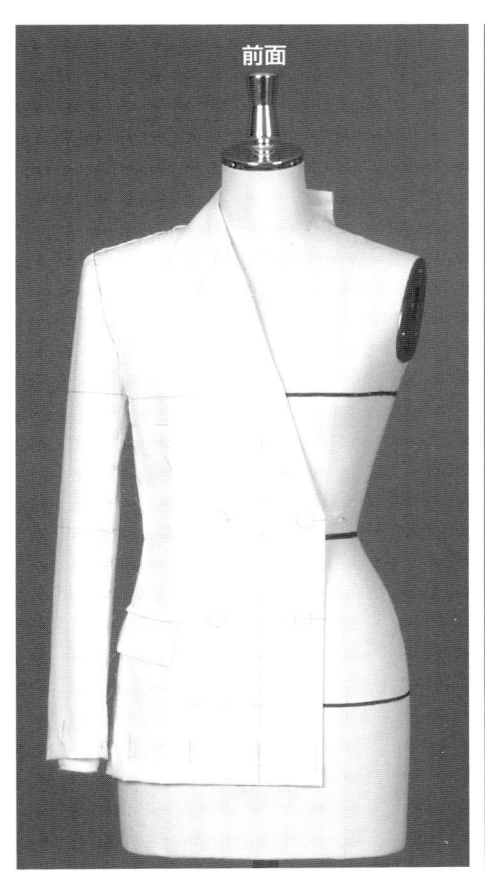

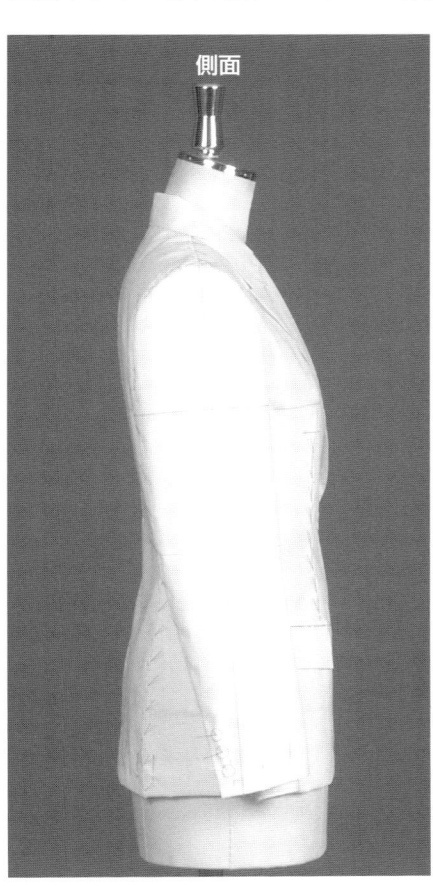

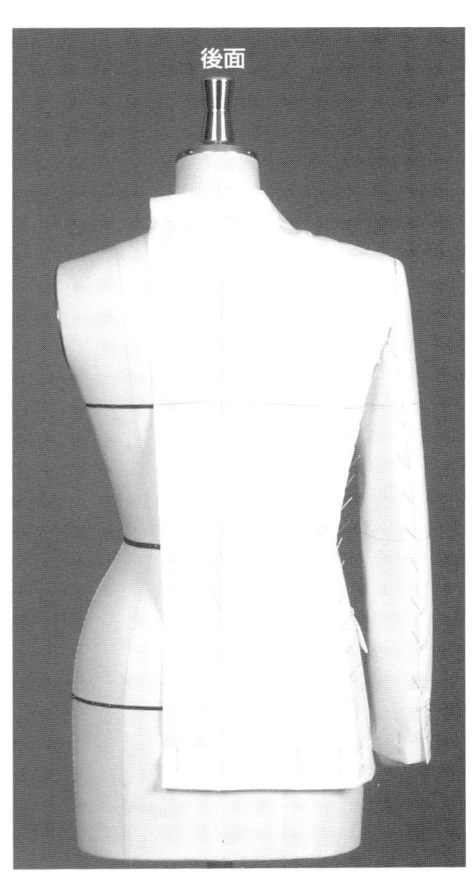

第4章 基本アイテムのパターンメーキング 119

ドラフティング

　身頃を組み立て終わった段階でマーキング、ドラフティングをし、袖の作図をしたほうが合理的と思われる。布目を正し、基準線を合わせてうつし取るが、そこでパターンチェックの工程が大切となる。パターンチェックとはデザインと素材、縫製と生産性等を考慮して行なう。各部位においてのサイズチェック、ゆとりの確認、ラインのつながり、素材といせ分量等の適合、縫製、生産性を考えたデザイン線であることなどを意識する。

　また合い印、布目、ボタン、ボタンホール、ステッチ等もパターンにかき込む。

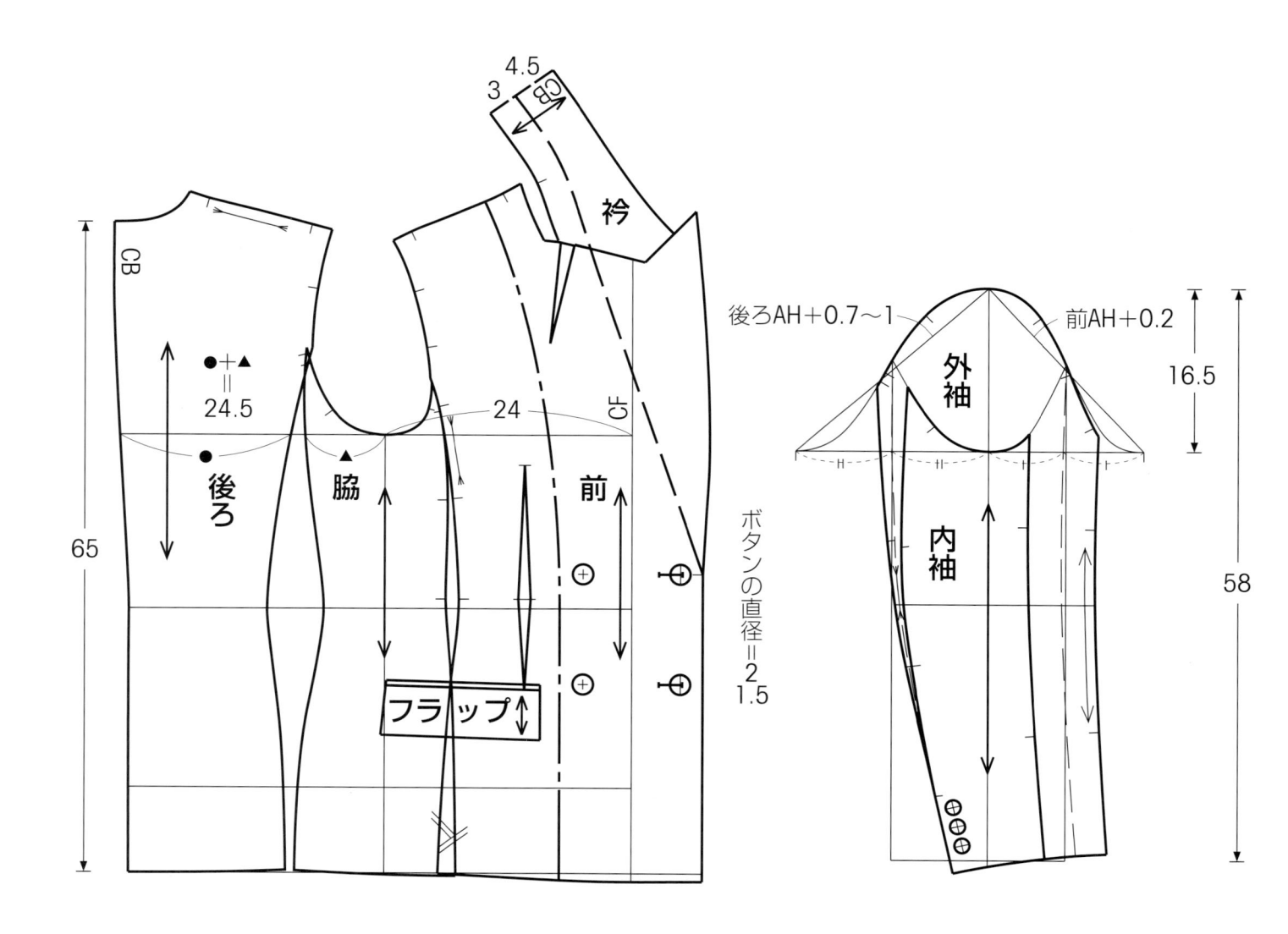

平面作図によるパターンメーキング

3面のジャケット原型使用

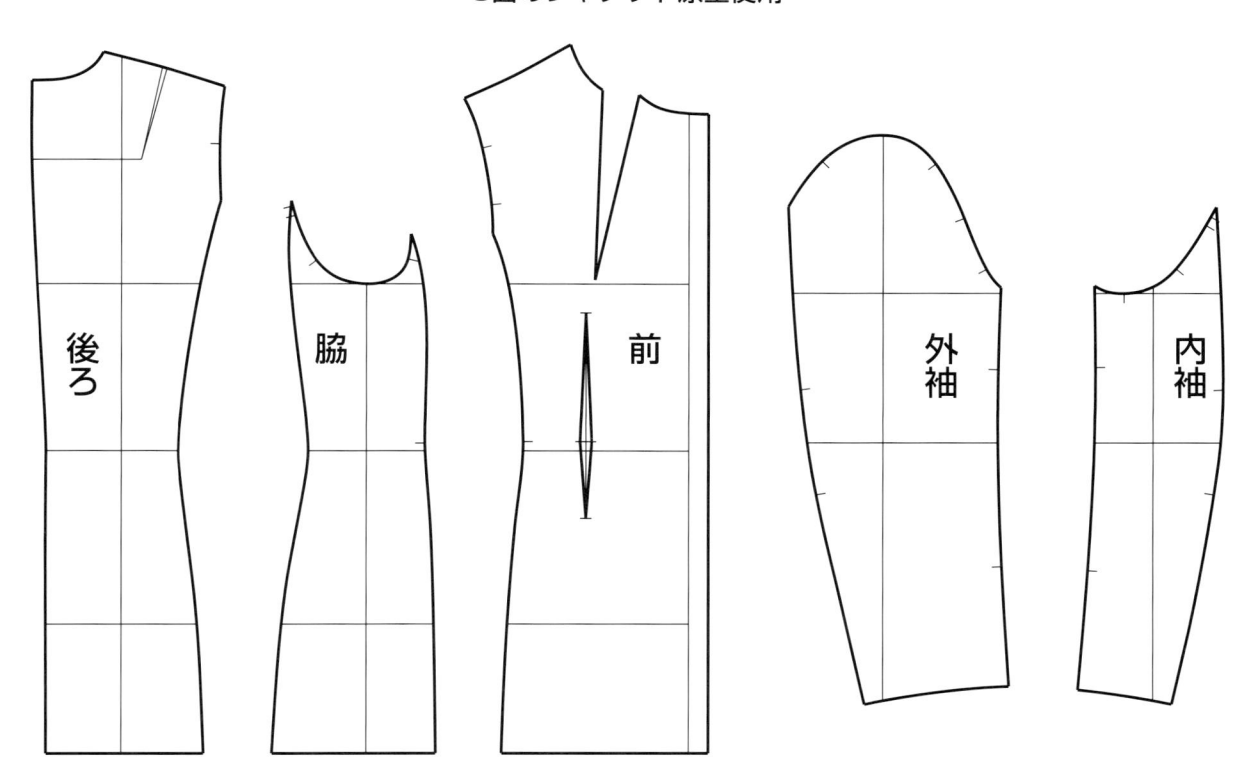

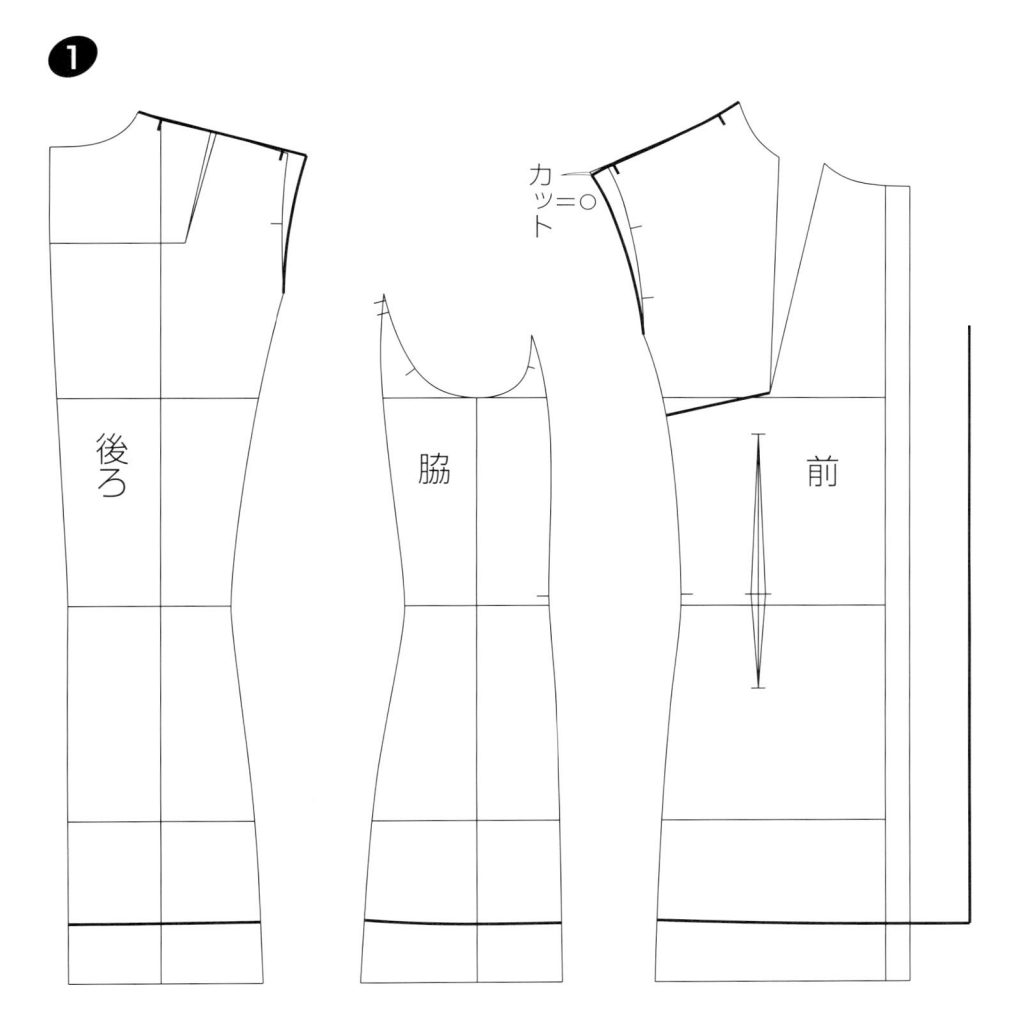

❶

- 後ろ身頃は背肩幅を21cmに設定し、衿ぐり近くの肩線をくり、肩先と結ぶ。袖ぐりは寸法を変えずに引き直す。
- 前身頃の衿ぐり近くの肩線も後ろと同様にくり、肩先をカットして丸みをつけ、引き直す。
- 前身頃の衿ぐりダーツ止りからパネルラインに向かって、いせを入れるための展開線を引く。
- 後ろ中心で着丈を決め、裾線を引き直す。
- 前中心からダブルブレストの打合せ分を加えて、前端線を引く。

カット＝○

❷ 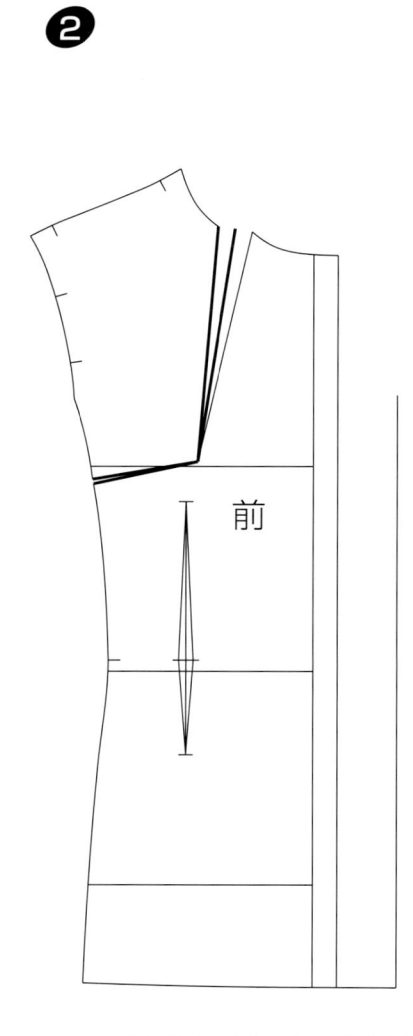
- パネルラインにいせ分量を開く。
- 残りの衿ぐりダーツの半分をゆとり分とし、半分をゴージダーツにする。

❸ 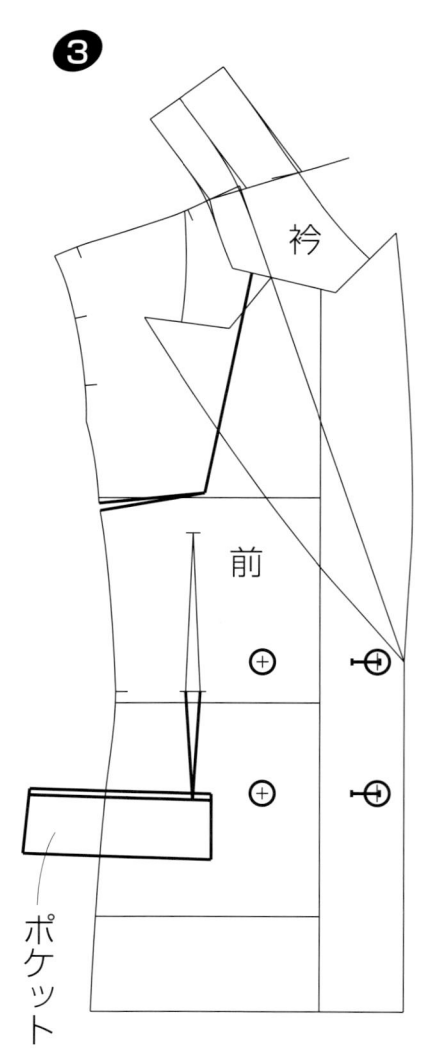 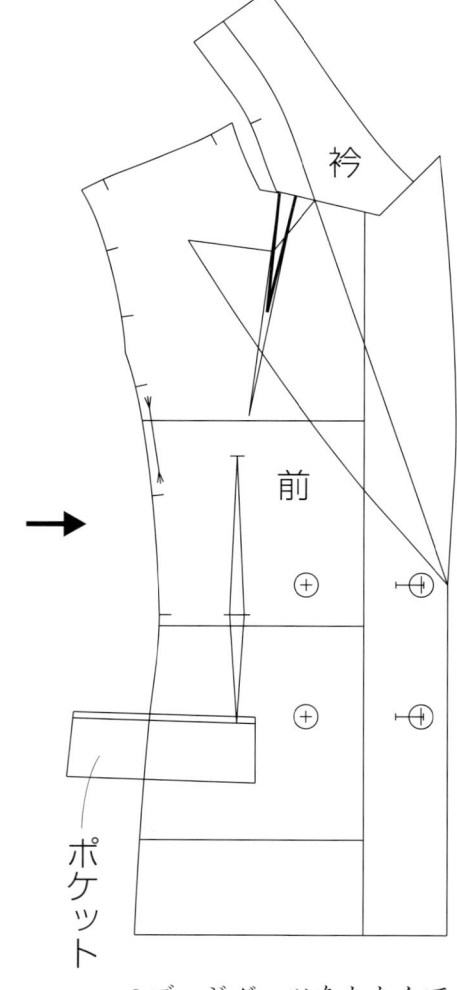 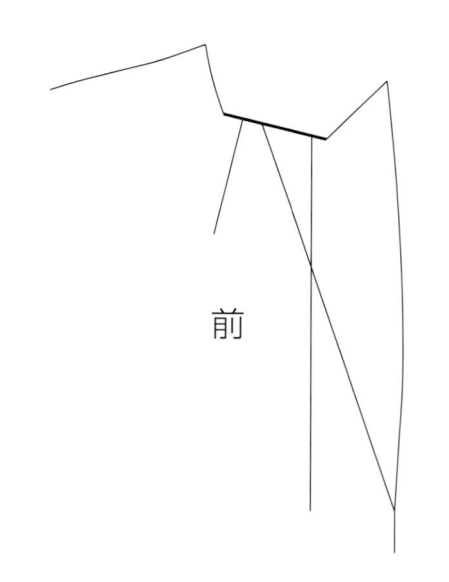
- ゴージダーツをたたんでパネルラインに開き、衿の作図をする。衿の作図方法は140、141ページ参照。
- ボタン位置は、返り止り位置とのバランスを見て決める。ボタンの間隔は、幅より丈を長くする。
- ポケット位置を決め、ウエストダーツ止りを延長する。
- パネルラインに開いたゴージダーツ分量をたたんで再度衿ぐりに移動し、ダーツ止りをラペルの内側になるように決める。
- パネルラインにいせの合い印と記号を入れる。
- ゴージダーツを閉じて、ゴージラインの訂正をする。

❹
○重ねる

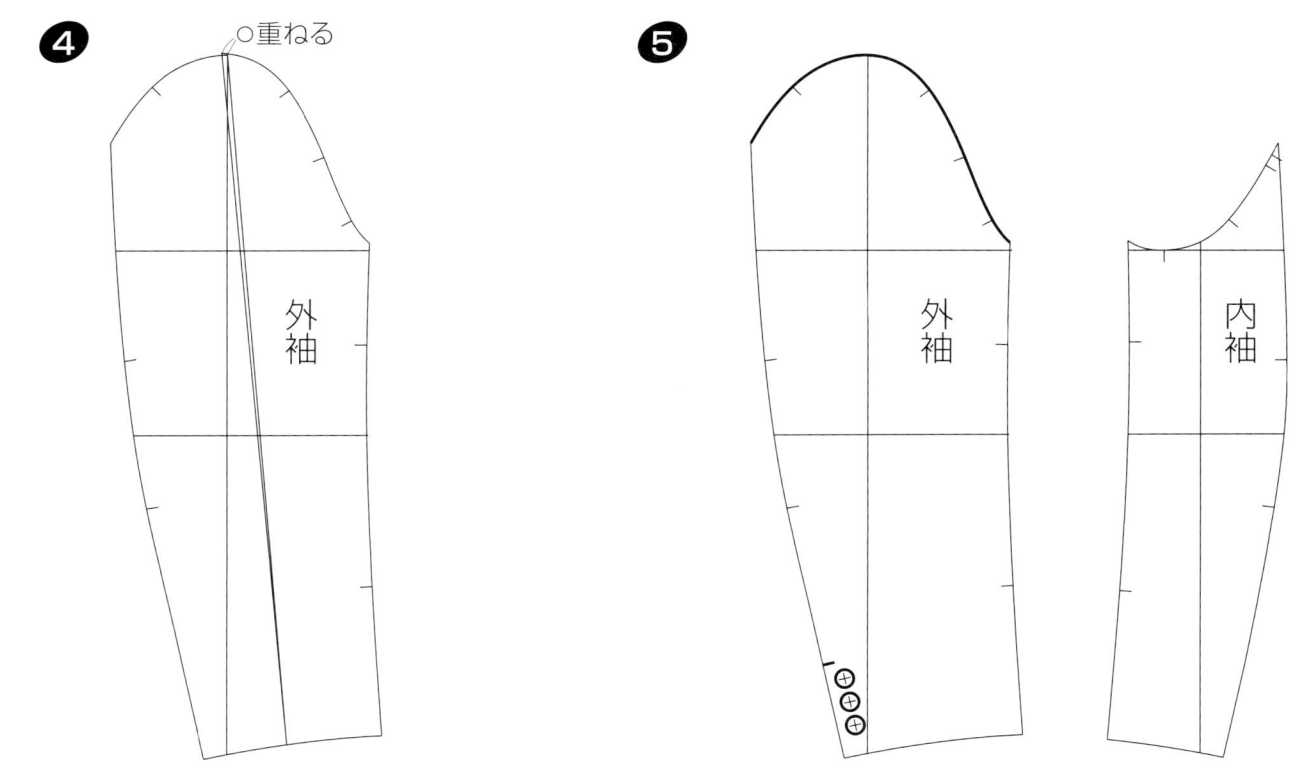

- 前肩先でカットした分量（1図参照）を袖山で重ねる。

❺

- 袖山線を引き直す。
- 袖口のあきみせ止りとボタン位置を決める。

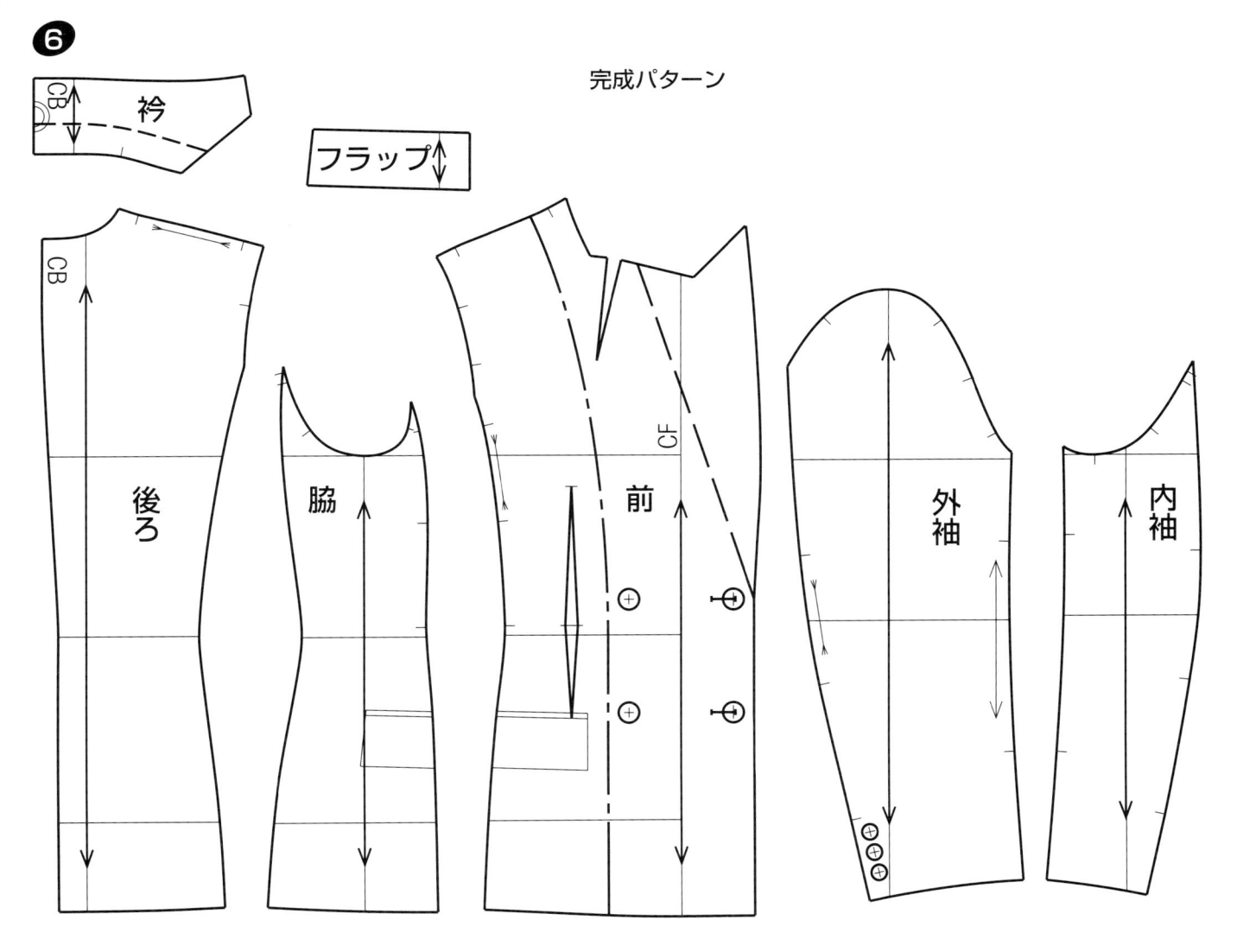

❻ 完成パターン

衿　フラップ

後ろ　脇　前　外袖　内袖

第4章　基本アイテムのパターンメーキング　123

ジャケットフルパターン

パターン操作
見返し、裏身頃

- 前身頃はゴージダーツ止りから袖ぐりまでと、ラペルの返り止りから水平にパネル切替え線まで展開線を引く。裏前身頃は脇にきせ分を入れ、裾で控える（図1）。
- 見返しは縫い合わせるので縫い縮む分量をゴージダーツ止りとラペル返り止りを基点に開く（図2）。
- ラペルの返り線で返り分のゆとりを開き、ラペル端に控える分を追加する。
ラペル先が図3のようにしゃくれるのを防ぐために、先を少し丸く削り、線を引き直す（図4）。
- 裏後ろ身頃の中心と脇にきせ分を入れ、裾で控える（図1）。
- 裏脇身頃は脇にきせ分を入れ、裾で控える（図1）。
- 裏前身頃は見返しと縫い合わせるので縫い縮む分量を見返しと同じ位置で開いて追加する。
裏布は縫い縮む分量が多いので見返しより多めに追加し、裾でも追加分を出す（図2）。

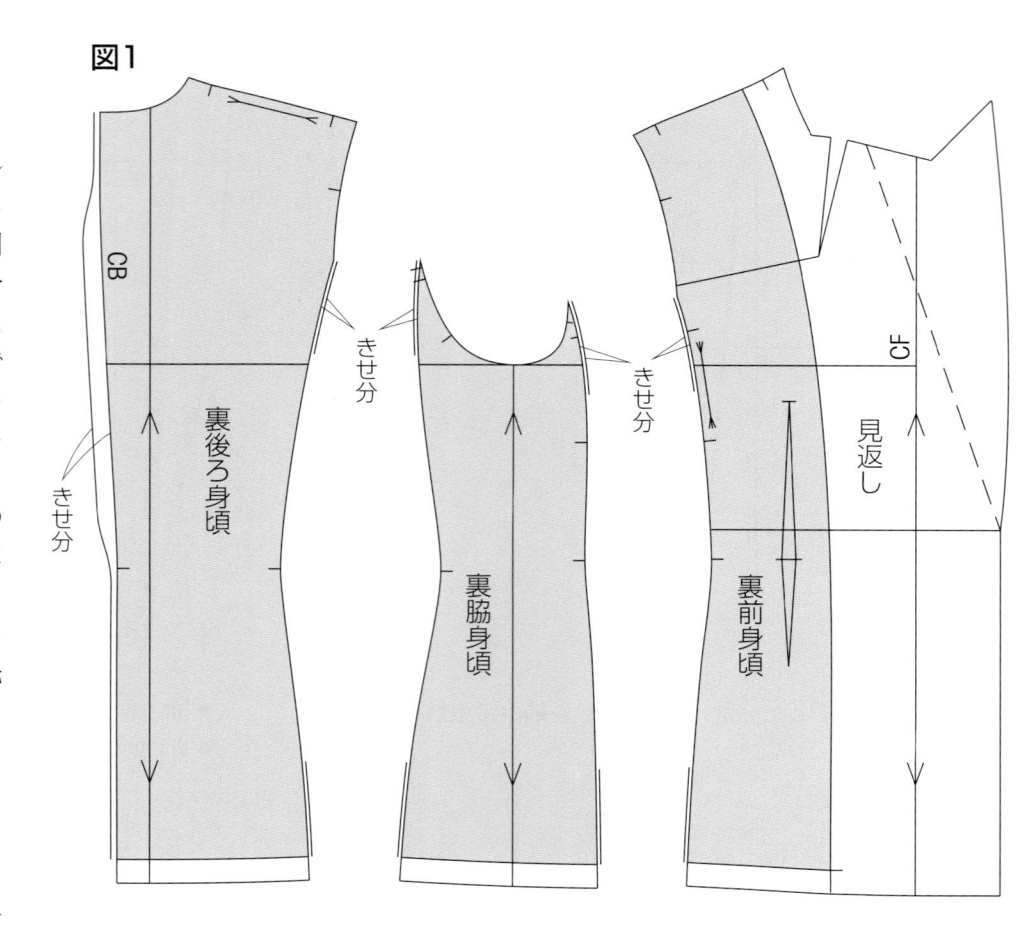

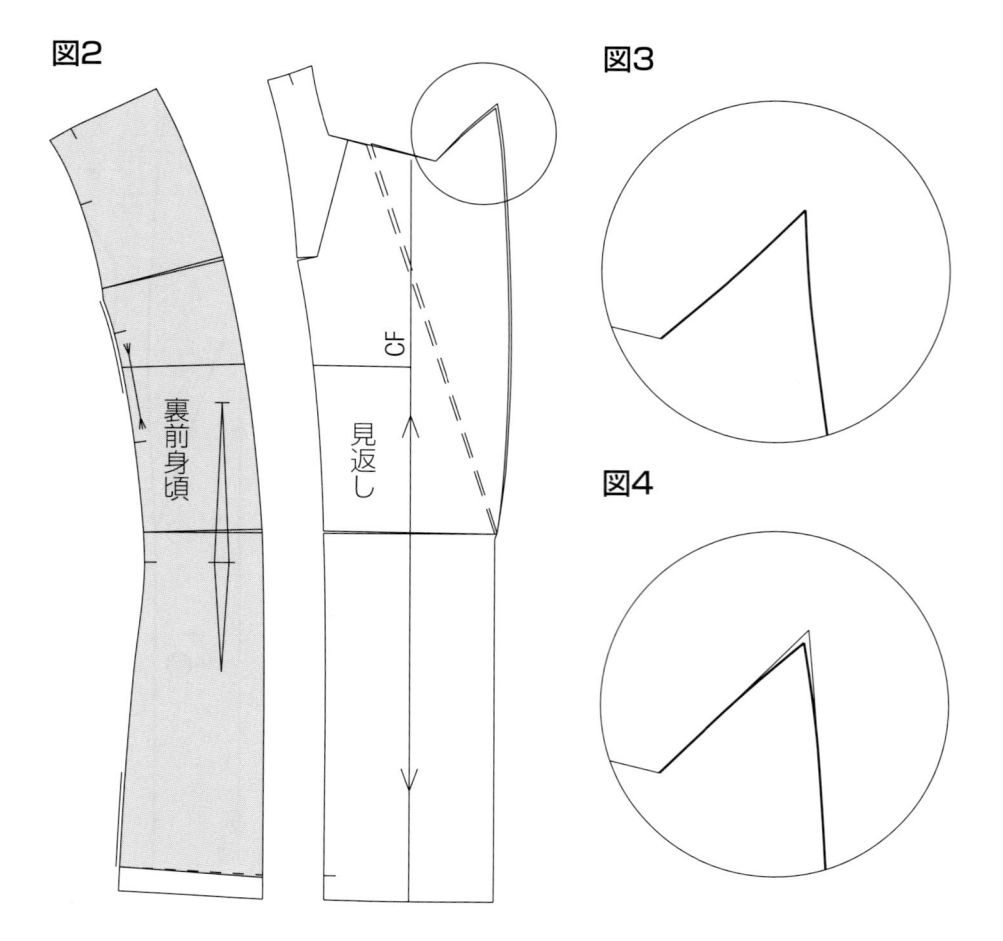

表衿

- 裏衿のつけ線から外回り線に展開線を2本引き、展開線の中央を基点に外回りにゆとりを入れる（図5）。
- 後ろ中心と返り線の交点から、ゴージ線と返り線の交点に直線を引き、その線に対し直角方向にラペルで開いたゆとりと同分量を開き、ゴージ線を引き直す。後ろ中心がずれるので中間をとって後ろ中心線を引き直す（図6）。
- 裏衿の控え分を追加する（図7）。

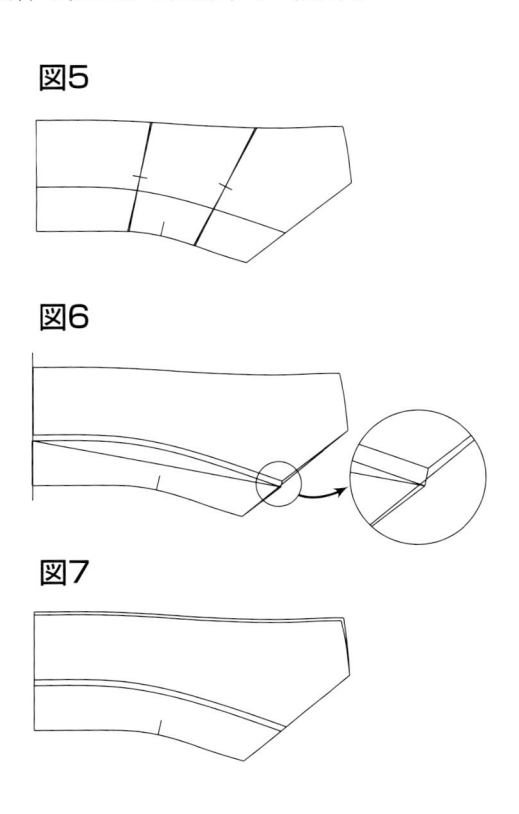

図5

図6

図7

ポケット

- ポケットの袋布の大きさと（図8）、縫製法を決める（図9）。

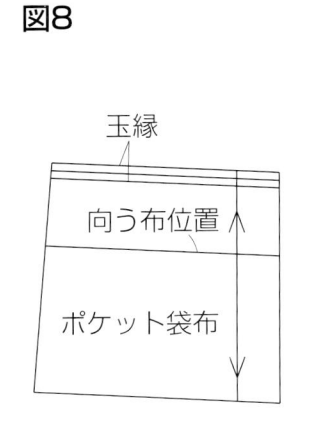

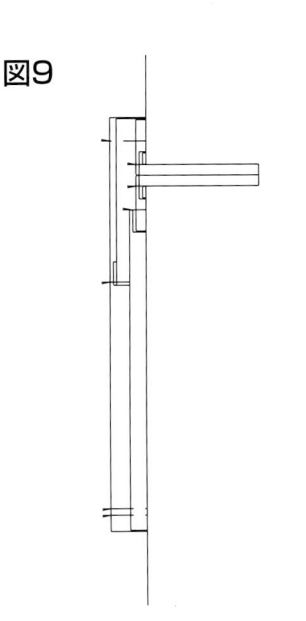

図8

玉縁
向う布位置
ポケット袋布

図9

裏袖

- 各切替え線で袖幅を追加し、縫い合わせた状態で袖底にかぶり分を追加する（図10）。
  かぶり分量は袖底の縫い代幅（a）と縫い代の厚み（b）で算出する（図11）。
- きせ分を入れ、袖口を控える（図12）。

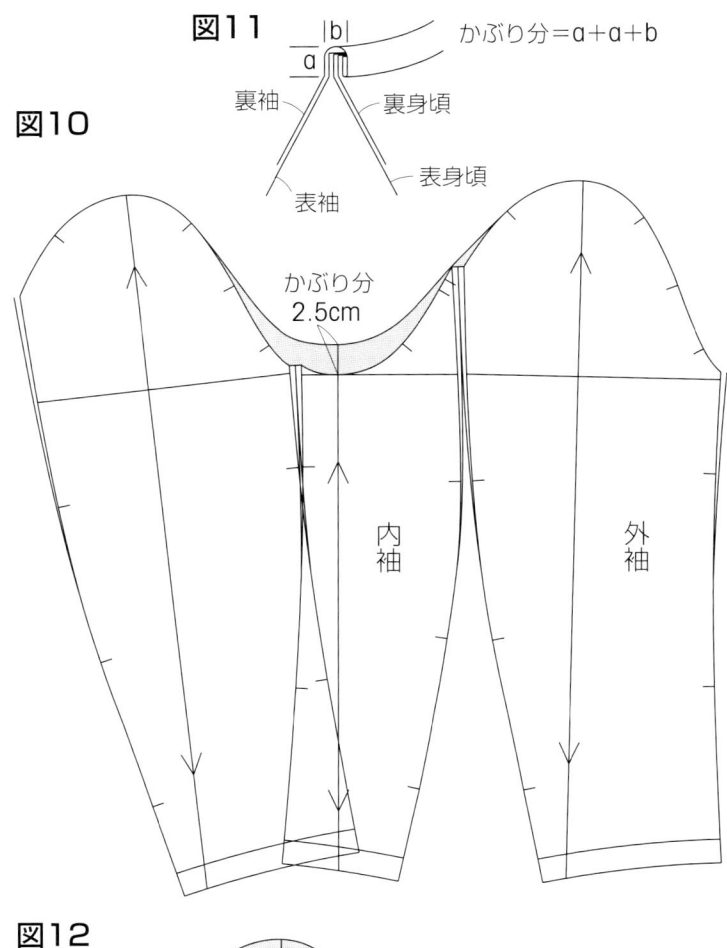

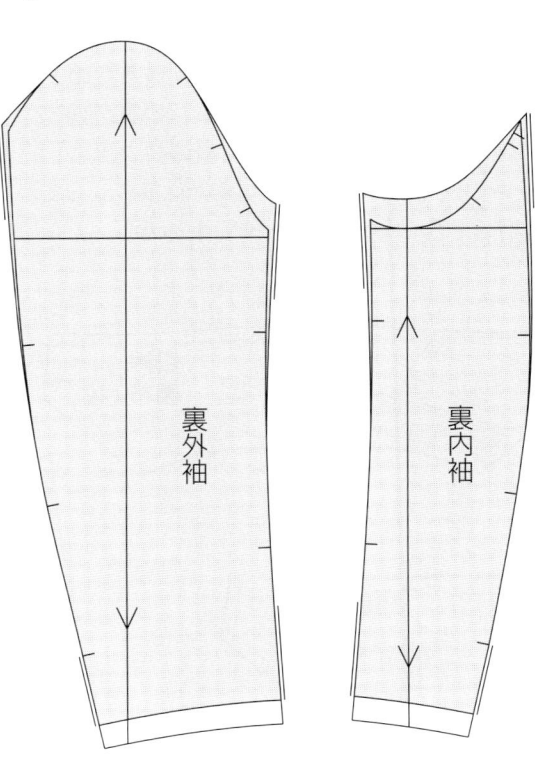

図11　かぶり分＝a+a+b
裏袖　裏身頃
表袖　表身頃

図10
かぶり分 2.5cm
内袖　外袖

図12
裏外袖　裏内袖

第4章　基本アイテムのパターンメーキング

表布のパターン

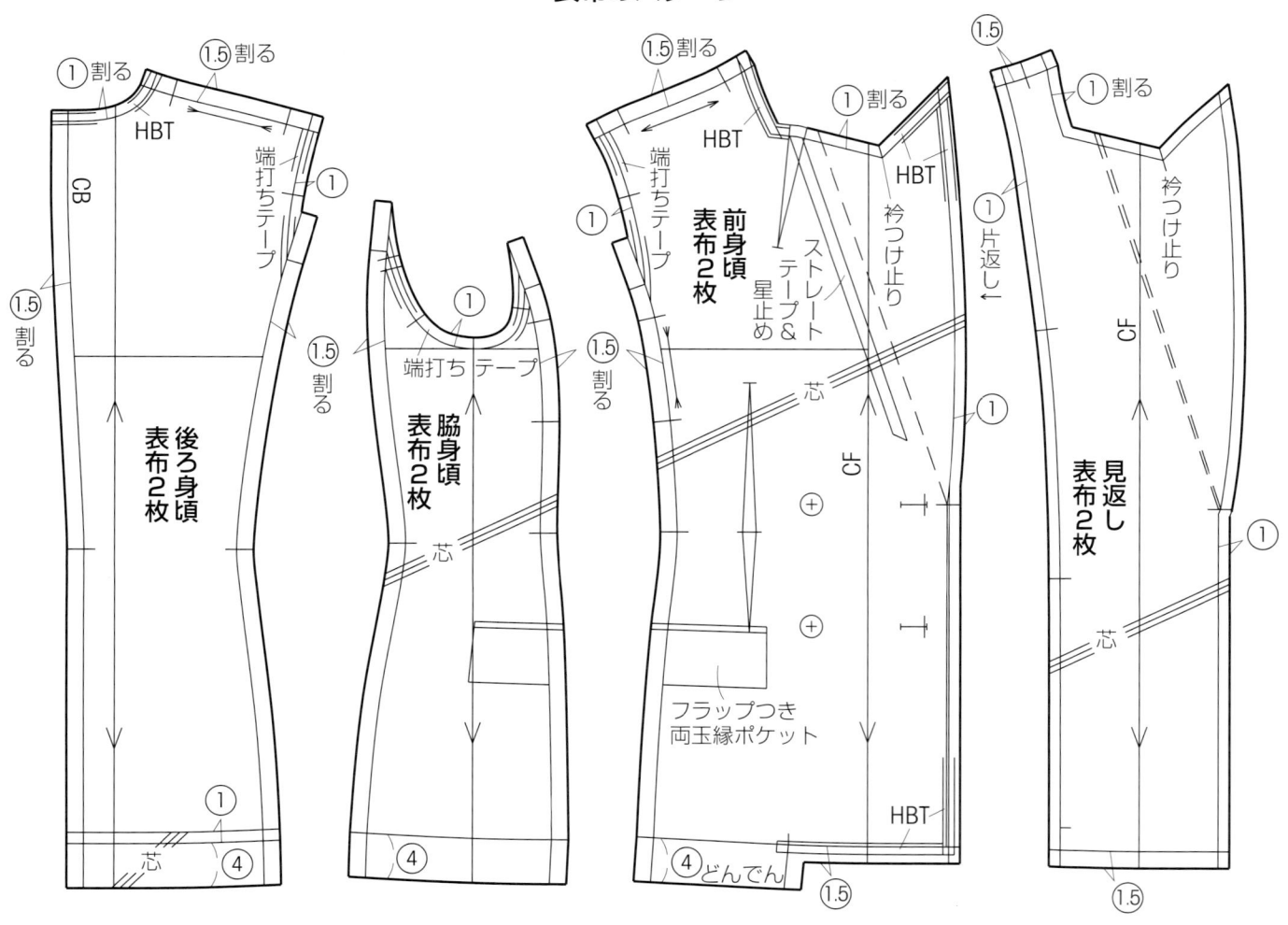

- 前身頃端は見返しの控え分を追加する。
- 衿ぐりと前端にハーフバイアスの伸止めテープ（HBT）の指示をし、袖ぐりに端打ちテープの指示をする。返り線奥にはストレートテープをはり、星止めの指示をする。
- 芯はりの指示を各パーツにする。後ろ身頃と袖山にははらない設定にしているが、素材の風合いによってははる必要がある。ただし、素材の持つ風合いを殺さないように注意する。裏衿には全面芯をはってから衿こし増し芯をはり、ステッチで止める。

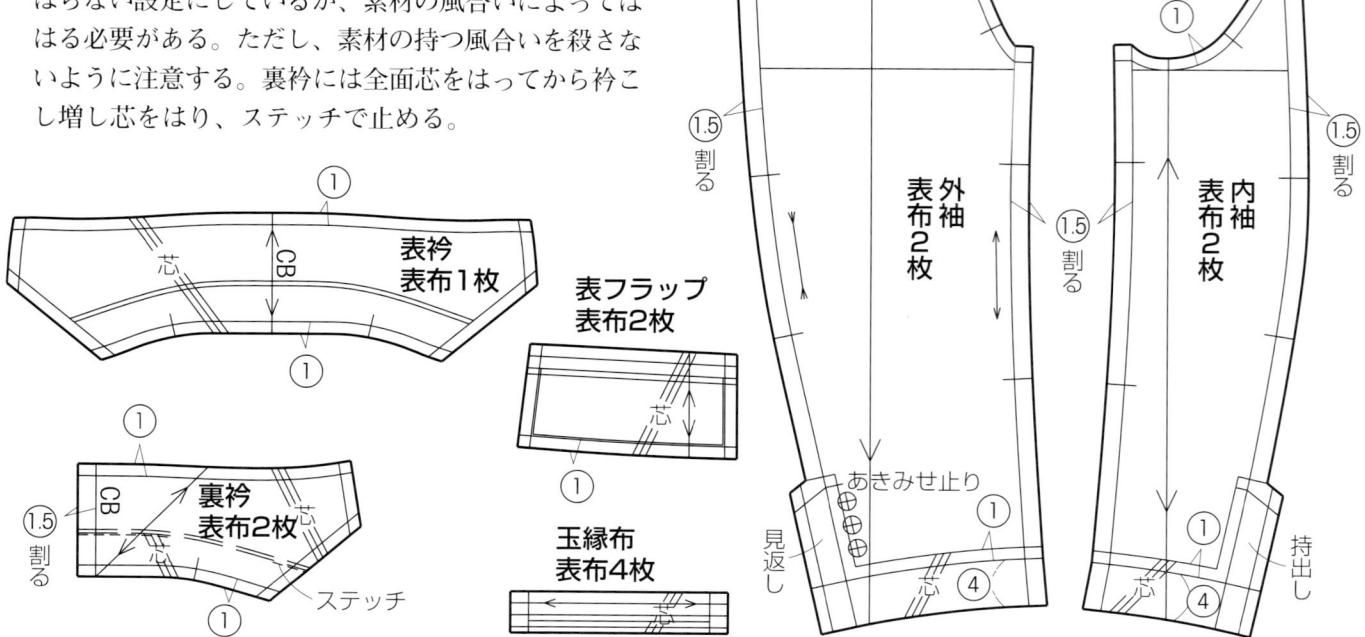

裏布のパターン

- 裏布の仕様はどんでん返しにし、身頃裾と袖口の裏布は2cm控えて1cmのきせをかける。
- ポケットの袋布はスレキを使うが、裏フラップに裏布を使用するので、向う布も裏布を使用する。

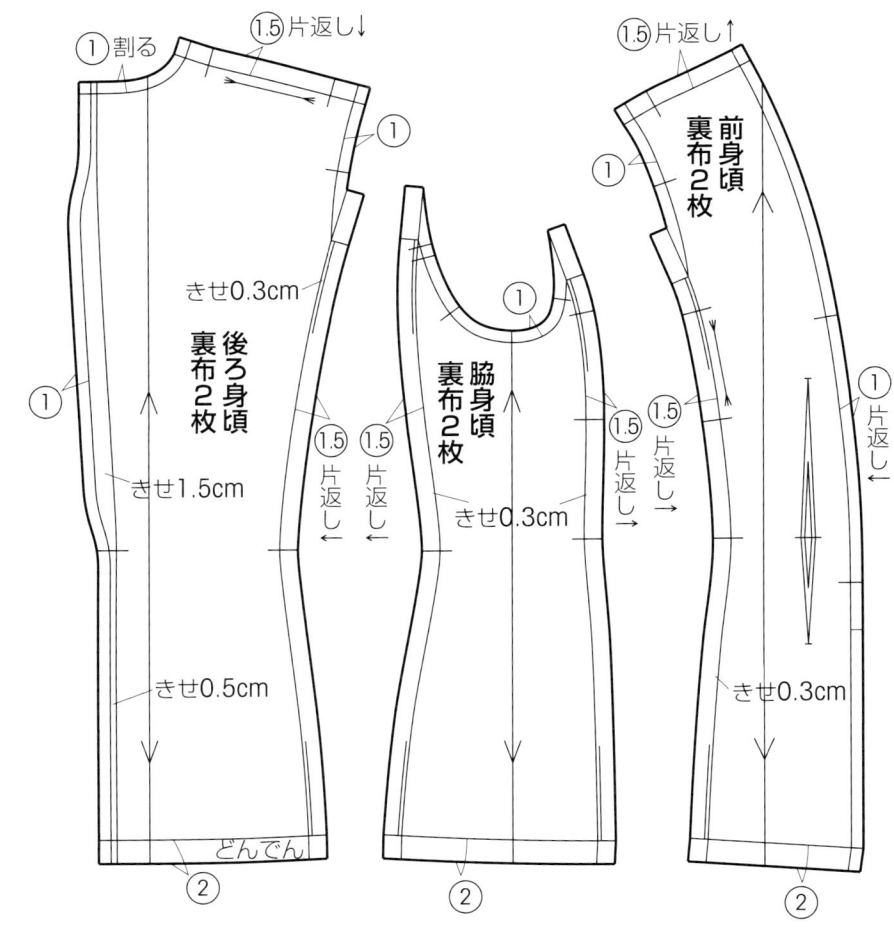

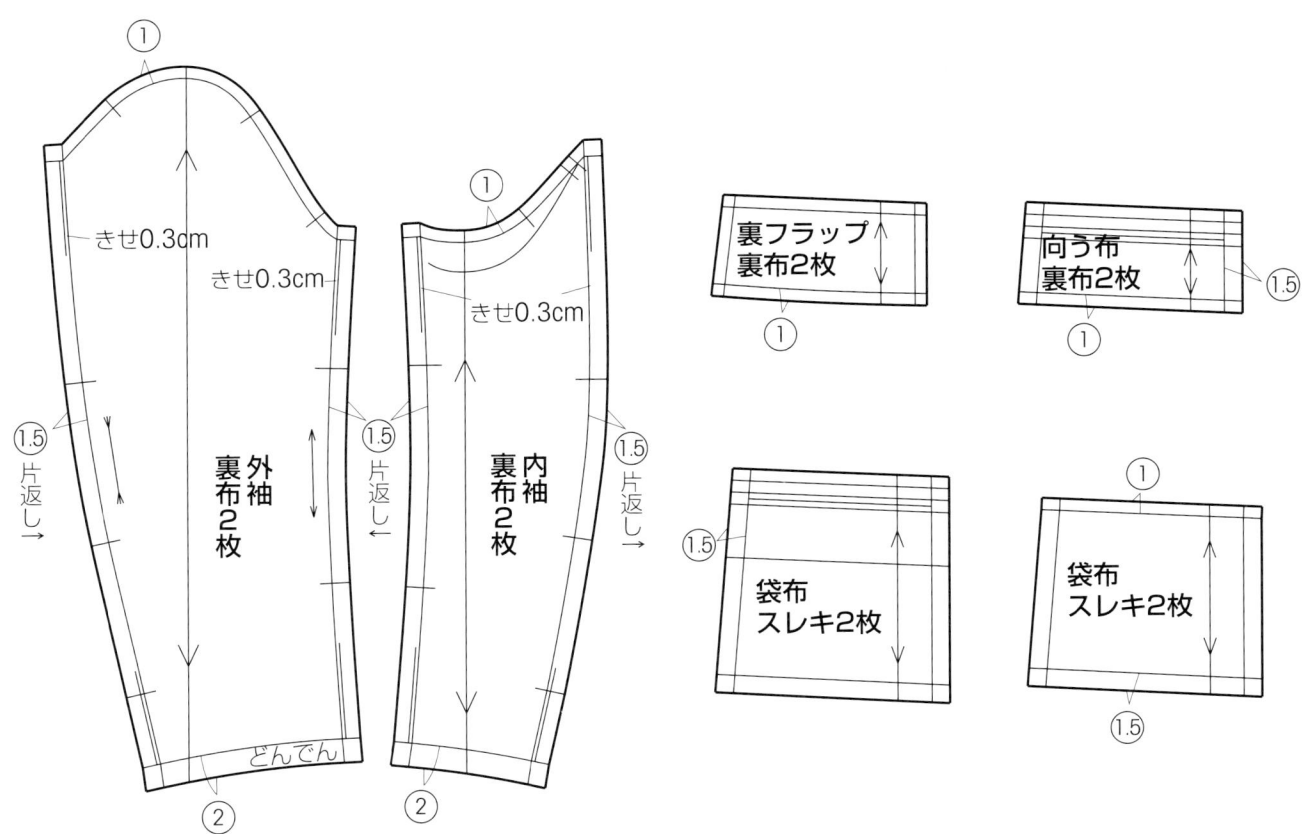

芯のパターン

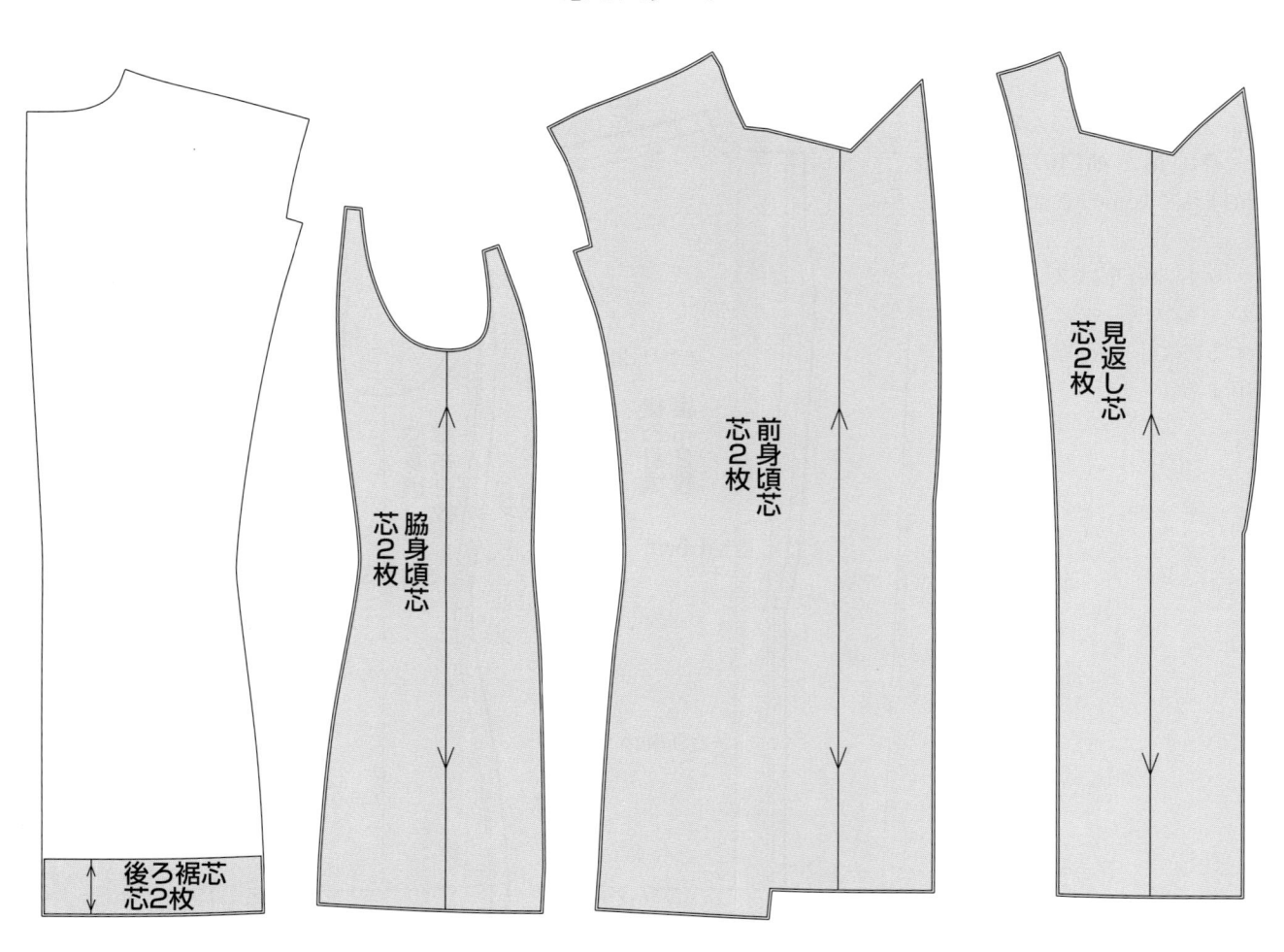

後ろ裾芯 芯2枚

脇身頃芯 芯2枚

前身頃芯 芯2枚

見返し芯 芯2枚

- 縫い代位置は芯を少し控えてパターンを作成する。
- 裾と袖口芯はカーブが強くいせや伸ばしが必要なときは、布目をバイアスにする。

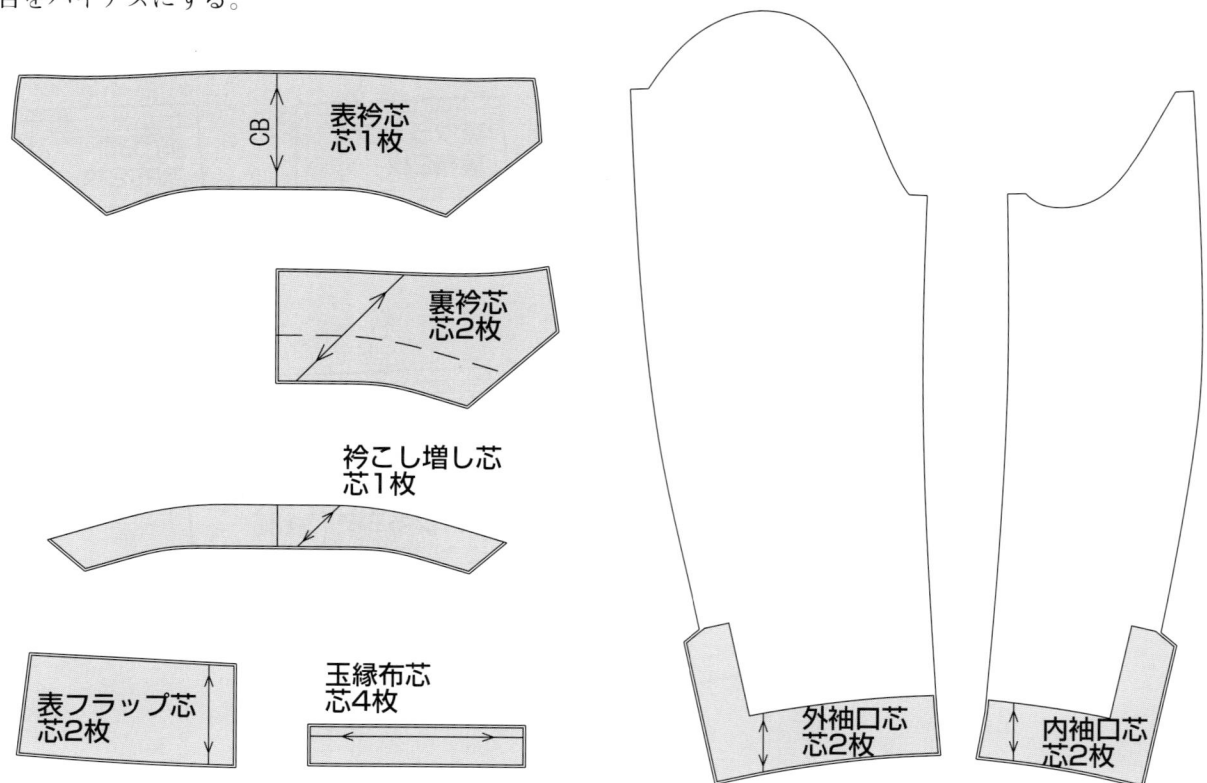

表衿芯 芯1枚 CB

裏衿芯 芯2枚

衿こし増し芯 芯1枚

表フラップ芯 芯2枚

玉縁布芯 芯4枚

外袖口芯 芯2枚

内袖口芯 芯2枚

仕様書

仕様書には縫製に関するとり決めや注意事項と、下代を算出する要尺や付属の種類と数量を記入する。

デザインによっては断面図等によって縫製手順の説明をする。

要尺や付属の数量は、直接下代や上代に影響がでるので、とり忘れや記入もれのないように注意する。

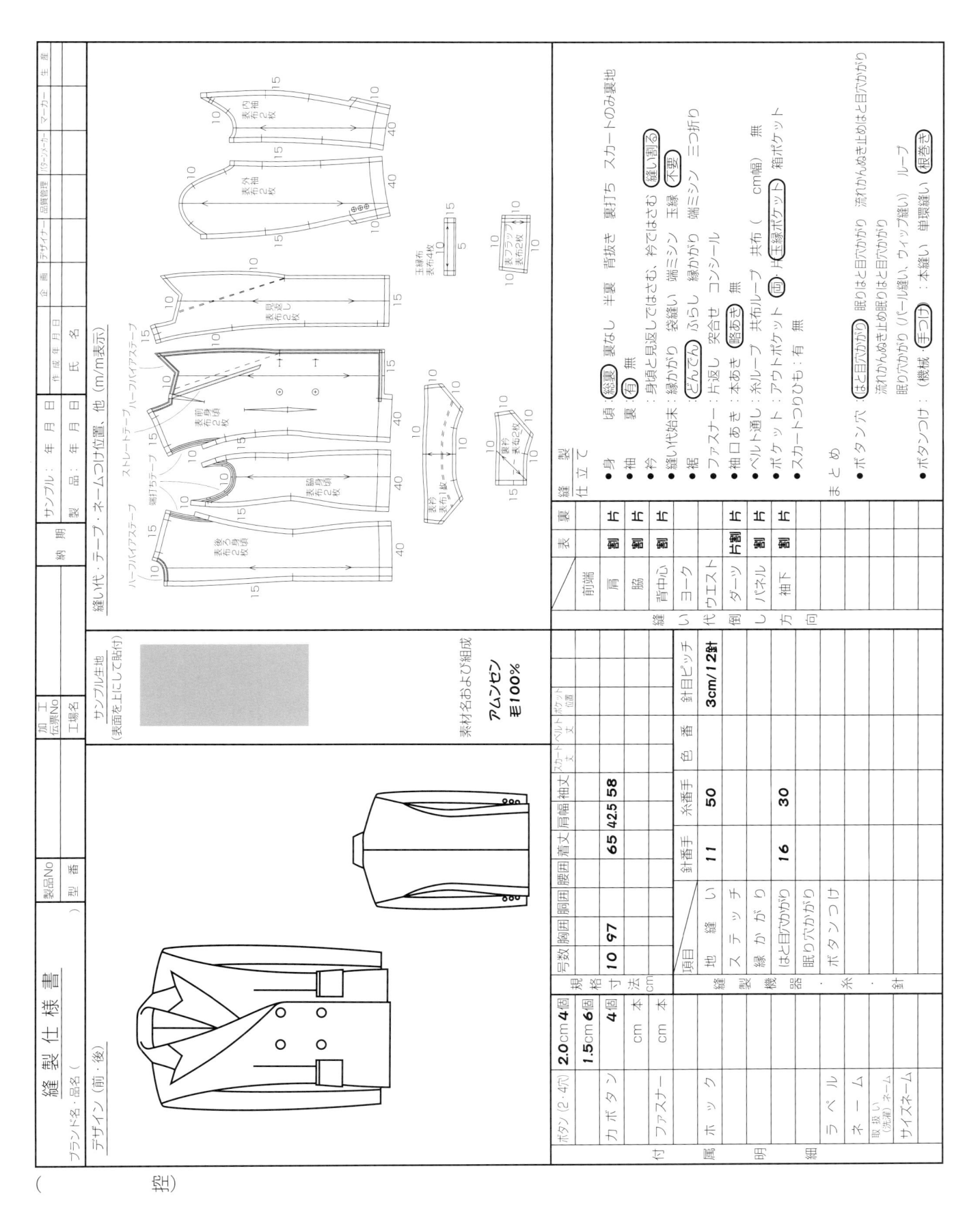

第4章 基本アイテムのパターンメーキング

加工・裁断・芯はり指図書

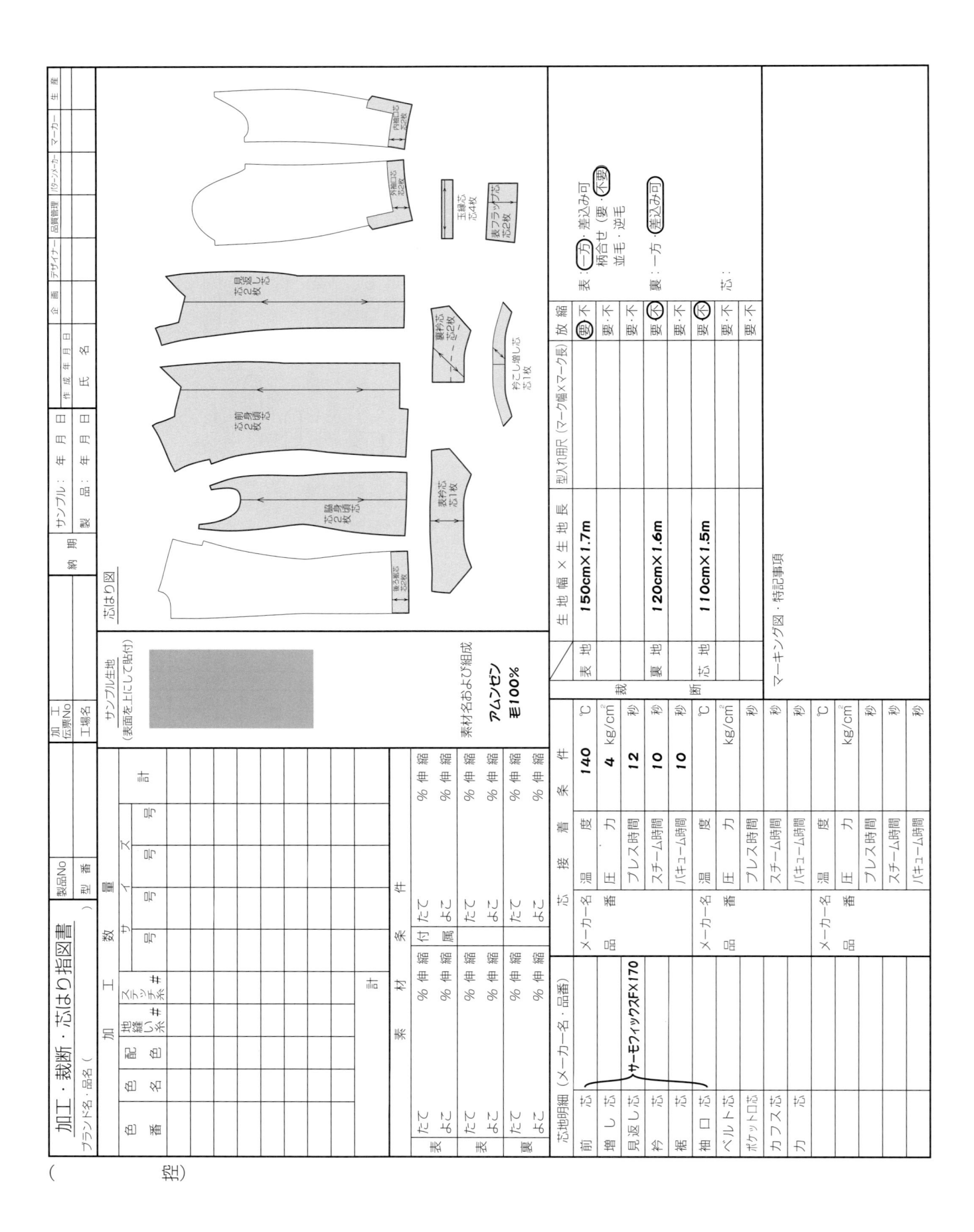

芯はり図

サンプル生地（表面を上にして貼付）

素材名および組成
アムンゼン 毛100%

生地幅 × 生地長	型入れ用尺（マーク幅×マーク長）	放縮
表 地	150cm×1.7m	要・[不]
	柄合せ（要・[不要]）	要・[不]
裏 地	120cm×1.6m	要・[不]
		要・[不]
芯 地	110cm×1.5m	要・不
		要・不

表：[一方]・差込み可　裏：一方・[差込み可]
　　柄合せ・逆毛　　　並毛・逆毛
芯：

マーキング図・特記事項

芯地明細（メーカー名・品番）

	メーカー名	品番	接着条件				
			温度	圧力	プレス時間	スチーム時間	バキューム時間
前 芯		サーモフィックスFX170	140℃	4 kg/cm²	12秒	10秒	10秒
増し芯							
見返し芯							
衿 芯							
裾 芯			℃	kg/cm²	秒	秒	秒
袖口芯							
ベルト芯							
ポケット口芯							
カフス芯			℃	kg/cm²	秒	秒	秒
力 芯							

芯はりパーツ（図中ラベル）

- 内袖口芯 2枚
- 外袖口芯 2枚
- 玉縁芯 2枚
- 表フラップ芯 2枚
- 見返し芯 2枚
- 裏衿芯 2枚
- 衿ごし増し芯 1枚
- 前身頃芯 2枚
- 表衿芯 1枚
- 脇身頃芯 2枚
- 後ろ身頃芯 2枚

ブランド名・品名等

ブランド名・品名（　　　）
製品No　型番
加工伝票No
工場名

	色番	色名	配色
地縫い糸			
＃			
ステッチ糸			
＃			

数量
サイズ　号　号　号　号　計

付属　件

素材条件

	たて	よこ
表	% 伸縮	% 伸縮
表	% 伸縮	% 伸縮
裏	% 伸縮	% 伸縮
	% 伸縮	% 伸縮
	% 伸縮	% 伸縮

計

納期　　サンプル：年月日
　　　　製品：年月日
作成年月日　氏名

企画・デザイナー・品質管理・パターンメーカー・マーカー・生産

(控)

130

2　4面構成のジャケット

　プリンセスラインで切り替えた前身頃、前脇身頃、後ろ身頃、後ろ脇身頃の4面構成で、シングルブレスト、ノッチドラペルのジャケット。

　マンテーラードジャケットに比べ、女性らしいラインを強調した構造線の決め方がポイントとなる。また、体型とデザイン線との適合や、ボタン、ポケット、着丈等、ディテールの位置やサイズが全体のバランスを読む大切な要因となる。

ボディの準備

　背肩幅を決め、肩パッドをつける。

　デザイン画のシルエットから肩パッドの形と厚さを決め、背肩幅からショルダーポイント位置を定め、肩パッドを1cmくらい出してボディにつける（つけ方は前述の3面構成のジャケットに準ずる）。デザインテープで肩線付近の袖ぐり、肩線をしるす。

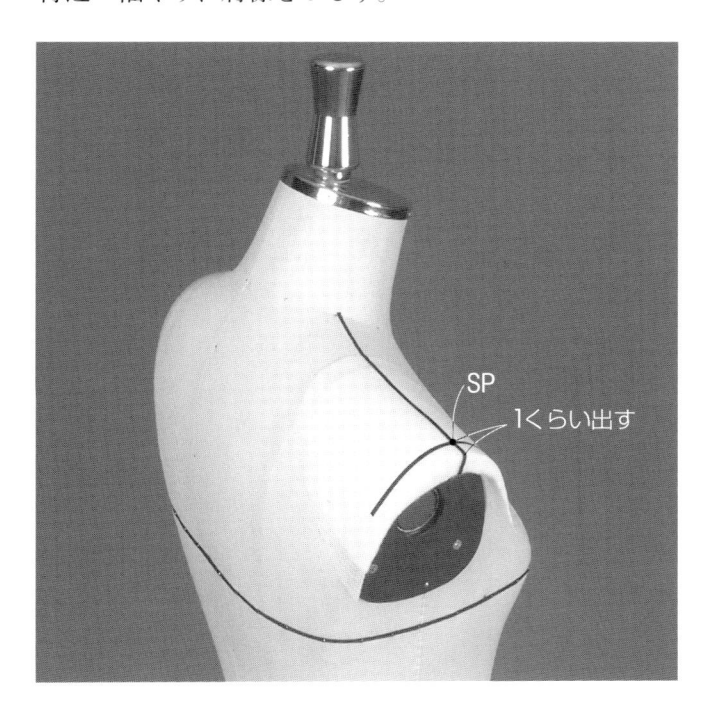

SP
1くらい出す

トワルの準備

布目を正したトワルをデザインとシルエットにより必要な寸法で見積もり、ガイドラインを入れる（前述の3面構成のジャケットに準ずる）。

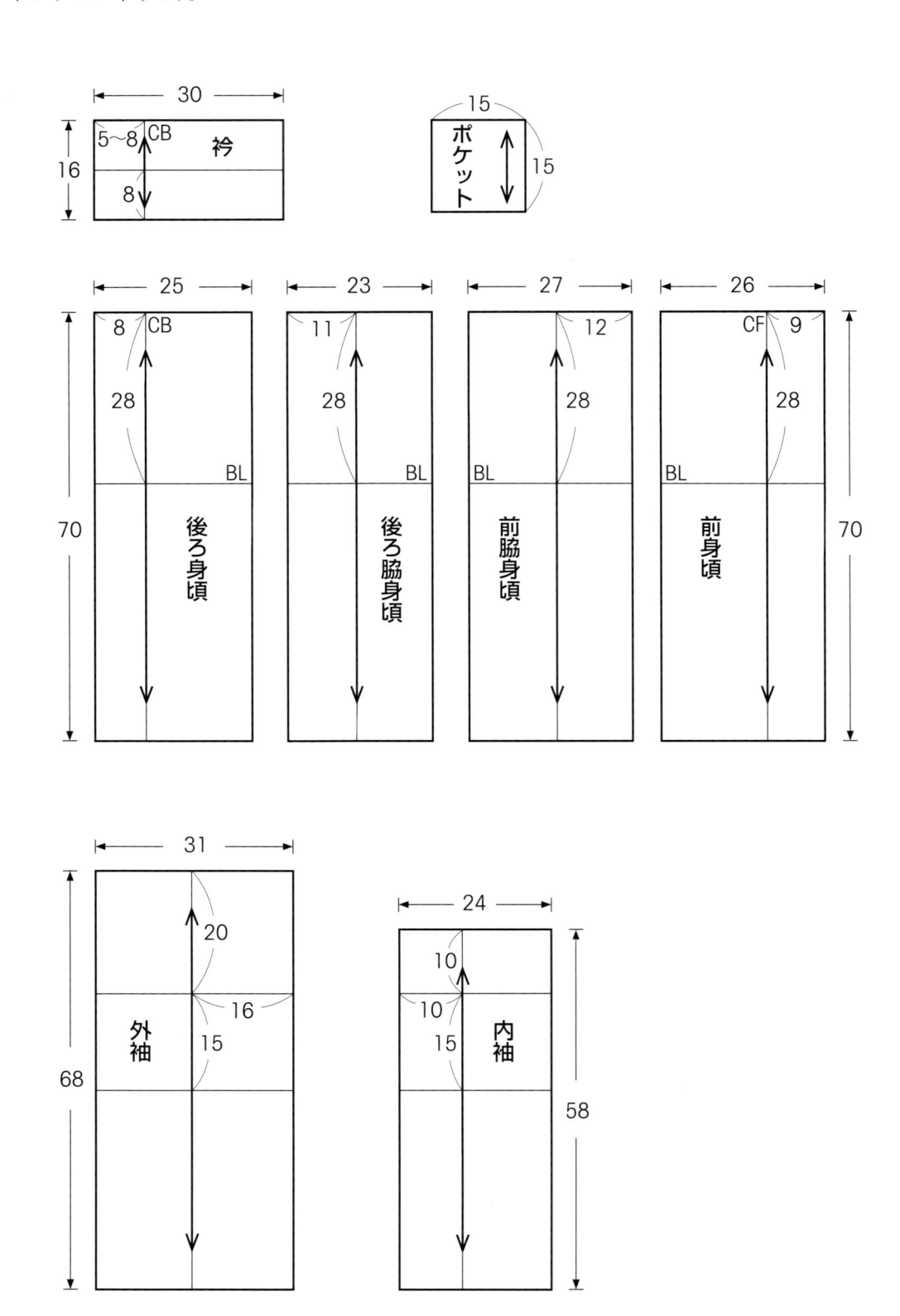

衿: 30 × 16、5〜8（CB上）、8（CB下）

ポケット: 15 × 15

後ろ身頃: 25幅、70丈（BL上28、CB 8）
後ろ脇身頃: 23幅、70丈（BL上28、11）
前脇身頃: 27幅、70丈（BL上28、12）
前身頃: 26幅、70丈（BL上28、CF 9）

外袖: 31幅、68丈（20、16、15）
内袖: 24幅、58幅（10、10、15）

ドレーピング

1 前身頃を作る。

前中心を芯と打合せの厚み分として0.4〜0.5cmずらし、バストラインを水平に合わせ、丈と幅にゆとりを入れて止める。

2、3 衿ぐりにそって切込みを入れながら余分な布をカットする。切替え線を設定してシェープ分をつまみ、デザインテープでプリンセスラインをしるす。

シェープしたピンをとり、縫い代を整理する。

4 前脇身頃を作る。

脇布を水平、垂直に合わせる。バストライン上でのゆとり、だき分量を確保して脇をピンで止める。

バストラインから上を重ね、バストラインから下は、ウエストライン、ヒップラインでのゆとりを見ながらシェープ分をつまみ、確認してから縫い代を整理し、重ねピンで止める。止めるときゆとりがなくならないように、またしぼりのきつい部分には切込みを入れながら布がよじれないようにピン打ちすることが大切である。

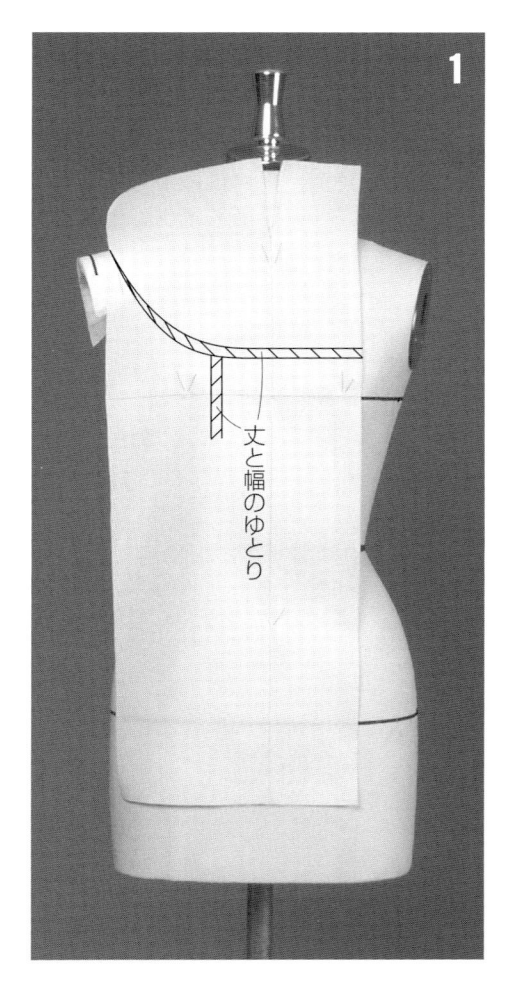

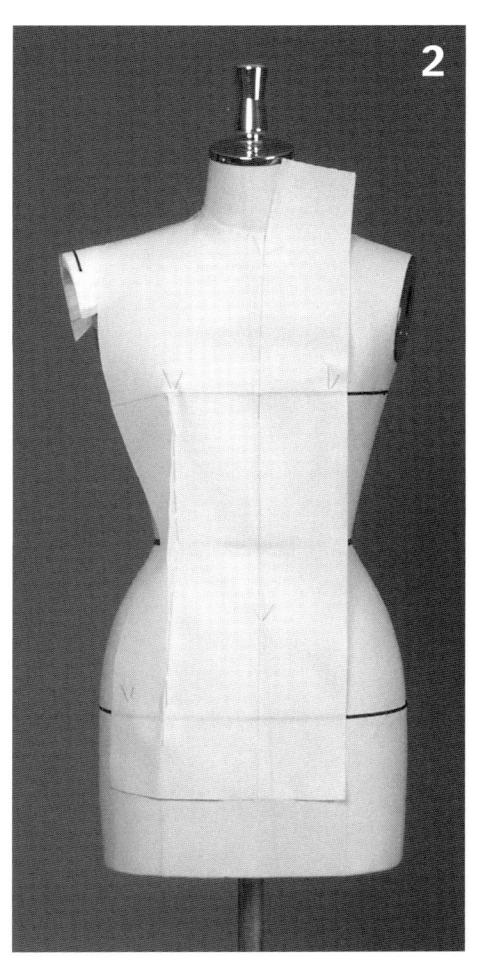

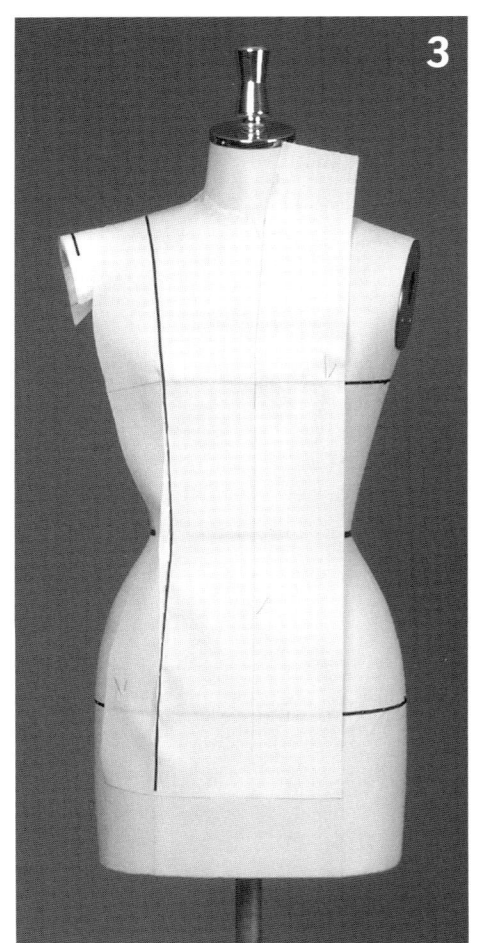

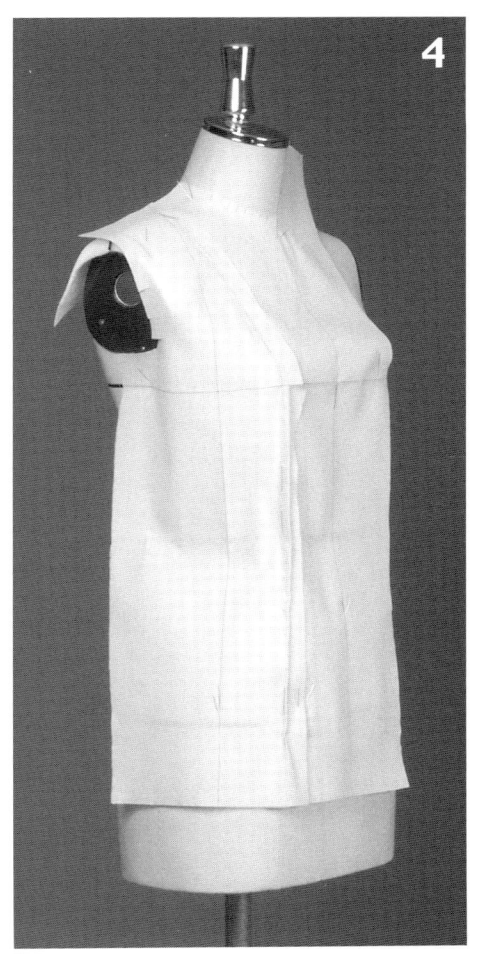

第4章 基本アイテムのパターンメーキング

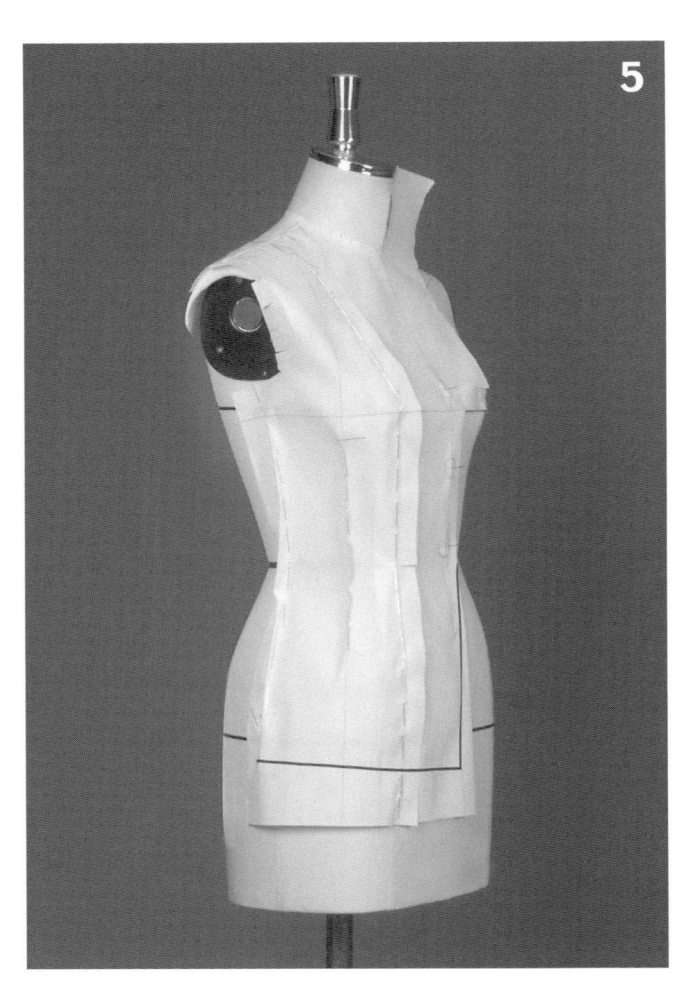

5 補助ダーツをとり、脇線でのシェープ分をつまんで前面からのシルエットを確認する。

6、7 後ろ身頃を作る。
　後ろ中心は布の厚み分として0.2〜0.3cmずらし、バストラインを水平に合わせる。
　衿ぐりをそわせ、後ろ中心で体型を把握しながらシェープ分をつまむ。切替え線を設定してシェープ分をつまみ、デザインテープでプリンセスラインをしるす。
　シェープしたピンをとり、縫い代を整理する。

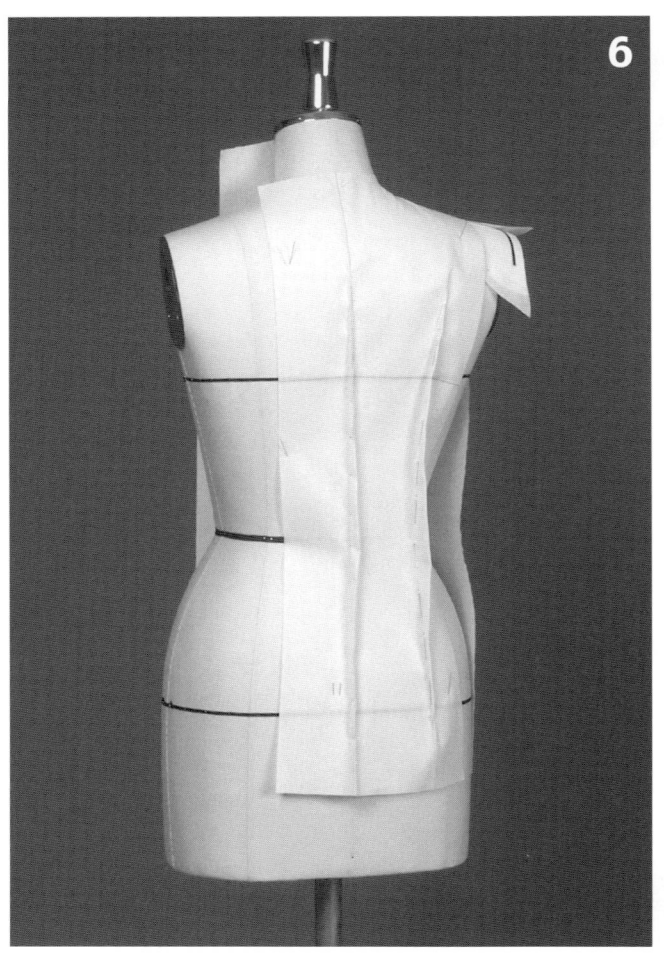

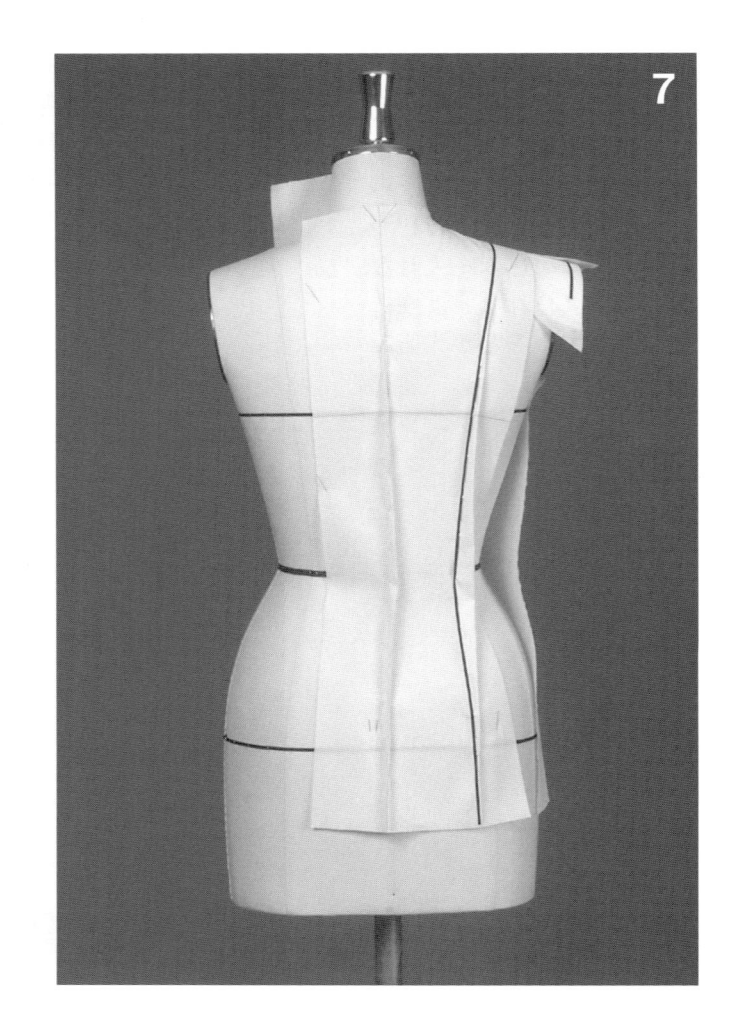

8～10 後ろ脇身頃を作る。

脇布を水平、垂直に合わせる。バストライン上でのゆとり、だき分量を確保して脇を止める。

プリンセスラインのバストラインから上は重ね、バストラインから下は、ウエストライン、ヒップラインでのゆとりを見ながらシェープ分をつまみ、確認してから縫い代を整理し、重ねピンで止める。

補助ダーツをとり、脇線でのシルエット作り、後面、側面からのシルエットを確認する。

11 ここでシルエットが見やすいように伏せピンで組み立て、アームホールを設定する。

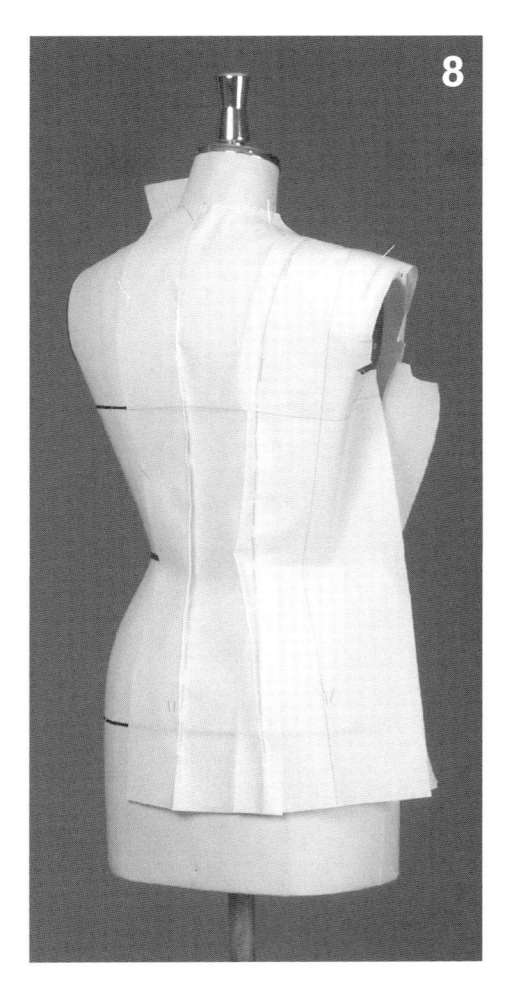

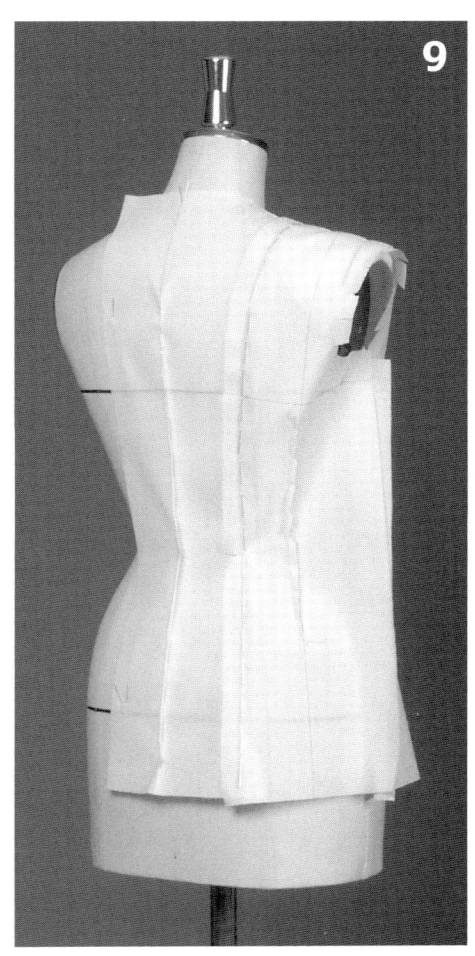

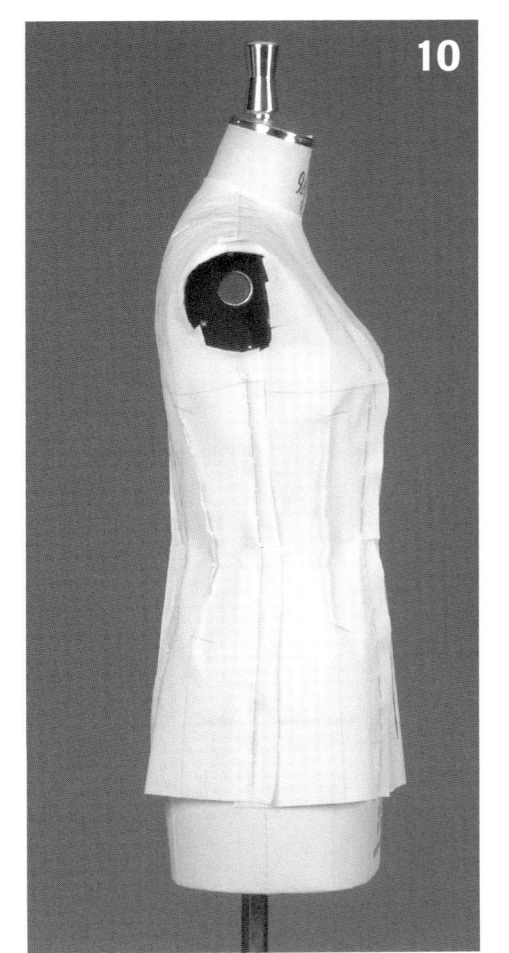

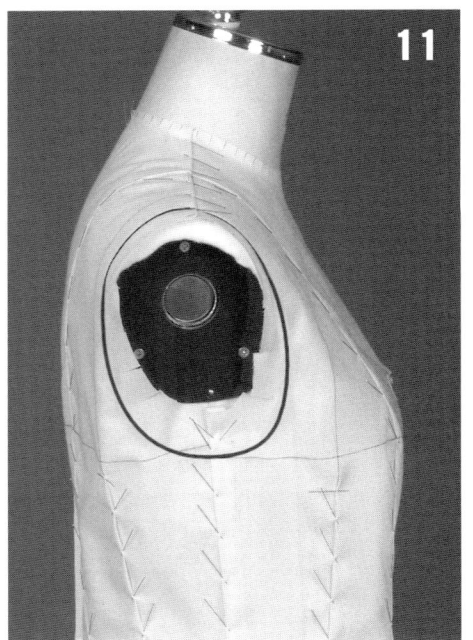

第4章　基本アイテムのパターンメーキング　135

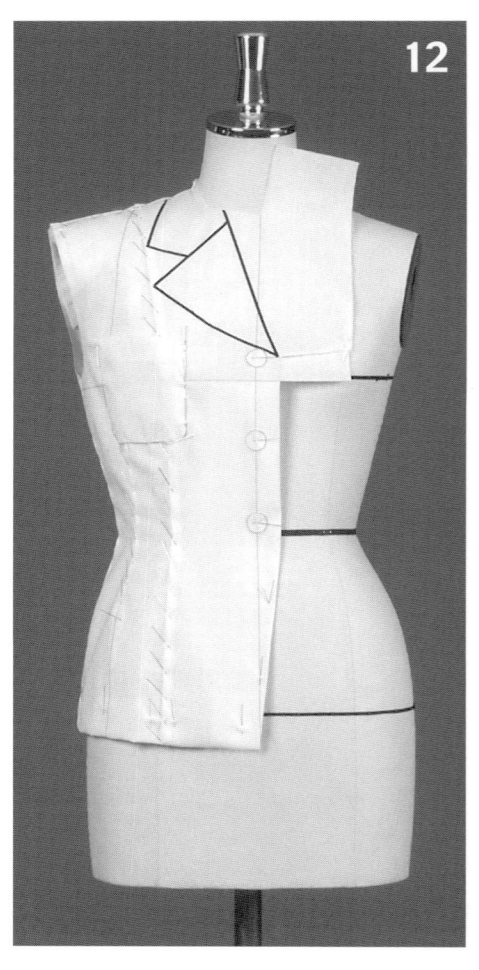

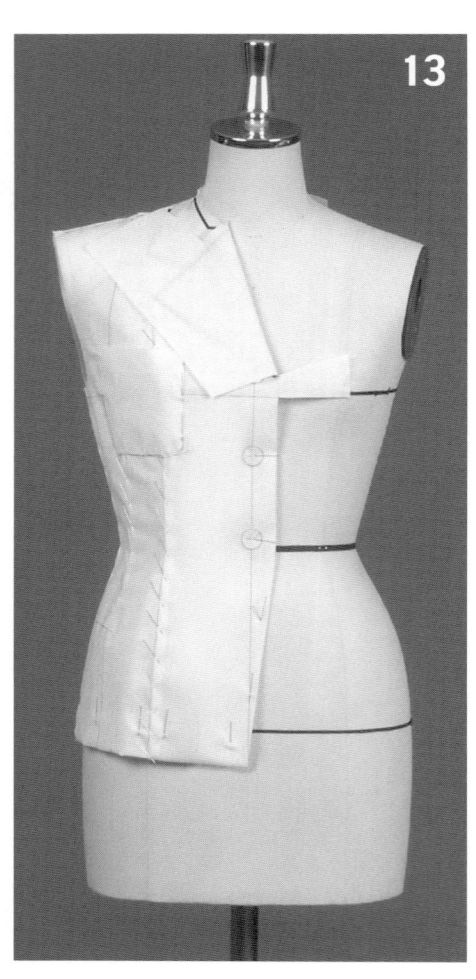

12、13 ラペル、上衿を作る。

　返り線を決め、身頃にデザインテープでラペル、上衿の感じをデザインする。全体のシルエットとデザイン線や、ボタン、ポケット等の位置やバランスを見ながらデザインすることが大切である。

　ゴージラインから後ろ衿ぐり線までしるす。

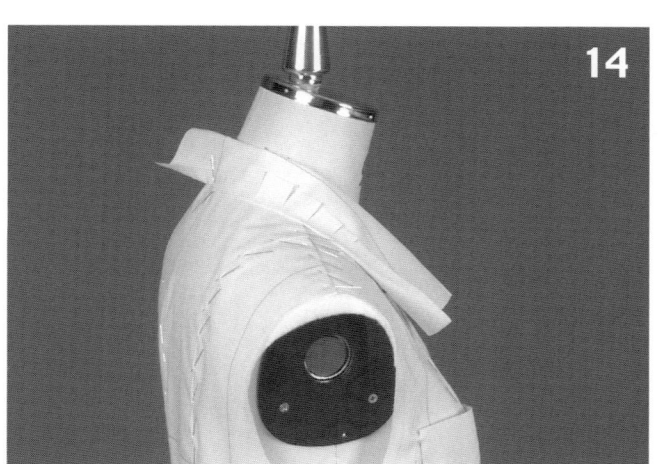

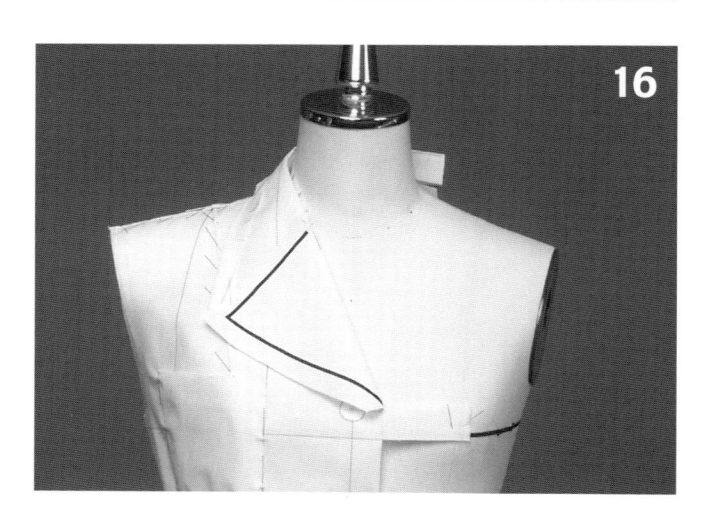

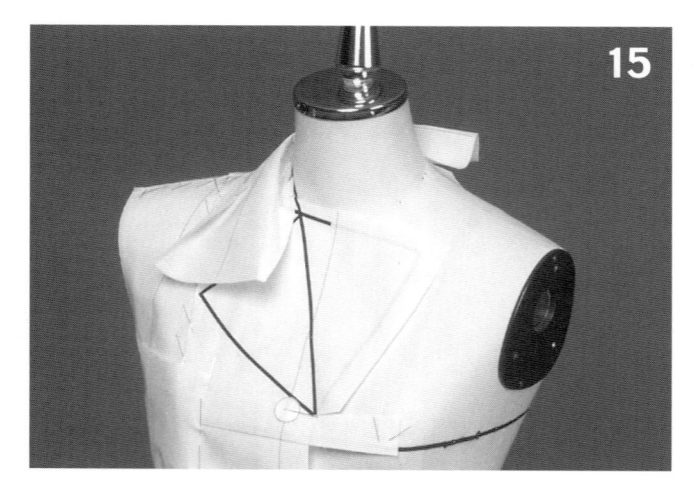

14～16 衿の布準備については前述の3面構成のジャケットの図参照。

　衿こし幅、衿幅を決めて後ろ中心から合わせ、縫い代部分に切込みを入れながら返り線を決めていく。そのとき衿の外回りが身頃から浮いたり、つれたりしないように、またラペルの返り線と上衿がつながるように合わせる。

17 衿つけ線をマーキングし、上衿をはずし、縫い代を整理して再構成する。

上衿とラペルの返り線が直線であることを確認し、衿の刻みを決める。

18 袖を作る。

静止時の美しさと、運動時の機能性の両面を考慮して、袖山の高さ、袖丈、方向性、袖口寸法を決めて平面作図をし、トワルで組み立てる（前述の3面構成のジャケットの図参照）。

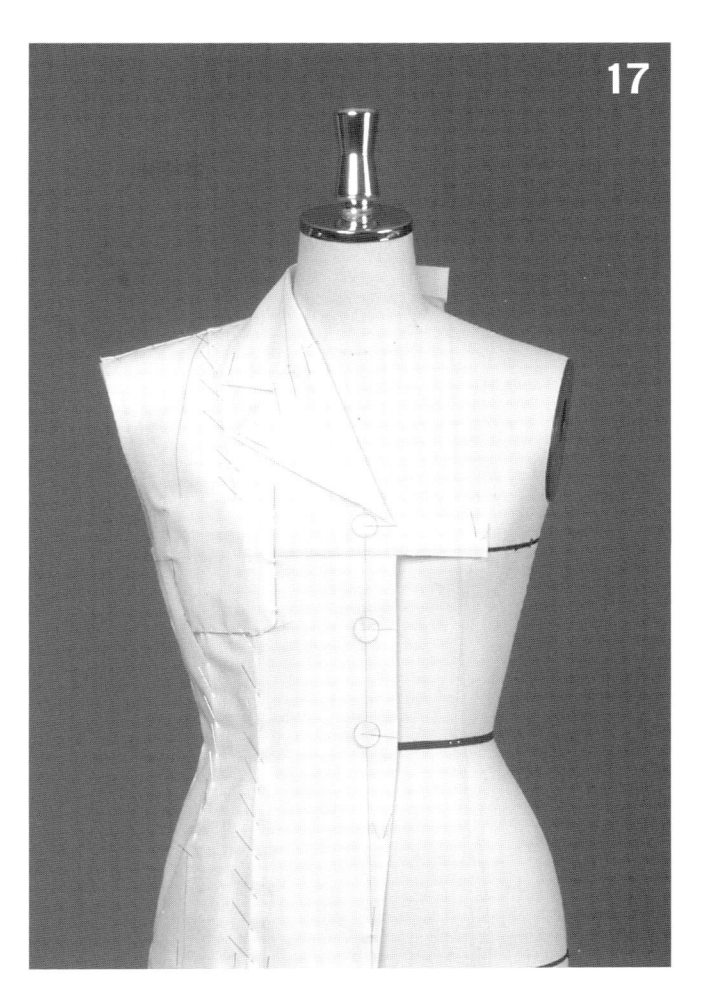

19〜21 ボディに腕をつけ、袖つけをする。

袖底を止め、袖山を止める。袖山の高さ、袖のすわり、方向性、いせの分量、袖丈、袖幅と身頃のバランスを確認する。

さらに前後の腋点あたりにピンを打ち、前後いせ分量の配分を確認する。

いせの配分を見ながら、前、後ろ、交互にピンを打ち、袖をつけていく。身頃のだき分と袖の厚みをだしながら形作る。

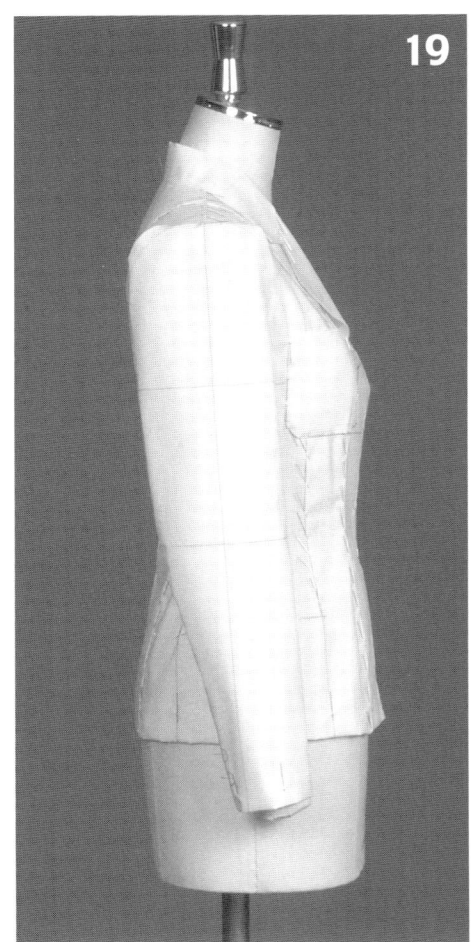

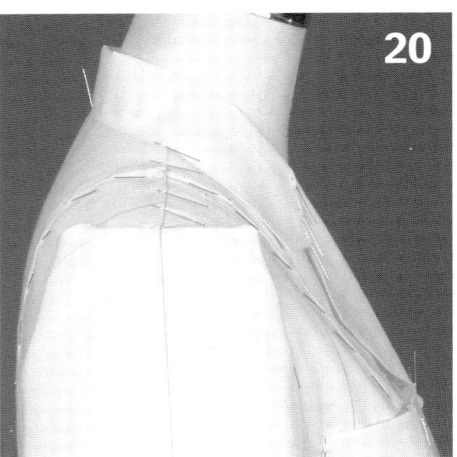

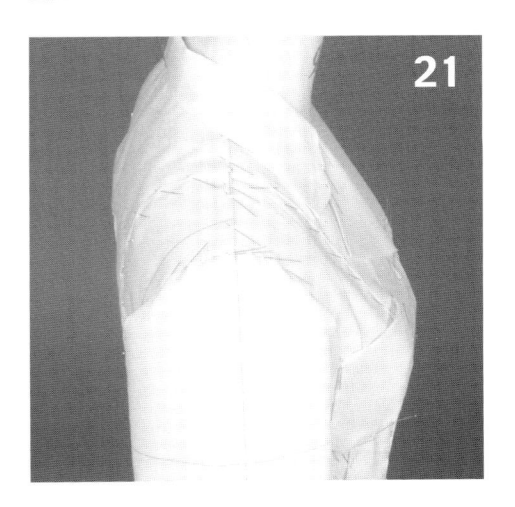

出来上り

シルエットと構造線、各ディテールの位置やサイズ等、全体のバランスを、前面、側面、後面から確認する。

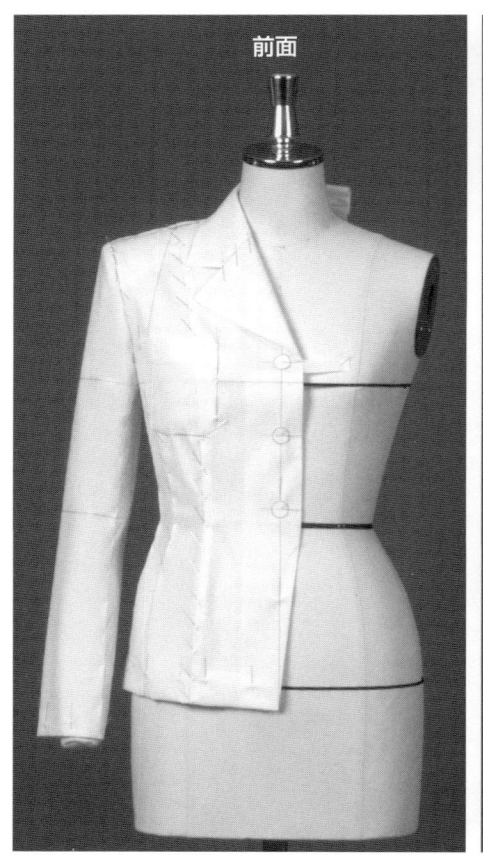

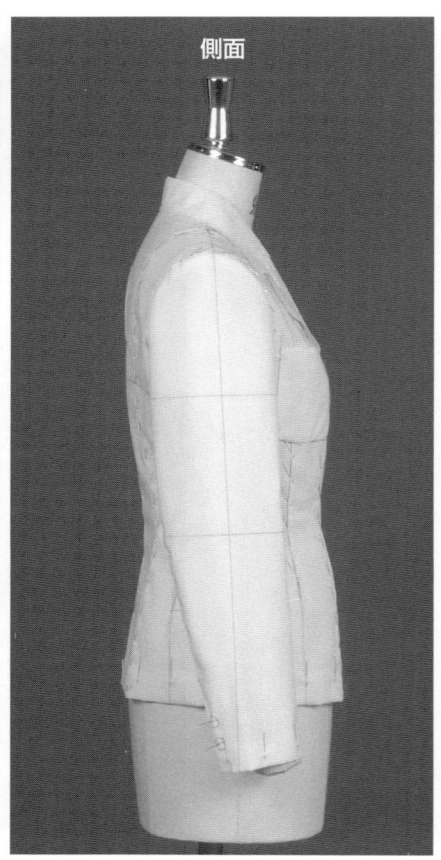

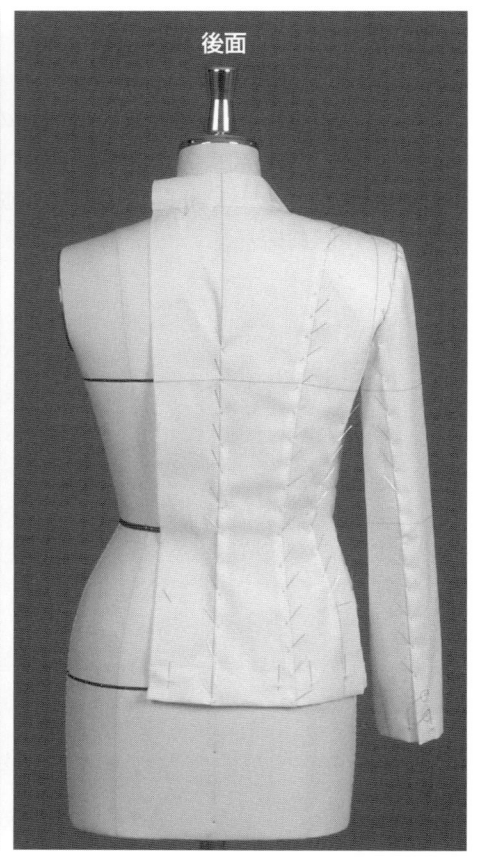

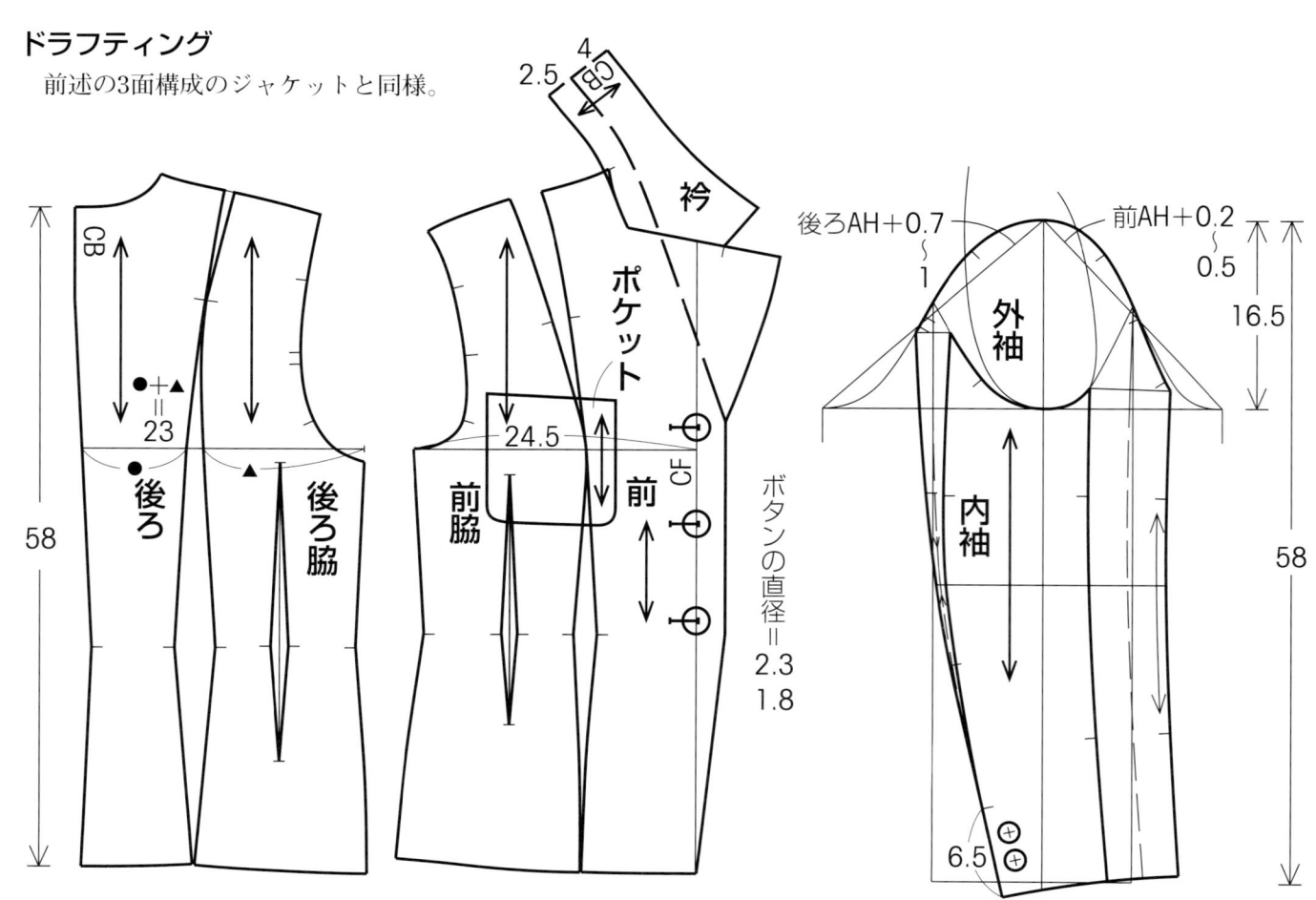

前面　側面　後面

ドラフティング

前述の3面構成のジャケットと同様。

平面作図によるパターンメーキング

プリンセスラインのジャケット原型使用

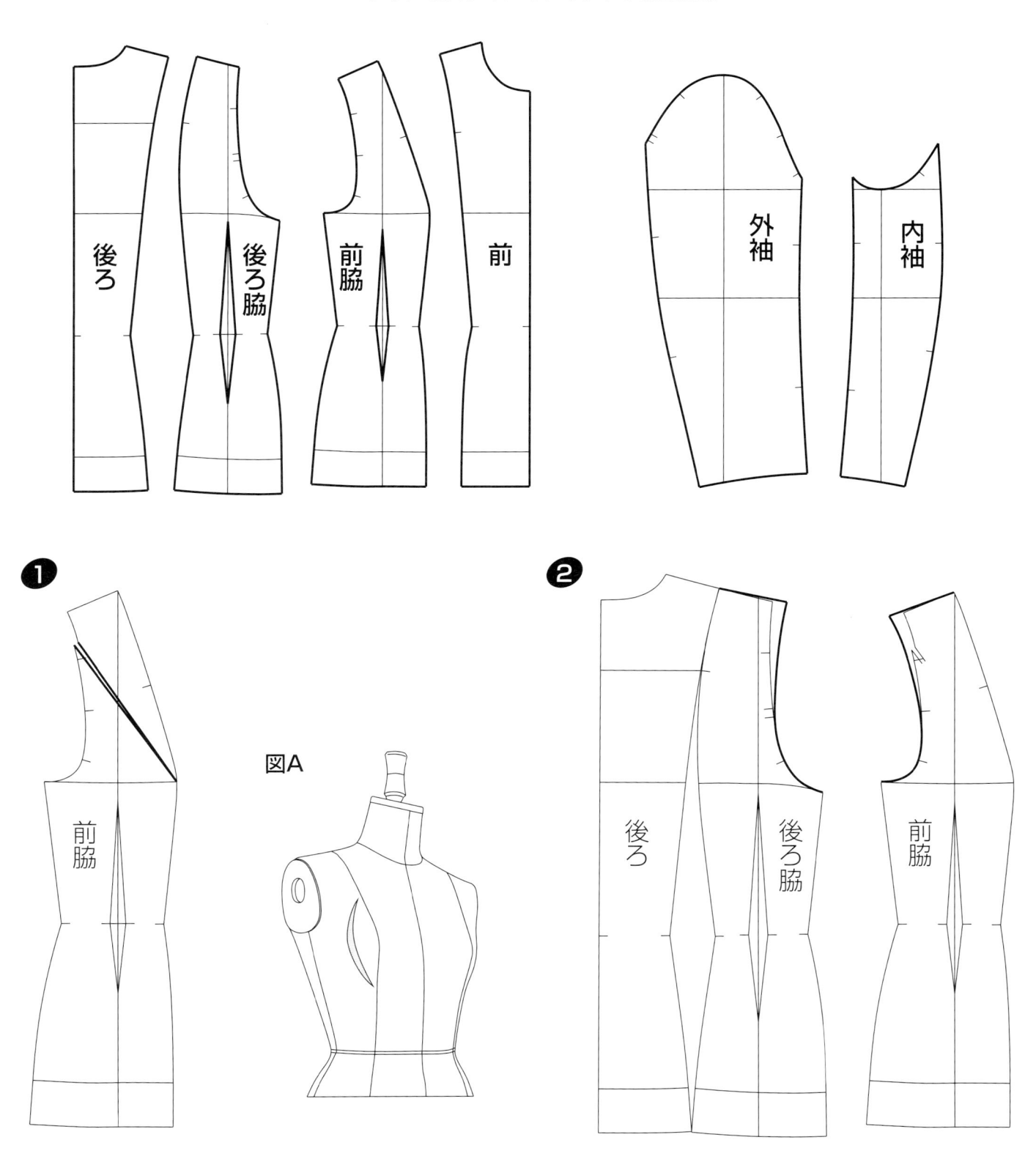

❶

図A

❷

- 前身頃は肩からのダーツ分量が多すぎると図Aのようなしわができるので、バストポイントを基点に袖ぐりで0.3cm開く。この分量は袖ぐりのゆとり分となる。

- 後ろ身頃は背肩幅を21cmにし、袖ぐり寸法を変えずに後ろ脇身頃の肩と袖ぐり線を引き直す。
- 後ろ脇身頃の肩幅と同寸法にして、前脇身頃の肩と袖ぐり線を引き直す。

第4章 基本アイテムのパターンメーキング

❸

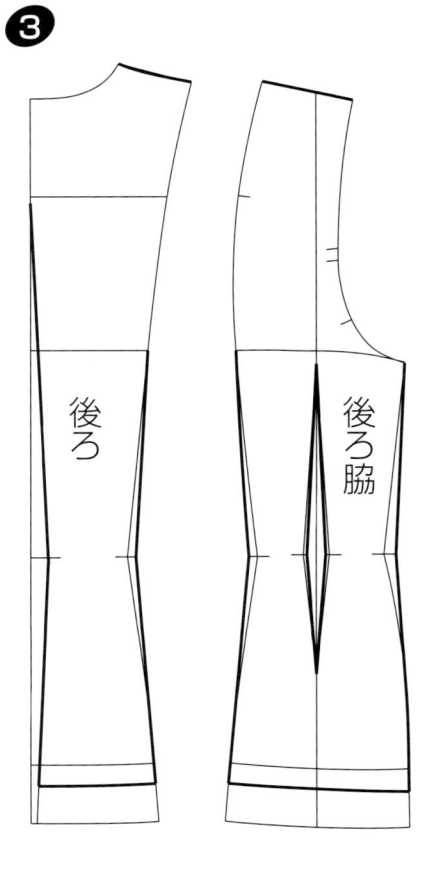

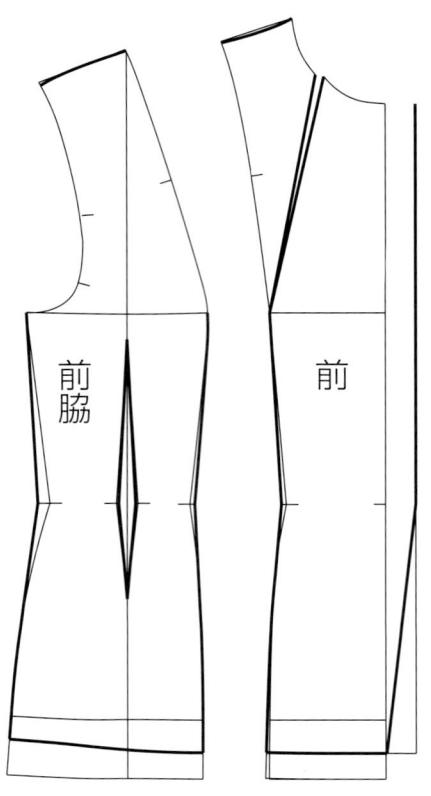

- 前衿ぐりに1cmゆとりを入れる。
- 各切替え線とダーツでウエストにゆとり分を加える。ただし後ろ中心では1.5cmウエストをしぼる。
- 前中心から2.5cmの打合せ分を加え、ウエストから下を斜めにして前端線を引く。
- 後ろ中心で着丈を決め、前下りを1cmつけて裾線を引き直す。
- 前後の肩線を衿ぐり近くでくり、前身頃は肩先をカットして丸みをつけ、肩線を引き直す。

❹

布地の厚み分
衿こし幅（a）
かぶり分
衿幅（b）
後ろ中心

- 衿の作図をする前に衿こし幅（a）と衿ぐりからのかぶり分を決める。
- 衿幅（b）は衿こし幅＋かぶり分＋布地の厚みとなる。

❺

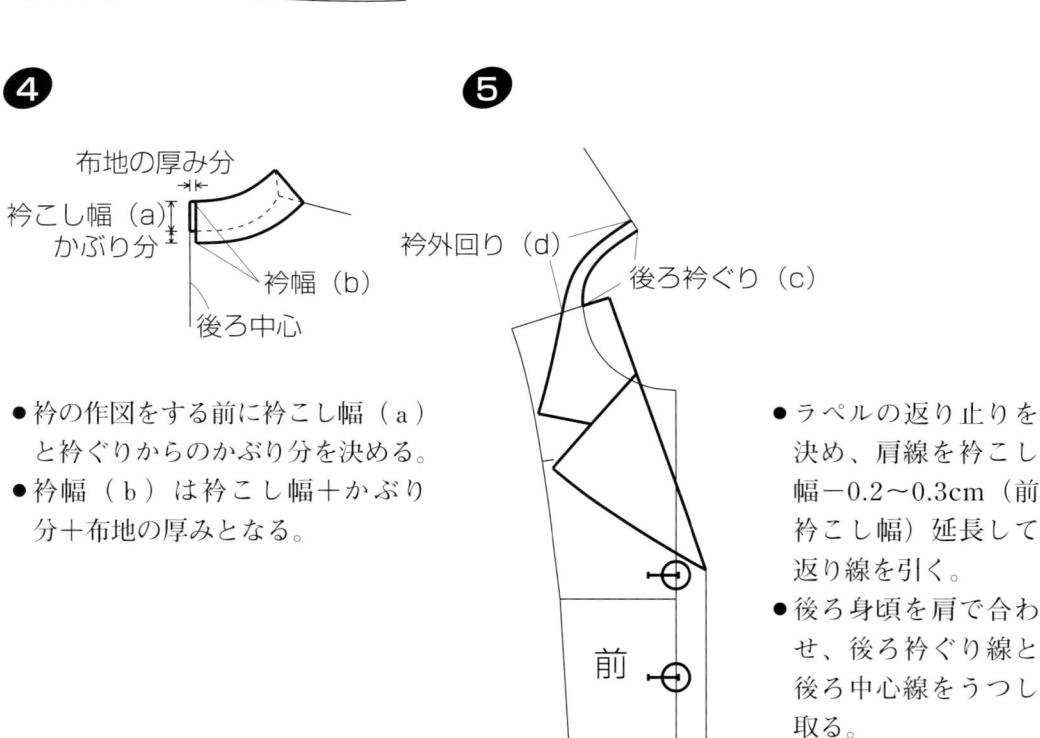

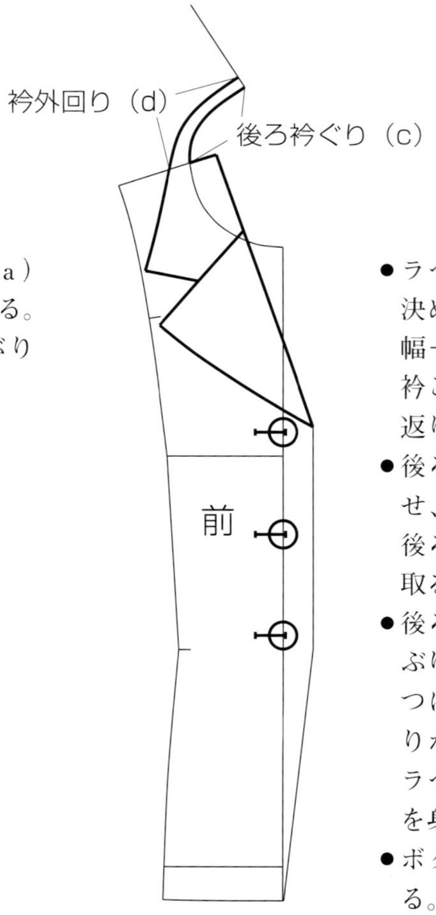

衿外回り（d）
後ろ衿ぐり（c）
前

- ラペルの返り止りを決め、肩線を衿こし幅−0.2〜0.3cm（前衿こし幅）延長して返り線を引く。
- 後ろ身頃を肩で合わせ、後ろ衿ぐり線と後ろ中心線をうつし取る。
- 後ろ中心で1cmのかぶり分（4図参照）をつけ、後ろ衿の外回りから続けて前衿とラペルのデザイン線を身頃にかく。
- ボタンの位置を決める。

❻

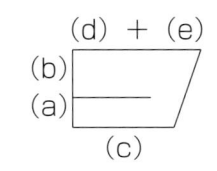

(d) ＋ (e)
(b)
(a)
(c)

身頃の上に衿がのる
外のり分

- 衿こし幅（a）と衿幅（b）で後ろ中心線を引き、後ろ衿ぐり寸法（c）と後ろ衿外回り寸法＋外のり分（e）を後ろ中心線に直角に引き、後ろ衿の案内線とする。

❼

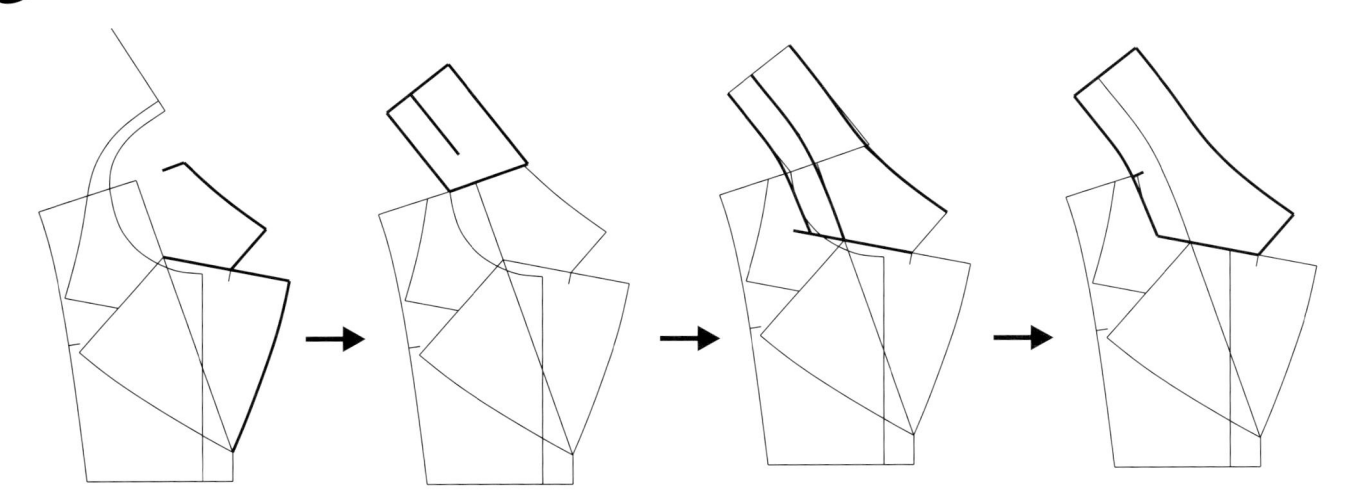

- 上衿とラペルを、返り線を軸に反転してうつす。
- 6で作図した後ろ衿を、サイドネックポイントから反転した上衿に続けてうつし取る。
- 反転したゴージラインを延長する。

- 衿つけ線、衿外回り線、返り線をつながりよく引き直す。
- 肩との合い印を入れる。

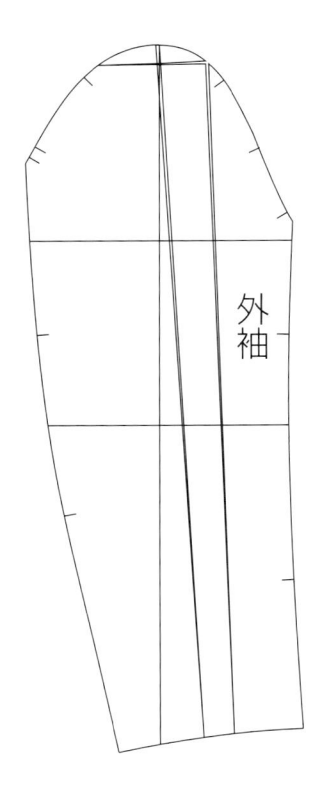

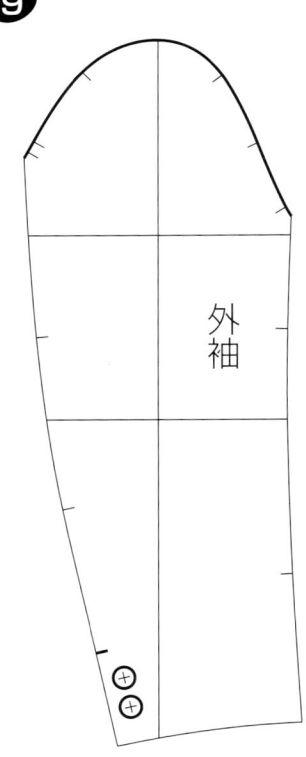

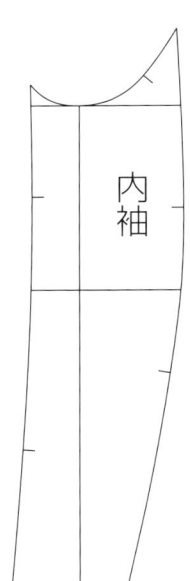

❽

- 前袖ぐりで開いた分量（1図参照）を袖山の同位置（いせ分量を確認して位置を求める）で開く。
- 前肩先でカットした分量（3図参照）を袖山の同位置でたたむ。

❾

- 袖山線を引き直す。
- 袖口のあきみせ止りとボタン位置を決める。

第4章 基本アイテムのパターンメーキング 141

❿ 完成パターン

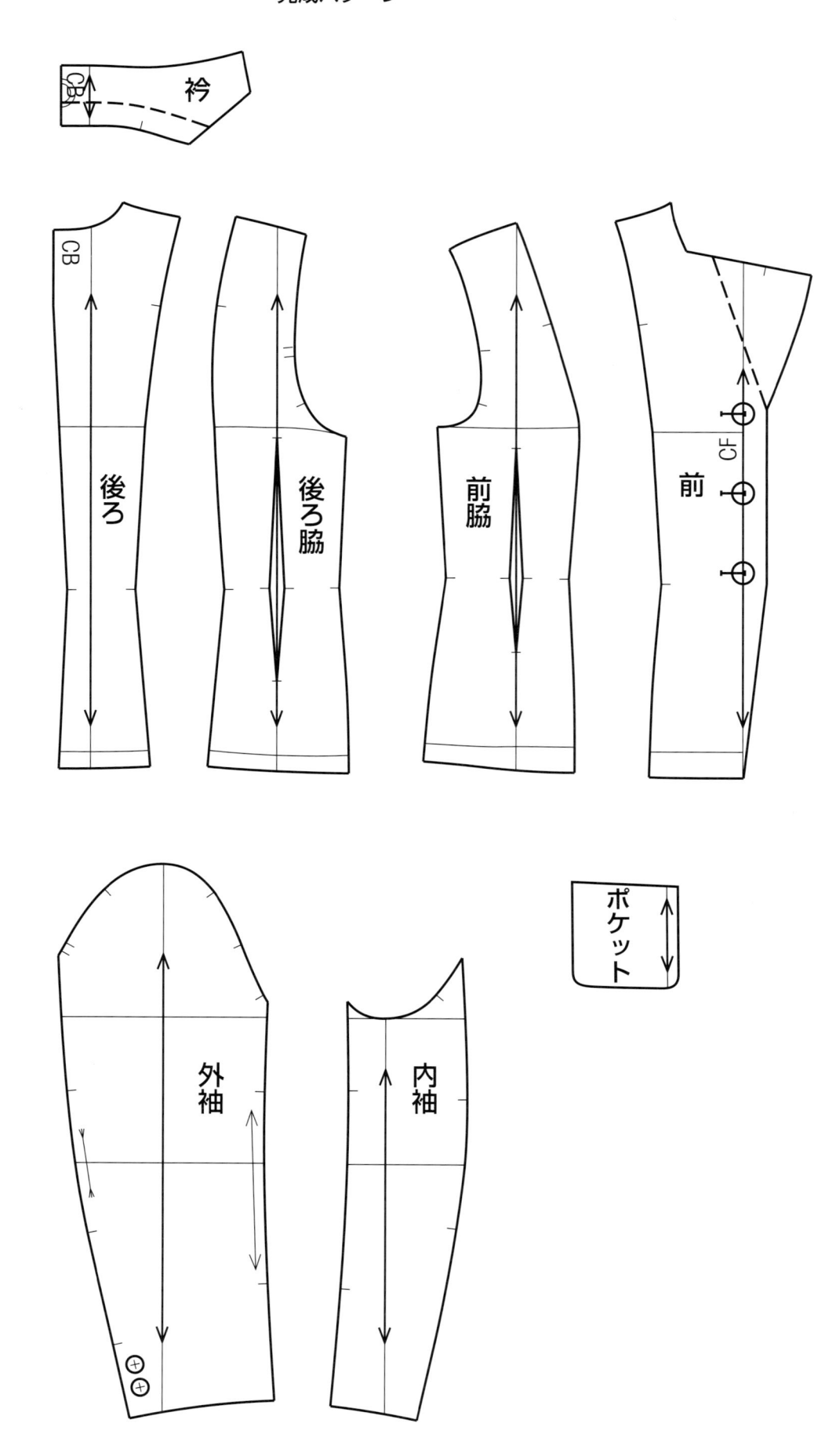

Ⅴ コート

1 ラグランスリーブのコート

　ダブル前で、前端はバストライン付近で大きな曲線を描き、前裾でやや狭くし、直線で結んだラグランスリーブのコート。衿は幅の広い立ち衿で、前中心にタブをつけ、肩には長めの肩章、ポケットは斜めの箱ポケットで、ベルテッドコートになっている。

ボディの準備

　肩パッドの種類は数多くあるが、その中よりシルエットに合ったものを選ぶ。このデザインの場合、丸みのある肩なのでラグラン用の肩パッドを使用する。
　デザイン画のシルエットを見ながらコートの背肩幅を決め、肩パッドをつける。肩線と肩先部分（背肩幅位置）にデザインテープをはる。

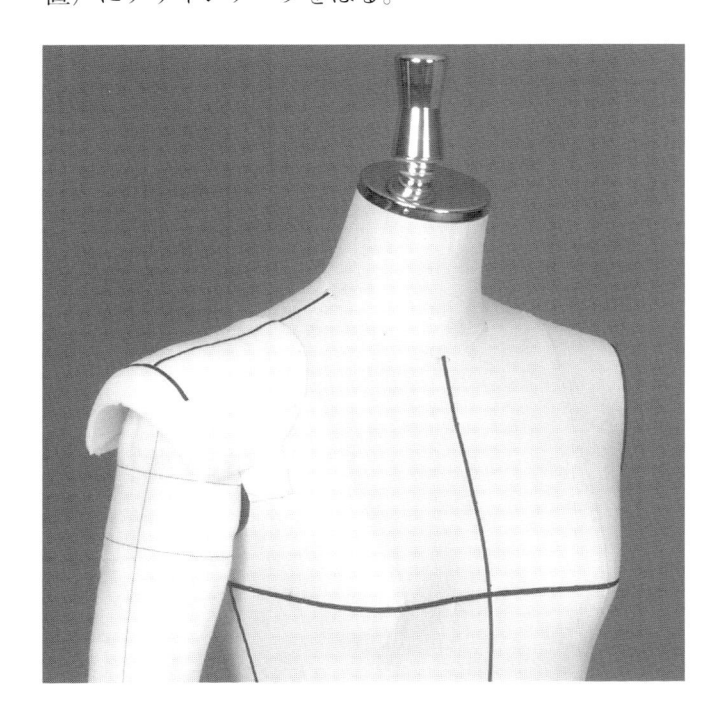

第4章　基本アイテムのパターンメーキング　143

トワルの準備

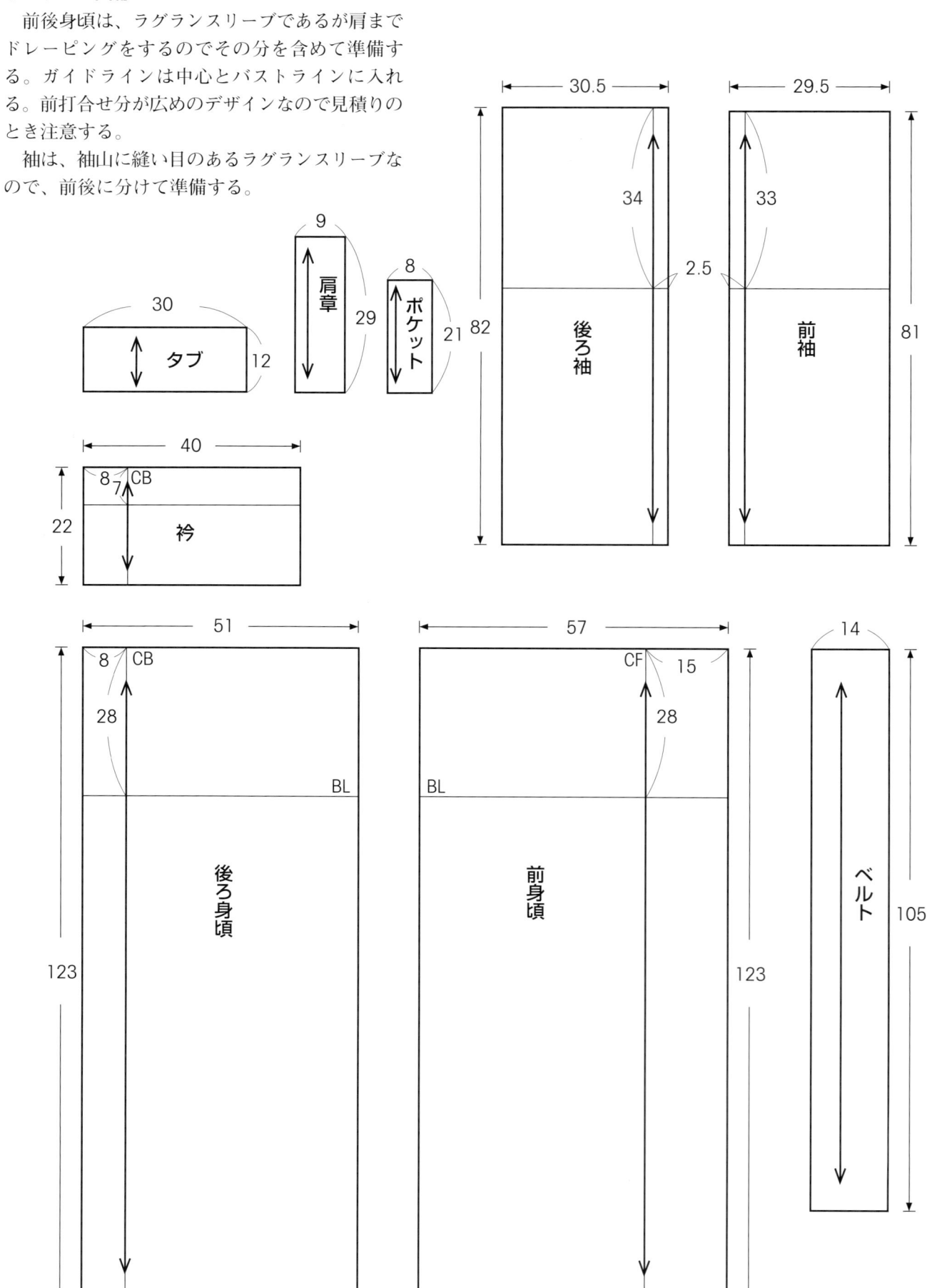

前後身頃は、ラグランスリーブであるが肩までドレーピングをするのでその分を含めて準備する。ガイドラインは中心とバストラインに入れる。前打合せ分が広めのデザインなので見積りのとき注意する。

袖は、袖山に縫い目のあるラグランスリーブなので、前後に分けて準備する。

ドレーピング

1 前身頃を作る。

バストラインを合わせ、前中心を右身頃側に0.7cmくらいずらして垂直に合わせ、ピンを打つ。前中心を0.7cmくらいずらすのは、前身頃の重なり分、布の厚み分、コートの上回り分を入れるためである。

バストラインを水平に合わせ、左右のバストポイントをピンで止め、衿ぐりの前中心に切込みを入れる。

2 ジャケットと同様に、バストラインとサイドネックポイント(SNP)の間でコートとしての上回り分を入れながら肩をなじませ、サイドネックポイントあたりと肩先にピンを打つ。

衿ぐりの余分な布をカットする。デザイン画で衿ぐりが大きくカットされている場合でも、最初から切りすぎないように注意したい。

デザイン画を見ながらボタン位置を決める。

3 胸ぐせを肩と裾に分散する。

肩パッドを入れたことにより、胸ぐせが分散される。裾のゆとりは、デザインを読み取り、胸ぐせを裾に分散し、ピンを打つ。

肩線、袖ぐりの余分な布をカットする。

デザイン画を見ながら衿ぐり、前端をデザインテープで決める。

ボディから離れ、出来上りの感じを確認する。

4 後ろ身頃を作る。

バストラインを合わせ、後ろ中心に厚み分として0.3cmくらい入れて垂直に下ろし、肩甲骨あたりの布目を水平に合わせてピンを打つ。前身頃と同様に、バストラインとサイドネックポイントの間で上回り分を入れる。

後ろ衿ぐりの余分な布をカットする。

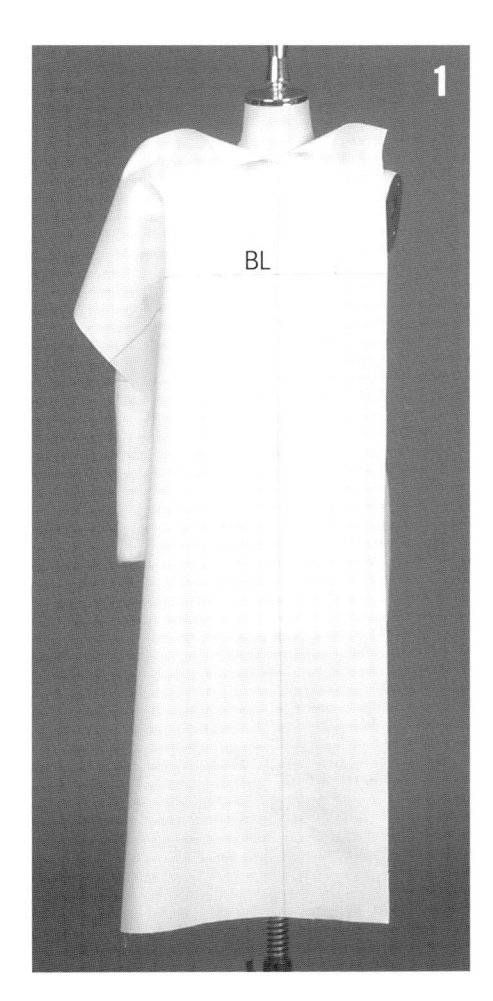

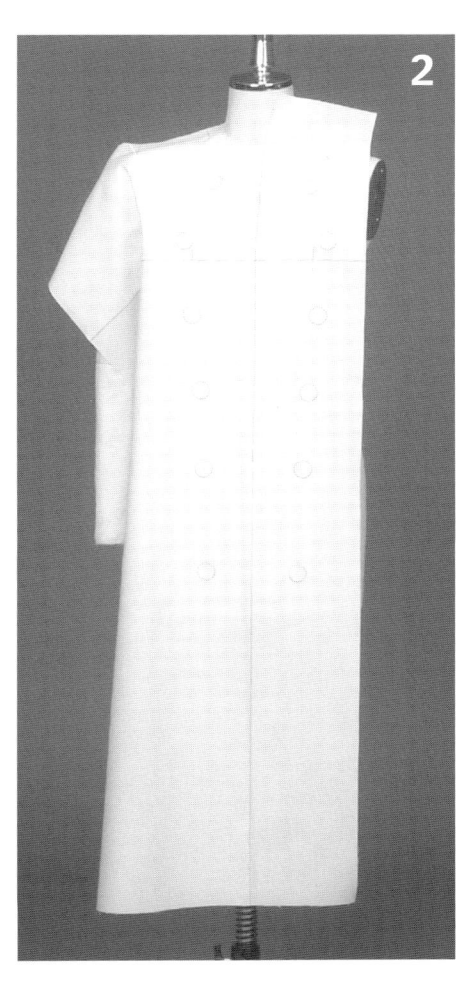

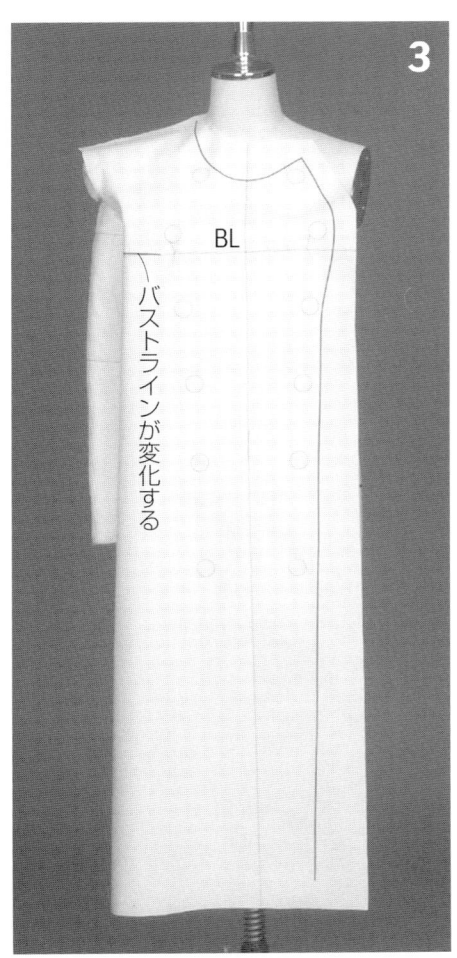

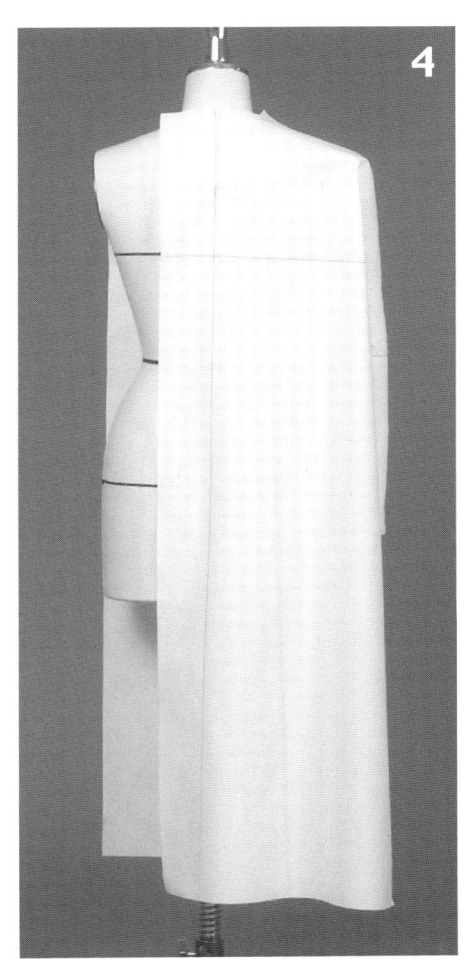

第4章 基本アイテムのパターンメーキング

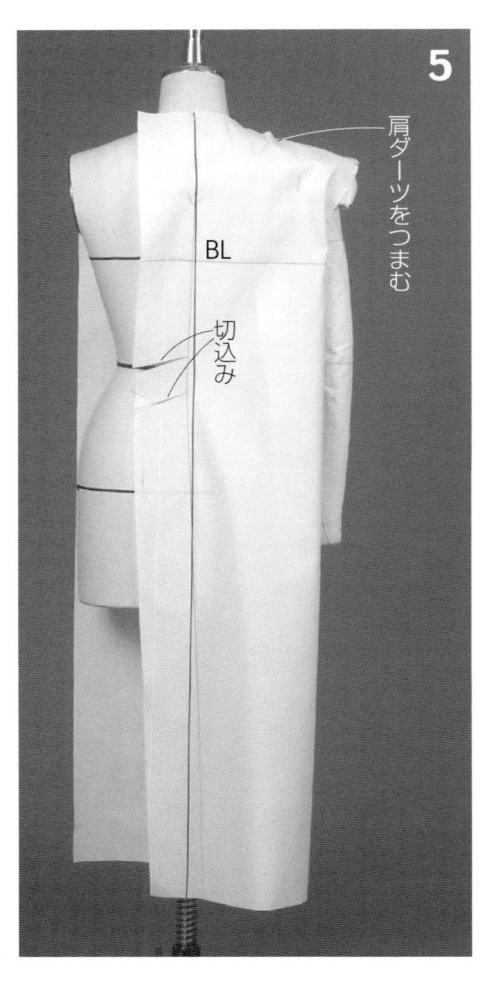

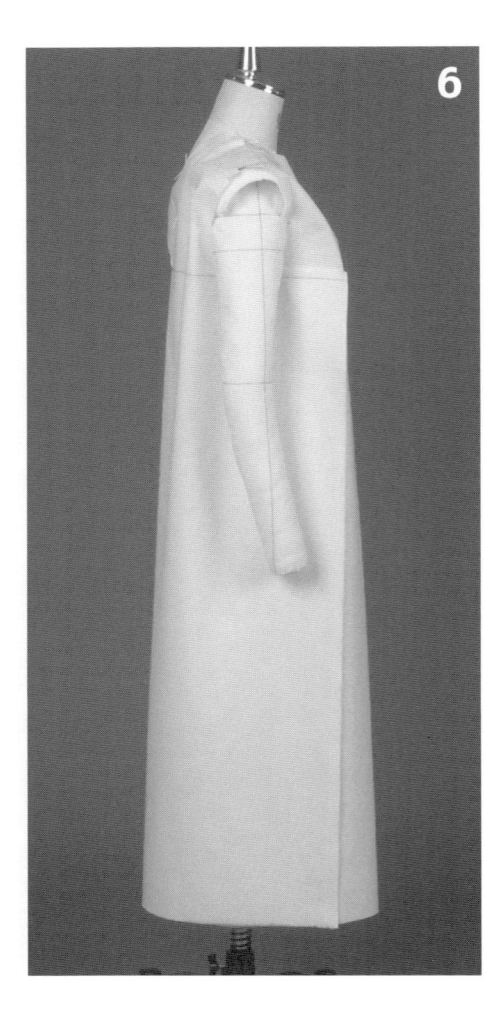

5 後ろ中心線を決める。

後ろ中心裾で少し広がりをだすため、ウエストラインをはさんで2か所に斜めの切込みを入れる。後ろ中心ウエストをしぼり、裾広がりにデザインテープをはる。

脇のゆとりは前面、側面、後面のバランスを見ながら決める。

肩線、袖ぐりの余分な布をカットする。

6 脇線を決める。

脇を重ね、側面を見ながら台形のシルエットを作り、肩を合わせる。肩を合わせるとき、肩ダーツ分量をつまんでおき、あとでラグラン線で処理をする。

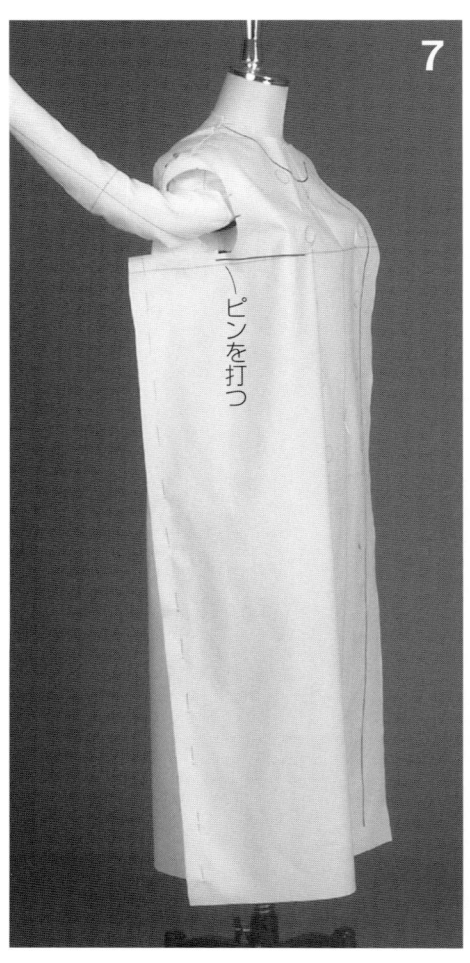

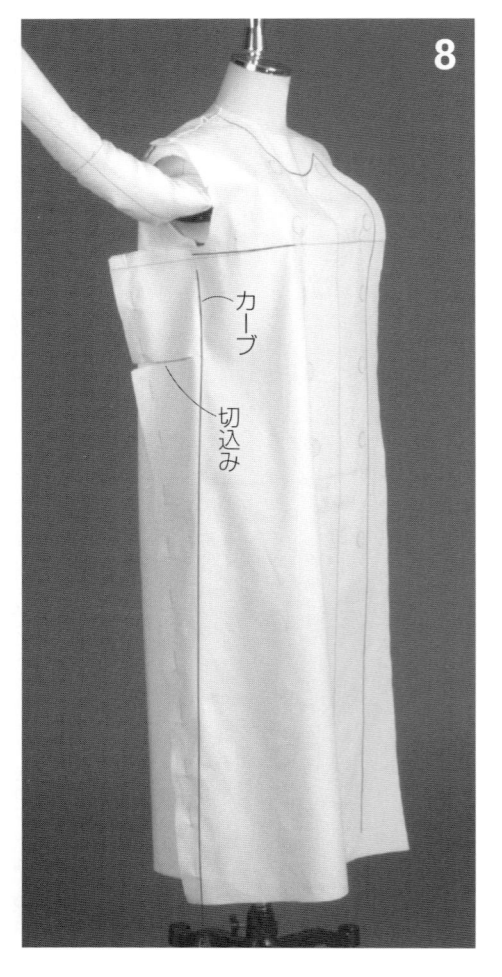

7 前後身頃のゆとりを確認しながら脇を合わせ、布端を縦ピンで裾まで打つ。

8 デザインテープで脇線を引く。ウエストライン付近のしぼり位置から下は垂直にし、バストラインに向かってラグランの袖ぐり下につながるようにカーブで引き直す。

脇のしぼり位置に切込みを入れておく。脇の余分な布をカットする。

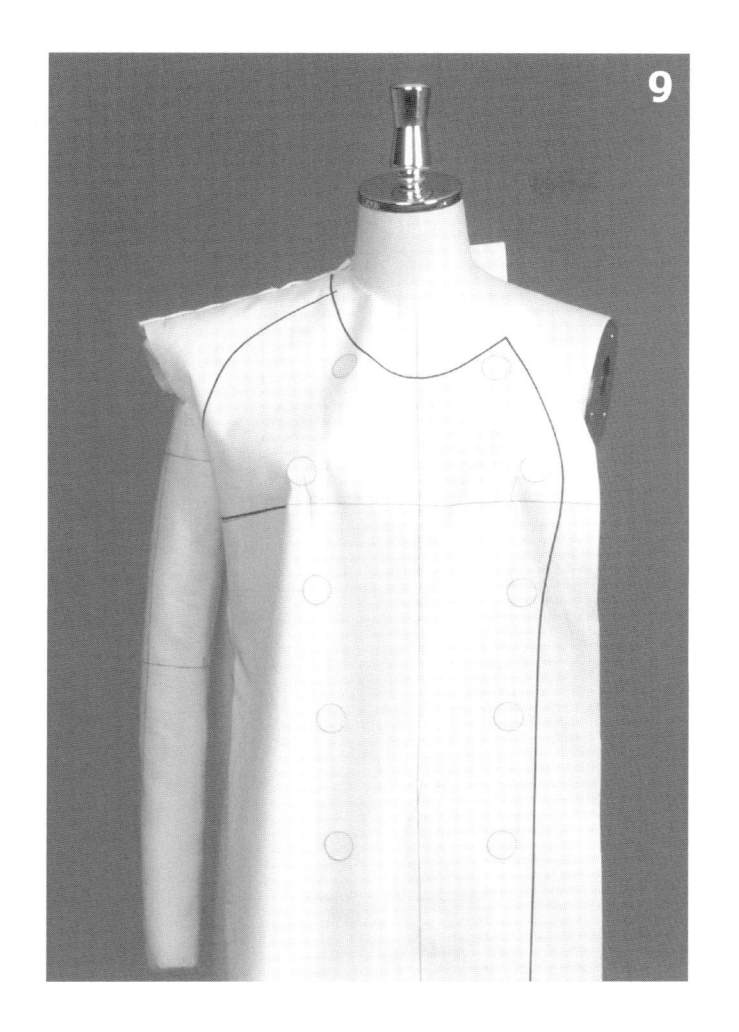

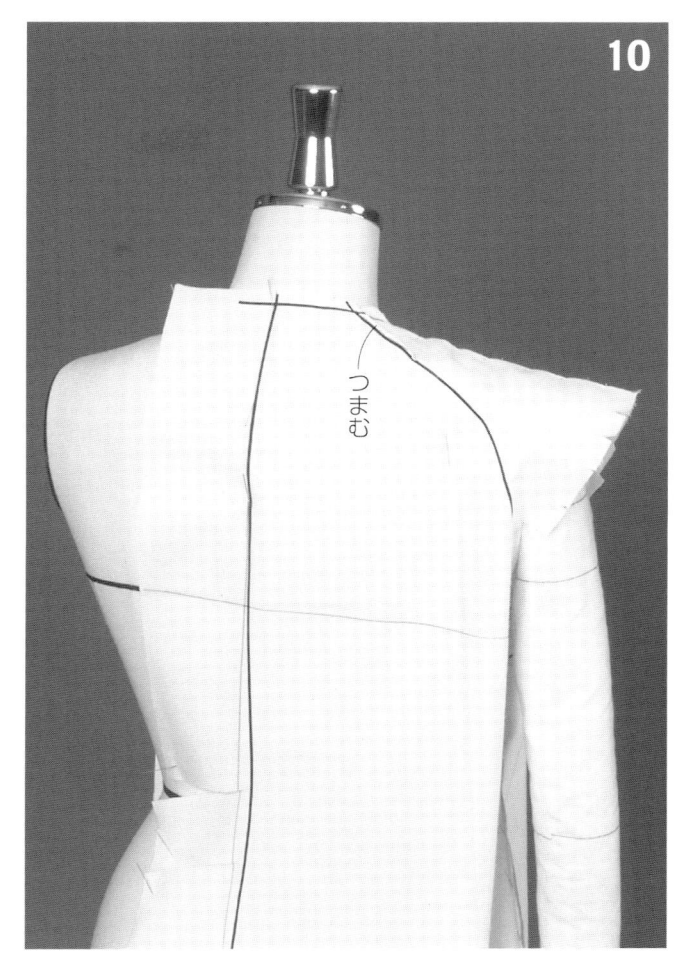

9、10 前後のラグラン線を決める。
　デザインを見ながら衿ぐりから袖ぐり底まで決め、デザインテープをはる。前衿ぐりから続けて後ろ衿ぐりにデザインテープをはる。
　肩ダーツ位置までの肩線のピンをはずし、肩ダーツをラグラン線に移動し、ピンを打つ。
　マーキングをし、ボディよりはずしてチェックをし、身頃を組み立てる。

11 袖ぐりを確認する。

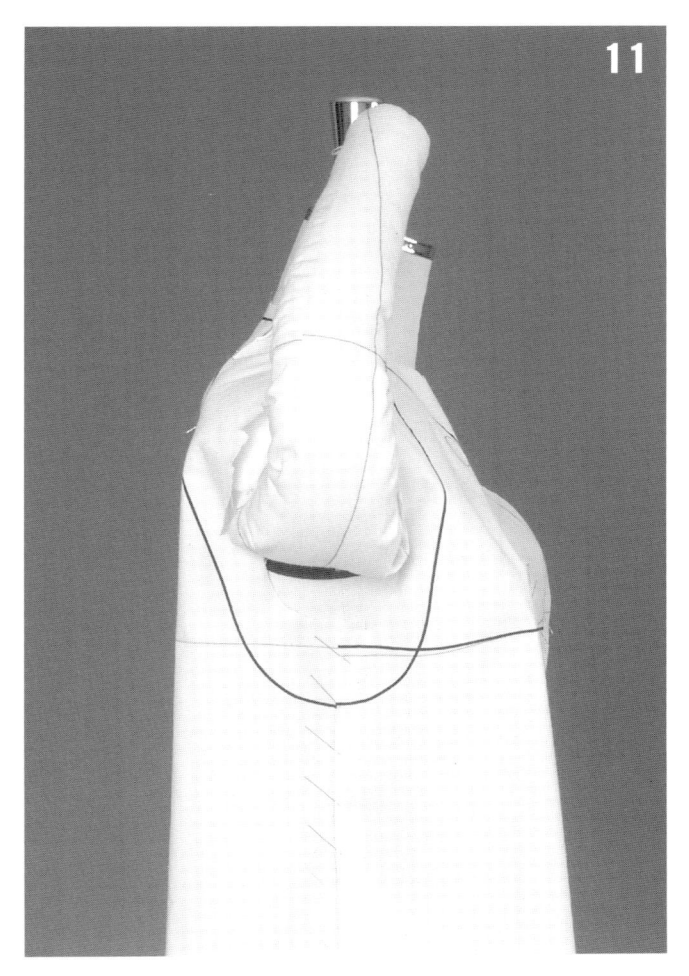

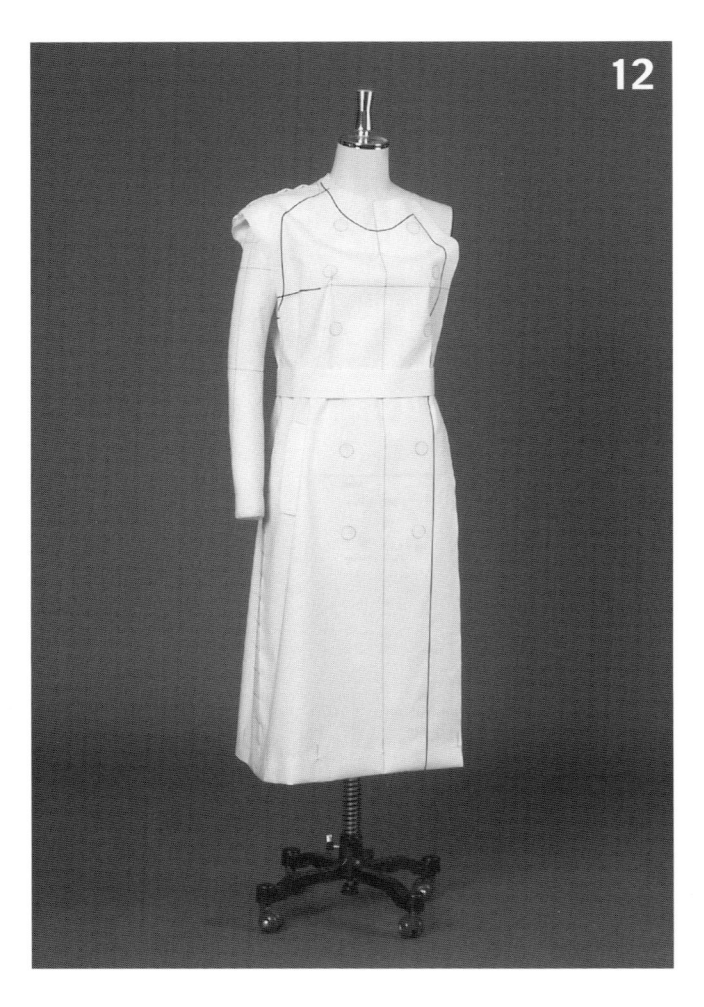

12 ベルト幅を決め、ベルトをつけてからコート丈を決めて裾上げをする。

バランスを見ながら箱ポケットの大きさ、位置を決める。

ボディから離れ、前面、側面、後面から確認する。

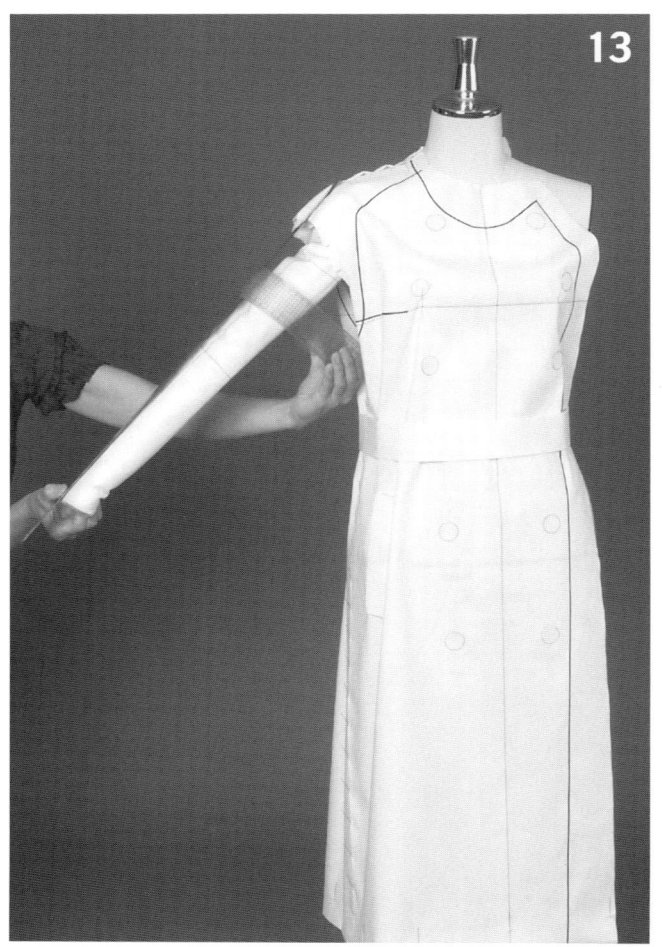

13 袖を作る。

写真のように腕を上げて肩傾斜を決め、傾斜に直角に定規を当てて袖幅を決める。身頃の袖ぐり底とぶつかった位置が袖下位置になる。

袖山線の決め方

ラグランスリーブは、身頃から続いている袖なので、肩先を基点とした袖山線の傾斜（角度）の決め方が重要になる。袖山の高さは傾斜の角度によって決まってくる。

傾斜が強いと袖山が高くなり、袖幅は狭く、袖下寸法も短くなり、機能性が悪くなってくる。反対に傾斜が弱いと袖山が低くなり、腕は上がりやすくなるが、袖幅が広くなる。デザインと機能美をとらえ、袖山線の傾斜（角度）と袖山の高さを決める。

14 前後の袖を図のようにピンで止める。ボディのショルダーポイント（SP）に袖を仮止めし、袖山の高さと腕の方向性を確認しながら前袖幅、後ろ袖幅を決める。腕の方向性により、前袖幅より後ろ袖幅のほうが広くなる。

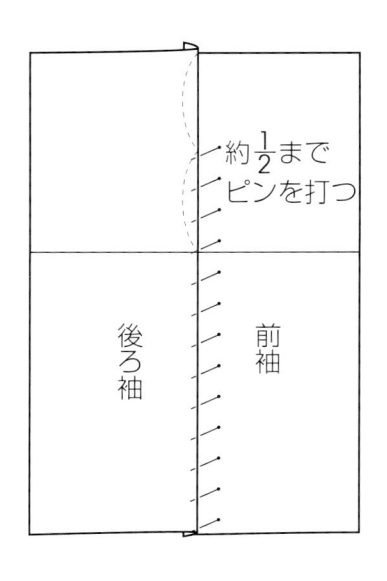

15 前後袖下を決める。
袖つけ下を1本のピンで止め、袖口に向かってカーブで袖下線にデザインテープをはり、袖丈、袖口寸法を決め、ピンを打つ。

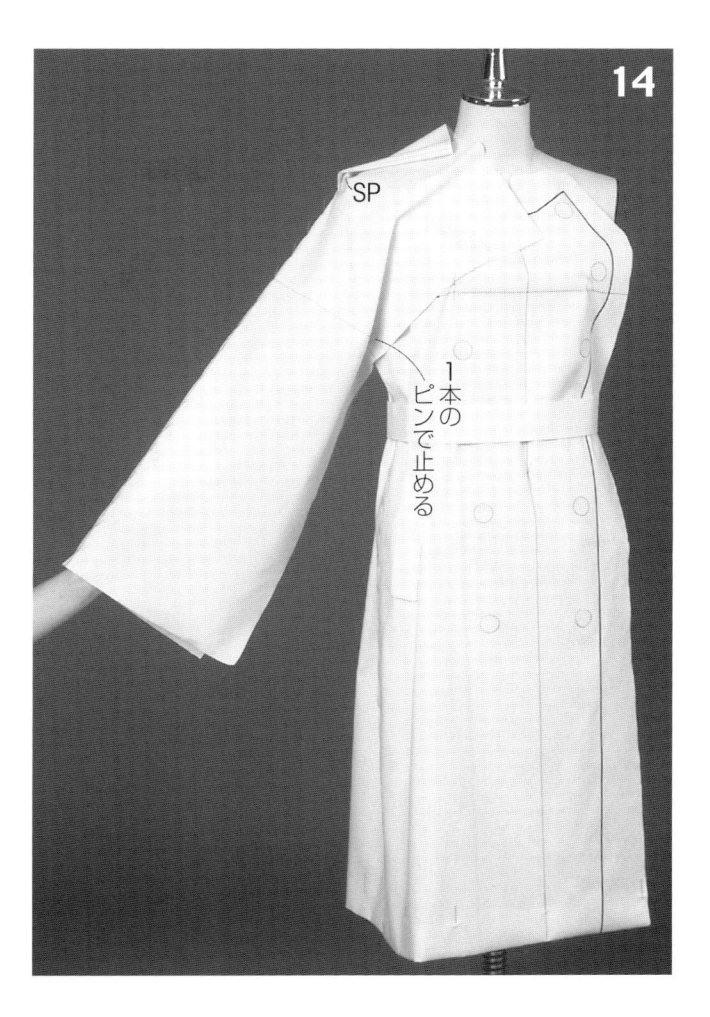

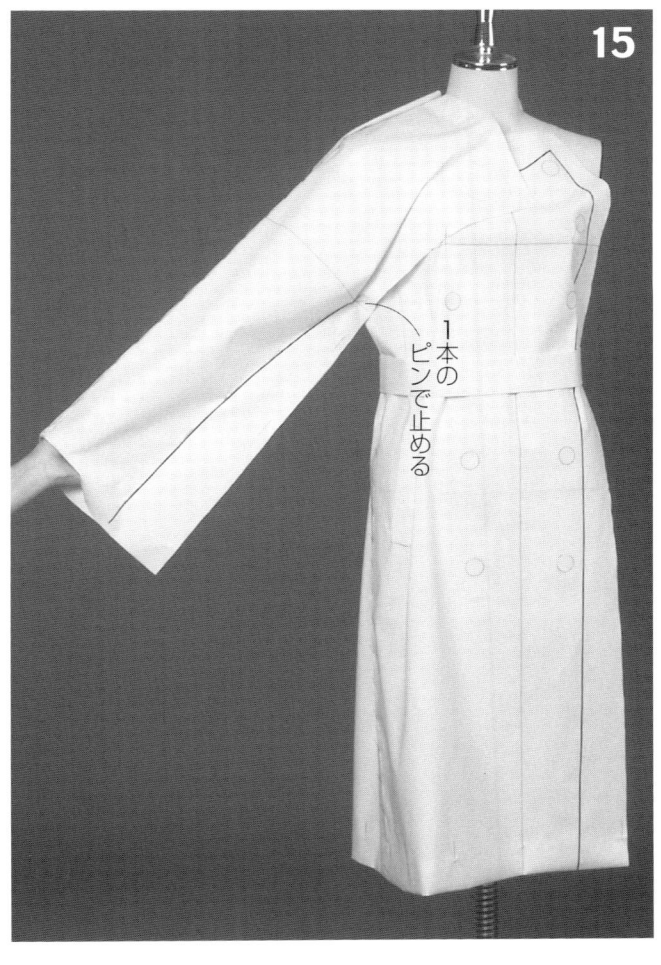

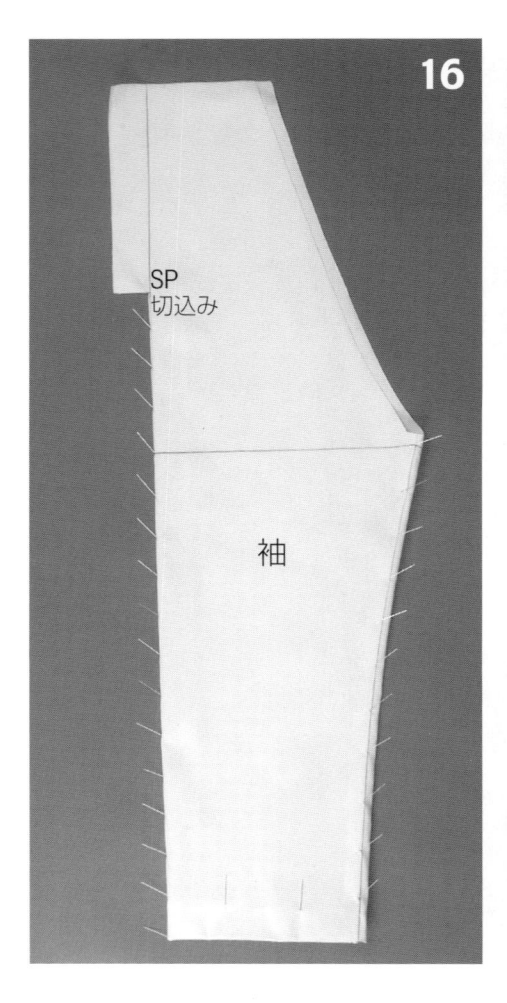

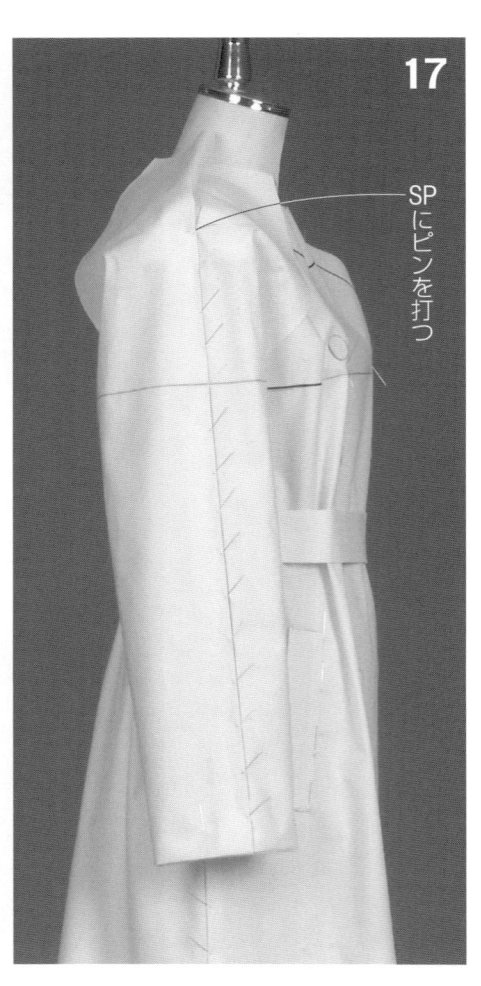

16 ボディから袖をはずし、袖下を2枚一緒にチョークペーパーで印をつけ、袖下の余分な布をカットし、写真のようにピンで止めて筒状にする。

ラグラン線の余分な部分をカットしておく。

ショルダーポイントに切込みを入れる。

17 袖山と袖底をそれぞれ1本のピンで止め、袖の方向と形を見る。

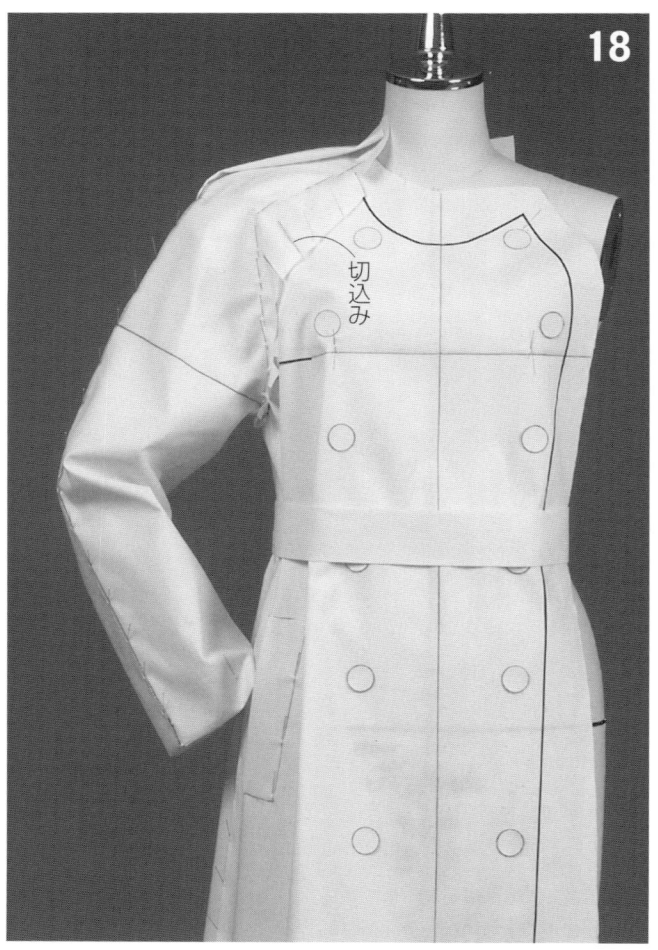

18 腕を曲げて腰にピンで止め、前身頃のラグラン線上に前袖を重ね、切込みを入れながらピンを打つ。袖ぐり下のカーブの合せ方に注意する。

19 後ろラグラン線も前と同様に切込みを入れながらピンで止める。

20 腕の方向性と袖幅を確認する。

21 肩線を決める。

　後ろ肩を上にし、いせ分を入れながら肩を合わせる。次に袖山に丸みをつけ、ピンを打ち直す。

　袖のマーキングをし、ボディからはずして出来上り線をしるす。余分な布をカットする。

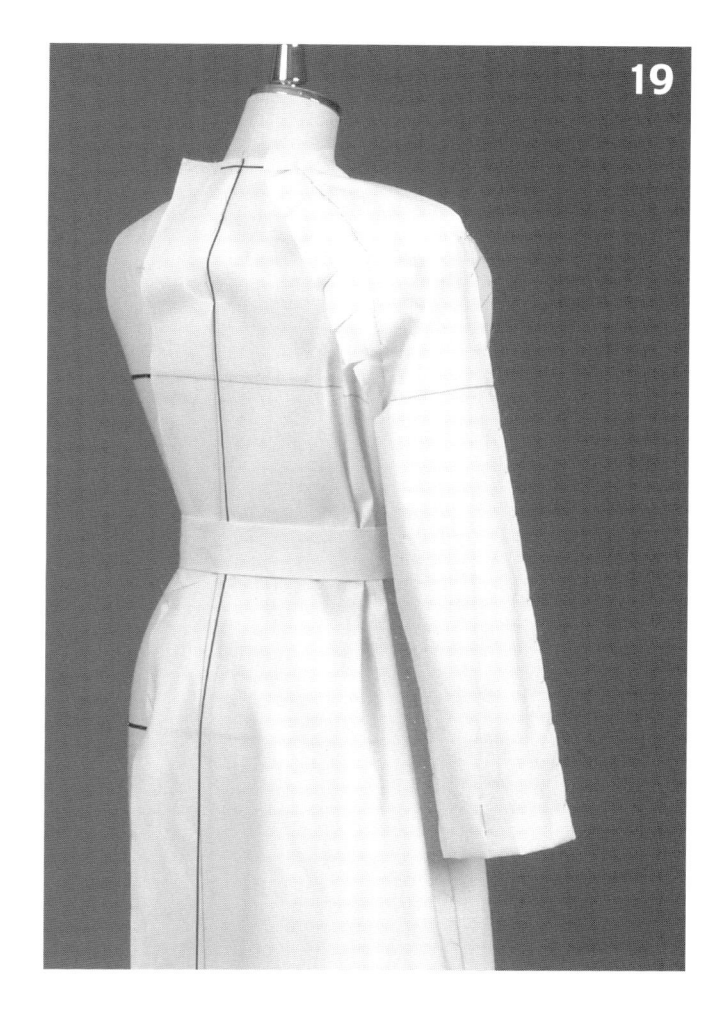

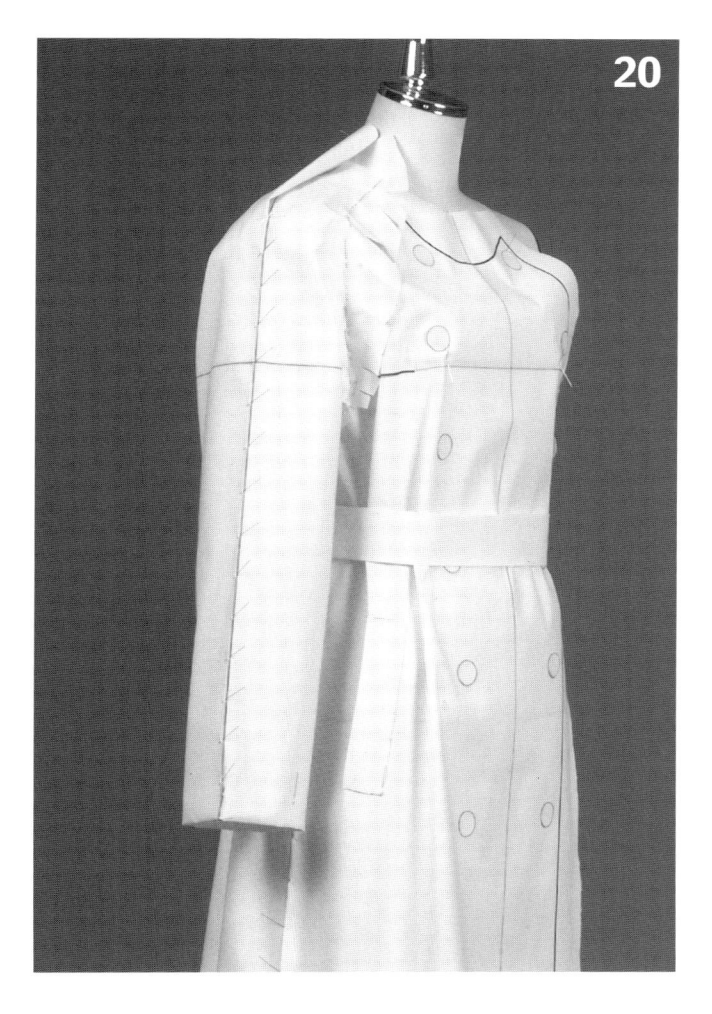

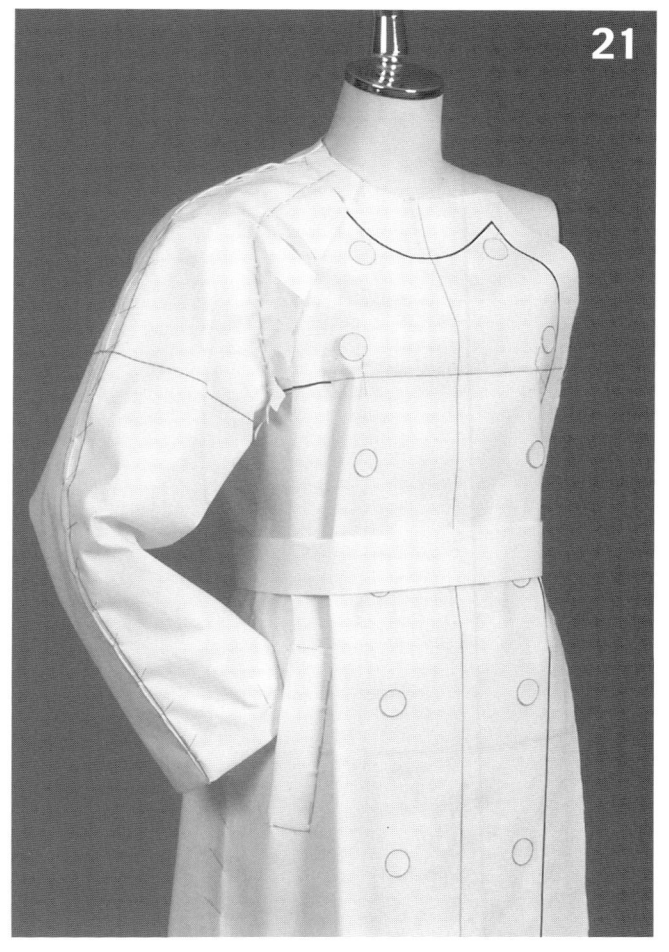

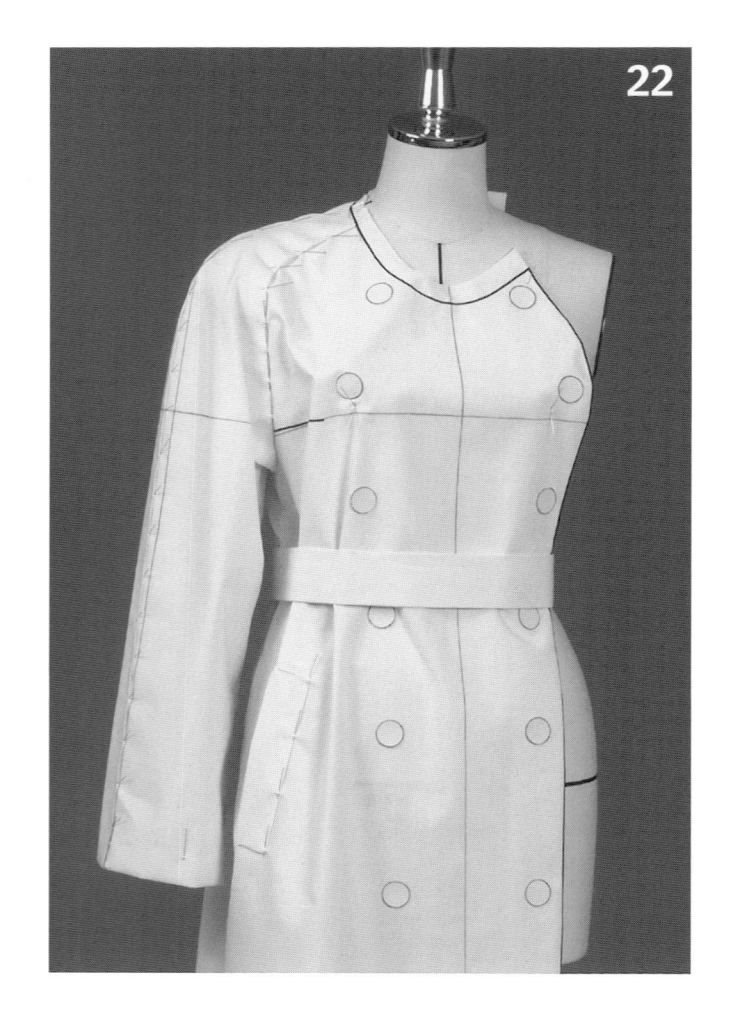

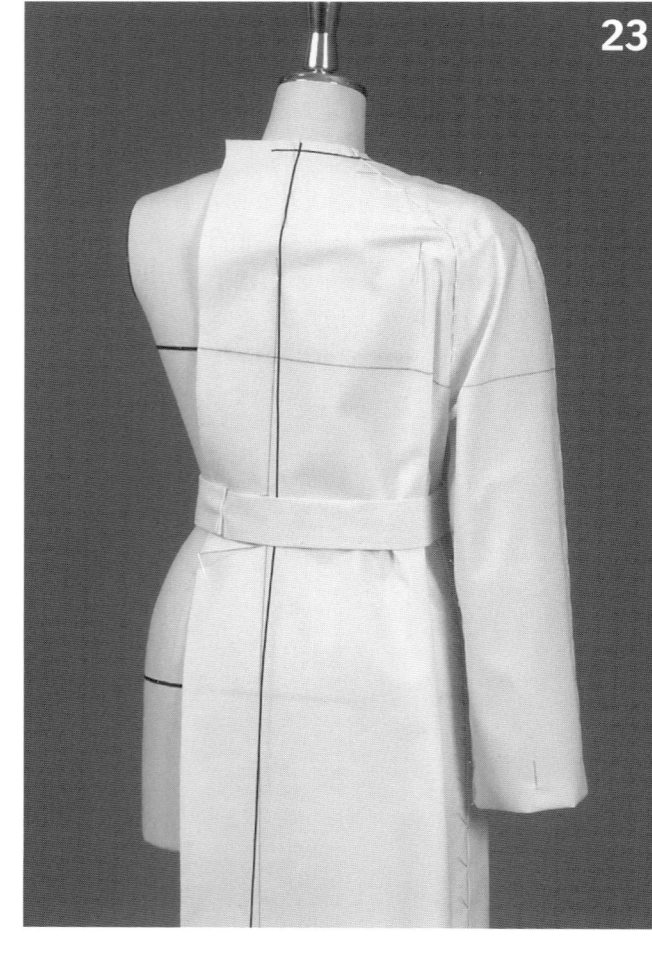

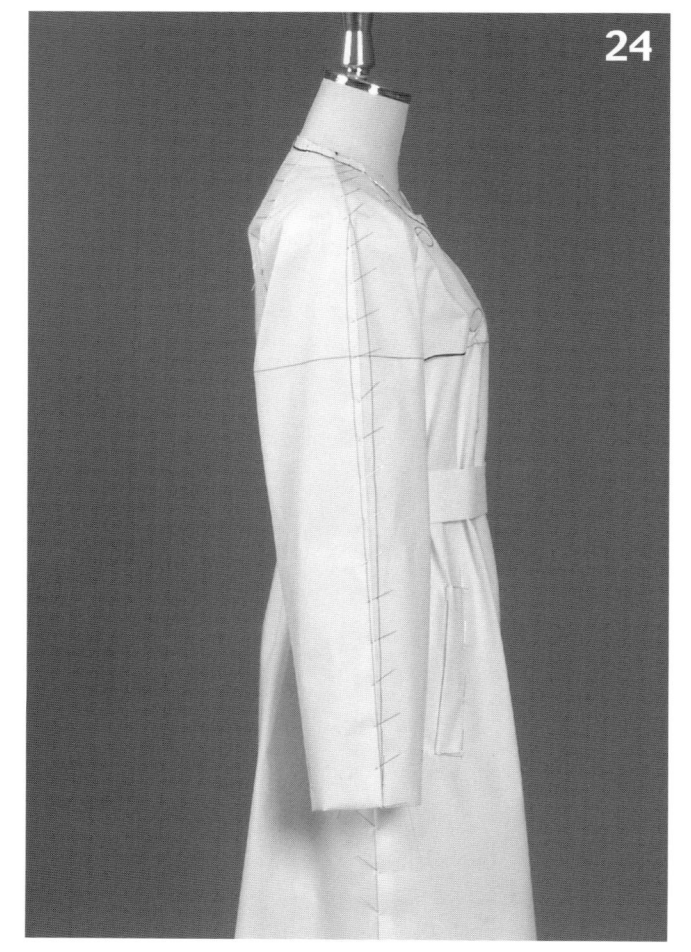

22、23 袖つけ線を出来上りに折り、止める。
袖の部分の衿ぐりをデザインテープでしるす。

24 ボディから離れて、前面、側面、後面から袖の出来上りの感じを確認する。

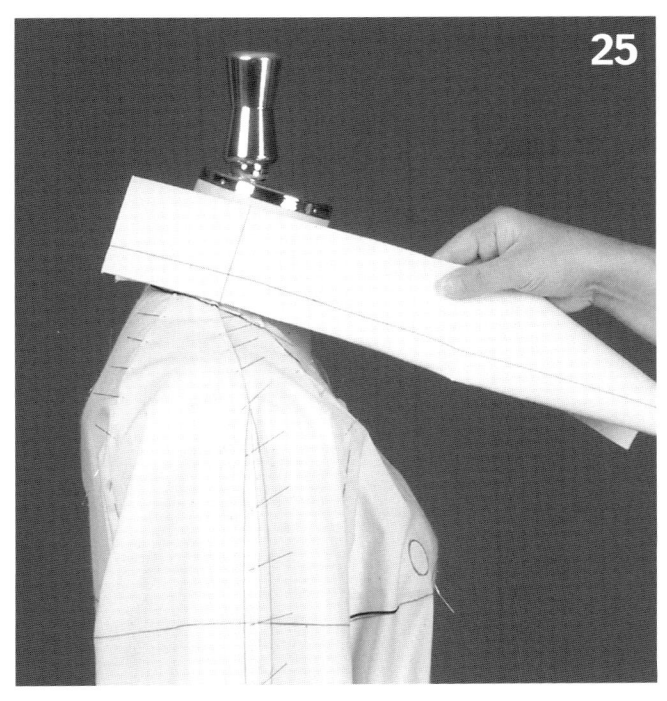

25 衿を作る。デザインを見ながら側面で衿幅を決める。この場合、外回りの縫い代分を折って衿幅を決める。布を図のようにカットしておく。

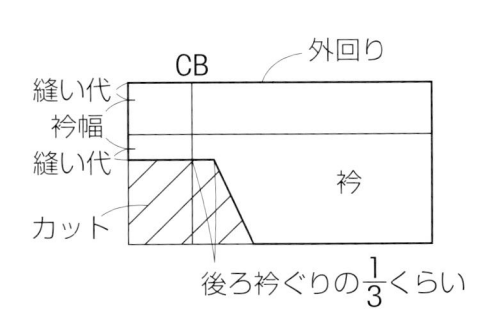

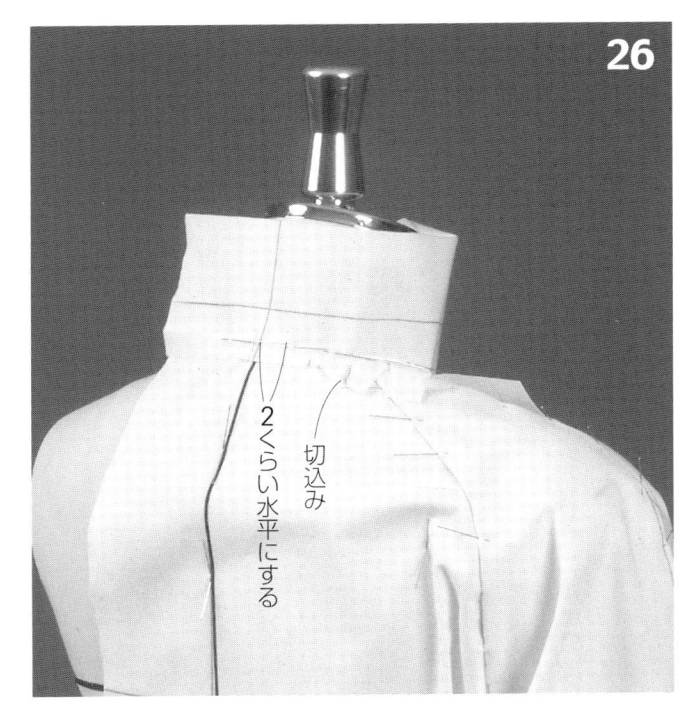

26、27 後ろ中心を垂直にし、後ろ中心から2cmくらいまで横の布目を水平にしてピンを打ち、少しずつ切込みを入れながら布を引き上げるようにして衿を前へ回していく。このデザインの衿は、横布目が水平に通る。

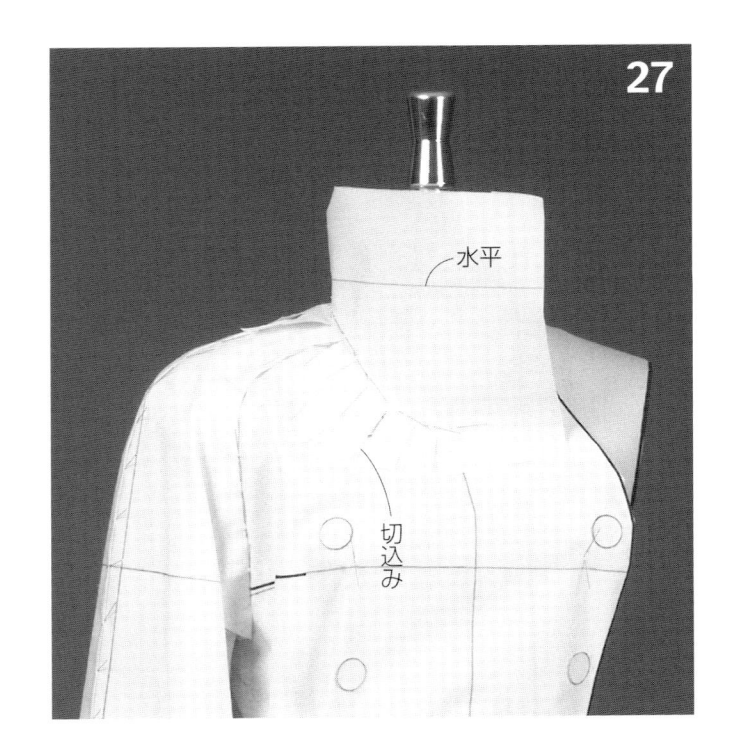

第4章 基本アイテムのパターンメーキング

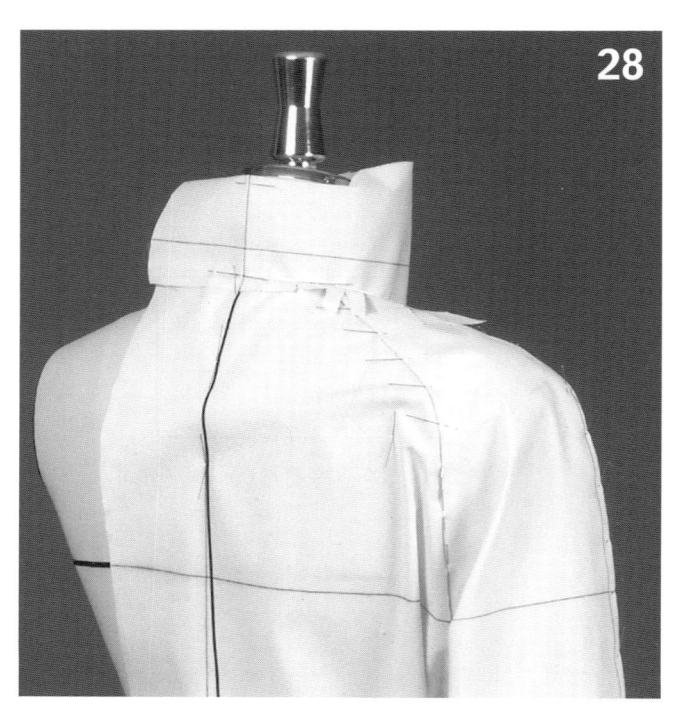

28 衿の形を決める。
　衿の外回りを折りながら、衿の形を作っていく。

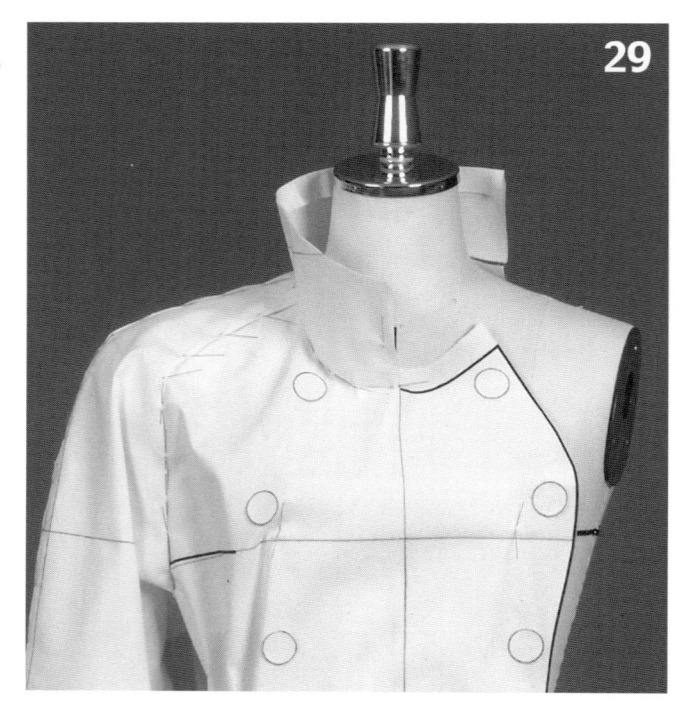

29 衿つけをマーキングし、ボディから衿をはずして縫い代を整理する。
　縫い代を内側に折り、衿の形を確認しながらピンを打つ。

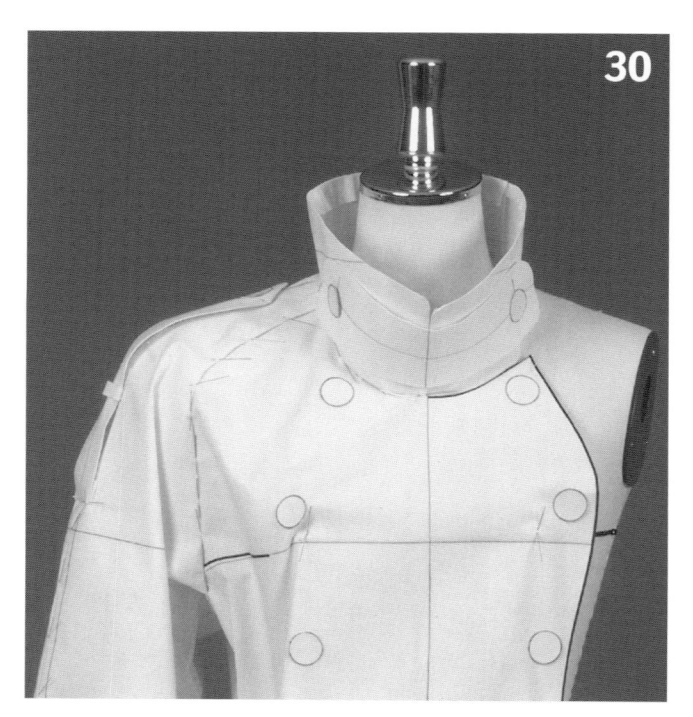

30 衿、タブは半身ではなく、全身分を作り、止めつける。
　ボタンをつける。

31 肩に肩章をつけて感じを見る。ボディより離れて全体のバランスを見る。
　ステッチ幅を決める。

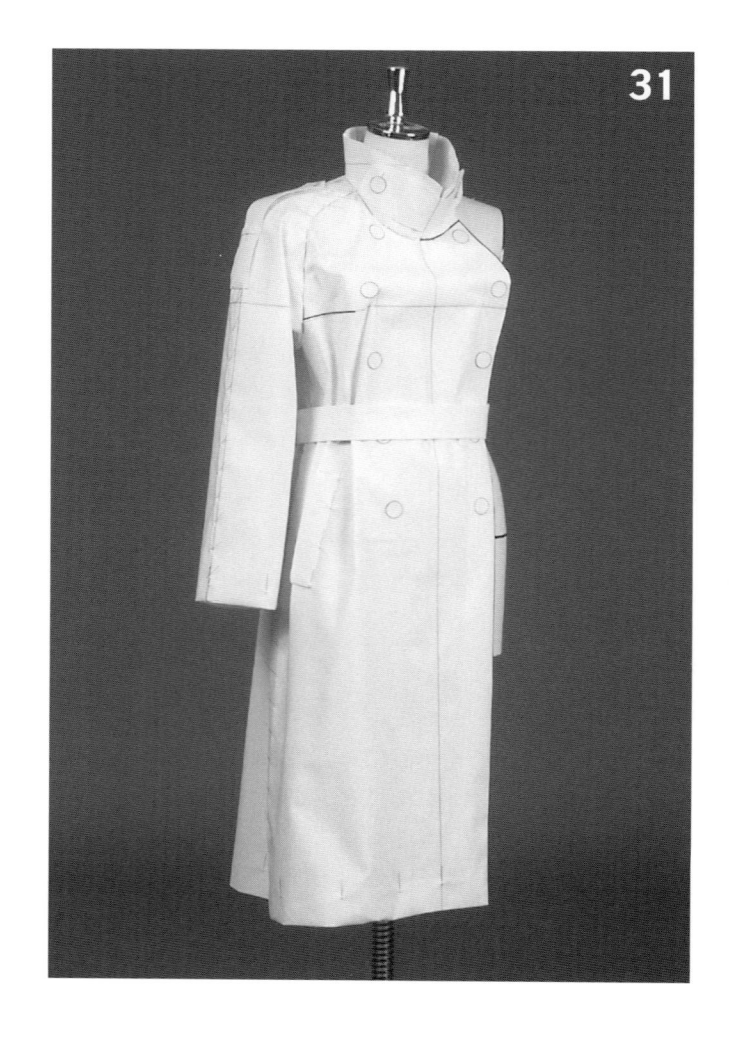

出来上り

ステッチを入れ、再度トワルを組み立て直す。

ボディより少し離れて、前後中心、脇線が垂直に落ちているか、袖の方向性、衿の高さとタブ、ポケット、肩章、ベルトなど、シルエットと全体のバランスを前面、側面、後面から確認する。

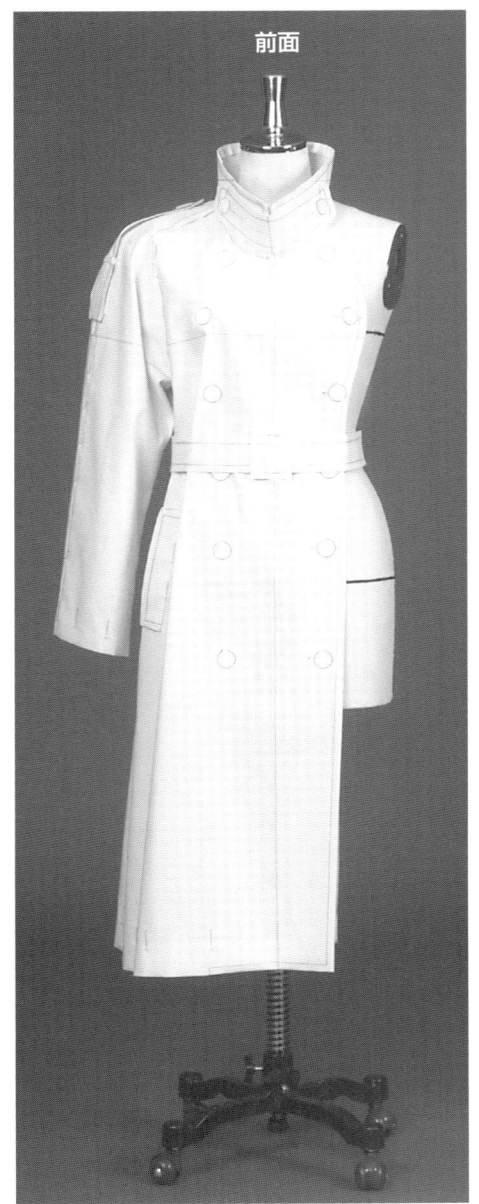

前面　側面　後面

第4章　基本アイテムのパターンメーキング

ドラフティング

前身頃の胸ぐせの分散がされているか、袖ぐりも前身頃のほうが深めになっているか、脇線の傾斜が前後同じであるか確認する。

ラグランスリーブは腕の動きに適合するために袖山線が前方向に傾斜を必要とする。そのため後ろ袖より前袖の傾斜が強くなっている。図1のように前後を合わせ、傾斜と袖幅も確認する。

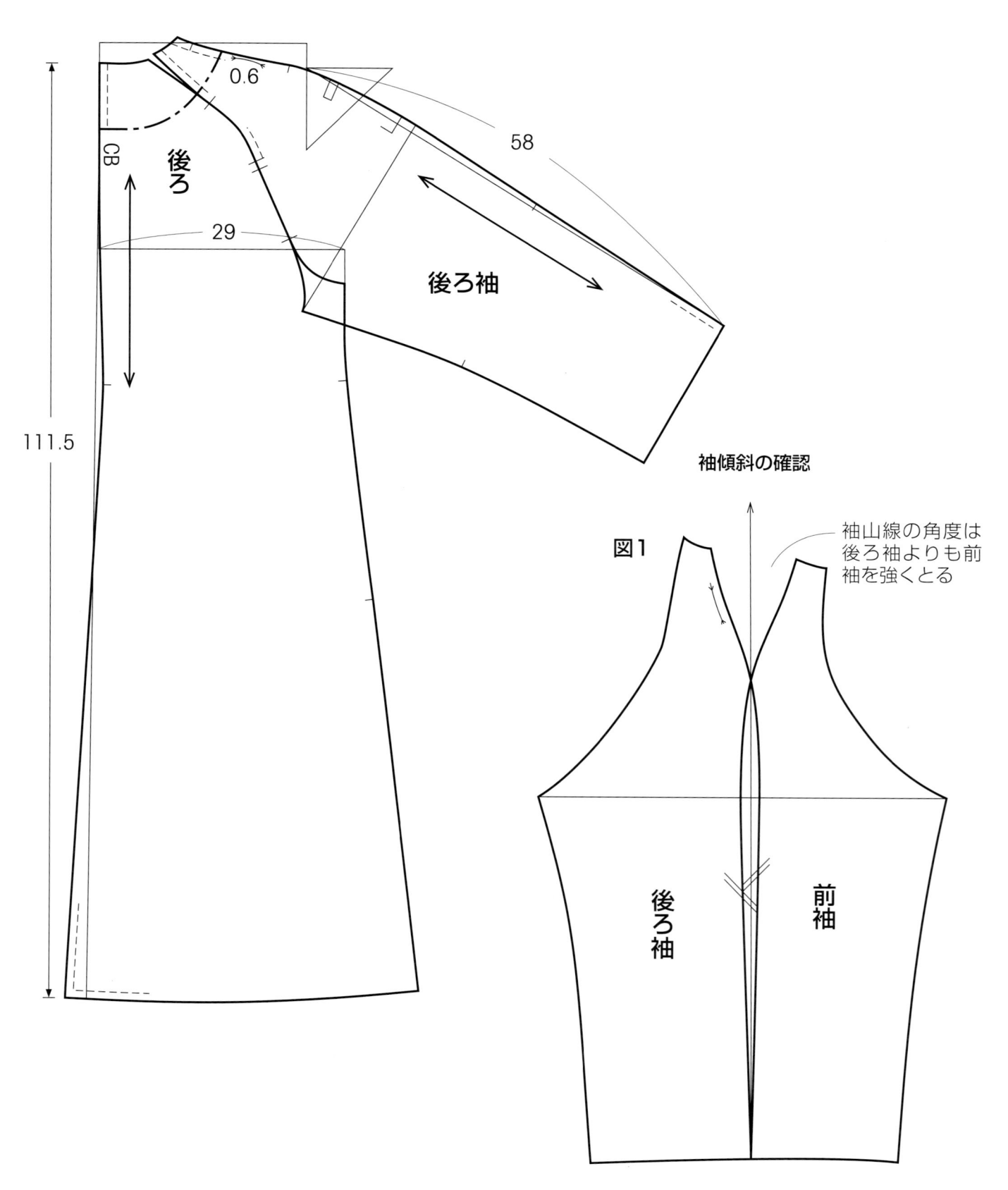

袖傾斜の確認

図1

袖山線の角度は後ろ袖よりも前袖を強くとる

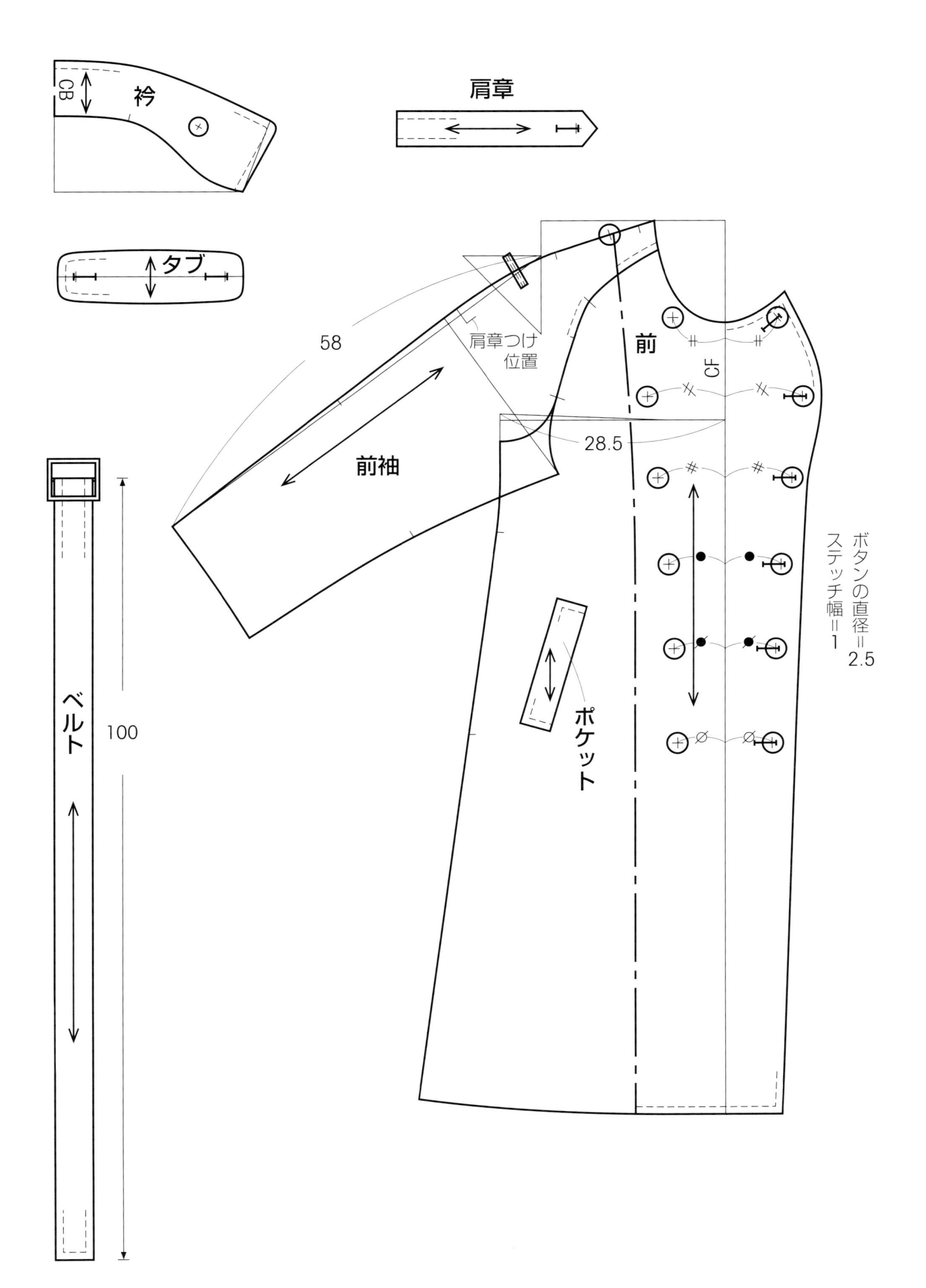

衿
CB
肩章
タブ
肩章つけ位置
前
58
前袖
28.5
CF
ボタンの直径＝2.5
ステッチ幅＝1
ベルト
100
ポケット

第4章 基本アイテムのパターンメーキング　157

コートフルパターン

丈が長いコートなので裏布の裾をふらしにして素材の伸びやだれに対応し、着丈の寸法に誤差がでないように素材の伸び分を考慮し、ウエスト付近で丈をたたむ。

パターン操作

見返し、裏衿
- 前後見返しは袖の肩部分をうつす。前見返しは縫い縮む分量をウエスト付近で前端を基点に丈を追加する。裾は斜めに控える（図1）。
- 裏衿は内回りになるのでたたみ（図2）、前後見返しでも同じ位置で同分量をたたむ（図3）。

裏身頃
- 裏後ろ身頃の中心と脇にきせ分を入れ、見返しで切り離し、裾で控える（図1）。
- 裏前身頃は見返しと縫い合わせるので、縫い縮む分量を見返しと同じ位置で追加する。
  裏布は縫い縮む分量が多いので見返しより多めに追加し、裾でも追加する（図1）。
- 脇にきせ分を入れ、裾で控える（図1）。

図1

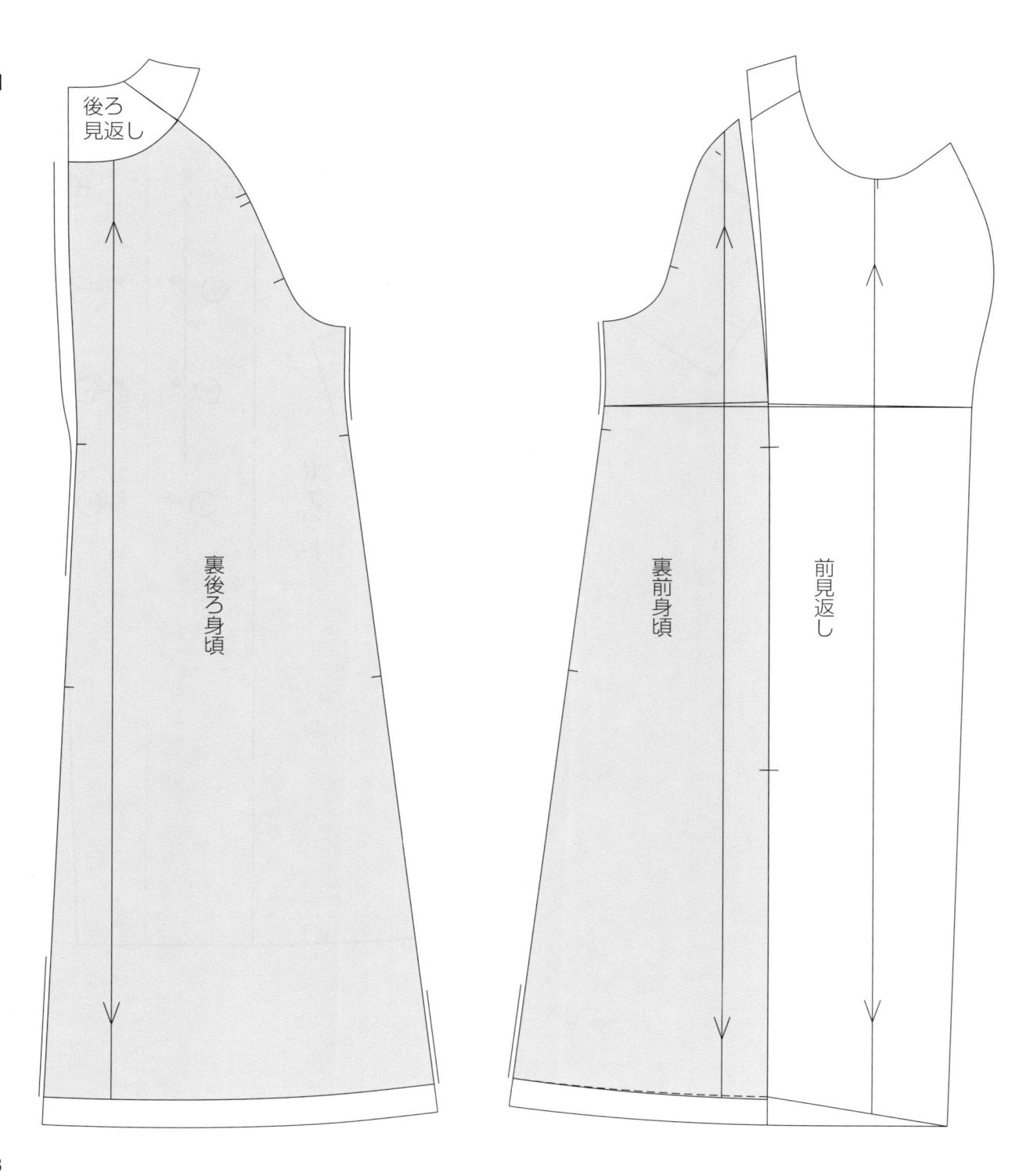

図2

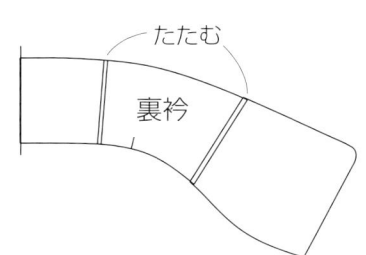

たたむ
裏衿

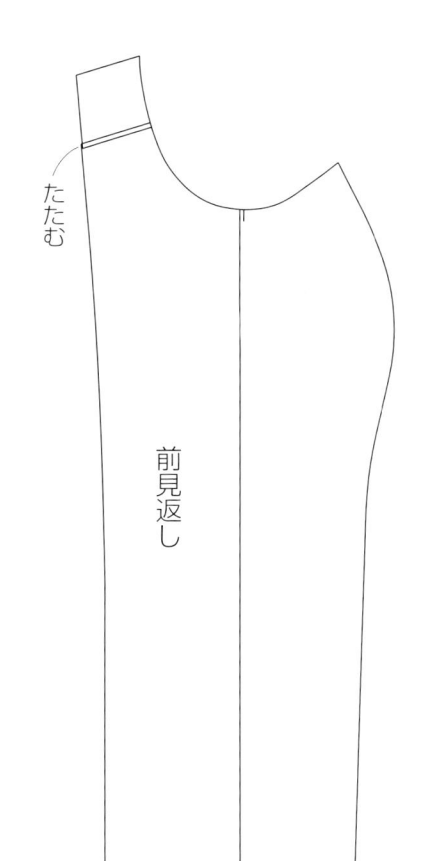

図3

後ろ見返し
たたむ

たたむ
前見返し

裏袖
- 表身頃の袖ぐり底の縫い代は立たせるので、袖裏にかぶり分を追加する。袖裏の袖底は少し伸ばすように袖つけ線の長さを決め、幅でゆとりを入れる（図4）。
- 袖下と肩先から袖口まできせ分を入れ、袖口で控える（図4）。

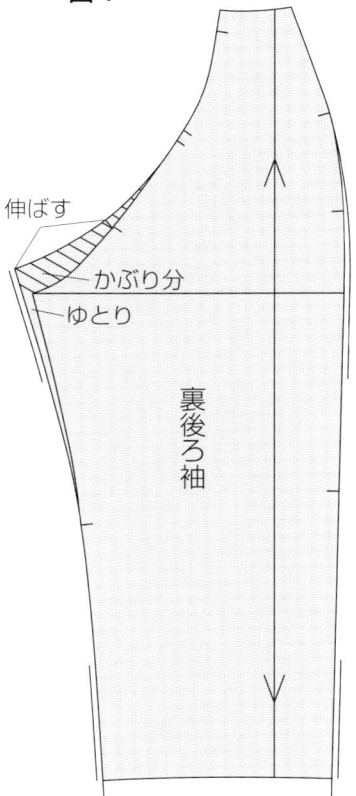

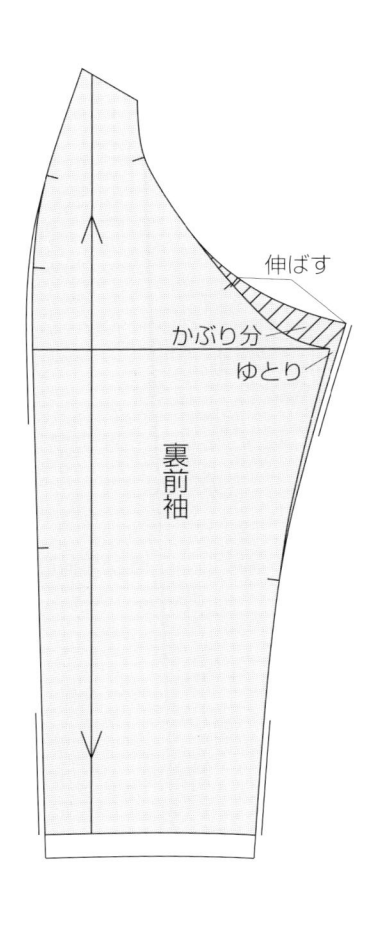

図4

伸ばす
かぶり分
ゆとり
裏後ろ袖

伸ばす
かぶり分
ゆとり
裏前袖

ポケット
- ポケットの袋布の大きさを決める（図5）。

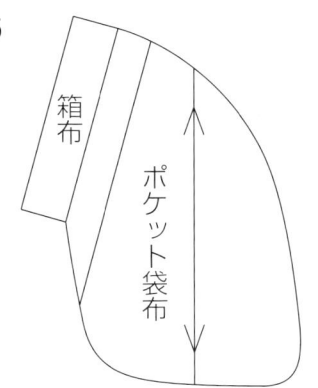

図5

箱布
ポケット袋布

表身頃
- 素材が伸びて裏布がつれたり、着丈が変化するのを避けるため、表前後身頃の丈をウエスト付近でたたむ（図6）。伸びの大きい素材のときは袖丈もたたむ必要がある。

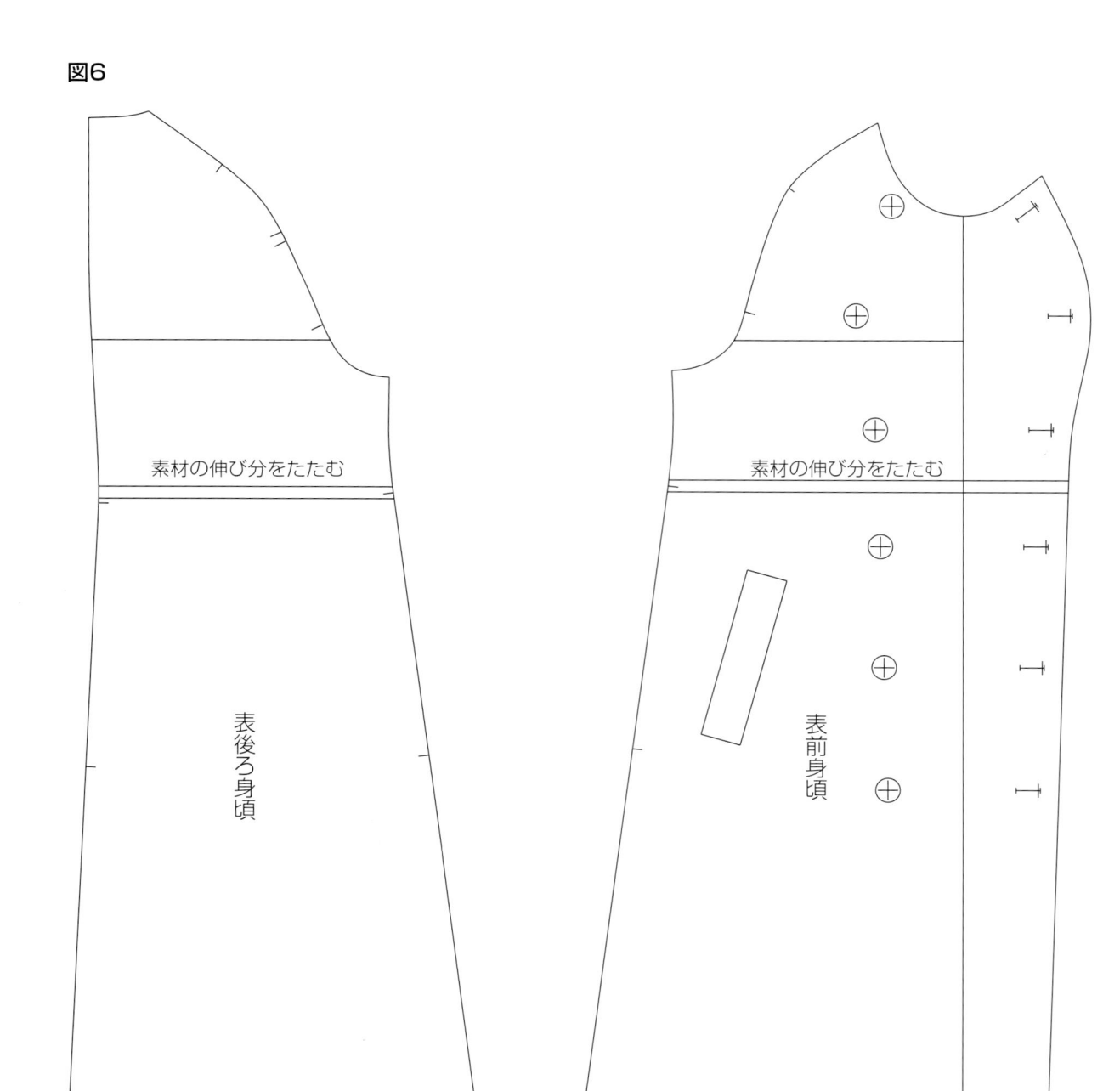

図6

素材の伸び分をたたむ　　　　　素材の伸び分をたたむ

表後ろ身頃　　　　　　　　　　表前身頃

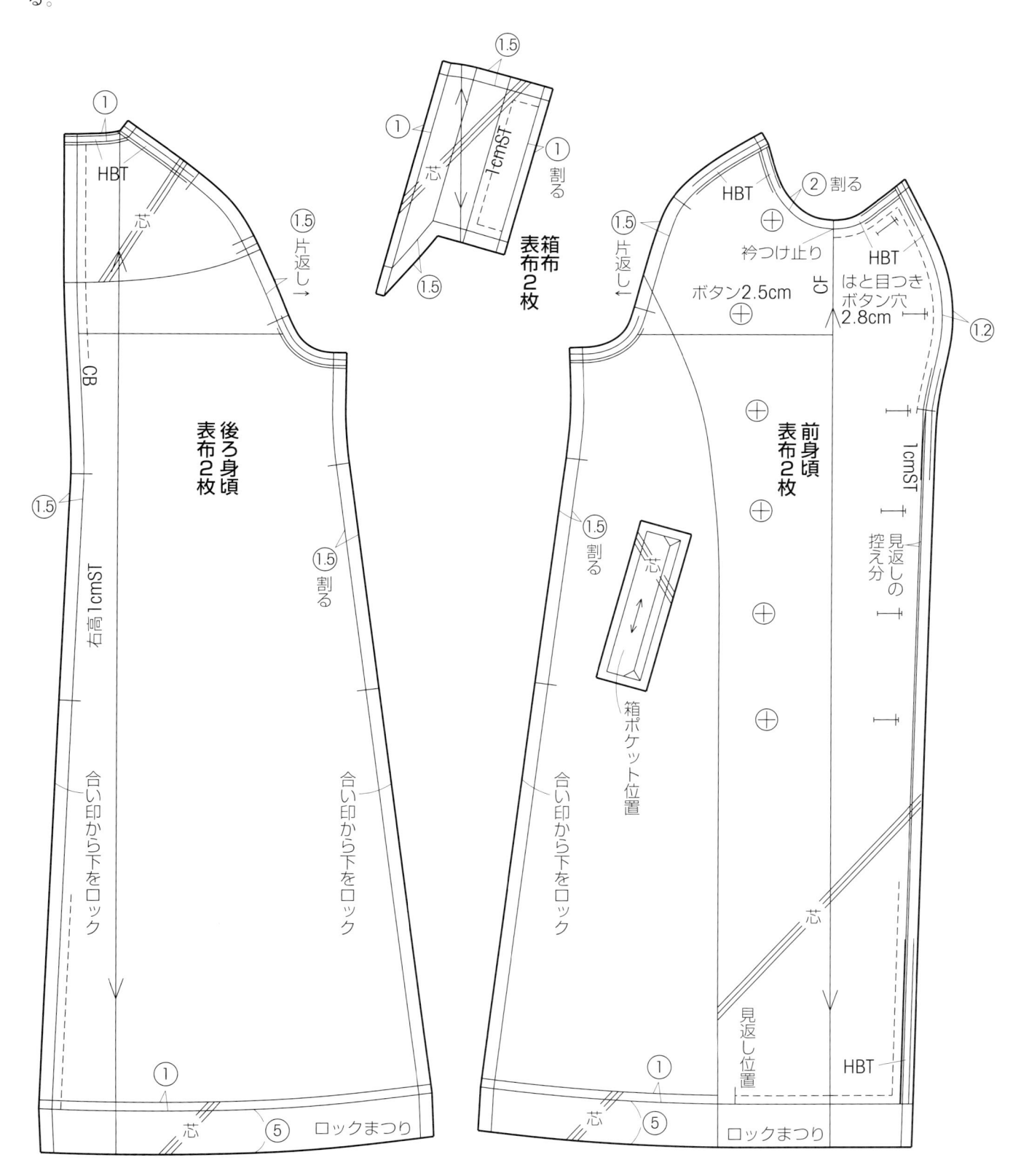

表布のパターン

- 裏布の裾をふらしにするため、前後身頃の脇縫い代はロックミシンの始末にする。
- 前端は見返しの控え分を第3ボタンまで入れ、衿ぐりまでは返ったときのことを考え、控え分を入れずに仕上げる。
- 左身頃のボタンは第1と第3ボタンを内掛けボタンにする。
- 表衿と表タブの外回りに控え分を入れる。
- 芯は前身頃から袖の肩部分と後ろ身頃にはる。タブと肩章は表側にだけ芯をはる。身頃裾と袖口に芯をはる。
- 伸止めテープはハーフバイアステープ（HBT）を衿ぐりから前端とラグラン線にはる。

第4章 基本アイテムのパターンメーキング

表布のパターン

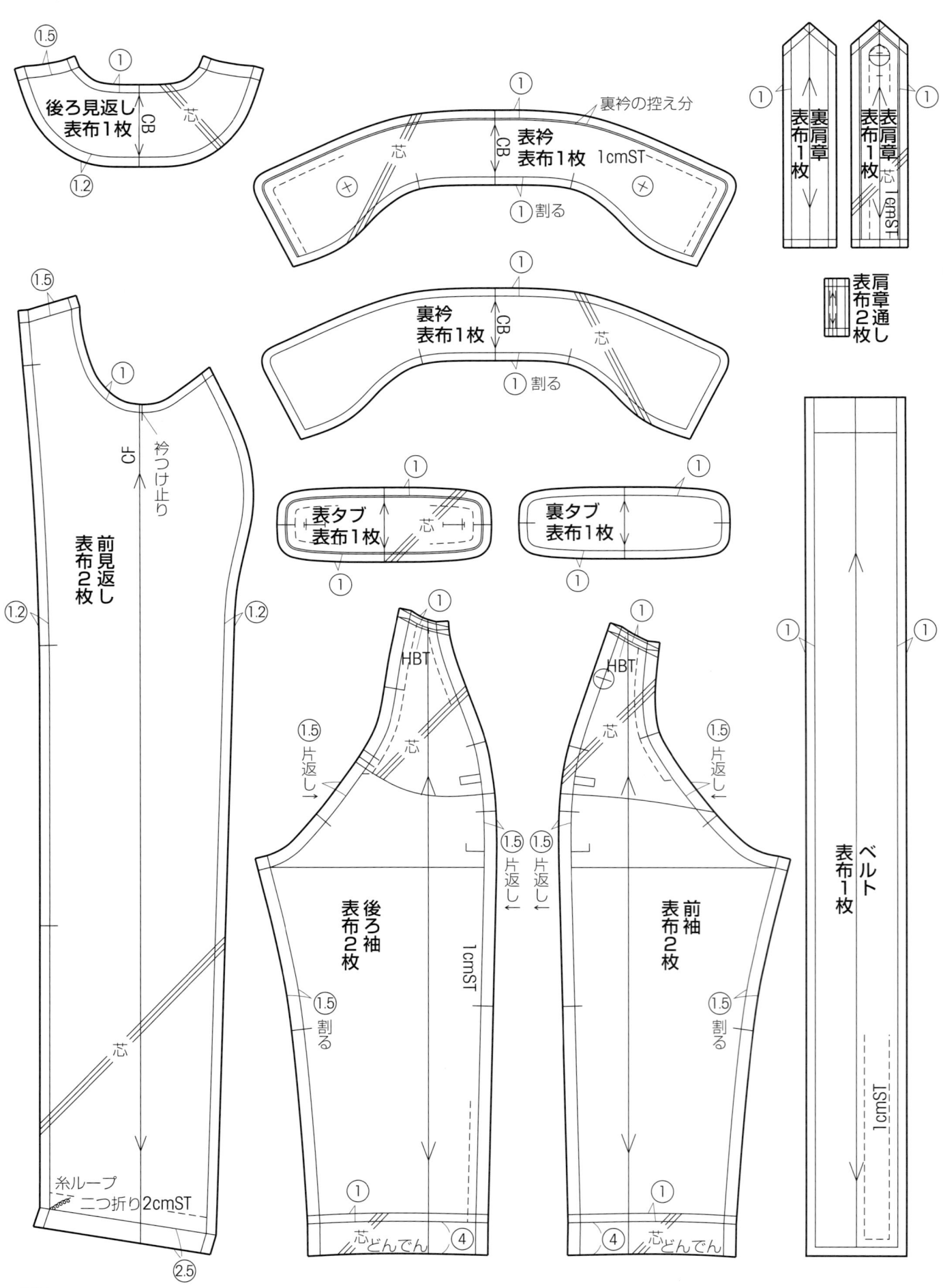

- 後ろ見返し 表布1枚
- 表衿 表布1枚 1cmST
- 裏衿 表布1枚
- 裏肩章 表布1枚
- 表肩章 表布1枚 1cmST
- 肩章通し 表布2枚
- 前見返し 表布2枚
- 表タブ 表布1枚
- 裏タブ 表布1枚
- 後ろ袖 表布2枚
- 前袖 表布2枚
- ベルト 表布1枚

記号・注記:
- CB / CF
- 芯
- 裏衿の控え分
- 割る
- 片返し
- 衿つけ止り
- 糸ループ 二つ折り2cmST
- 芯どんでん
- HBT
- 1cmST

裏布のパターン

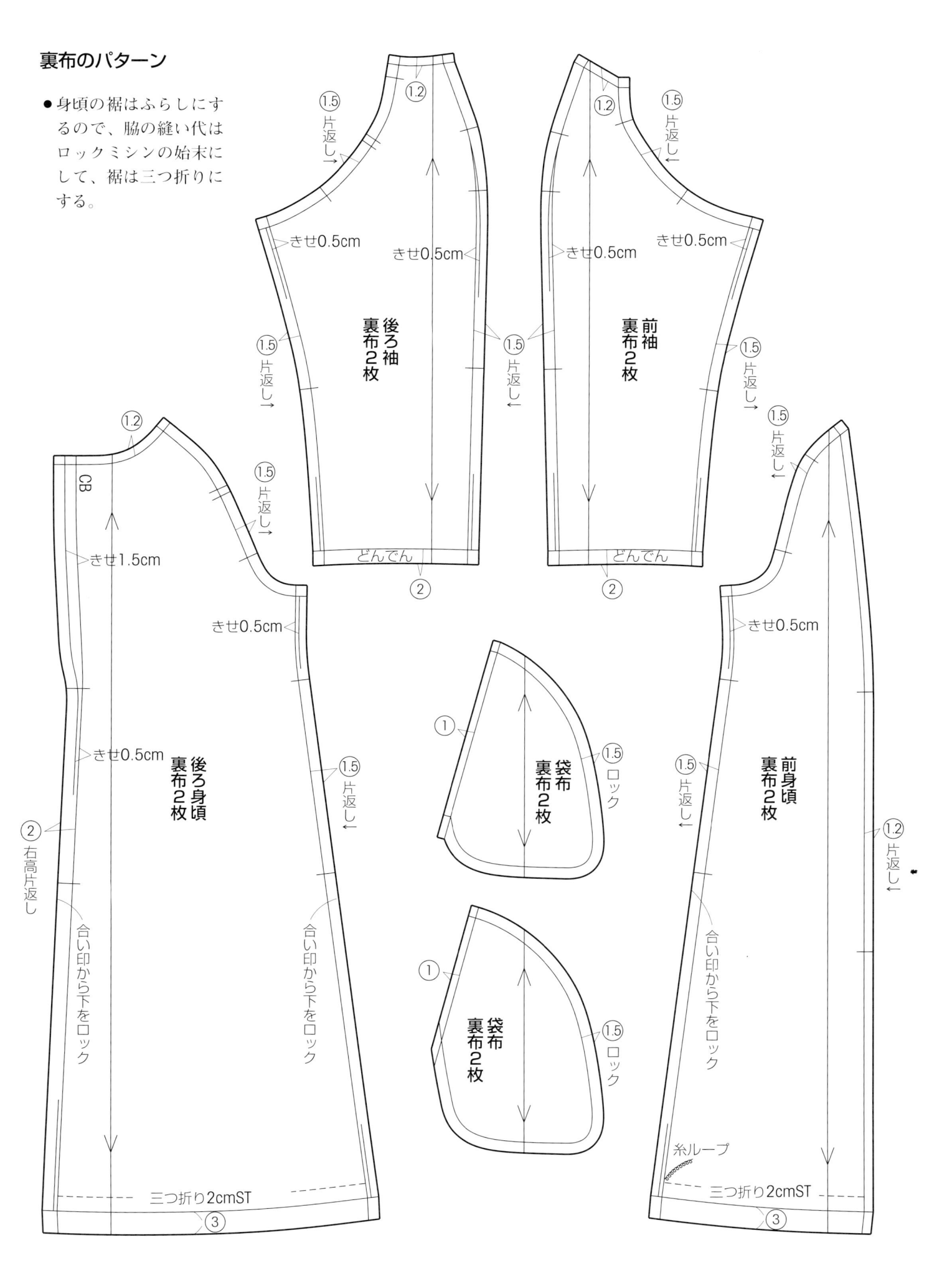

- 身頃の裾はふらしにするので、脇の縫い代はロックミシンの始末にして、裾は三つ折りにする。

後ろ袖 裏布2枚
前袖 裏布2枚
後ろ身頃 裏布2枚
前身頃 裏布2枚
袋布 裏布2枚
袋布 裏布2枚

きせ0.5cm / きせ1.5cm / 片返し / どんでん / 合い印から下をロック / 三つ折り2cmST / 糸ループ / ロック / CB / 右高片返し

芯のパターン

- 縫い代位置は芯を少し控えてパターンを作成する。
- 裾と袖口芯はカーブが強くいせや伸ばしが必要なときは、布目をバイアスにする。

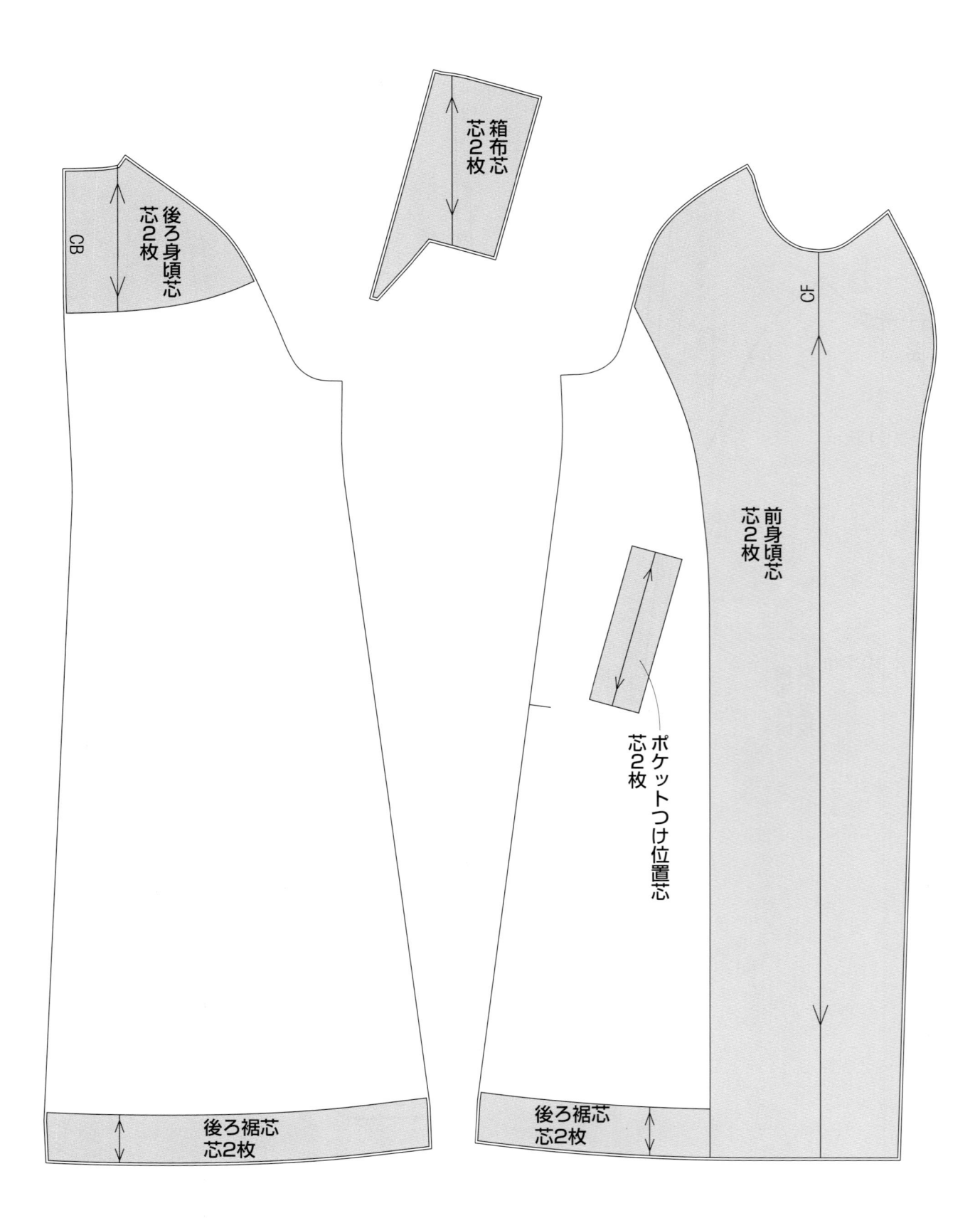

後ろ身頃芯 芯2枚
箱布芯 芯2枚
前身頃芯 芯2枚
ポケットつけ位置芯 芯2枚
後ろ裾芯 芯2枚
後ろ裾芯 芯2枚

第4章　基本アイテムのパターンメーキング　165

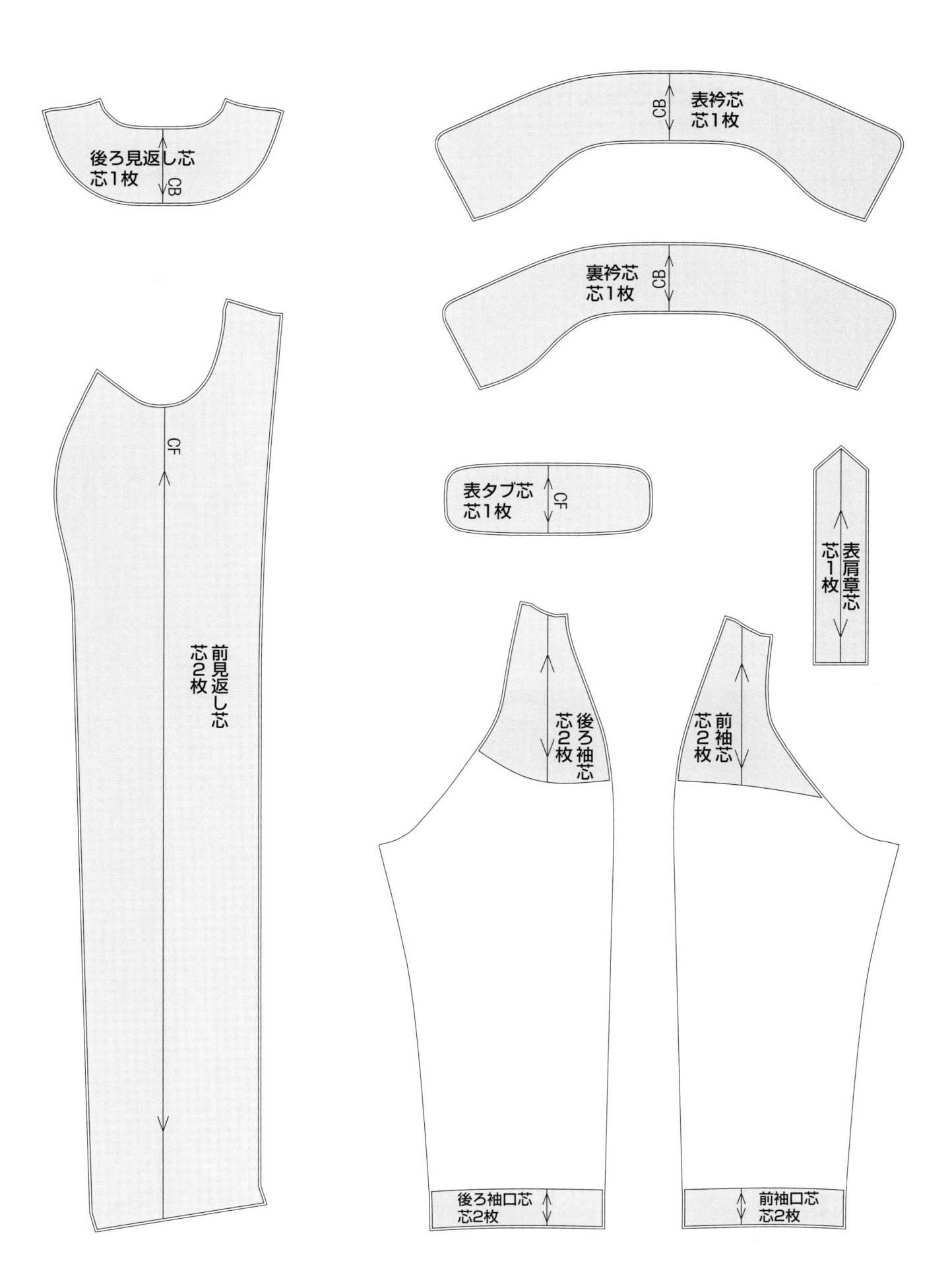

Ⅵ　ワンピースドレス

1　シャツタイプのワンピースドレス

　ヨーク切替えで、プリンセスラインを入れたワンピースドレス。シャツカラーで前短冊あき、袖はシャツスリーブで、袖口には切替えがあり、ステッチを入れて、スポーツカジュアル感覚で着ることができる。

ボディの準備

　ボディにヨークの切替え線を入れる。
　前後のヨークの切替え位置にデザインテープをはる。

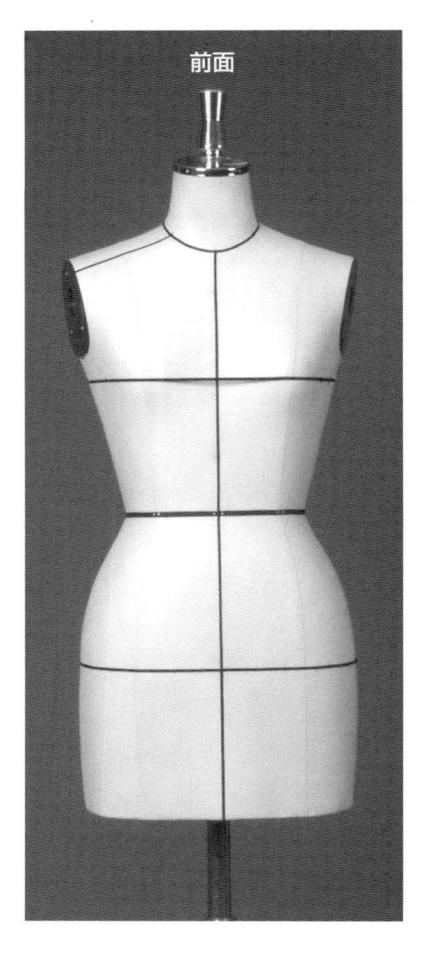

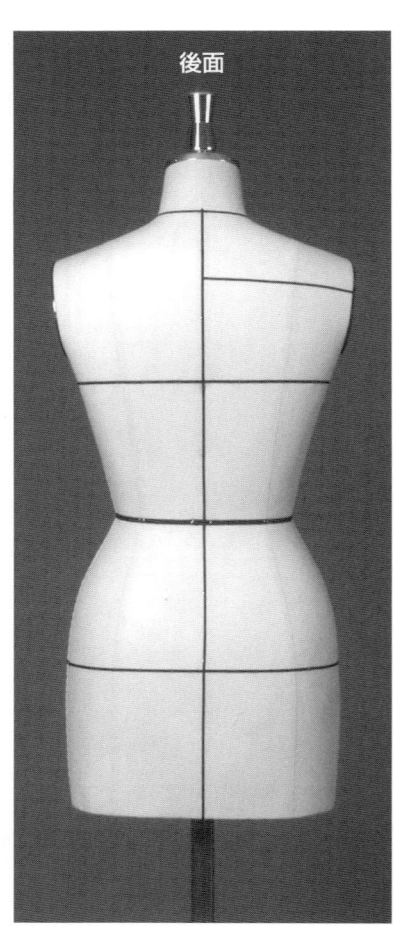

前面　　後面

トワルの準備

ガイドラインを入れる。

前後身頃は、中心線、バストラインを入れる。前後脇身頃は、バストラインと幅の中央に入れる。後ろヨークは中心線を入れる。衿は後ろ中心線と横布目線を入れる。袖は袖山線と横布目線を入れる。

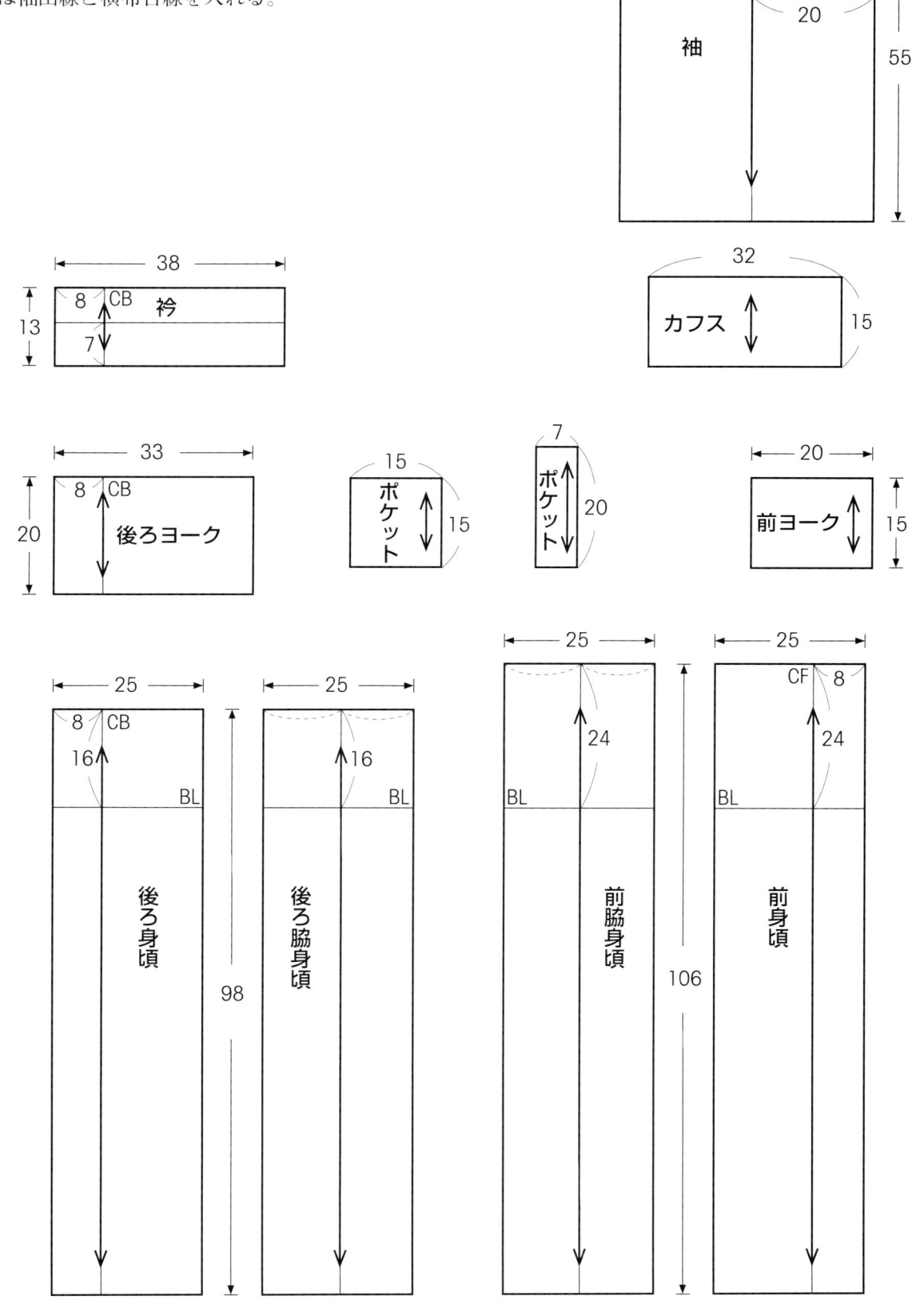

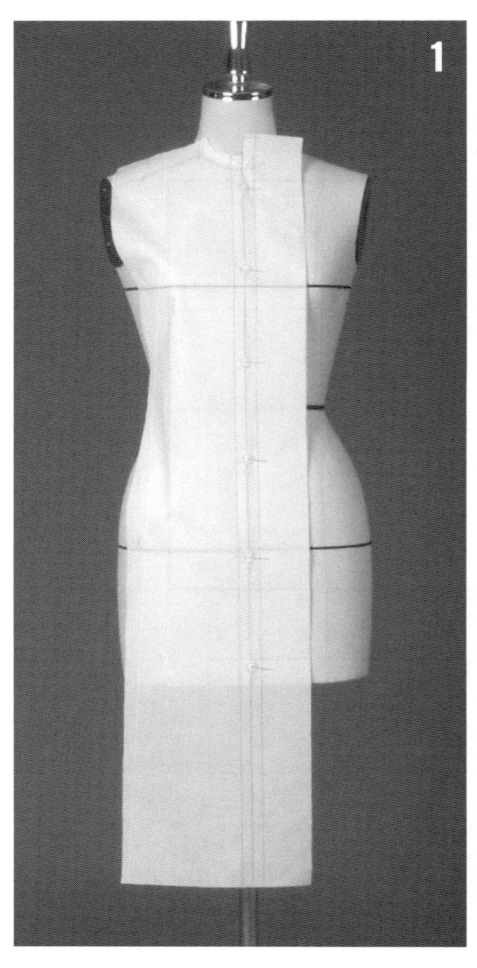

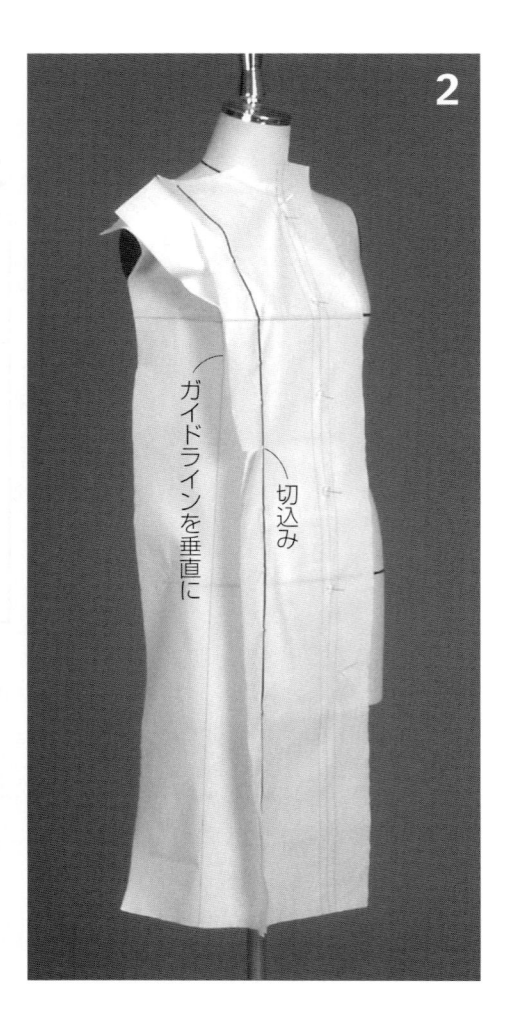

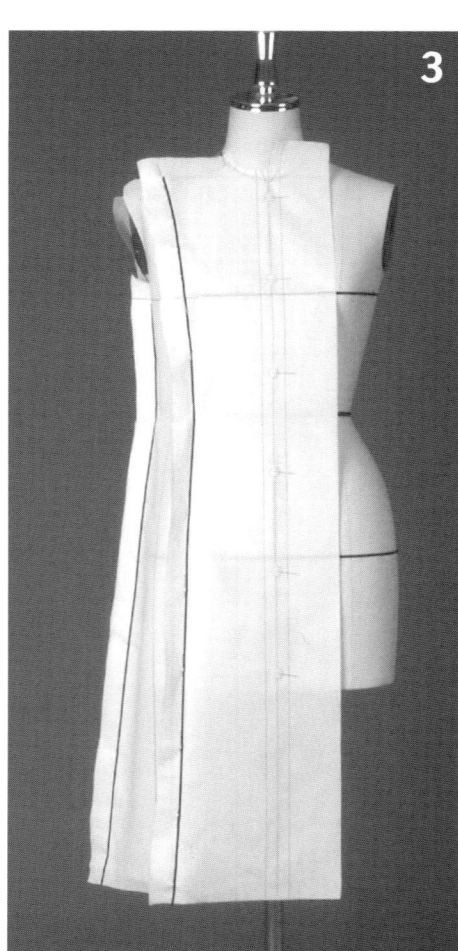

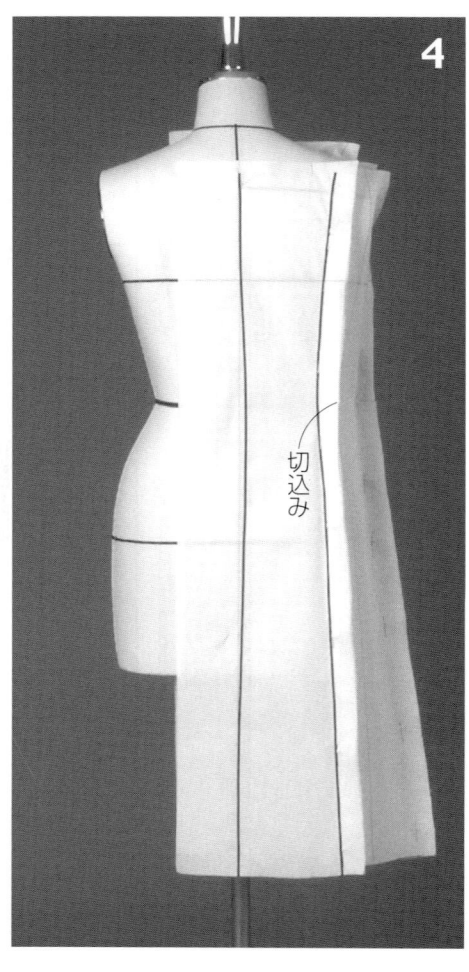

ドレーピング

1 前身頃を作る。前身頃に前短冊をかく。ボディの前中心とバストラインに布のガイドラインを合わせ、水平、垂直になるように止める。ボディのネックラインにそって布目をくずさないように切込みを入れながら、衿ぐりの余分な布をカットする。

ボタンをつけ、ヒップラインのゆとりを見る。前が全部あきとなるデザインの場合、ボタンを等間隔にすると、下にいくにしたがって狭く見えるので、ウエストの位置まで等間隔にし、ウエストから下は0.2cmずつプラスした間隔にした。

2 前身頃にプリンセスラインの切替え位置をテープでしるす。前脇布を当て、バストラインを合わせてピンを打ち、ガイドラインが垂直に下りるようにしながら、前身頃の切替え線のウエストに切込みを入れて、脇布を切替え線にそわせてピンを打つ。

3 脇線を決める。
身頃のシルエットとゆとりを見ながら脇線を決め、デザインテープをはる。余分な縫い代はカットする。

4 後ろ身頃を作る。
ボディの後ろ中心とバストラインに布のガイドラインを合わせ、水平、垂直になるように止める。ゆとりを見ながらウエストのしぼりを決め、後ろ中心と切替え線にデザインテープをはり、切替え線の縫い代を粗裁ちする。後ろ脇布を前と同じように、ガイドラインが垂直に下りるようにして止める。

5 脇線を決める。

全体のバランスとゆとり、シルエットを見ながら決める。ウエストはつれやすいので切込みを入れる。

6〜8 マーキングをし、ボディからはずす。ドラフティングをとり、組立てをし、再度ボディに着せつける。

前ヨーク切替え線、後ろヨーク切替え線、袖ぐりをデザインテープで印をつけ、確認する。

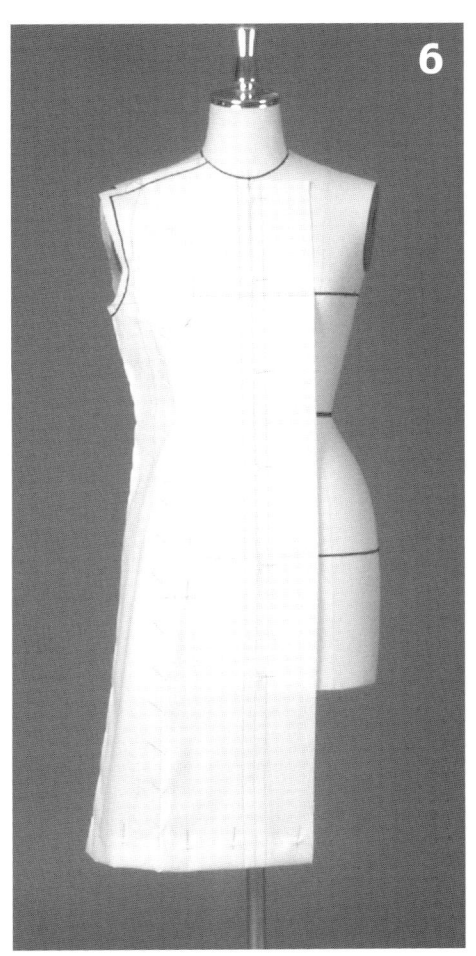

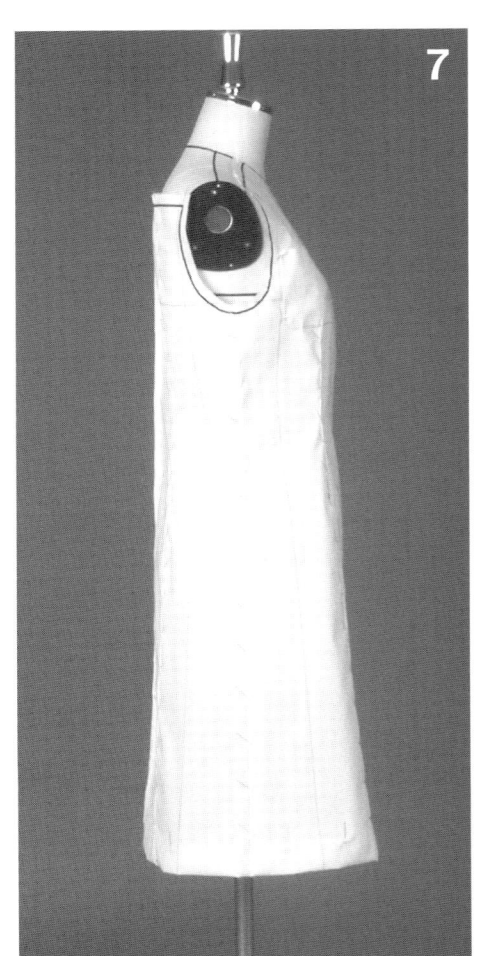

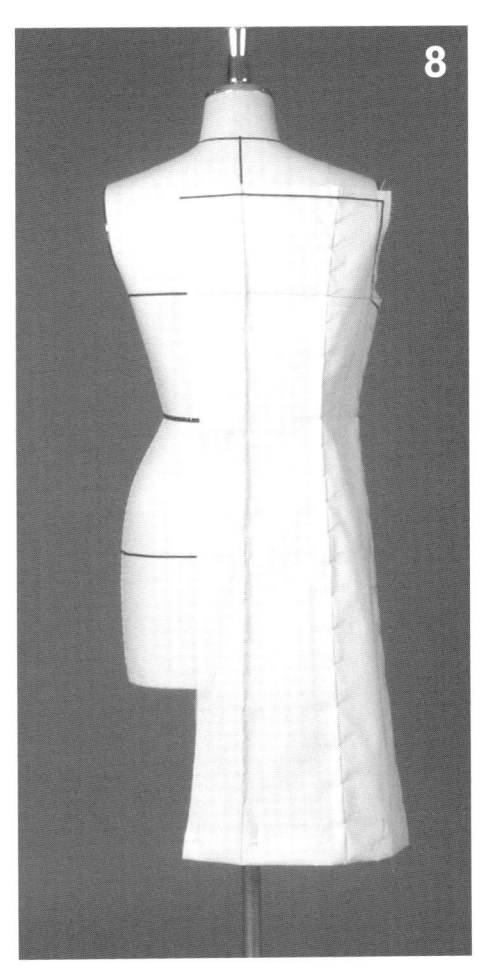

第4章 基本アイテムのパターンメーキング

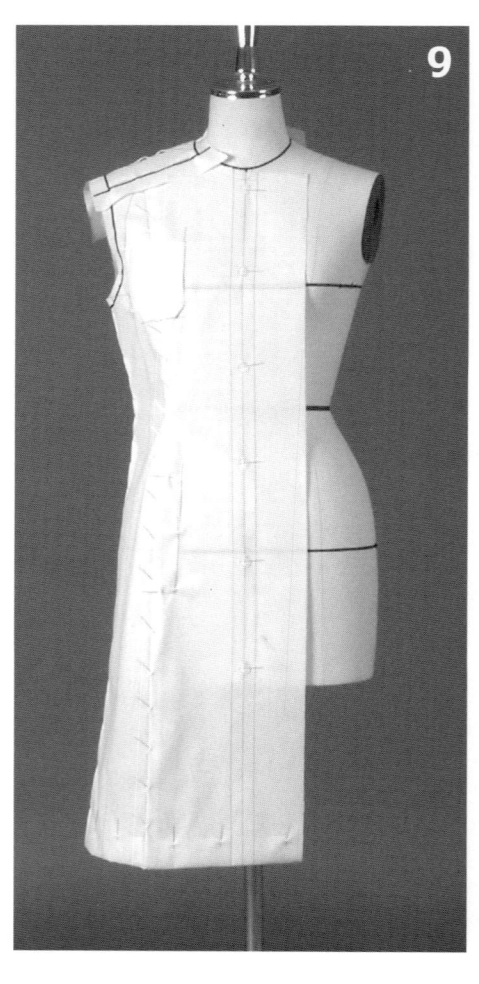

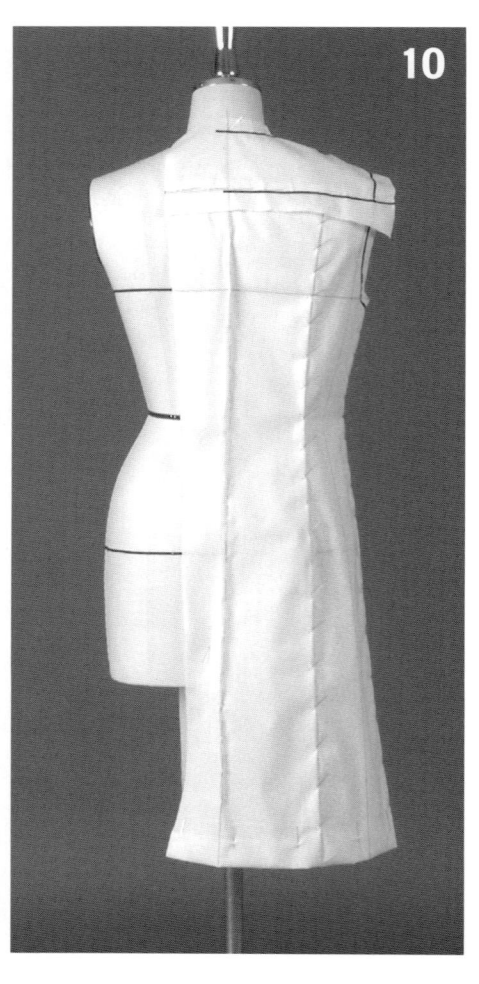

9 前ヨークをつけ、衿ぐり、袖ぐりの余分な布をカットする。

10 後ろヨークの中心線を垂直に合わせ、ヨーク切替え線を水平に見えるように合わせると袖ぐり側で切替え線が少し上がってくる。

衿ぐりの余分な布をカットし、肩を合わせ、衿ぐり、袖ぐりをデザインテープでしるす。6、7でつけた袖ぐりとのつながりを確認する。

11〜13 衿を作る。

図のように衿こし、衿幅を決める。この場合衿幅は衿こしより1cm広くした。

後ろ衿ぐりの約$\frac{1}{3}$は布目を通すので、斜線の部分はカットしておく。後ろ中心に衿を止め、切込みを入れながら、サイドネックポイント付近まで横布目を水平に通してピンを打つ。後ろから首にそって前へ回しながらガイドラインで確認し、縫い代を粗裁ちしてピンを打つ。

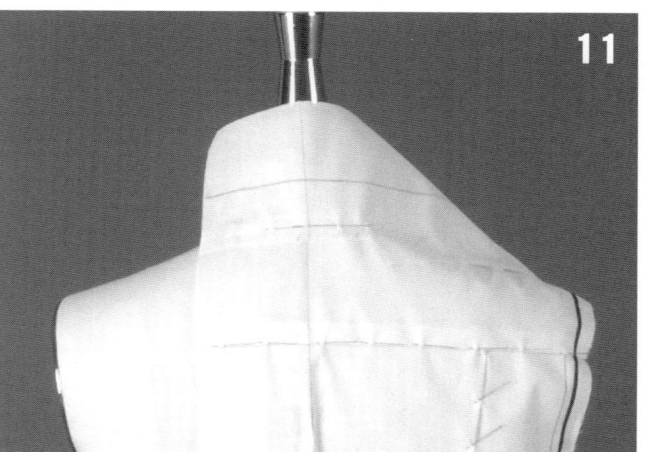

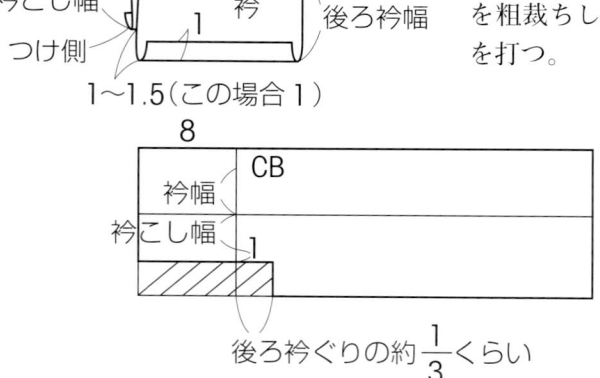

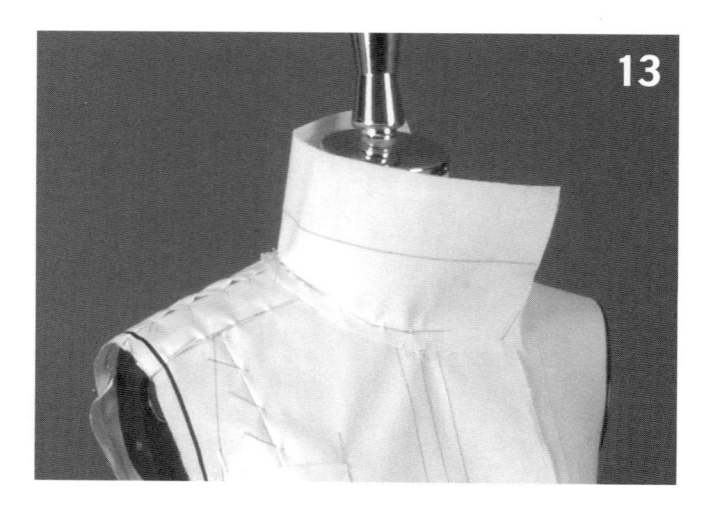

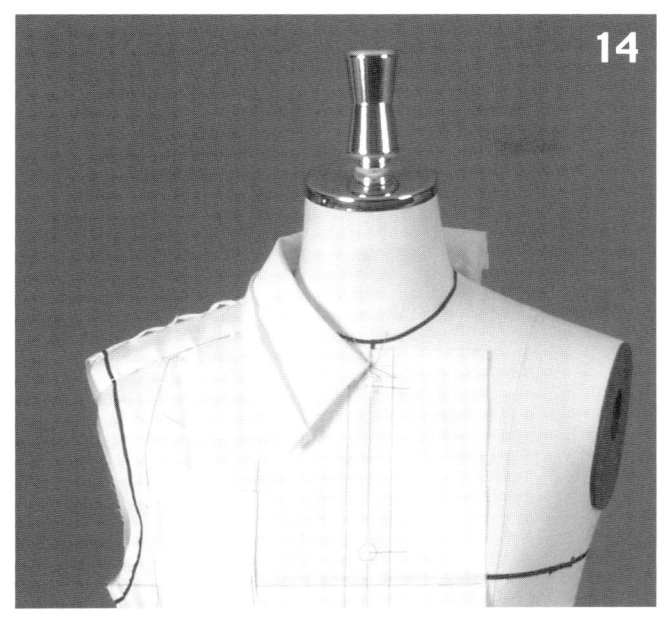

14 衿の外回りを折り、余分な布をカットしながら衿の形を作っていく。

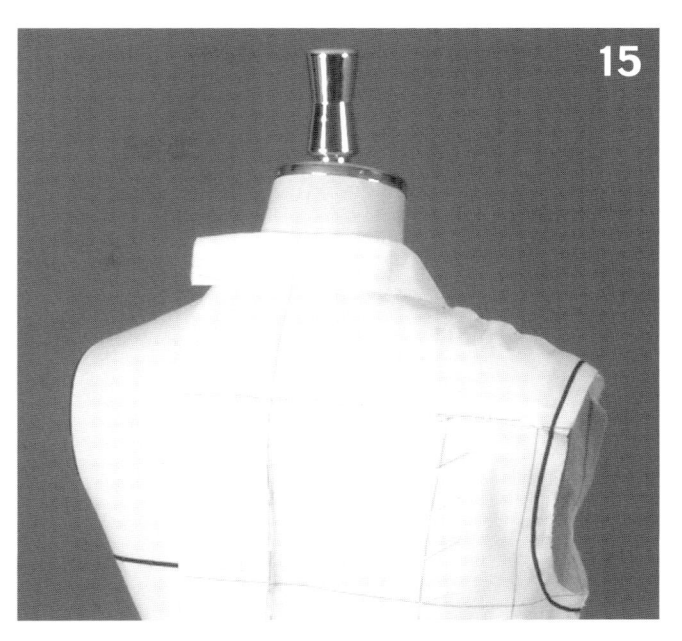

15 衿こしと、衿幅のバランスを見る。

16、17 前身頃に胸ポケットと箱ポケットをつけ、位置や大きさ、バランスを確認する。
　身頃のピン仕上げ。

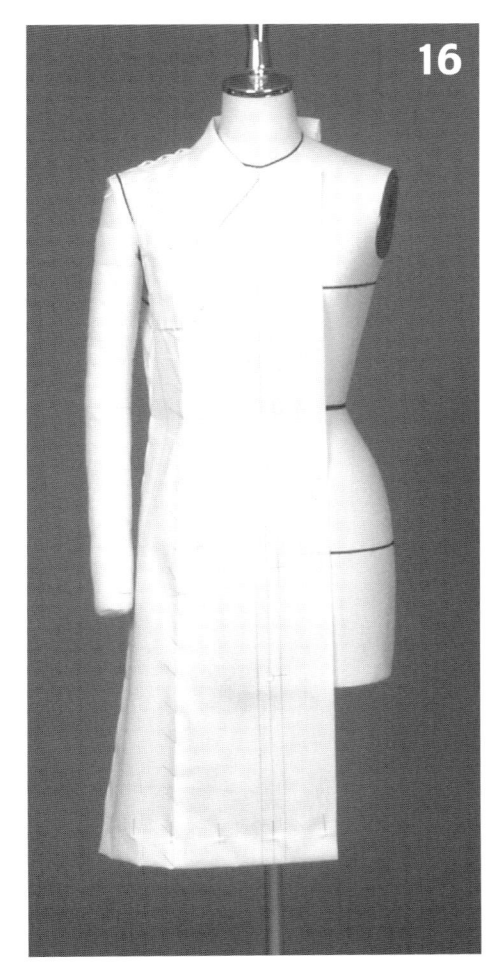

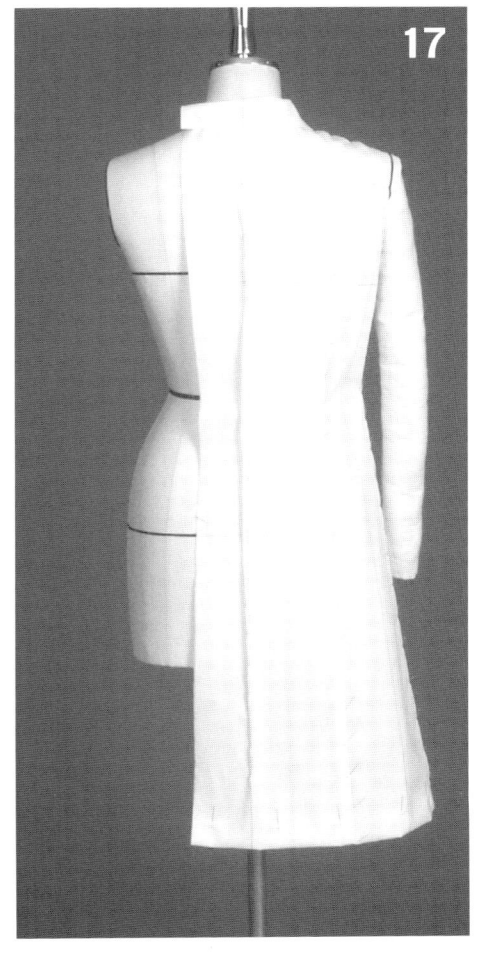

第4章　基本アイテムのパターンメーキング　171

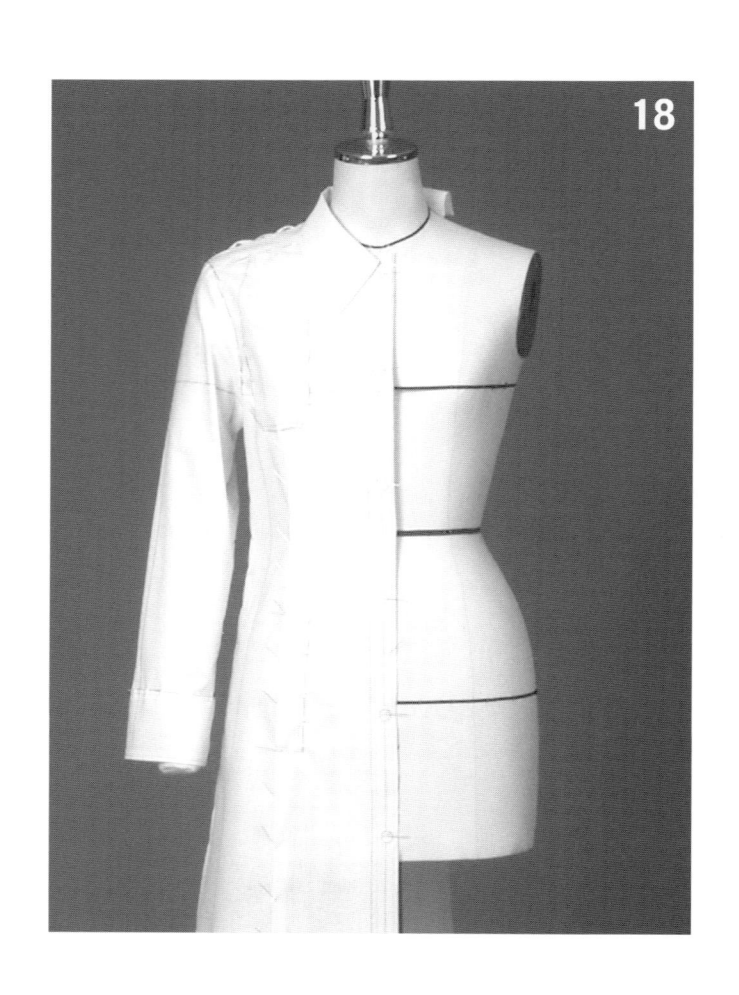

18 袖をつける。

　袖は平面作図をし、組み立てる。袖は平面作図からパターンを作るほうが合理的である。

　袖のつけ方は、原型の袖つけ（44、45ページ）、シャツスリーブの袖つけ（107、108ページ）を参照する。

　カフスを組み立て、袖口にはめ込み、手首に平行にピンを打つ。

　つけ終わったら、袖の形、いせの配分などをチェックする。

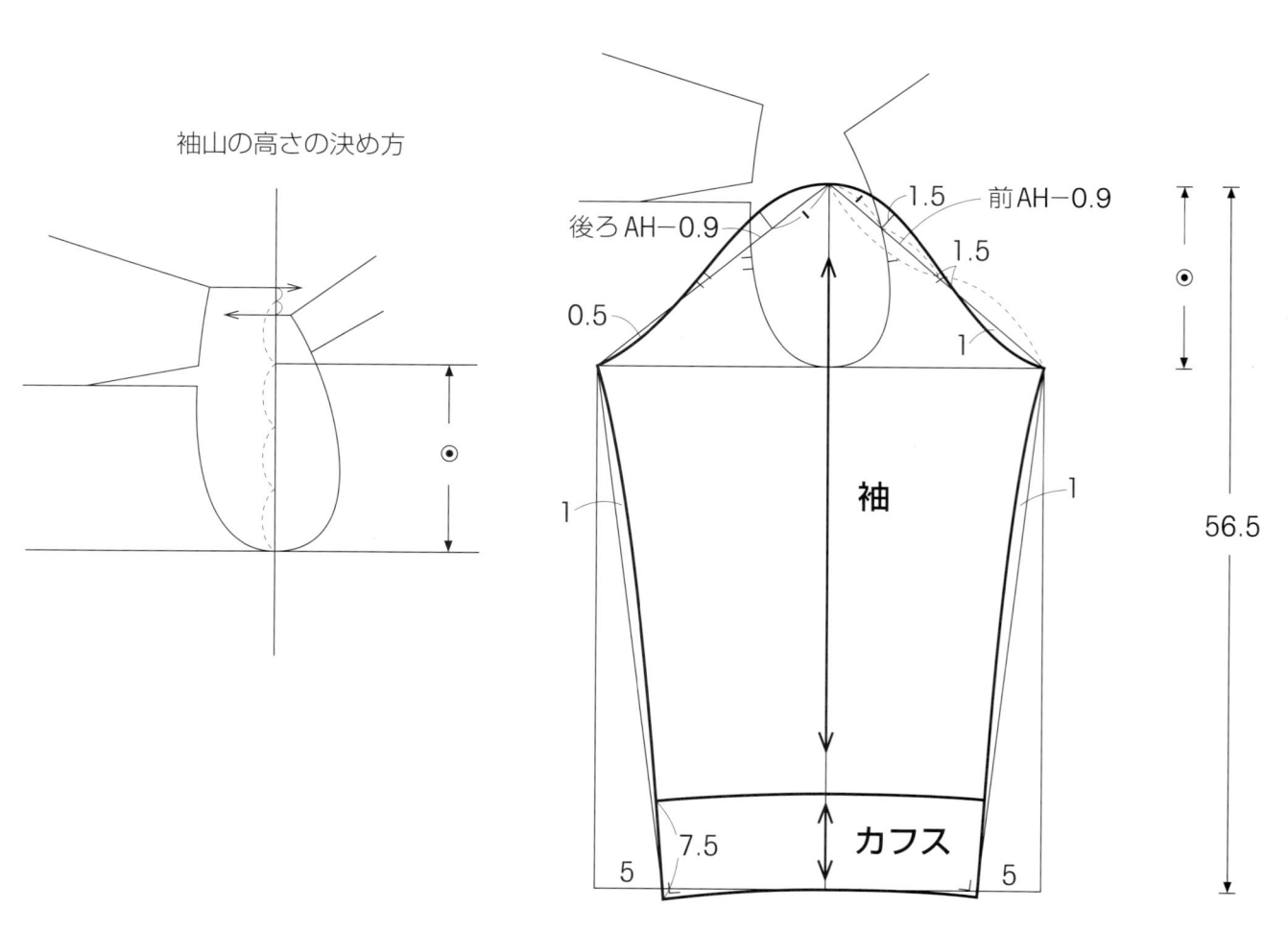

袖山の高さの決め方

出来上り

　前後中心線、脇線が垂直に下り、ヨーク、切替え位置、ゆとり、フィット加減など、全体のバランスを前面、側面、後面より確認する。

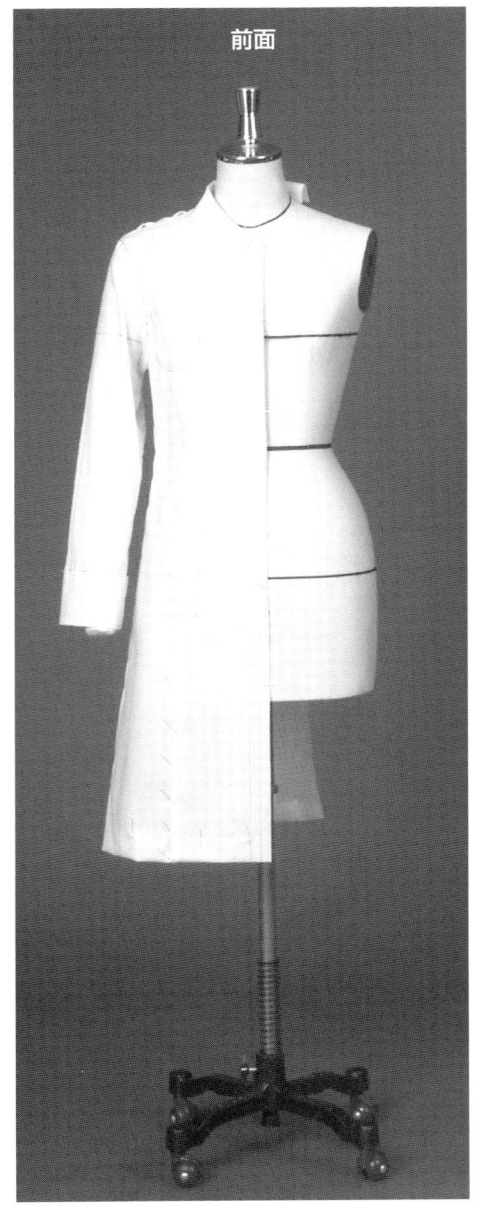

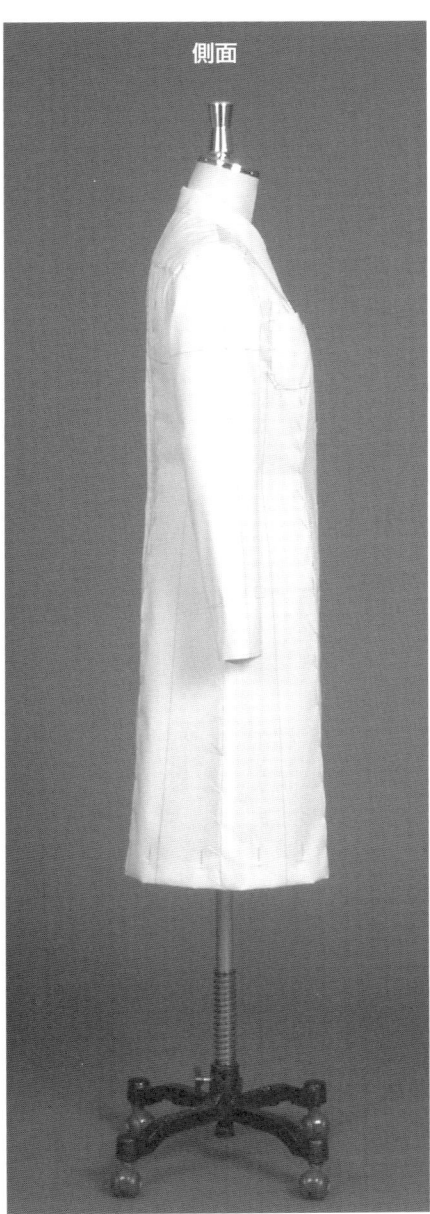

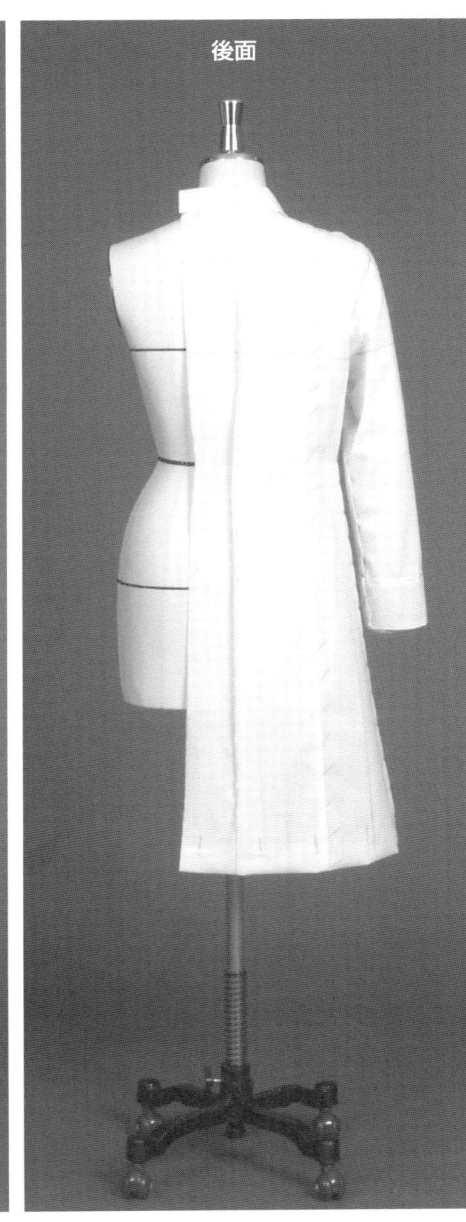

前面　　　　側面　　　　後面

第4章　基本アイテムのパターンメーキング　173

ドラフティング

胸ぐせがショルダーダーツとしてとられており、切替え線、脇線の傾斜が同傾斜であるか確認する。

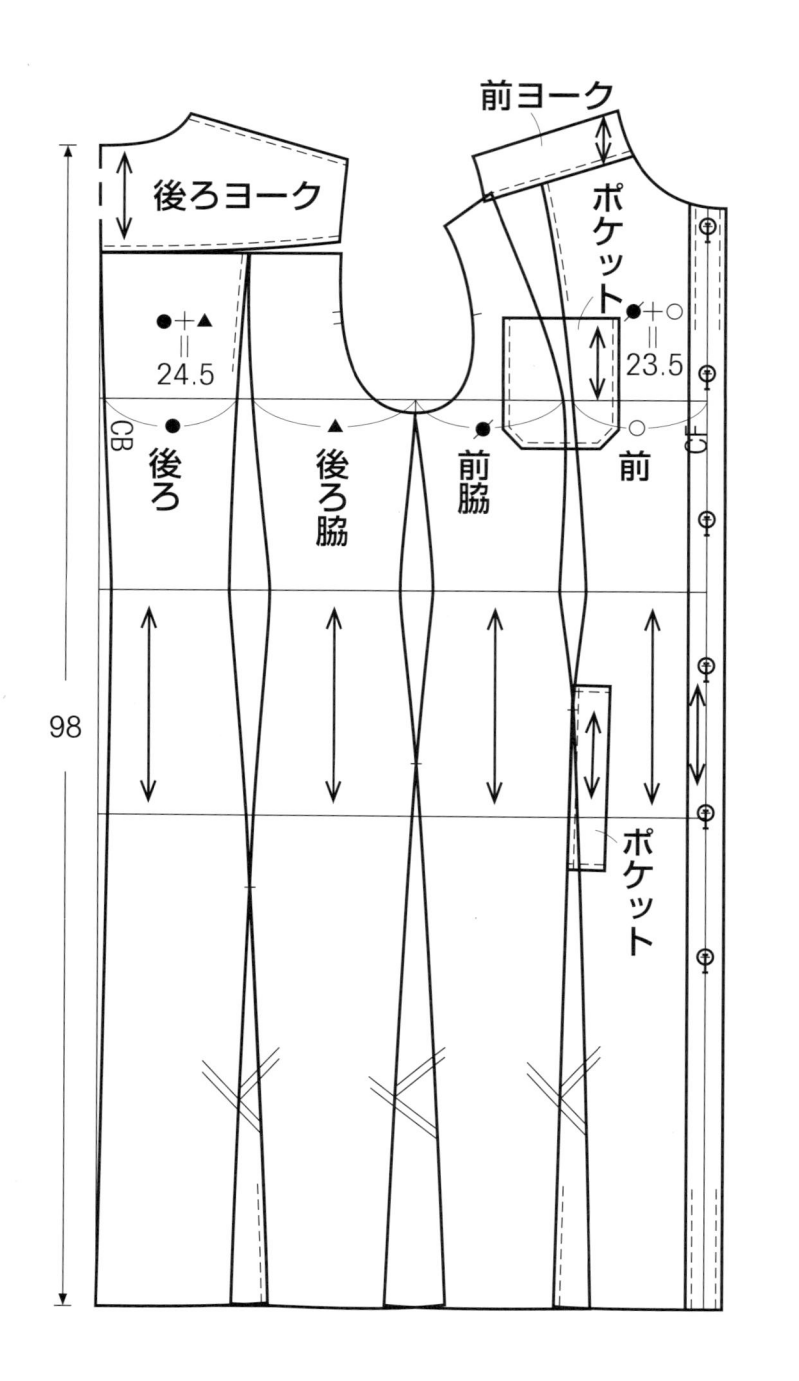

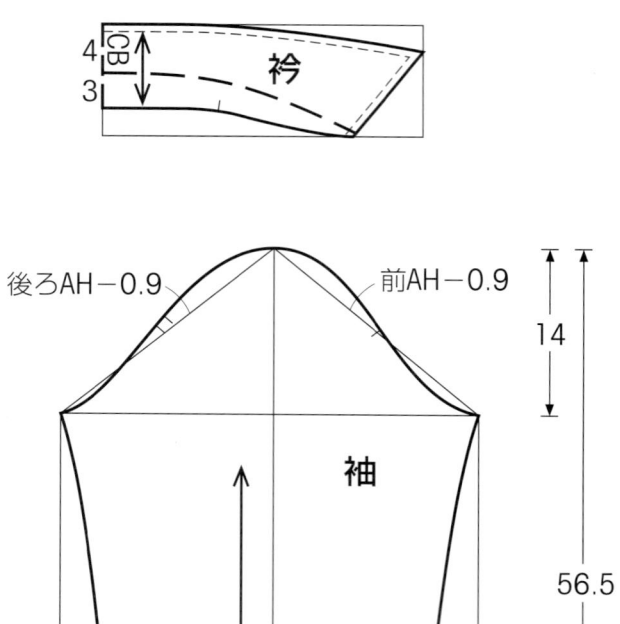

協力

財団法人　日本規格協会
文化購買事業部

参考文献

『工業用パターンガイドブック』大野順之助監修　株式会社　アミコ・ファッションズ　1996年
『パターンメーキングの原理』大野順之助著　株式会社　アミコ・ファッションズ　1985年
『工業パターンメーキング』宮崎節子著　文化出版局　1994年
『新アパレル工学事典』石川欣造監修　繊維流通研究会　1994年
『2000ファッションビジネス入門読本』秋本　明編集　株式会社　チャネラー　2000年
『パターンメーキング技術検定試験1級ガイドブック』財団法人　日本ファッション教育振興協会
　　　　　　　　　　　　　　　　　　　　　　　　　　　　　　　　　　　　　　1996年

監修

文化ファッション大系監修委員会

大沼　淳　　　田中源子
松田實子　　　徳永郁代
佐々木住江　　千代鈴子
工藤勝江　　　正田康博
堺　日出子　　川合　直
閏間正雄　　　平沢　洋
横山晶子

執筆

田中源子
阿部　稔
米川美津子
相原幸子
富樫敬子
門井　緑
土井恭子
永田峰子

表紙モチーフデザイン

酒井英実

イラスト

山本典子

写真

石橋重幸

文化ファッション大系 アパレル生産講座⑤
工業パターンメーキング
文化服装学院編

2001年7月1日　　第1版第1刷発行
2015年2月18日　　第3版第1刷発行

　　発行者　　大沼　淳
　　発行所　　学校法人 文化学園 文化出版局
　　　　　　　〒151-8524
　　　　　　　東京都渋谷区代々木3-22-1
　　　　　　　TEL03-3299-2474（編集）
　　　　　　　TEL03-3299-2540（営業）
　　印刷所　　株式会社 文化カラー印刷

©Bunka Fashion College,2001
本書の写真、カット及び内容の無断転載を禁じます。

・本書のコピー、スキャン、デジタル化等の無断複製は著作権法上での例外を除き、禁じられています。本書を代行業者等の第三者に依頼してスキャンやデジタル化することは、たとえ個人や家庭内の利用でも著作権法違反になります。
・本書で紹介した作品の全部または一部を商品化、複製頒布することは禁じられています。

文化出版局のホームページ　http://books.bunka.ac.jp/